KB131745

생명의 물리학

생명의 물리학

THE EQUATIONS OF LIFE

진화를
빚어내는
물리법칙을
찾아서

찰스 S. 코켈 지음 | 노승영 옮김

THE EQUATIONS OF LIFE
by CHARLES S. COCKELL

일러두기
• 이 책의 각주는 모두 옮긴이주이다.

이 책은 실로 꿰매어 제본하는 정통적인 사철 방식으로 만들어졌습니다.
사철 방식으로 제본된 책은 오랫동안 보관해도 손상되지 않습니다.

들어가는 말

과학에서 아직도 명확하게 답하지 못하고 있는 가장 매혹적인 질문들은 전통적 학문 분야들이 만나는 경계에 있다. 물론 학문 분야라는 것은 실제로 존재하지 않으며 사람들이 만든 인공적 구성물이다. 과학적 질문들을 상자에 분야별로 가지런히 취합하면 관리하기에는 편하겠지만 그것은 인위적이며 지적으로 비생산적일 때도 있다. 안내자 없는 우주의 과정들은 이런 말끔한 구분에 구애받지 않는다. 문명은 질문을 던질 수 있지만, 우주는 우주일 뿐이다.

이 책은 생물과 무생물에 걸친 다양한 과학 분야를 이해하는 데 필요한 개념들 중 하나를 탐구한다. 그것은 물리학과 진화생물학의 분명한 연결 고리이다. 이 고리가 보여 주는 진실은 생명이란 많은 흥미롭고 독특한 물질과 더불어 우주에서 증식하고 진화하는 물질 중 한 가지에 불과하다는 것이다.

독자에게 당부해 두고 싶은 것이 있다. 이 책은 진화가 순전히 예측 가능한 물리학의 산물임을 입증하려는 무익한 시도가 아니다. 역사적 변칙과 우연은 실제로 작용하여 이 점은 논란의 여지가 없다. 변칙과 우연은 지구상에서 벌어지는 거대한 진화 실험에서 관찰되는 바 놀랍도록 다양한 세부 사항과 다채로운 형태를 낳는다. 인도네시아의 롬복섬과 발리섬에 가보면 두 섬이 크기와 위치가 비슷하고 35킬로미터밖에 떨어져 있지 않은데도 각 섬의 동물상이 전혀 다름을 알 수 있다. 각 섬의 생명은 보이지 않는 월리스선Wallace's line•이 롬복 해협을 심해로 갈라 만들어 낸 진화적 산물이다. 이로 인해 발리섬은 동남아시아 특유의 진화적 여정을 따르는 역사적 궤적에 놓였다. 발리섬의 숲에서는 아시아의 딱따구리와 오색조 울음소리가 메아리친다. 이에 반해 코카투앵무와 꿀빨기새의 날카로운 비명이 울려 퍼지는 롬복섬은 오스트랄라시아의 진화적 우산 아래에 놓여 있다. 그럼에도 이 다양한 진화적 실험 속에는 물리학의 확고한 원리가 숨어 있다. 이 책에서 나의 관심사는 아원자 규모에서 개체군 전체에 이르는 생물학의 여러 측면 — 예전에는 예측이 통하지 않는 역사의 우연으로 간주된 생물학적 현상 — 을 점차 설득력 있게 설명해 내고 있는 원리들이다.

생명의 특징 중에서 물리 법칙에 결정론적으로 좌우되는 것은 어느 것이고, 단순한 우연 — 비유하자면 주사위 던지기

• 생물의 분포에 따라 아시아 구와 오스트레일리아 구로 나눈 경계선. 영국의 박물학자 월리스가 제창한 것으로, 발리섬과 롬복섬 사이에서 보르네오섬과 술라웨시섬 사이로 그어지며, 서쪽이 아시아 구, 동쪽이 오스트레일리아 구이다.

에 의해 결정되는 우발적 사건 — 은 어느 것일까? 이 질문은 여전히 생명과 진화에 대한 가장 설득력 있고 흥미로운 질문 중 하나이다. 나는 이 질문에 정답을 제시할 생각은 없다. 현재로서는 그럴 만한 지식을 가진 사람은 아무도 없는 듯하다. 하지만 생명의 구조를 이루는 모든 수준에서 작용하는 원리에 대한 이해가 커지는 마당에 여기에 일조하고 싶은 생각은 있다. 또한 이렇게 늘어 가는 연구 결과들에서 보듯 우주에 있는 모든 종류의 물질을 빚어내는 기본 법칙에 생명이 단단히, 그것도 여러분이 지구의 다채로운 생명을 힐끗 쳐다보면서 짐작하는 것보다 훨씬 단단히 매여 있음을 보여 주고 싶다.

생명을 바라보는 이 같은 관점으로부터 도출되는 결론을 어떤 사람들은 진지하게 받아들이고, 어떤 사람들은 두려워하고, 어떤 사람들은 황홀한 위안을 얻을 것이다. 나처럼 지구의 생명에 매혹된 사람들은 이 생명들이 겉보기에는 끝없이 다양한 것 같지만 실은 나머지 모든 종류의 물질에 적용되는 단순한 원리를 따르고 있음이 점점 더 확고하게 입증되어 간다는 사실에 안도감을 느낄 것이다. 〈다른 행성에 생명체가 존재한다면 그 생명체가 어떻게 생겼을까?〉라고 추측하기를 좋아하는 사람들은 생명의 구조적 계층에서 모든 수준을 통틀어 외계 생명체가 지구상의 생명체와 신기하리만치 비슷하게 생겼으리라는 결론을 내릴 수 있으리라.

우리를 생명과 생명 없는 물질로 분리한 고대의 많은 사상 전통과 결별하면, 우리는 우주에 있는 대다수 물질의 운명을 결정하는 무미건조한 물리 법칙이 인간과 그 밖의 생명체를 지배하리라는 두려움에 근거가 없음을 깨닫게 될 것이다. 오히려 진화와 물리학의 통합은 생명을 바라보는 우리의 관점을 풍요롭게 한다. 생명체의 형상을 좌우하고 제한하는 단순한 규칙 속에 깃든 경이로운 아름다움을 볼 수 있기 때문이다.

차례

작은두더지쥐 *Nannospalax leucodon*

$$P = F/A$$

(압력 = 힘 / 면적)

1장
생명의 말 없는 지휘관

에든버러 메도스 공원을 잠시만 거닐어 보면 지구상의 생명이 무미건조한 획일성의 세상과 대조적으로 특이한 변칙임을 실감할 수 있다. 이곳에서는 다양한 농담의 초록색 나무들이 바람에 바스락거리고 새들이 하늘에서 묘기를 부린다. 공기보다 무거운 비행 기계인 날짐승의 민첩함은 옛사람들에게 수수께끼였을 것이다. 온갖 동물이 땅을 누비며, 가장 작은 무당벌레가 바람 쐬는 관광객에게 내려앉고 애완견이 풀밭을 경중경중 뛰어다닌다.

이 장면을 최고 성능의 망원경 렌즈에 맺히는 칠흑 같은 공허와 비교해 보라. 그것은 은하들이 우주물리학적 맹렬함으로 서로 부딪혀 생긴 영상으로, 오래전에 소멸한 만남의 흔적인 빛이 텅 빈 허공을 아무런 방해도 받지 않은 채 수십억 년을 날아와 쌓인 것이다. 별들이 점점이 박힌 이 광대하고 무한한 진공에 행성들이 나타난다. 그중 한 행성에서 관광객들이 에든버러성 아래 메도스 공원에 앉아 파리 떼를 쫓고 있다. (희박하게 펼쳐진 공간에서 가스가 뭉쳐서 생긴 공과 그 주위를 도는 행성들인 항성 집단의 중력 회전을 지배하는) 단순해 보이는 법칙들과 (래브라도 애완견만큼 복잡한 것에서 나타나는) 예측 불가능한 도약, 즉 생명 현상과의 차이를 이보다 극명하게 보여 주는 것이 있을까?

어느 저명한 우주물리학자가 자신은 별을 연구하게 되어 다행이라며, 그 이유는 별이 곤충보다 훨씬 이해하기 쉽기 때문이라고 말하는 것을 들은 적이 있다.[1]

외계를 들여다보면 이런 시각에 분명한 장점이 있음을 발견하고 공감할 수 있다. 거대한 별의 어마어마한 규모에서 우리는 단순함을 본다. 별이 연소하면서 기체를 융합하고 에너지를 방사하면 이 구성 요소들의 원자 질량이 단계적으로 커진다. 우리는 우주에 가장 풍부한 원소인 수소 원자에서 출발하는데, 수소 원자는 다른 수소 원자와 결합하여 헬륨이 된다. 헬륨 원자는 결합하여 탄소 등의 원소가 되고 뒤이어 산소, 네온, 마그네슘 등이 층층이 생성되며 새로운 융합의 산물이 생겨날 때마다 원소의 원자 질량이 커진다.[2] 별의 한가운데에는 철이 있는데, 철은 더 이상 어떤 원소로도 융합되지 않는다. 철은 융합의 마지막 단계이며, 원자가 추가되는 이 비교적 단순한 연쇄의 결과로 별의 표면에서 핵에 이르기까지 점점 무거운 원소들의 층이 형성된다. 철보다 무거운 원소는 이와 다르게 별이 파국적으로 격렬하게 폭발하면서 초신성의 장관을 예고하는 것과 같은 방식으로 생성된다.

지름이 100만 킬로미터를 넘는 거대한 별의 양파 껍질 같은 원소 배열을 메도스 공원에서 잠자는 관광객의 엄지손톱에 앉은 7밀리미터 길이의 무당벌레와 비교해 보라.

달걀 모양의 작은 무당벌레는 딱정벌레목으로, 지구상에 서식하는 수많은 곤충 종 가운데 하나에 불과하다. (얼마나 많은 곤충 종이 있는지는 알 수 없다. 알려진 종은 약 100만 종이며 알려지지 않은 종은 훨씬 많을 것이다.) 하지만 이 미물은 복잡성으로 가득하며 여덟 개의 주요 부위로 이루어져 있다. 머리는 독립된 부분으로, 구기가 달려 있고 주변 세상을 감지하는 더듬이와 눈이 있는데, 더듬이는 별도의 부위로 간주된다. 전흉배판은 머리 뒤의 단단한 돌기로, 머리를 보호한다. 그 뒤에 흉곽과 복부가 있는데, 이 체절에 날개와 다리가 붙어 있다. 마지막으로, 이 복잡한 기계에는 딱지날개(시초)가 있어서 여린 날개를 보호한다.

하지만 이 각각의 부위는 별과 마찬가지로 물리 법칙에 따라 형성된다. 날개가 만들어 내는 비행의 힘은 무당벌레가 여느 날짐승과 마찬가지로 공기역학 법칙을 따라야 함을 보여 준다. 그건 그렇고 왜 바퀴가 아니라 다리가 달렸을까? 다리가 하나도 없는 뱀과 일부 도마뱀을 제외한 여느 육상 동물처럼 무당벌레도 바퀴가 아니라 다리를 진화시켰다. 여기에는 물리적 이유가 있는데, 가장 기본적인 이유는 지구의 불규칙한 지형을 돌아다니기에는 다리가 상대적으로 효과적이라는 사실이다. 한편 거미줄처럼 얇은 날개를 보호하는 딱지날개는 내마모성과 유연성을 비롯하여 딱딱한 물질에 적용되는 규칙을 따라야 한다.

무당벌레의 모든 체절에서 물리적 원리를 찾아볼 수 있다. 무당벌레가 별에 비해 복잡해 보이는 것은 그 속에 더 많고 다양한 원리가 담겨 있고 활용되기 때문일 뿐이다. 진화는 (방정식으로 나타낼 수 있는) 서로 다른 원리들을 조합하여 유기체를 만들어 내는 매우 근사한 과정에 지나지 않는다. 모든 자연환경은 여러모로 생존을 힘들게 한다. 생물이 번식 전에 죽을 가능성을 낮추는 특징이 물리적 과정을 통해 발달한다면 — 번식은 진화에서 성공을 판단하는 기준이다 — 생물은 시간이 지남에 따라 진화할 것이다. 이런 생물은 다양한 물리 법칙을 담는 용기(容器)인 셈이다.

메도스 공원을 거닐기만 해도 생명이 얼마나 다채로운지 실감할 수 있는데, 시간이 지남에 따라 생물의 형태가 어떻게 달라졌는지 살펴보면 그런 다양성이 점점 커져 왔음을 알 수 있다. 모든 과학자가 좋아하는 비현실적 장난감인 타임머신을 이용하면 우리는 7000만 년 전의 메도스 공원을 방문할 수 있다. 그러면 오늘날과는 사뭇 다른 생명체를 보게 될 것이다. 현생 조류와 마찬가지로 파충류 익수룡도 공기역학에 정통했는데, 그중에는 날개폭이 10미터나 되는 것도 있었다.[3] 깃털 달린 공룡과 기이한 곤충이 땅을 누볐으며, 연못이나 호수에서는 길고 가느다란 파충류가 수상 서식처에서 살아남는 법을 익혔다. 타임머신을 더 과거로 돌려 4억~3억 5000만

년 전으로 가면, 에든버러에서는 거대한 화산 활동이 일어나고 두꺼운 깔개처럼 생긴 미생물 군집이 여기저기서 자라고 있을 것이다. 화산추 사이로는 최초의 육상 식물 쿡소니아 *Cooksonia*가 서식처를 넓혀 가고 있다. 높이가 몇 센티미터밖에 안 되는 낮고 올록볼록한 줄기 사이로 초기 곤충과 다리가 여덟 개이고 딱정벌레를 닮은 멸종 곤충 트리고노타르부스류trigonotarbid가 종종거린다.[4] 몇천만 년 이후로 돌아오면 현생 육상 척추동물의 선조인 네발 달린 페데르페스*Pederpes*가 1미터 길이의 미끈미끈한 몸을 꼴사납게 꿈틀거리며 덤불을 헤치고 세모꼴 대가리를 두리번거리며 이곳저곳 엿보는 광경을 볼 수 있다.[5]

하지만 시간 여행에서 관찰한 온갖 경이로운 생명체가 인상적일지는 몰라도 이 모든 생물은 신기하리만치 친숙하다. 녀석들은 형태가 저마다 다르긴 하지만, 삶에 대한 해결책은 현생종과 대동소이하다. 이 유사성은 단순한 진화적 유전의 산물이 아니다. 초기 식물의 중력을 거스른 생장, 공룡을 떠받치는 뼈의 크기, 수생 동물의 날렵한 몸매, 익수룡을 날게 하는 날개의 특징 등은 그들과 똑같은 불변의 법칙에 처해 있는 현생종 유기체에서도 비슷한 형태로 진화했다.

물론 시공간에 펼쳐진 생명의 복잡성과 엄청난 다양성을 보면 생명이 물리적 과정과 본질적으로 다른 어떤 것이라는 생각이 들 수 있다. 그 형태적 차이는 무생물계의 예측 가능한 구조에나 걸맞은 단순한 원리를 초월하는 것처럼 보인다.

하지만 물리 법칙은 생명이 조합되는 모든 수준에서 특정한 해결책을 향해 생명의 방향을 제한한다. 그 결과는 늘 예측할 수 있는 것은 아니지만 어느 정도 제약을 받는다. 이 제약은 아원자에서 개체군에 이르는 모든 규모에서 작용한다. 이로 인해 나타나는 결과는 다양하지만 무한하지는 않다.

심지어 가장 작은 규모에서도 진화의 경로가 좁디좁은 것을 볼 수 있다. 지구상의 온갖 동식물을 만들어 내는 단백질 분자를 생각해 보라. 단백질의 잠재력은 더 큰 규모의 생명과 마찬가지로 구속으로부터 자유롭지 않다. 오히려 (생물학적 촉매인 효소를 비롯한) 단백질이 몇 가지 방법으로만 접힐 수 있음을 관찰한 몇몇 과학자들은 플라톤이 주장한 완전하고 불변하는 형상과 비슷한 어떤 형상이 단백질 구조에 반영되어 있다고 주장했다.[6] 어떤 사람들이 보기에 그런 견해는 자연 선택에 무한한 다양성을 낳는 경향이 있음을 강조하는 다윈의 생명관과 모순되겠지만 말이다.

과학은 이따금 불필요하게 양극화될 수 있으며, 다윈주의에 도전하는 것은 물론 언제나 인기 있고 아슬아슬하고 논쟁적인 일이다. 하지만 내가 여기서 제시하는 종합은 자연 선택이 엄청나게 다양한 생물이나 심지어 단백질을 만들어 낼 수 있다는 다윈의 기본 수칙에 결코 시비를 걸지 않는다. 나는 단지 이 과정이 그 산물의 기본 패턴 면에서 얼마나 제한적인지 — 유기체 수준에서뿐 아니라 개체군에서 단백질을 거쳐 원자에 이르는 모든 구성 수준에서 — 보여 줄 뿐이다. 나는 많은 연구자들의 방대한 연구 성과에서 증거를 취합하여 물리 법칙이 생명 구조의 모든 수준에서 진화 과정의 범위를 얼마나 좁히는지 밝히고자 한다.

나의 견해는 단순한 명제를 근거로 삼는다. 환경은 진화의 거름망 역할을 하는데, 이를 통해 선택되는 유기물량 단위는 상호 작용을 하는 물리 법칙의 모자이크가 번식 성공에 충분하도록 최적화되어 있다. 거름망 역할을 하는 환경으로는 폭풍 같은 기상 현상에서 포식자의 식성에 이르기까지 유기체의 번식을 가로막는 온갖 난관이 있다. 진화는 유전 물질에 부호화된 물리적 원리들의 엄청나고 흥미진진한 상호 작용에 불과하다.[7] 방정식으로 표현되는 이 원리는 개수가 제한적이기에 이 과정의 결과물도 제한적이며 따라서 보편적이다.[8]

방정식은 생물의 특징을 비롯한 우주의 특정 측면을 서술하는 물리 과정을 수학 기호로 표현하는 방법에 불과하다. 물리 과정과 그 수학적 표현을 이용하여 생명 계층의 여러 수준에서 생명을 서술하는 능력이 점차 발전하고 있는데, 〈생명의 방정식〉이라는 문구는 이 능력을 한마디로 표현한 것이다. 이 책 곳곳에서 방정식의 예를 제시하겠지만 독자 여러분이 그 뉘앙스와 세부 내용이나 그 용법을 이해하리라 기대하지는 않는다. 내가 방정식을 제시하는 것은 진화 밑바탕에 깔린 물리적 원리가 이처럼 간결한 수학식으로 표현될 수 있음을 보여 주기 위해서이다.

물리 법칙이 생명에 한계를 부여한다는 주장은 논란의 여지가 없다.[9] 메도스 공원의 무당벌레에 적용되는 원리는 화창한 날 지면을 데우는 태양의 생성을 지배한 바로 그 원리이다. 생명은 우주의 엄연한 일부분이기에 그 원리의 예외가 될 수 없다. 그러나 이 명백한 사실 앞에서도 우리는 생명이 물리 법칙의 엄격한 제약을 받는다는 사실을 도통 받아들이려 하지 않는다. 우리는 생명체를 관찰할 때 그들의 구조를 지배하는 규칙에 엄격한 한계가 있음을 쉽게 잊는다. 섣부른 관찰자의 눈에는 생명의 다채로움이 무한하게만 보인다.

내가 생명 구조의 여러 규모를 여행하고 지식을 쌓아 가면서 놀란 점은 생명을 물리 과정으로, 즉 단순한 수학적 관계의 측면에서 묘사하는 것이 생각보다 훨씬 쉬우며 이 원리들을 생명 계층의 여러 수준에서 서술할 수 있다는 사실이다. 또한 이 통찰은 우연과 역사의 역할을 중시하는 사람들이 생각하는 것보다 생명의 범위가 훨씬 좁음을 시사한다. 그렇다면 생명은 그 구조 면에서 사람들이 가정하는 것보다 더 예측 가능하며 어쩌면 보편적일 가능성도 있다.

생명체를 자세히 들여다볼 때 나타나는 장식물은 무한해 보인다. 생명체의 세부 사항이 천차만별이라는 사실은 우주를 바라보는 생물학적 시각과 물리학적 시각이 결별한 계기였을 것이다. 하지만 생물학 현상이 물리 법칙 안에서 일어난다는 명백한 사실을 받아들이면 우리는 이 분열을 더 폭넓은 차원에서 화해시킬 수 있을 것이다.

몇 해 전 우주생물학자로 대학교 물리학과에 임용되었을

때 〈물질의 성질〉이라는 학부 물리학 수업을 맡아 달라는 요청을 받았다. 내 전문 분야는 생화학과 생물학이어서 그 과목에 생물학을 양념으로 넣지 않으면 맛이 없을 것 같았기에, 내가 가르쳐야 하는 물리 법칙과 개념의 사례를 생물학에서 찾아 보여 주는 식으로 강의 내용을 바꾸기 시작했다. 생물학을 접목하는 것은 나 자신에게도 동기 부여가 되었으며 학부생들에게도 흥미로울 것 같았다.

사례를 찾는 일은 힘들지 않았다. 분자 수준에서는 분자를 결합하는 반데르발스 힘van der Waals' force — 분자의 영구적 극성으로 인해 생긴 미약한 힘이 분자를 작은 막대자석처럼 행동하게 한다(심지어 네온 같은 비반응성 불활성 기체도 이렇게 행동할 수 있다) — 을 도마뱀붙이의 예로 보여 줄 수 있다.[10] 도마뱀붙이는 사막에 사는 잽싼 도마뱀으로, 발가락에 잔털이 많이 나 있다. 이 털 덕에 반데르발스 힘을 네 발에 집중하여 수직 표면에 단단히 달라붙음으로써 매끄러운 유리창을 쉽게 오를 수 있다.

여러분의 세포와 모든 생물의 정보를 부호화하는 분자인 유전 물질 DNA의 두 가닥이 친숙한 이중 나선을 이루는 것은 〈수소 결합〉으로 연결되기 때문이다. 이 결합에 관여하는 힘은 DNA 가닥을 붙잡아 두고 분자의 결합을 유지할 만큼 강하지만, 세포가 둘로 나뉘어 DNA 정보가 복제되어야 할 때 두 가닥이 쉽게 분리될 만큼 약하다.[11] DNA 복제와 그 재생산 구조는 원자 사이의 힘으로 이해할 수 있다.

그보다 높은 수준에서도 생물학이 전면에 나섰다. 상평형도(주어진 압력, 온도, 부피에서 물질의 상태를 나타낸 도표)를 설명할 때에도 생물계의 사례가 요긴했다. 얼어붙은 겨울 연못의 아래에 고인 미지근한 물에서 포식자 걱정 없이 헤엄치는 물고기는 상평형도 해빙 곡선에 나타나는 음의 기울기를 활용한 것이다. 간단히 말해서 물이 얼음이 되면 밀도가 낮아져 물에 뜬다.[12] 겨울에도 활동하는 물고기는 얼음 아래 서식처에서 살 수 있도록 진화했는데, 녀석의 행동 진화를 제약하는 것은 상평형도에서 나타날 수 있는 물의 행동에 관련된 몇 가지 단순한 사실이다.

심지어 거시적 규모에서도 물리학은 생물계를 설명하는 동시에 그 작용을 제약한다. 대형 동물이 어떻게 물에서 헤엄칠 수 있는지 규명하려다 보면 왜 물고기에게 프로펠러가 없는가와 같은 질문에 맞닥뜨리게 된다.[13] 바다를 누비면서 상어를 피하는 데 인간 공학자의 해결책인 프로펠러보다는 유연한 몸이 더 나은 방법인 것은 어떤 물리 법칙 때문일까? 유체와 그 속을 이동하는 물체의 행동은 그 속에서 어떤 유기체가 진화할 수 있는가를 엄격히 제약하며, 유기체가 이 제약 안에서 살아가기 위해 찾아내는 해결책 또한 제약한다.

수업을 마치고 나서 나를 놀라게 한 것은 물리 법칙이 작용하는 생물학적 사례를 어떻게 찾을 수 있었느냐가 아니라, 전자에서 코끼리에 이르기까지 생명 계층의 모든 수준에서 단순한 물리 법칙이 생명의 특징들을 얼마나 속속들이 만들어

내고 선택하는가였다. 물리학이 하나의 유기체 전체를 빚어낼 수 있다는 것은 잘 알고 있었지만, 물리적 원리의 범위가 생명의 씨줄과 날줄 전체에 마치 촉수처럼 구석구석 뻗어 있다는 사실에 경외감이 들었다. 양자 세계에서 아원자 입자를 둘러싼 본질적 불확실성 — 이런 불확실성이 있기에, 신중한 물리학자라면 우리가 생물학과 물리학을 얼마나 자신 있게 합칠 수 있는지 합리적 의심을 품을 만도 하다 — 에도 불구하고, 슈뢰딩거의 고양이가 가진 형태와 화학 조성이나 베르너 카를 하이젠베르크의 키는 물리적 원리가 생물에 작용함을 보여 주는 매우 예측 가능하고 수렴적인 특징이다.[14]

이따금 과학자들은 진화를 바다에 비유한다. 각각의 동물은 생물학적 가능성의 섬을 나타내는데, 환경에 성공적으로 적응하기 위한 해결책은 물리적으로 가능한 것과 유기체가 이미 가진 것, 즉 그 유기체의 역사에 의해 제약받는다. 섬과 섬 사이에는 불가능한 해결책이라는 넓은 바다가 펼쳐져 있다. 생명이 새로운 가능성의 섬을 찾으려면 그 바다를 건너야 한다. 생명이 이 섬에 보금자리를 마련한다는 것, 태평양 한가운데 황량한 노초(露礁)에 고립된 난파 선원들처럼 그 보금자리에 당도한다는 것은 예삿일이 아니다. 어떻게 해서 박쥐와 새처럼 서로 다른 두 동물이 하늘을 날기 위한 똑같은 기능적 해결책에 안착할 수 있었을까? 이 수렴은 공통 조상 개념으로는 쉽게 설명할 수 없다. 두 생물의 날개 해부 구조가 매우 다른 것에서 보듯 둘의 조상은 날개가 없었기 때문이다. 하지만 똑같은 해결책을 내놓는 생명의 능력에는 이상할 것이 하나도 없다. 불가능한 해결책은 불가능한 해결책이다. 이 말은 불가능성의 바다가 존재할 수 없다는 뜻이다.

진화의 물리적 측면을 시각적으로 표현하자면 체스판에 비유할 수 있을 것이다. 각 칸은 저마다 다른 환경, 즉 생명이 적응해야 하는 저마다 다른 물리적 조건의 집합이다. 체스판을 이동하는 생명체는 잘 정의된 물리 법칙들을 이용하여 적응해야 하는 또 다른 공간에 저절로 놓이게 된다. 이를테면 물고기에 특정 형태를 강제하는 유체역학 법칙은 물고기가 땅을 기어 다니게 되면 새로운 법칙으로 대체될 것이다. 이때 진화의 결정 요인 중 하나는 중력의 영향이 더 커진 상황에서 이동할 수 있는 팔다리와, 한낮의 태양이 땅덩어리의 새 주민을 사정없이 말려 버리려 들 때 증발 속도를 결정하는 방정식이다. 하지만 불가능성의 바다가 중간에 놓여 있는 일은 결코 없다. 환경에 따라 물리적 원리가 조합과 세기를 달리하며 부단히 작용할 뿐이다. 생명이 한 환경 조건에서 다른 환경 조건으로 이동하면 물리 법칙이 언제나 작용하면서 물리학에 성공적으로 순응한 개체들을 선택하는 반면에, 그 형태가 물리 법칙의 변함없는 요건에는 적응했어도 번식에 실패할 경우에는 환경이나 경쟁자에 의해 가차 없이 도태된다.

그런데 여기서 한 가지 구별해 두는 게 좋겠다. 바다 비유는 생물이 환경에 얼마나 효과적으로 적응하는지 생각할 때는 비교적 잘 통한다. 극단적인 예로 날개 없이 태어난 곤충은 진화 게임에서 성공하는 능력에 심각한 손상을 입을 가능성이 크다. 유기체가 점유하는 드넓은 지형에서 섬과 산꼭대기는 환경에 가장 잘 적응한 개체를 나타내고 그 사이의 들판과 바다는 환경에 잘 적응하지 못해 성공을 거둘 가능성이 낮은 개체를 가리킨다는 발상은 적응 지형adaptive landscape 개념의 바탕을 이룬다.[15] 하지만 서로 다른 생명체가 환경적 난관에 대해 비슷한 진화적 해결책을 찾는 것에는 이상할 것이 전혀 없다. 탐사할 빈 공간은 하나도 없다. 생명체는 한 장소에서 다른 장소로 이동할 뿐이다. 물리 법칙을 맞닥뜨리면 적응해야만 번식할 수 있다. 적응하지 못하면 우리는 그들을 다시는 보지 못한다. 그런 물리 법칙은 종종 비슷한 해결책을 요한다.

이 책에서 내가 기대하는 것은 생물학과 물리학이 불가분의 관계이고, 물리학이 생명의 말 없는 지휘관이라는 주장으로 독자를 놀래 주려는 것이 아니다. 나는 개체군에서 원자 규모에 이르는 생명의 놀라운 단순성을 보여 주고 싶다. 또한 이 법칙이 생명의 원자 구조에서 개미의 사회적 행동에 이르기까지 너무 깊숙이 새겨져 있기에, 만일 외계에도 생명이 있다면 그 생명 또한 비슷한 특징을 나타낼 것이라고 주장한다.

물론 우리는 이렇게 말할 수 있다. 「생명은 물리적 원리가 전부가 아니야. 가젤을 추격하는 치타는 어떻게 설명할 건데? 가젤이 받는 물리적 영향뿐 아니라 진정한 생물학적 상호 작용을 밝힐 수 있어야 한다고.」 운 나쁜 가젤을 다음번 먹이로 잡으려고 아프리카 사바나를 질주하는 치타는 가젤에게 선택압을 가하는 셈이며, 이 압력은 생물학적 반응의 수준에서 물리적이다. 가젤이 치타보다 빨리 달릴 수 있다면 이 경주에서 살아남을 것이다. 가젤이 달아날 수 있는가를 결정하는 것은 근육에서 얼마나 빨리 에너지를 방출할 수 있는가, 또는 달려오는 포식자를 피하기 위해 얼마나 날렵하게 방향을 꺾고 틀 수 있는가이다. 이 능력 자체는 무엇보다 가젤이 자유를 찾아 달릴 때 무릎이 얼마큼의 힘을 견딜 수 있고, 다리뼈와 근육이 얼마큼의 비틀림을 받아들일 수 있는가의 결과물이다. 이 요인들을 궁극적으로 결정하는 것은 근육과 뼈의 구조, 시력 등이다. 가젤은 생식 연령까지 살아남거나 그전에 죽거나 둘 중 하나이다. 이 선택압은 치타가 또 다른 생물학적 실체인지 여부와 무관하다. 에든버러 대학교의 물리학 실험실에서 속도가 빠른 로봇을 제작하여 아프리카 사바나를 달리며 무작위로 가젤을 잡아 죽이도록 프로그래밍 해도 마찬가지일 것이다. 유일한 관건은 가젤이 생물학적 — 궁극적으로는 물리적 — 능력을 발휘하여 치타로부터 살아남을 것인지, 근육의 성질과 뼈의 힘 같은 요인이 어떻게 적응되어야 번식에 성공할 것인지이다.

위에서 말한 요점들은 포식 같은 환경의 선택 제약뿐 아니라 이를테면 미개척 서식처와 먹이 자원이 제공하는 새롭고 폭넓은 기회를 통한 유기체의 진화적 변화에도 똑같이 적용된다. 단기적으로, 또한 궁극적으로는 장기적으로 환경 속의 생물체에 투사되는 이 변화의 상당수는 지구의 동료 여행자들에 의해 야기될 수도 있다. 하지만 환경이나 다른 유기체의 변화를 이겨 내고 살아남거나 그 변화를 활용하는 데 필요한 적응은 종종 물리적 원리에 의해 엄격히 제약된다.

물론 이 모든 적응은 그 유기체의 조상이 가졌던 예전의 형태로 인한 제약이나 발달 패턴에 대한 제약을 받는다.[16] 이 역사적 구조와, 생명체가 어떻게 발달하고 성장하는가에 대한 제약은 그 자체로 예전의 진화적 선택이 정해 놓은 한계이며, 이 한계는 유기체가 자신에게 이론적으로 가능하거나 실제로 부여되는 물리 법칙의 전체 집합에 어떻게 대응할 수 있는가를 제약할 뿐이다. 이 한계는 경기장을 더 좁힌다.

지금쯤 독자의 머릿속에는 질문 하나가 어른거릴 것이다. 여러분은 〈그런데 생명이란 대체 무엇이란 말인가?〉라고 궁금해하고 있을지도 모르겠다. 어쨌든 위의 논의는 우리가 생명이 무엇인지 합의했다고 전제하고 있으니 말이다. 생명을 어떻게 정의할 것인가의 문제는 오랫동안 많은 사람들의 골머리를 썩였다. 하지만 이 책의 취지에 따르자면 그 질문을 깊이 파고들 필요는 없다. 편의상 이 책에서는 생명에 대해 잠정적 정의를 암묵적으로 받아들인다.[17] 그것은 기본적으로 생명체란 번식하고 진화할 수 있는 물질이라는 명제로, 생명이 〈다윈주의적 진화를 겪을 수 있는 자립적인 화학적 계〉라는 생화학자 제럴드 조이스Gerald Joyce의 정의와 일맥상통한다. 진화할 수 있는 능력, 즉 다윈주의적 진화는 유기체가 시간이 지남에 따라 변화하여 환경에 더 훌륭히 적응할 수 있도록 하는 생명의 특징이다. 더 쉽게 이해할 수 있는 수준에서 보자면 진핵생물(동식물을 비롯하여 균류와 조류 같은 그 밖의 많은 생물이 속하는 계)과 원핵생물(단세포 생물인 세균과 고세균이 속하는 계)을 비롯하여 우리에게 친숙한 지구상의 거의 모든 생명체는 이 능력을 가지고 있다.

〈생명〉이라는 단어가 인위적 범주에 불과하며 결코 구체적으로 정의될 수 없다고 주장할 수도 있다.[18] 생명은 유기화학의 흥미로운 부분 집합일 뿐인지도 모른다. 어쩌다 복잡하게 행동하게 된 탄소 혼합물 덩어리를 폭넓게 다루는 화학의 한 분야에 불과한 셈이다. 생명의 번식 능력이 진화로 이어지는 것은 이 번식 물질에 환경적 힘이 작용하기 때문이다. 생명이 지구상에서 꿋꿋이 버티는 것은 번식 물질에 들어 있는 유전 부호의 진화 덕분이다. 이 부호는 그 물질로부터 번식된 많은 단위에서 변형과 변이가 일어나도록 한다. 선택압은 환경에 따라 달리 작용하면서 변이를 솎아 내어 적합한 개체만이 번식에 성공하여 새로운 조건으로 퍼져 나가도록 한다.

하지만 우리가 생명을 어떻게 판단하든, 어떤 정의나 개념을 선택하든 이 모든 가능성은 단순한 물리 법칙에 완전히 들어맞는다. 노벨상을 받은 오스트리아의 물리학자 에르빈 슈뢰딩거는 1944년에 출간한 매혹적인 책 『생명이란 무엇인가 What is Life?』에서 생명을 물리적 측면에서 정의했는데, 그것은 환경에서 〈음의 엔트로피〉를 추출하는 특징을 가졌다는 것이다.[19] 이 정의가 유명하기는 하지만, 물리학에서 정형화할 수 있는 의미가 거의 들어 있지 않다는 점은 좀 아쉽다. 하지만 그가 이 문구를 선택한 것은 생명이 엔트로피(에너지와 물질이 확산하고 소산하여 열역학적 평형을 이루는 경향)에 맞서는 것처럼 보인다는 개념을 담기 위해서였다. 엔트로피는 물질과 에너지의 기본 성질을 〈사물이 그런 평형을 얻으려고 하는 경향을 나타내는〉 열역학 제2 법칙으로 압축한 것이다. 많은 경우에 이 성질은 사물이 더 무질서해지는 것과 같다. 슈뢰딩거는 엔트로피에 맞서는 투쟁이야말로 생명의 본질이라고 생각했다.

생명은 궁극적으로 무질서해질 수밖에 없는 우주에서 질서를 만들어 내는 경향이 있다. 이 성질은 슈뢰딩거를 당혹케 했으며 여러 세대의 사상가들에게 수수께끼였다. 새끼 사자가 자라 번식할 때 그 성체 사자와 후손에 해당하는 새로운 물질의 에너지는 어미 발뒤꿈치를 핥던 조그만 새끼보다 더 질서 정연하고 덜 무질서하게 소산한다. 실제로도 생명이 왜 물리 법칙에 어긋나는 일을 하는 것처럼 보이는가는 생물학자와 물리학자에게 오랫동안 골칫거리였다. 하지만 생명을 물리 법칙과 싸우다시피 하는 변칙적인 현상으로 보지 않고 다른 식으로 바라본다면 생명을 우주에서 무질서를 가속화하는 과정으로 볼 수도 있으며 이는 우주를 묘사하는 물리적 과정과 맞아떨어진다. 이 개념을 설명하는 최선의 방법은 나의 점심 샌드위치에 비유하는 것이다.

내가 샌드위치를 식탁에 가만히 두면 샌드위치 분자 속의 에너지가 방출되는 데 매우 오랜 시간이 걸린다. 실제로, 먼 훗날 대륙의 판들이 움직여 샌드위치가 지각을 뚫고 지구 깊숙한 곳까지 들어가 고온으로 가열되기 전에는 샌드위치 속의 에너지가 방출되지 않을 것이며, 그제야 샌드위치의 당과 지방이 이산화탄소 기체로 분해될 것이다. 하지만 내가 샌드위치를 먹으면 한두 시간 안에 샌드위치에 담긴 에너지가 나의 체열과 날숨의 이산화탄소로 방출되고 그중 일부는 새 분자를 만드는 데 쓰일 것이다. 한마디로 나는 샌드위치가 에너지로 소산하는 과정을 부쩍 앞당겼다. 나는 우주를 무질서로 몰아붙이는 열역학 제2 법칙이 샌드위치에 작용하는 속도를 가속했다. 물론 샌드위치를 식탁에 올려 두면 곰팡이가 피고 세균과 균류가 내려앉아 샌드위치를 먹어 치울 것이다. 이 생물들은 단지 나보다 먼저 샌드위치의 에너지를 우주의 나머지 부분으로 소산한 것에 불과할 것이다. 수학 모형은 이 개념이 단순히 별난 생각이 아니며 생명의 과정과 그 생명이 성장하고 개체군 속에서 팽창하고 심지어 적응하는 경향을 열역학 법칙으로 서술할 수 있음을 보여 준다.[20]

생명체는 국지적으로는 이례적인 복잡성과 조직화를 나타내지만 생명체가 관여하는 과정은 에너지의 소산과 우주의 쇠락을 가속화한다. 유기체의 국지적 복잡성은 이 소산 효과가 일어나는 데 필요한 생물 기계를 만들기 위한 필수 조건이다. 물리적 우주는 에너지가 더 빨리 소산하는 과정을 선호하기에 생명은 열역학 제2 법칙과 싸우는 게 아니라 오히려 열역학 제2 법칙이 낳는 과정에 일조한다. 적어도 이것은 생명 현상을 바라보는 한 가지 시각이다. 이 시각에서 보면 생명이 왜 성공적인지 더 쉽게 이해할 수 있다.

물론 궁극적으로 보면 소산할 에너지가 없어지거나 지금으로부터 몇십억 년 뒤에 더 뜨거워진 태양이 바닷물을 모조리 증발시켜 환경 조건이 생명을 지탱할 수 없게 되면, 한때 열역학 제2 법칙을 거스르는 것처럼 보이던 복잡성의 국지적 오아시스도 더는 그럴 수 없을 것이다. 그 또한 파괴될 테니 말이다.

이 명백한 우회로가 우리와 연관된 이유는 간단하다. 그것은 생명이 엄연한 물리적 과정이라는 생각을 뒷받침하기 때문이다. 생명체는 물리학 법칙에 부합하게, 또한 그로부터 영향을 받아 행동하는 분자들의 집합체이다. 이것은 우주 어디서나 마찬가지일 것이다. 이 보편적 행동 속에서, 이 과정을 수행하는 생명체는 그 자체로 물리 법칙에 종속된다. 이 책에서는 생명의 정의를 장황하게 곱씹기보다는 우리가 생명이라고 부르는 〈번식하고 진화하는 물질〉의 보편성에 관심을 둔다.

우리는 물리학, 화학, 생물학에 대해 알아갈수록 우주와 그 예외적 성격을 지배하는 규칙이 단순하다는 사실을 더욱 실감한다. 우리가 우주에서 특별한 위치를 차지한다는 예외주의적 견해가 지배적 패러다임에 의해 뒤집히는 것은 과학사에서 줄곧 되풀이되는 현상이다. 지구가 태양 주위를 도는 한낱 행성에 불과하다는 개념과 인간이 유인원의 후손이라는 개념은 지난 몇백 년간 우리의 세계관이 겪은 가장 고통스러운 변화 두 가지이다. 두 개념은 지구가 태양계의 중심이고 지구에 사는 인간이 나머지 동물과 다른 매우 특별한 존재라는 지구 중심적 우주관을 무너뜨렸다.

생물학 현상이 물리 법칙을 따른다고 생각하면 생물학에 대한 보편적 견해를 확장하여 이런 근본적 질문을 제기할 수 있다. 지구 밖에도 생명체가 존재한다면 그 생명체는 지구 생명체와 닮았을까? 외계 생명체의 구조와 형태도 우리와 비슷하지 않을까? 외계 생명체는 조직화의 어느 수준에서 지구 생명체와 같을까? 무당벌레 다리에서 선택된 요소들은 다른 은하에서도 선택될까? 원자가 모여 만들어진 분자는 어떨까? 무당벌레 다리를 만들고 빚는 분자는 다른 은하에서도 같을까? 무당벌레 자체는 어떨까? 다른 은하에도 무당벌레를 닮은 생물이 있을까? 그 무당벌레가 구조의 모든 수준에서 지구 무당벌레와 똑같을 수 있을까?

물리학과 생물학이 밀접하게 짝을 이룬다면, 지구 밖에도 생명체가 있을 경우 그 생명체는 지구 생명체와 무척 비슷할 것이고, 지구 생명체는 한 번의 진화 실험이 낳은 특이한 결과라기보다는 우주 생명체의 본보기일 것이다. 만일 지구 밖에도 생명체가 존재한다면 말이다. 이런 주장은 좋은 과학 이론의 시금석인 예측 가능성을 가지고 있다.

과학 소설가들 사이에서 인기 있는 수법 중 하나는 다른 행성에 사는 특이한 생명체를 자유롭게 상상하면서 우리의 상상력에 한계가 없음을 보여 주는 것이다.

　　일찍이 1894년에 외계 생명체를 다룬 『새터데이 리뷰 *Saturday Review*』 기사에서 과학 소설가 허버트 G. 웰스Herbert G. Wells는 규산염(규소가 함유된 물질로, 암석과 광물의 구성 성분이다)이 고온에서 흥미로운 화학 반응을 나타낼지도 모른다는 주장을 언급했다.[21] 〈규소-알루미늄 유기체가 — 규소-알루미늄 인간이 아니란 법이 있을까? — 용광로보다 몇천 도 뜨거운 액체 철 바다의 해변에서 기체 황 대기 속을 거니는 광경을 묘사하면 사람들은 기이한 상상에 깜짝 놀란다.〉

　　웰스만 그런 것이 아니다. 1986년에 로이 갤런트Roy Gallant는 미국지리학회의 의뢰로 생명의 무한한 잠재력을 탐구한 명저 『우리 우주의 지도 *Atlas of Our Universe*』를 썼다.[22] 그 책에는 우리 태양계에 있을 법한 오만 가지 상상 속 생명체가 묘사되어 있다. 아우처파우처는 커다란 기체 주머니로, 금성 표면을 껑충껑충 뛰어다니며 섭씨 460도의 표면에 닿을 때마다 〈아우치〉 하고 비명을 지른다. 그런가 하면 화성에는 워터시커가 있는데, 녀석은 타조를 늘인 듯 길고 호리호리한 생물로 커다란 털북숭이 귀가 달려 있어서 화성의 추운 밤과 겨울에 귀로 몸을 감싼다. 머리 위의 거대한 갑각은 자외선을 막아 주고 기다란 주둥이로는 화성 땅속을 깊이 파헤쳐 물을 찾는다. 상상은 두 행성에 머물지 않는다. 명왕성의 지슬은 지적 얼음덩어리이고 — 미국항공우주국NASA 뉴호라이즌 스 탐사선은 명왕성 위에서 잠시 반짝거리며 그들의 문화를 영영 바꿔 놓았을 것이다 — 토성의 위성 타이탄에 사는 스 토브벨리는 체내의 물질을 연소시켜 영하 183도의 혹한에서 체온을 유지한다. 또한 궁둥이에서 가스를 분출하는 꼴사나 운 방법으로 탄화수소가 풍부한 타이탄의 대기에서 추진력 을 얻는다.

갤런트의 생물 중에서 지금껏 관찰된 것은 하나도 없는데, 이것은 흥미로운 현상이다. 조건이 알맞을 경우 다른 행성에 서도 생명이 탄생할 거라고 가정한다면 — 이것은 거창한 가 정이다 — 이 새로운 생화학적 조성과 생물, 그러니까 그 세 계의 다른 조건에 간신히 적응했을 생명체를 우리 태양계에 서 찾아볼 수 없다는 것은 의미심장하다. 이 세계의 대부분은 조건이 하도 극단적이어서 지구상에서의 생명의 한계에 대 해 우리가 아는 바에 따르면, 우리는 오늘날 이 행성과 위성 중 어느 것의 표면에도 복잡한 다세포 생명체가 있을 리 없다 고 예측할 것이다. 이것은 관찰 결과와도 부합한다. 이를테면 우리가 금성에서 관찰하는 것은 지구 생명체의 한계, 즉 물리 법칙이 규정하는 한계에 대한 우리의 지식을 바탕으로 예측 한 것과 일치한다.[23]

우리의 생물권이 예외적인지 아닌지 검증할 수 있는 또 다 른 생명의 사례는 아직 존재하지 않는다. 그래서 많은 사람들 은 지구상의 생명이 우주적 보편성을 띠는가에 대한 질문이 공상에 불과하다고, 커피 테이블에서의 흥미로운 이야깃거리가 될 수는 있어도 그 이상은 아닌 터무니없는 추측이라고 말할 것이다. 하지만 그런 판단은 부정확하다. 물리학이 우리에게 제시하는 원리는 무엇이 가능한가의 토대를 밝혀 준다. 우주물리학자들이 우주를 관찰하면 탄소 같은 원소와 물 같은 분자가 지구 밖에서도 우세한지 알아낼 수 있다. 이 정보가 있으면 생명의 화학적 구성 요소가 우주 전체에 얼마나 흔한지에 대해 실마리를 잡을 수 있다. 화학 실험실에서는 주기율표상 원소들의 반응 잠재력과 복잡한 구조를 만드는 능력에 대한 방대한 지식을 토대로 생명의 화학 조성이 얼마나 보편적인지 알려 줄 수 있다.

생물물리학자들은 지구상의 여러 유기체에서 독자적으로 진화한 분자들에 대해 많은 것을 알려 줄 수 있으며, 우리로 하여금 세포에서 화학 반응을 일으키는 법칙이 얼마나 보편적인지 질문을 던지게 할 수 있다. 극단적 환경에서 살아가는 생명체에 대한 미생물학자들의 지식은 생명의 물리적 한계가 어디인지, 이 한계가 보편적인지 알려 준다. 고생물학자들에게서는 과거의 생명체에 대한 조망을 얻을 수 있다. 과거의 생물은 오늘날과 얼마나 비슷하거나 다를까? 그 관찰 결과는 무엇으로 설명할 수 있을까? 외계에 대한 정보를 수집하는 행성과학자들은 카메라를 비롯한 장비를 가지고서 생명을 지탱할 잠재력을 갖춘 조건이 우주에 존재하는지 우리에게 알려 준다. 그러면 우리는 외계의 생물학적 현실을 우리의 예상과 비교할 수 있다.

이 학문들로부터 우리는 생명의 본질에 대한 가설을 수립하는 데 필요한 정보를 풍부하게 얻을 수 있다. 이 책에서는 물리학과 생명의 연결 고리를 들여다보는 동시에 생명이 계층의 모든 수준에서 보편적이라는 생각을 탐구한다. 하지만 보편적이라고 해서 똑같다는 말은 아니다. 외계 무당벌레는 지구 무당벌레와 같지 않을 수도 있다. 하지만 생명계가 행성 표면에서 번성하려고 동원하는 해결책은 아원자 입자인 전자를 이용하여 에너지를 얻는 방식에서 개체군의 행동에 이르기까지 전반적으로 서로 비슷할 것이다. 마침내 외계 생명체를 찾는다면 우리는 생명에 대해 알 수 있을 것이며 그 생명체는 지구 생명체와 매우 닮았을 것이다.

첫 장의 마무리는 찰스 다윈에게 부탁하는 것이 적절하다.[24] 다윈은 『종의 기원Origin of Species』을 마무리하면서 생명에 관한 진화론적 견해에서 어떤 장엄함을 볼 수 있다는 말로 자신의 감정을 요약했다. 어쩌면 아름다운 단순함이 존재한다고 말할 수도 있으리라. 멸종했든 현존하든 모든 생명체는 확고하고 변함없는 물리 법칙의 지배를 받으므로 진화의 산물들은 놀라운 유사성을 나타낸다. 그것은 130억 년 넘게 우리의 우주를 빚은 바로 그 법칙이 만들어 낸 유사성이다.

2장
많은 것을 조직화하다

나는 여덟 살 때 공부보다는 딴짓에 열중했다. 종종 빅토리아풍 석조물에 앉아 검은색 철제 난간에 기댄 채 작은 돋보기를 들고, 자신의 임무에 여념이 없는 개미에게 햇빛을 쏘았다. 울퉁불퉁한 표면을 가로지르는 그 작은 피조물을 죽음의 광선으로 추격하다가 마침내 빛 속에 가두면 녀석은 쉭 하며 타들어 갔다.

개미 추격하기는 영국 기숙 학교의 전형적인 과외 활동이었으며 라틴어를 배운다든지 하는 활동보다 인기가 있었다. 오늘날에도 호기심 많고 살짝 폭력적인 아이들에게는 여전한 오락거리일 것이다. 나는 이 무고한 곤충들을 괴롭히면서 그들의 작은 세계에 친숙해졌다. 나는 개미들이 길고 규칙적으로 줄지어 돌 위를 왔다 갔다 하는 광경을 보았다. 어떤 녀석은 느릿느릿, 어떤 녀석은 빨리빨리 움직였고, 어떤 녀석은 먹이를, 어떤 녀석은 쓰러진 동지의 시체를 날랐다. 이따금 두 마리가 머리를 맞대고 지시 사항을 교환하는 듯싶더니 헤어져 반대 방향으로 급하게 달리기도 했다. 무슨 말을 했을까? 나는 개미의 사회적 행동에 매료되었으며 가만히 앉아 개미를 관찰하는 게 좋았다.

하지만 그것만 본 것은 아니다. 나는 개미를 추격하면서 생명이 얼마나 연약한지 실감했다. 태양의 자연광을 몇 배 증폭하는 것만으로도 살아 있는 정교한 유기물 기계를 맹렬한 화염으로 바꿀 수 있었다. 생명은 물리적 극단의 가장자리에 놓인 가냘픈 존재였으며 물리적 성질의 크기 변화만으로 삶과 죽음의 차이가 정의될 수 있었다. 개미들은 우리와 마찬가지로 엄혹한 물리적 한계에 휘둘리며 살아갔다.

그럼에도 이 한계 안에서 개미는 제 할 일을 했다. 개미들이 뭉치고 정보를 교환하고 집단을 이루는 광경을 관찰하면 누구나 이곳에서 벌어지는 일이 사회적 조직화로 불리기에 손색이 없다고 확신할 것이다. 거대한 곤충 군집은 우리보다 규모가 작을 뿐 보금자리를 만들고 군집의 영속에 필요한 먹이를 조달한다는 목표를 충실히 추구했다. 오랫동안 과학자들에게 비친 모습은 이런 하향식 사회였다. 개미집 안쪽의 방에 고이 들어앉은 여왕개미는 이 경이로운 집단행동이 군주의 통솔을 받는다는 또 다른 증거였다. 이 우두머리는 하나의 확고한 임무를 위해 수백, 수천, 수만 마리의 개미를 지휘했으며 그에 필요한 수많은 명령을 내리고 통제했다.

이 현상을 보고서 많은 사람들은 아무리 몸을 부풀려 봐야 작디작은 여왕개미가 개미 군집의 운영에 필요한 어마어마한 양의 정보를 처리하는 것은 고사하고 어떻게 정보를 얻을 수 있는지 의문을 품었다. 개미 문명은 많은 생물학자와 동물 행동학자의 관심을 끌었는데, 1970년대부터 개미 사회를 연구하여 사회생물학 분야를 개척한 미국인 과학자 에드워드 O. 윌슨Edward O. Wilson도 그중 한 명이다.[1]

곤충 사회에 매료되어 수많은 무리를 관리하는 비결을 알아내고 싶던 일군의 과학자들은 개미 조직을 연구하기 시작했다. 개미처럼 자유분방한 개체들의 어마어마한 복잡성을 외면하던 물리학자들도 관심을 보였다. 그렇게 생물학자와 물리학자가 손잡았다. 그들은 몇 가지 질문을 던졌다. 개미 사회가 정말로 그렇게 복잡할까? 개미 군집에서 관찰되는 정보와 명령의 흐름은 컴퓨터의 능력을 뛰어넘을까? 개미는 우리가 결코 온전히 이해할 수 없는 지도자인 여왕개미의 변덕과 명령에 좌우되는 것일까?

우리가 알아낸 사실은 놀라웠다. 개미집은 복잡한 구조로, 그 규모와 정교함은 상상을 초월한다. 일개미 3억 마리와 여왕개미 100만 마리가 살고 있는 (2000년 기준 세계에서 가장 큰) 개미집 대도시가 일본 홋카이도 해변에서 발견되었다. 한 개가 아니라 4만 5,000개의 개미집으로 이뤄진 이 미로 구조는 수직 갱도와 수평 갱도로 연결되었으며 2.5제곱킬로미터 이상에 펼쳐져 있었다. 그런 도시를 인간의 규모에 맞게 건설하려면 수많은 건축가가 궁리하고 숙고하고 계획해야 할 뿐 아니라 전체 계획을 조망할 수 있고 전체 사업을 차질 없이 진행할 수 있는 관리자가 있어야 할 것이다.

하지만 개미는 가장 간단한 규칙만 가지고 거대한 제국을 건설한다.

땅속 깊은 곳에서 개미 한 마리가 흙 알갱이를 한 번에 한 개씩 조심조심 집어 들어 끌고 가서는 한쪽에 쌓는다. 조용히 모종의 의도를 품고서 시작한 일이 개미 한 마리에게는 너무 버겁기에, 녀석은 페로몬이라는 화학 물질을 분비하여 동료에게 도움을 청한다. 이제 개미 두 마리가 흙 알갱이를 나르면서 방을 새로 만드는 작업을 시작한다. 일손이 더 필요해서 두 마리를 더 영입한다. 이 네 마리가 네 마리를 더 끌어들인다. 이제 개미는 여덟 마리이다. 이른바 〈양의 피드백 효과〉가 금세 나타나, 흙 알갱이를 열심히 나르는 개미의 수가 기하급수적으로 증가한다.[2] 마침내 공사가 일정 규모에 도달하고 방은 꽤 빠른 속도로 커지기 시작한다. 얼마 지나지 않아 새 보금자리가 윤곽을 드러낸다.

하지만 문제가 있다. 동원할 수 있는 개미의 수가 무한하지 않은 것이다. 제국이 확장되면서 다른 곳에서도 방이 지어지고 있기에 일손이 달린다. 방이 커지면 그곳에서 일하는 개미들은 더 넓은 표면적에 분산된다. 개미 인부 모집이 정체되어 음의 피드백이 시작된다. 개미가 적어지면 페로몬 방출량이 줄어 개미가 더욱 적어진다. 새 방을 짓는 작업이 서서히 중단된다. 하지만 걱정할 것 없다. 옆에서 또 다른 개미가 개미들로 가득한 굴을 향해 구멍을 새로 뚫기 시작했기 때문이다. 그리하여 같은 과정이 반복된다. 개미집 맞은편의 작은 구멍들에서 새 방들이 만들어진다. 이제 공간이 넓어져서 개미집에 더 많은 개미를 수용할 수 있게 되었으니, 개미집의 용적이 커짐에 따라 군집의 전체 개체 수도 용적에 비례하여 증가할 것이다.

땅속 공터에서 개미 개체들이 만나고 인사하면서 양의 피드백 효과와 음의 피드백 효과가 일어난다는 이 단순한 개념을 컴퓨터 프로그램으로 구현해 보라. 이제 여러분은 개미의 집짓기 행동을 재현할 수 있을 뿐 아니라 전체 군집의 성장을 예측할 수도 있다.

무엇보다 이 작업에는 건축가가 전혀 필요 없다. 개미집을 설계하고 인부들을 지휘·감독하는 책임자는 어디에도 없다.[3] 개미들이 동원하는 어마어마한 규모와 집단 노동을 이집트 피라미드 건축과 비교하고 싶은 생각이 굴뚝같겠지만 둘은 더할 나위 없이 다르다. 개미집은 개미 개체들 사이에 작용하는 간단한 규칙만 가지고 예측할 수 있다. 알과 새 일개미의 공급원인 개미집 중심부는 여왕개미로부터 시작되지만, 개미집을 짓는 일상 업무는 많고 분주한 개미들의 기본적 상호작용이 낳은 결과이다.

이런 질서 덕분에 개미의 몇몇 행동은 비교적 단순한 방정식으로 나타낼 수 있다. 자연에서는 물리계, 화학계, 생물계를 막론하고 개체들의 관계가 〈멱법칙〉으로 설명되는 경우가 많다. 간단히 말하자면, 우리가 측정하는 것(이를테면 개미집의 용적)이 다른 무언가(이를테면 개미 마릿수)에 비례하여(일정한 거듭제곱으로) 변한다는 뜻이다. 이것을 가장 간단하게 표현하면 아래와 같다.

$$y = kx^n$$

여기서 x는 우리가 측정하는 것(이를테면 개미집의 용적)이고 y는 우리가 알고 싶은 것(이를테면 개미 마릿수)이며 n은 (측정할 수 있는) 두 변수의 거듭제곱 비율을 나타내는 수(이것을 〈멱冪〉이라 하는데, 여기서 〈멱법칙〉이라는 말이 나왔다)이다. 이를테면 메소르 상크타 *Messor sancta* 종은 n 값이 0.752이다.[4] k 값은 임의의 과정에 적용할 수 있는 또 다른 비례 상수이다.

멱법칙이 나타나는 이유는 측정되는 두 값 사이에 어떤 내재적 연관성이 있기 때문이며, 그 연관성은 종종 물리적 원리에 바탕을 둔다. 개미 사례에서는 개미가 많을수록 나를 수 있는 흙 알갱이 개수도 많아진다. 모아들인 3차원 알갱이는 본질적으로 개미집 방들의 전체 용적에 해당하므로 나머지 조건이 같을 경우 개미 마릿수가 녀석들이 짓는 개미집의 용적에 비례한다는 것은 놀랄 일이 아니다.

멱법칙은 개미에 국한되지 않고 가장 큰 규모에서 가장 작은 규모까지 생물계 구석구석에 적용된다. 멱법칙을 다른 곳에서도 찾아볼 수 있는 이유는 그 편재성이 생명의 규칙성을 잘 보여 주기 때문이다. 우리는 사뭇 다른 장소들에서 똑같은 수학적 관계를 발견한다. 개미의 법칙은 다른 생명체에 대해서도 같은 수식으로 표현된다.

멱법칙 중에서 가장 유명한 것은 스위스 태생의 생리학자 막스 클라이버Max Kleiber의 이름을 딴 〈클라이버 법칙〉일 것이다.[5] 그는 다양한 동물의 행동을 측정하여 대사율(동물이 연소하는 에너지에 해당한다)과 몸무게 사이의 단순한 관계를 발견했다.

$$대사율 = 70 \times 몸무게^{0.75}$$

이 방정식의 의미는 몸집이 큰 동물의 대사 요구량이 작은 동물보다 크다는 뜻이다. 고양이의 대사율은 쥐의 약 30배이다. 몸집이 크면 건사해야 할 몸무게가 크므로 이 관계는 말이 된다. 하지만 멱법칙에 따르면 일정 부피에 대한 대사율은 작은 동물이 큰 동물에 비해 크다. 작은 동물은 지방 비축분 대비 〈구조〉, 이를테면 근육의 비율이 큰 동물보다 크다. 부피 대비 표면적의 비율도 커서 체열을 더 쉽게 잃기 때문에 큰 동물에 비해 단위 무게당 열량을 더 많이 연소한다.

클라이버 법칙을 비롯하여 생물체의 크기, 생리, 심지어 행동 간의 관계를 나타내는 이른바 상대 생장률 멱법칙의 정확한 물리적 근거에 대한 이해가 점차 커지고 있다.[6] 하지만 상대 생장률 멱법칙의 지위가 〈법칙〉으로 격상되는 것에는 많은 물리학자가 난색을 표할 것이다. 이 수학적 관찰의 대부분은 뉴턴의 운동 법칙 같은 기본 법칙을 표현하는 것이 아니라 일반적 관계를 나타낸다. 하지만 이 밀접한 관계는 생물학의 여느 멱법칙과 마찬가지로 생물계 밑바탕에 질서가 깔려 있음을 보여 준다. 개미 개체군에서 생명체의 크기와 생리에 이르는 이러한 상호 연결은 궁극적으로 실제 물리 법칙을 따라야 한다. 동물의 대사율, 수명, 크기 같은 여러 특징에서 멱법칙을 따르는 고정된 관계 중 상당수는 생명의 네트워크적 성질로 설명할 수 있다.[7]

개미의 집짓기는 간단한 규칙을 가진 유기체 개체군으로부터 어떻게 복잡성이 생겨날 수 있는지 보여 주는 아름다운 사례이다. 많은 개미를 상호 작용하도록 하면 녀석들은 정보와 명령을 주고받으면서 패턴을 만들어 낸다. 핵심적 상호 작용은 단순하지만, 이 상호 작용들이 섞이고 엮이면 다채로운 행동이 펼쳐진다.

개미에서 조류에 이르는 유기체 개체군의 뒤얽힌 복잡성을 더 다루기 쉬운 물리 법칙으로 환원하려는 시도는 〈능동적 물질active matter〉을 다루는 물리학 분야에 속한다.[8] 이 분야에서는 물질이 안정된 비활성 상태에 정착하지 않아 평형과 거리가 멀 때 어떻게 행동하는지 연구한다.[9] 대다수 사람들에게 〈비평형〉 하면 무질서나 불균형을 떠올릴 것이다. 하지만 물리학자들은 계가 안정 상태와 거리가 멀 때 무질서가 아니라 질서 정연한 패턴이 생겨날 수 있으며 이 질서가 생물학적 과정을 추동할 수 있음을 알게 되었다.

헝가리 외트뵈시 로란드 대학교의 비체크 터마시Vicsek Tamás는 능동적 물질 연구를 촉발하려는 초창기 시도 중 하나로서 1995년에 발표한 기념비적 논문에서 가상의 입자들이 튕겨 다니고 이따금 서로 만나는 현상을 기술하는 단순한 모형을 만들어 냈다. 그는 낮은 밀도에서 이 가상 피조물, 즉 데이터 신호가 무작위로 행동한다는 사실을 발견했다. 농도가 하도 낮아서 눈에 띄는 현상은 하나도 일어나지 않았다. 하지만 입자들을 충분히 높은 밀도로 압축하면 운동할 때 이웃 입자의 운동에 영향을 받는다. 상호 작용이 일어나면 집단적 패턴과 행동이 나타난다. 한 상태에서 다른 상태로의 전환, 즉 상전이는 극적으로 일어난다. 능동적 물질 분야에서의 이 초창기 발견은 단순한 설계에서 어떻게 거창한 것이 생길 수 있는지 보여 주었다. 이에 따라 생명계와 비생명계에서의 자기조직화에 대한 관심이 커졌다.

생명 현상이 능동적 물질의 특수한 분야임은 의심할 여지가 없다. 물론 생명체는 역사, 진화적 변칙, 심지어 행동적 특성이 있기에, 상자 속 기체 원자처럼 서로 부딪히는 단순한 입자가 아니라 더 복잡하고 어느 정도는 예측 불가능한 존재가 된다. 하지만 이런 별난 점들이 있기는 해도 개체군 전체의 규모에서는 생물계의 많은 특징을 더 명료한 원리들로 환원할 수 있다. 우리는 세균의 집락 형성에서 조류의 무리 짓기에 이르기까지 자연에서 관찰되는 행동을 예측하는 방정식을 유도할 수 있다. 비체크의 근사한 논문은 진화의 거대한 실험에서 개체들의 집단에 물리적 토대가 있음을 시사한다.

개미 제국의 성장을 관장하는 피드백 고리는 이 개미들이 어떻게 먹이를 얻는지도 결정한다. 개미집 밖에서 맛있고 즙 많은 오렌지가 방금 나뭇가지에서 떨어졌다. 며칠 지나지 않아 오렌지가 햇볕의 온기에 물러지면서 달짝지근한 속살이 주변으로 배어 나온다. 더듬이를 휘휘 내두르며 집 밖을 순찰하던 개미 한 마리가 물컹물컹한 오렌지의 냄새를 맡는다. 녀석이 진수성찬을 향해 비트적비트적 다가가 행동에 돌입한다. 오렌지 주변을 쏘다니다 동료 일개미를 맞닥뜨리자 머리를 잠시 맞댄 채 상대방에게 집에 돌아가 일꾼을 더 데려오라고 지시한다. 얼마 지나지 않아 오렌지에서 개미집까지 줄이 만들어지고 개미들이 크고 달콤한 액체 방울을 구기에 담은 채 줄을 따라 왔다 갔다 한다. 줄지은 개미들이 근처의 다른 개미들을 끌어들일 때마다 마릿수가 빠르게 늘어나 줄은 금세 오가는 개미로 북적거리는 초소형 도로가 된다.

이제 오렌지가 개미들로 뒤덮여서 더는 추가 인력이 필요하지 않다. 주방에 요리사가 너무 많다. 얼마 지나지 않아 오렌지는 개미 군집의 게걸스러운 구기에 해체된 채 말라비틀어지고, 오렌지 수확에 모집되는 개미 마릿수도 감소한다. 개미집 전체가 오렌지 하나에만 매달리면 안 되므로 딴 개미들은 〈오지 마〉 메시지에 반응한다. 개미 군집의 아웃사이더들은 새로운 먹이를 찾으려고 일부러 새로운 방향으로 이동한다. 결국 오렌지는 자취를 감추고 개미 줄도 흩어진다. 그런데 개미 줄이 나타났다 사라졌다 할 때 여왕개미는 방에서 지도를 든 채 먹이를 찾을 새 보급로를 계획하거나 모눈종이에 선을 긋거나 부하들에게 인근 지역을 샅샅이 뒤지며 먹이를 찾으라고 명령하지 않는다. 고독한 정탐꾼 개미가 집 근처를 돌아다니는 것으로 시작되는 간단한 규칙들이 수학적 절차를 거쳐 먹이 운반으로 이어지는 것이다.

개미 세계의 여느 현상과 마찬가지로 이 시나리오 전체를 방정식 하나로 표현할 수도 있다.[10]

$$p_1 = (x_1 + k)^\beta / [(x_1 + k)^\beta + (x_2 + k)^\beta]$$

여기서 p_1은 개미가 특정한 길에 합류하기로 선택할 확률이다. 이 확률을 예측하기 위한 값 x_1은 그 길에 있는 유인 페로몬의 양으로, 이미 그 길에 줄지어 있는 개미들의 마릿수와 일치할 것이다. 변수 x_2는 줄이 없는 길의 페로몬 양으로, 개미는 이 길을 따를 수도 있다. 변수 k는 페로몬의 유인 수준이며 β는 개미의 비선형적 행동, 즉 종마다 다른 사회적 복잡성과 행동을 나타내는 인수이다. β 값이 클수록 길에 페로몬이 조금만 더 있어도 개미가 그 길을 따라갈 확률이 커진다.

이것이 먹이를 찾는 개미의 방정식이다. 이것은 본질적으로 개미가 어디로 먹이를 찾으러 가고 싶어 하는지를 예측하는 방정식이다.

이 사례는 치즈케이크 명인이 에든버러에 가게를 낸 것에 비유할 수 있다. 맛있는 새 수제 치즈케이크는 에든버러 시민들이 여름 오찬에 내놓을 수 있는 별미이다. 델리아가 우연히 가게에 들러 다음번 모임에서 먹을 치즈케이크 몇 개를 산다. 모임 참석자들은 만족해하고, 그녀는 친구 소피아에게도 알려 준다. 이제 델리아와 소피아 둘 다 친구들에게 소식을 전하고, 다들 자기가 아는 모든 사람에게 전화한다. 치즈케이크 가게는 인산인해를 이루어 맛집으로 등극한다. 치즈케이크 열풍이 에든버러를 휩쓴다. 하지만 머지않아 에든버러에는 전화해서 알려 줄 사람이 한 명도 남지 않는다. 이제 치즈케이크 가게를 모르는 사람이 없다. 브런츠필드 치즈케이크스를 찾는 사람의 수가 정체한다. 하지만 이게 끝이 아니다. 치즈케이크의 인기 자체가 시들해진다. 수플레가 유행하고 조지 스트리트에 새 수플레 가게가 문을 열어 근사한 메뉴를 내놓는다. 유행에 정통한 사람들은 앞다퉈 친구들에게 전화한다. 사람들이 새 유행을 좇아 치즈케이크 가게를 외면하면서 손님이 감소한다. 가게가 치즈케이크 생산량을 줄이면서 수요가 더욱 줄어, 가게는 텅 비다시피 한다.

델리아가 치즈케이크를 좋아했다가 수플레를 좋아했다가 하는 것은 겉으로는 복잡한 사회적 현상처럼 보이지만 실은 간단한 규칙을 따른다. 그녀와 친구들은 치즈케이크를 사야 하는지 수플레를 사야 하는지에 대해 에든버러 의회나 여왕으로부터 어떤 명령도 받지 않았다. 개미 세계에서는 인간의 정교한 사회적 풍습 같은 복잡한 요인 없이도 이 간단한 피드백 과정을 통해 개미들이 이 먹이에서 저 먹이로 이동한다.

세상은 결코 오렌지 하나만큼 단순하지 않다. 어쩌면 그 나무에서 오렌지 여러 개가 떨어졌는지도 모른다. 솔깃한 선택지가 있으면 돌아다니는 개미의 수가 조금만 달라져도 가장 먼저 선택되는 오렌지가 바뀔 수 있다. 따라서 방정식의 예측 가능성 덕에 이론상으로는 개미가 어느 길을 따라갈지 결정하는 규칙을 정의할 수 있지만, 방정식이 어떻게 실현되고 그 효과가 정확히 어느 길에 적용될지는 예측할 수 없다. 자연의 복잡한 변화 속에서는 이 작은 변동이 행동의 결정에 어마어마하게 중요한 역할을 한다. 이런 사실이 생명체가 무정물과 달리 본질적으로 예측 불가능하다는 생각에 일조한다는 것은 의심할 여지가 없다.

경우에 따라서는 규칙이 쉽게 분간되지 않기도 한다. 유난히 큰 개미 군집에는 개체가 워낙 많아서 개미들이 동시에 여러 오렌지에 달라붙어 열심히 해체 작업을 벌일 수도 있다. 이런 조건에서는 우리의 정교한 피드백 효과가 무용지물이다. 물론 환경 자체도 우리의 깔끔하고 우아한 방정식을 뒤죽박죽으로 만들 수 있다. 오렌지 한 개를 땅의 갈라진 틈새나 아주 무거운 식물 밑에 놓으면 줄이 형성되고 피드백이 오가는 과정이 갑자기 어수선하고 지리멸렬해진다. 그럼에도 이런 아수라장 밑에서는 개미의 방정식이 제 할 일을 하고 있다.

개미집에서 작용하는 피드백 시스템은 동물이 가진 또 다른 매혹적이고 신비로운 성질을 설명할 수 있을지도 모른다. 그것은 〈동기성synchronicity〉이다. 이 성질은 개미뿐 아니라 흰개미, 조류, 그 밖의 동물에서도 나타난다. 개미들의 행동이 총괄 감독관 없이 서로 소통하는 것에 불과하다면, 집짓기나 먹이 찾기 등의 행동이 이따금 갑자기 일어나 많은 개체의 행동이 동기화되는 대규모 조직화는 왜 일어날까?

이런 현상은 사회적 조직화가 높은 수준에서 일어난다는 통념을 입증하는 확고한 증거처럼 보이지만 이 또한 간단한 규칙으로 환원될 수 있을지도 모른다. 어떤 동기화는 개미의 집짓기에서 본 것과 같은 피드백 고리에 의해 일어나는 것으로 생각된다. 개미 몇 마리가 촉발한 행동은 소통을 통해 군집 전체로 퍼져 나간다. 난데없이 한바탕 부산을 떤 뒤에 많은 동물에서 드물지 않게 나타나는 일종의 휴식기로서 한동안 자연스럽게 정적이 흐르는 것과 같은 경향이 프로그래밍되면, 금세 개체군 전체를 집어삼키는 것처럼 보이는 뚜렷한 행동 패턴이 나타날 수 있다. 이 현상은 이를 조율하고 감시할 감독관을 전혀 필요로 하지 않으며 오로지 개체 수준에서 소통하는 개체군의 자기조직화 행동에서 생겨난다.

방정식으로 개미의 행동을 묘사할 수 있다는 사실을 알게되면 이것이 전부라고 생각하기 쉽다. 물론 개미는 기체 원자에 불과하지 않다. 개미 한 마리는 25만 개의 신경 세포가 있는데, 신경 세포가 하는 일은 인간의 뇌와 (가장 작은 곤충을 비롯한) 동물의 신경계에서 정보를 전기적으로 전달하는 것이다. 개미는 작은 기체 원자가 다른 원자와 부딪히듯 주변 세상을 그저 수동적으로 관찰하는 것이 아니라 일종의 초소형 컴퓨터처럼 작동한다.[11] 개미는 특이한 행동을 나타내는데, 이것은 그날 아침에 만난 다른 개미 때문일 수도 있고 함께 있던 개미의 마릿수 때문일 수도 있다. 이런 행동이 일어날 때마다 새로운 계산이 끊임없이 수행된다. 일정한 시간 안에 마주치는 개미의 마릿수는 근처에 있는 개미의 전체 마릿수를 추정하게 해주어 행동을 변화시킨다. 심지어 다른 개미들이 내뿜는 이산화탄소의 농도로 개미집 내 특정 구역의 개미 밀도를 측정할 수 있으며, 이 정보가 초소형 계산 기계에 입력되면 행동이 조정된다. 개미는 자신에게 전달되는 여러 단서에 선제적으로 반응하여 새로운 행동을 시작함으로써 그 행동을 무리에 전파시킬 수도 있다. 생명이 없는 수동적 입자는 그런 미세한 피드백 고리와 변화를 무시하겠지만 생명체의 행동은 이를 증폭한다.

어떤 면에서 생명체가 자신의 세상에서 일어나는 변동에 단순히 순응하는 것이 아니라 주변에서 일어나는 일에 반응할 수 있는 능력은 살아 있는 존재와 그렇지 않은 존재를 구분하는 결정적 차이이다. 하지만 이런 반응 또한 포괄적인 물리적 원리의 작용 범위 안에 있다. 반응은 물질에 복잡성을 더하지만, 생명체를 규칙과 원리, 즉 우리가 충분한 실험적·이론적 노력을 통해 파악할 수 있는 원리의 영역 밖으로 내보내지는 않는다.[12]

물리학과 생물학의 이 결합은 곤충의 영역을 넘어서도 작동한다. 개미의 땅속 굴 저 위쪽에서는 물리학자들이 조류의 신비를 밝히려고 애쓰고 있다.

고대 이래로 인류는 기러기들이 사다리꼴이나 V 편대를 이룬 채 일사불란하고 조직화된 모습으로 우아하게 하늘을 가로지르는 광경에 매혹되었다. 찌르레기의 군무도 그에 못지않게 인상적이며 규모 면에서는 더 웅장하다. 이따금 수천 마리가 거대한 물결을 이뤄 저녁 하늘을 휩쓸고 일제히 급강하하기도 한다. 조류 무리의 자기조직화는 1990년대에 물리학자들의 관심을 끌었는데, 자연에서 가장 복잡한 것으로 손꼽히는 이 현상을 이해하려는 과학자들의 시도에는 두려움도 한몫했을 것이다.

새들이 어떻게 스스로 조직화하여 그런 근사한 묘기를 부리는지 설명하려는 시도를 가로막은 걸림돌은 시뮬레이션을 돌릴 만큼 성능 좋은 컴퓨터가 없었다는 것과 실제 데이터를 얻기가 힘들었다는 것이다.[13] 3차원으로 부대끼며 방향을 바꾸는 수천 마리의 새를 추적하는 것은 기술적으로 결코 사소한 과제가 아니다. 하지만 컴퓨터 연산 능력이 발전하고 카메라가 개선되고 영상 인식 소프트웨어가 등장하면서 조류의 군집 행동에 대한 실제 정보를 수집할 수 있게 되었다. 가장 놀라운 사실은 컴퓨터 게이머와 영화 제작자가 이 연구에 뛰어든 것이다. 이따금 뜻밖의 장소에서 도움의 손길이 찾아오기도 한다. 새 떼를 영화에 담아야 한다면 진짜처럼 보이도록 하는 게 좋을 테니까. 블록버스터 영화에 컴퓨터 그래픽이 도입되면서 새, 물고기, 이동하는 누영양, 온갖 디즈니 슈퍼스타를 정확하게 묘사해야 할 필요성이 대두되었다. 할리우드와 과학이 만난 것이다.

조류 군집을 시뮬레이션하려는 이 새로운 시도의 핵심에는 조류 행동에 대한 기본적 가정이 자리 잡고 있다.[14] 우리는 조류 군집의 행동에 대한 기본적 규칙을 정립해야 하는데, 그런 조건 중 하나로 새들이 충돌을 피하려 한다고 가정해도 무방할 것이다. 그러지 않으면 무리 지은 새들은 온몸이 멍든 채 우왕좌왕할 것이다. 새들이 원하는 것은 방향을 통일하고 대형을 유지하는 것이다. 그렇게 하지 못하면 무리가 뿔뿔이 흩어져 제각각 임의의 방향으로 날아갈 것이다. 더 복잡한 방법도 있다. 새들이 대형을 유지하려는 전략의 일환으로 근처에 있는 새들과 속도를 일치시키려 한다고 가정하는 것이다.

이 성질들을 컴퓨터에 입력하면 새를 비롯한 날짐승의 무리를 실물과 놀랄 만큼 비슷하게 시뮬레이션할 수 있다. 어느 정도로 비슷하냐면 영화 「배트맨 2」에 등장하는 박쥐 떼를 이 간단한 알고리즘으로 만들어 냈을 정도이다.

이 모형들은 요즘 들어 세부 사항에 대한 다음과 같은 논쟁과 토론을 겪으면서 더욱 복잡하고 섬세해졌다. 각각의 새 주위로 반지름을 일정하게 유지해야 하는 것이 중요한 규칙일까, 아니면 근처에 있는 개체 수가 더 중요할까? 새들이 단지 부딪히거나 떨어져 있거나 둘 중 하나인 입자처럼 행동하는 것이 아니라 동료를 피하거나 가까이 가려 한다는 사실을 감안하면 새들 사이의 끌어당김과 밀어냄을 어떻게 추정하고 설명할 수 있을까? 이런 까다로운 문제들을 판단하는 것은 결코 쉬운 일이 아니며, 새의 머릿속에서 어떤 일이 벌어지는지 우리가 실제로 알지 못하기에 전체 그림을 그리기는 더더욱 힘들다. 어떤 계산이 실제로 이루어지고 있을까? 모형이 현실적인 결과를 내놓을지는 모르지만, 그것은 새들이 자연에서 어떻게 생각하는가에 바탕을 두지 않는다. 새대가리birdbrain가 아닌 과학자에게는 한계가 있을 수밖에 없다.

우리의 개미와 마찬가지로 새들도 진화적 압력을 받는다. 새들은 번식에 필요한 에너지를 비축해야 하므로 에너지 사용을 최소화하고 싶어 할지도 모른다. 포식자의 밀도가 높으면 잡아먹히지 않으려고 급강하고 급선회하는 횟수가 많아질지도 모른다. 어둠이 깔려 주변이 잘 보이지 않을 때 행동이 달라질지도 모른다. 이런 예는 한둘이 아니다. 수많은 환경 단서와 환경압이 군집 행동에 영향을 미친다. 하지만 개미 시뮬레이션과 마찬가지로 이러한 영향이 복잡해 보이는 것은 겉보기에 불과하며 실제로는 그 이면의 규칙이 행동 패턴을 좌우한다.

사람들은 개미를 관찰하듯 조류 군집을 관찰하면 틀림없이 무리를 이끄는 새 한 마리가 있을 거라고 생각할 것이다. 인간 관광객들이 가이드 없이 저렇게 무리 지어 돌아다니면 금세 혼란과 무질서가 벌어질 테니 말이다. 우리는 곤충 군집에서와 마찬가지로 우리의 사회 구조를 조류의 행동에 투사하여 이것이 겉으로는 대규모의 조직화된 행동처럼 보이지만 실은 무리를 이끄는 감독관이 있을 거라고 짐작한다. 우두머리 없이 그런 조직이 생길 수 있다는 생각은 직관에 어긋나는 것처럼 느껴진다. 감독관이 없으면 군집의 규칙성이 무너질 수밖에 없다는 것이다. 하지만 컴퓨터에서 입자들에 규칙을 부여했더니 자기조직화가 생겨나 우두머리 없이도 엄청나게 복잡한 군집 행동을 보일 수 있음이 밝혀졌다.[15]

생물학적 행동과 이 행동을 방정식을 통해 물리적 원리로 나타내는 우리의 능력 사이의 격차가 줄어들고 있다. 자기조직화에 대해 우리가 실제로 아는 것이 아직 유아기 상태에 머물러 있긴 하지만, 그럼에도 우리는 방정식을 통해 동물 군집 행동을 현실적으로 시뮬레이션하여 컴퓨터로 제작한 찌르레기 군무의 세계로 우리를 인도하는 매우 인상적인 위업을 달성한다.[16] 이런 모형을 다듬어 정확도를 개선하고 물리학과 생물학의 협력을 심화할 수 있음은 의심할 여지가 없다. 물리학과 생물학의 공통 기반은 두 분야를 아우르는 가장 야심찬 계획 중 하나인 생물 개체군 행동 예측에서 찾아볼 수 있다.

이 모든 현상에는 우리가 지금까지 간과한 측면이 하나 있다. 그것은 물리학이 잘 예측하지 못하는 것이지만, 방정식이 왜 성립하는지 이해하려면 무엇보다 중요한 측면이다. 조류의 군집 행동을 지배하는 원리는 새들이 애초에 왜 그렇게 행동하는지 알려 주지 않는다. 거대하게 펼쳐지는 찌르레기 군무리를 보고 있으면 〈왜〉라는 질문이 절로 떠오른다. 〈뭉치면 산다〉라는 오래된 속담에 비추어 새들이 포식자를 피하려 한다는 생각은 언뜻 지당해 보인다. 굶주린 매는 수천 마리의 새를 앞에 두고 한 마리를 선택해야 하는데, 이렇게 수가 많으면 개체 하나가 선택될 확률이 최소화되기 때문이다.

하지만 명민한 조류학자들이 금세 깨달았듯 문제는 새들이 매일 같은 시각 같은 장소에서 군집 행동을 벌인다는 것이다. 새들은 종종 30분 넘게 군집 행동을 벌인 뒤에 땅에 내려가 밤 동안 휴식을 취한다. 그런데 이런 식으로 며칠간 규칙적 행태를 보이면 포식자를 퇴치하는 게 아니라 끌어들이기 십상이다. 매일 저녁 일정한 장소에서 수천 마리의 먹잇감이 하늘을 메운다는 것을 포식자가 금세 알아차릴 테니 말이다. 그뿐 아니라 매일 저녁 군집 행동을 벌이는 것은 엄청난 에너지 낭비이다.

새들에게는 잡아먹히느냐 말고도 중요한 고민거리가 있다. 무리를 이루는 새의 마릿수는 휴식처의 수와 먹이의 양에 영향을 미친다. 저녁에 일제히 공중으로 날아오르는 행위의 장점으로 제시된 것 중 하나는 개체들이 무리의 크기를 가늠하여 단순하고 본능적인 계산을 통해 번식 행동을 변화시킬 수 있다는 것이다. 새끼를 몇 마리 낳을지 결정할 때 먹이와 보금자리가 얼마나 있는지를 고려하는 것은 타당한 태도이다. 이 정기적 인구 조사를 통해 새들은 자신의 행동을 변경하여 진화적 성공의 궁극적 요인인 후손을 생산할 확률을 높일 수 있다. 저녁 군집 행동을 이런 식으로 설명하면 새들이 집단이나 종의 이익을 위해 행동한다는 억지 논리가 필요 없다. 개체의 성공 가능성을 높이려는 전략이 군집 행동을 일으킬 수 있기 때문이다. 하지만 이를 뒷받침하는 증거는 빈약하다.[17]

군무의 진짜 목적은 여전히 오리무중이며 자연의 여느 현상과 마찬가지로 하나의 정답이 없을지도 모른다. 어쩌면 새들의 마술적 묘기에 둘 이상의 이점이 있을 수도 있다. 하지만 군집 행동이 왜 일어나는지 모른다고 해서 군집 행동이 어떻게 일어나는지, 어떤 보편적 법칙이 작용하는지 이해하는 데 괄목할 성과를 거두지 말란 법은 없다.

찌르레기에서 눈을 돌리니 더 큰 새들이 그에 못지않게 아름답고 매혹적인 묘기를 부린다. 끼룩끼룩 울며 우아하게 하늘을 가로지르는 기러기의 사다리꼴 편대이다. 이 대형은 찌르레기 군무와는 사뭇 다르지만 그럼에도 물리학을 벗어나지 않는다.

컴퓨터로 가상의 기러기를 만들어 찌르레기에게와 비슷한 규칙을 부여해 보라. 즉, 가장 가까운 새 곁에 머물되 충돌하지는 말아야 하고 앞쪽 시야가 가려지지 않도록 한다. 또한 찌르레기와 달리, 각 개체는 앞에 있는 개체의 상풍류에 머물러야 한다. 이 규칙이 중요한 이유는 기러기 같은 새들이 길게 늘어선 대형으로 날아가는 이유에 대한 한 가지 가설이 에너지 절약이기 때문이다. 앞에 있는 새의 날개 끝 와류 속에 들어가 있으면 소용돌이치는 공기 흐름이 자신의 날개를 들어

올려 주어 어느 정도 양력을 얻을 수 있다. 저 근사한 대형이 실은 대륙과 대양을 가로지르는 기나긴 이주에서 공기역학적 효율을 얻기 위해서라는 주장은 새들이 그렇게 하는 이유에 대한 주요 가설 중 하나이다. 이 규칙을 컴퓨터 기러기에 적용하면 사다리꼴, V꼴, J꼴 등 야생에서 관찰되는 모든 패턴에 대해 실물과 거의 흡사한 대형을 만들어 낼 수 있다.

하지만 골치 아픈 질문이 아직 남아 있다. 에너지 절약이 정말로 기러기 기하학의 이유일까? 과학자와 영화 제작자가 만나는 또 다른 행운의 접점에서 ― 아무래도 영화 업계는 군집 조류에 매력을 느끼는 듯하다 ― 생태학자 앙리 위메스키슈Henri Weimerskirch는 큰사다새*Pelecanus onocrotalus* 편대를 훈련시키는 영화 제작사를 우연히 알게 되었는데, 제작사는 근사한 촬영을 위해 새들을 초경량 항공기와 모터보트와 나란히 날도록 훈련하고 있었다. 위메스키슈는 공기역학적 효율 이론을 검증할 기회를 잡았다.[18] 그는 새들에게 심박 측정기를 부착하여 녀석들의 심장 박동이 독거성 조류보다 11퍼센트 이상 낮음을 밝혀냈다. 이는 상풍류를 이용하여 비행에 필요한 에너지를 아낄 수 있다는 가설을 뒷받침했다. 11퍼센트이면 별것 아닌 것 같지만 수백 수천 킬로미터를 날아야 할 때는 이것이 크나큰 차이를 만들어 낼 수도 있다.

큰사다새가 사회적 동물임을 감안하면 위메스키슈의 발견은 독거성 조류가 스트레스를 받기 때문이라고 설명할 수 있다. 큰사다새가 동료를 잃고 외톨이가 되었을 때 심박수가 치솟는다면, 이는 집단을 이뤘을 때 스트레스를 덜 받고 심박수도 낮은 이유를 설명할 수 있다.

그런데 약 10년 뒤 오스트리아에서 한 환경 보호 단체가 붉은볼따오기*Geronticus eremita*들에게 초경량 항공기를 따라 나는 훈련을 시켰다. 이번 훈련은 영화 촬영을 위해서가 아니라 이주 경로를 훈련시켜 유럽으로 돌아오도록 하기 위해서였다.[19] 환경 보호 단체는 일단 새들에게 길을 알려 주면 새들이 이를 기억하여 유럽 항로를 재확립할 수 있으리라 기대했다.

영국 왕립수의과대학 연구진은 위메스키슈의 연구 결과를 검증하기 위해 새들에게 데이터 기록기를 부착하여 심박뿐 아니라 위치, 속도, 방향, 날갯짓을 측정했다. 그들은 새들이 편대를 이뤄 날면서 에너지를 절약한다는 사실을 확인했다. 상풍류는 새들이 기나긴 이주 동안 서로 힘을 덜어 주는 방법이었다. 그뿐 아니라 새들은 날개를 마구잡이로 퍼덕거려 공기를 교란하는 것이 아니라 서로 동기화되도록 날갯짓을 조율하는 듯했다. 이것은 달갑잖은 하풍류 효과를 최소화하기 위한 것임이 틀림없었다.

어느 여름날 저녁 사위어 가는 빛 속으로 편대 지어 나는 기러기의 당당한 아름다움에는 떠 있는 상태를 유지해야 할 필요성, 몸무게와 맞먹는 날개의 양력, 에너지 요구량을 줄이기 위한 편대 비행 등의 물리적 원리가 작용하고 있다. 새들이 이 요구 조건을 만족시킬 수 있는 것은 무척 단순한 참가 규칙을 따르기 때문이다.

개미에 대해 생각할 때와 마찬가지로, 새의 개별성, 새의 개체적 독특성이 이 모든 현상과 어떻게 부합하는지 궁금할지도 모르겠다. 나는 열여덟 살 때 캐나다 북부에 여행 가서 혼강 유역의 외딴 오두막에서 한 달간 지냈다. 나처럼 미국 어류야생동물보호국을 통해 이 오지를 찾은 동료 세 명과 함께 습지용 보트를 마련했는데, 우리의 목표는 오리들이 북아메리카를 가로지르는 이주 경로를 알아내는 조사의 일환으로 녀석들을 잡아 고리를 다는 것이었다. 아래쪽에 사는 농부들에게 오리는 떼 지어 들이닥쳐 옥수수를 먹어 치우는 유해조수였다. 오리의 이주 경로와 시기를 더 확실히 알면 농작물 피해를 줄이거나 더 나은 보전 방안을 고안할 수 있을 터였다. 우리는 아침마다 호버크라프트처럼 생긴 장치를 타고 습지를 돌아다니며 물 위를 가로질러 세워 둔 그물에서 오리들을 끄집어냈다. 그런 다음 다리에 고리를 달고서 놓아주었다.

그때 나의 뇌리에 박힌 인상은 — 훌륭한 통찰이라기보다는 흥밋거리에 가까웠지만 — 오리의 개별성이었다. 녀석들을 그물에서 끄집어내면 몇몇은 부리로 쪼고 몇몇은 겁에 질려 꼼짝도 하지 못했다. 몇몇은 마구잡이로 꽥꽥거리고 몇몇은 땅을 긁어 대고 또 몇몇은 가만히 앉아 나직이 종알거렸다. 오리는 저마다 다르게 행동했으며 나름의 독특한 개성이 있었다. 그게 왜 놀라웠는지는 모르겠다. 개와 고양이도 성격이 있다. 동물들이 모두 똑같이 생겼고 똑같이 행동하리라 섣불리 단정하는 것은 종 차별적 생각일 것이다.

여기서 캐나다에서의 경험을 언급한 것은 오리의 성격에 편차가 있긴 하지만 — 이것은 찌르레기, 큰사다새, 붉은볼따오기도 마찬가지일 것이다 — 오리가 집단으로서 나타내는 행동이 예측 가능하며 녀석들의 움직임과 그 이면의 물리학이 설명 가능하다는 사실을 보여 주기 위해서이다. 기러기가 대륙을 가로질러 날아가는 동안 에너지 소비를 최소화해야 한다는 조건은 녀석이 아침에 어떤 기분인지 어떤 경험을 했는지와는 별 상관이 없다. 에너지 사용량과 양력에 대한 냉철한 계산이 있을 뿐이다. 그러니 생명이 매우 예측 불가능하고 그 행동이 개체의 다변성 때문에 기체 원자와 전혀 달라 보일지는 몰라도 이 개별성은 집단을 조직화하는 기본적 패턴에 달린 장식물에 불과하다. 유기체 군집에서 (이들이 에너지를 만들기 위해 이동시키는) 아원자 입자의 생화학에 이르기까지 같은 논리가 적용된다. 물리학이 개별성에 우선한다.

개미와 조류에서 관찰되는 독특한 자기조직화 패턴은 생명 계층의 낮은 수준에서도 찾아볼 수 있다. 우리의 눈길을 사로잡는 것은 이 규칙적 배열의 거시적 표현이지만, 그 원리는 모든 조직화 수준에서 생명을 통합하며 이것은 물리학 법칙이 생명과 속속들이 엮여 있음을 보여 주는 예이다.

찌르레기 군무와 가장 동떨어진 것을 들라면 여러분과 나, 새들을 구성하는 세포의 접착제 격인 가느다란 섬유의 행동을 들 수 있을 것이다. 생명의 계층을 따라 아래로 내려가는 여행을 시작하는 마당에 벌써 분자 수준으로 들어가는 것은 때 이른 감이 있지만, 여기서 잠시 옆길로 새어 생명체의 예측 가능성이라는 하나의 큰 주제에서 자기조직화가 얼마나 중요한지 살펴보고자 한다.

여러분의 몸을 구성하는 단위인 세포의 안쪽과 가장자리에는 길고 가느다란 섬유가 이어져 있다. 이 미세 섬유들은 초소형 비계(飛階)처럼 나선형으로 길게 연결된 단백질 덩굴손인 액틴actin으로 이루어졌으며 세포의 골조 역할을 한다.

이 세포 골격은 특이한 능력을 가진 듯하다. 단순한 단백질 나선으로 이루어진 구조가 어떻게 세포의 수많은 기능을 조직하고 지휘하는 것일까? 개미와 새의 경우처럼 우리의 본능적 대답은 세포 골격이 틀림없이 통제를 받고 있으리라는 것이다. 어느 정도는 그 말도 맞다. 세포 골격을 이루는 분자를 프로그래밍 하는 것은 세포의 DNA이다. 하지만 이 섬유 사이사이에는 자기조직화의 법칙이 숨어 있다. 섬유들을 대량으로 모아 놓으면 개미와 새에서 볼 수 있는 바로 그 숨겨진 능력이 드러난다.

이 행동은 실험실에서 관찰할 수 있다. 섬유는 조작하기가 새 떼에 비해 조금 쉬운데, 뮌헨 공과대학교의 폴커 샬러 Volker Schaller 연구진이 이와 관련한 단순한 실험실 실험을 몇 가지 발표한 바 있다.[20] 액틴 섬유를 미오신myosin(액틴에 달라붙는 단백질)과 함께 유리 표면에 놓고 화학적 에너지를 ATP(아데노신삼인산) 형태로 넣어 주었더니 미오신이 섬유 위를 〈걷기〉 시작했다. 미오신이 액틴 섬유를 따라 행진하는 것은 현실에서 여러분이 걷거나 팔을 구부릴 때 근육이 수축하는 원인이다.

액틴 섬유의 밀도를 낮게 유지하면 별다른 일이 일어나지 않는다. 표면을 따라 우발적으로 움직이며 이리저리 무작위로 방향을 바꿀 뿐이다. 그런데 밀도를 높여 액틴 섬유가 다발을 이루도록 하면 인상적인 변화가 일어난다. 조율된 움직임이 나타나는 것이다. 각 섬유의 움직임이 주변 섬유에 영향을 주면서 섬유의 거대한 물결과 소용돌이가 저절로 자기조직화하기 시작한다. 소용돌이치고 빙글빙글 도는 이 구조들은 섬유들의 단거리 상호 작용과 장거리 상호 작용이 정교하게 뒤섞인 결과이다. 연구자들은 섬유를 시뮬레이션하려고 컴퓨터 모형을 만들었지만 섬유 다발이 어우러진 모자이크를 온전히 재현할 수는 없었다.

세포 골격의 다른 부분들에서도 이와 똑같은 이례적 능력이 관찰된다. 매사추세츠 브랜다이스 대학교의 팀 산체스Tim Sanchez 연구진은 튜불린tubulin 단백질의 섬유를 실험했다.[21] 튜불린 섬유는 지름이 약 25나노미터로 액틴의 약 네 배이며[22] 액틴과 마찬가지로 세포 골격 구조의 일부를 이루어 세포에 필수적인 분자들이 전달되는 초소형 고속 도로 역할을 한다. 세포 분열 과정에서는 DNA 묶음인 염색체의 이동을 조직하고 지휘한다. 미오신처럼 섬유를 따라 이동할 수 있는 분자인 키네신kinesin이 들어 있는 접시에 튜불린 섬유를 첨가했더니 여기서도 자기조직화 패턴이 관찰되었다. 길고 하늘하늘한 섬유 태피스트리 위로 분자들이 행진하면 그 능동적 행동에 따라 섬유가 맞물리고 접혔다.

이 경이로운 실험에서 우리는 생명이 분자 수준에서도 서로 영향을 미치며 질서 정연한 구조를 저절로 형성할 수 있음을 발견했다. 생명에서 조직화된 것은 모두 감독을 받아야 하고, 이 감독이 중단되면 생명 과정도 끝난다는 사고방식은 한물갔다.

세포 섬유, 개미, 새, 심지어 물고기 떼나 이주하는 누영양에서 전면에 등장하는 법칙과 원리는 개체군 전체 규모에서 생명을 지휘하고 형성하는 물리적 과정의 힘을 보여 준다.[23] 여기에는 공통의 테마가 있다. 그것은 개체 수가 어떤 임곗값에 도달하면 한 종류의 행동이 다른 종류로 변화하고, 작은 무작위 변동이 일어나면 한 생물 집단이 새로운 상태로 급변한다는 것이다. 물론 이 집단에 적용되는 다른 규칙들에서는 다양성도 찾아볼 수 있다. 개미와 무관하던 공기역학이 공중에서는 무대 중앙에 나와 기러기 가족에 자신을 각인한다. 하지만 생명이 환경에 따라 저마다 다른 물리 법칙을 따라야 한다는 엄연한 사실을 논외로 한다면, 세포 내 분자의 군무와 하늘 위 찌르레기의 군무를 비슷하다고 여기는 것이 그렇게 정신 나간 짓일까?

찌르레기의 군무, 개미의 땅속 제국, 세포 섬유의 무리 짓기 등 자연에서의 복잡한 행동이 대부분 물리학과 무관한 무언가의 산물이라고 오해하기란 쉬운 일이다.[24] 어느 날 저녁

밖에 나가 찌르레기 수천 마리가 급강하고 부드럽게 일렁이면서 오로라 같은 패턴을 하늘에 펼치는 광경을 보라. 우리의 혼을 빼앗는 그 장관의 예측 불가능성과 아름다움을 보면 지구상에 생명이라는 선물이 있다고, 물리학을 뛰어넘는 무언가가, 더 높은 조직화 질서에 뿌리 내린 무언가가 있다고 믿더라도 용서받을 수 있으리라. 그러나 이 대규모 조직화 속에는 단순한 질서, 예측 가능성, 물리적 원리가 있다. 물론 혼란스러운 행동의 여지가 있는 것 또한 사실이다. 여기서 찌르레기 한 마리가 우연한 움직임을 보이고 저기서 몇 마리가 부딪히면 무리의 방향이 바뀔 수도 있다. 이런 작고 우연한 변화가 무리 전체에 퍼지면서 물리학을 넘어선 어떤 매력을 전체 구조에 부여하는 것이다.

우리가 외계에 나가 개미처럼 생긴 단순한 생명체가 화학물질을 서로 전달하고 소통하면서 보금자리를 짓는 모습을 관찰한다면, 우리는 지구에서와 같은 피드백 과정이 질서 정연한 군집을 만들어 내는 것을 보게 될 것이다. 저 먼 행성의 하늘을 날아다닐 커다란 생명체들도 마찬가지다. 물론 비행 방식은 종마다 다를 수 있겠지만, 그 핵심에는 비행을 인도하는 물리적 원리가 있다. 그것은 생명체의 사회와 집단에 질서와 형체를 부여하는 방정식이다. 생명의 자기조직화가 보여주는 엄청난 다양성은 기본 규칙들에 단단히 뿌리박고 있으며, 우리는 이 규칙들이 보편적이라는 타당한 결론을 내릴 수 있을 것이다.[25]

3장
무당벌레의 물리학

내가 몸담은 학과에서는 학부생들에게 〈조별 과제〉라는 선택 활동 기회를 준다. 한마디로 뭔가 흥미로운 연구 주제가 있으면 한 학기 동안 파고들어 그 과정에서 — 바라건대 — 새로운 것을 배울 수 있는 것이다.

나는 개체군에서 개체까지 생명의 계층을 한 단계씩 내려가면서 어떤 법칙과 방정식이 단일 유기체 수준에서 생명을 빚는지 묻는 일반적 질문이 과제로서 가치가 있다고 생각했다. 그래서 2016년 겨울에 우리 조에 간단한 목표를 제시했다.[1] 그것은 무당벌레의 물리학을 몇 달간 탐구하는 것이었다. 무당벌레를 비유적으로 조각조각 나눠 메도스 공원 공중에서의 삶, 잎 위에서의 산책, 호흡, 딱지날개의 힘 같은 생명의 여러 측면을 하나하나 들여다보기. 이 작은 곤충을 구성하고 하루하루의 삶을 규정하는 데 결정적 역할을 하는 법칙과 방정식을 작성하기. 무당벌레가 어떻게 살아가는지 이해하는 데 필요한 물리학 지식을 모두 나열하기. 이것은 결코 사소한 과제가 아니었다. 내 과제가 방대한 지식을 요한다는 사실은 학생들이 첫 회의차 내 연구실을 찾기 전부터 알려져 있었다. 공기역학, 확산, 운동, 열관성을 비롯하여 적어도 부분적인 역할을 하는 물리학 개념들을 얼마든지 나열할 수 있었다. 나의 예상대로 이번 과제는 물리적 원리가 생명을 빚는 여러 방식을 탐구하는 매혹적인 여정으로 학생들을 인도했다.

탐구의 출발점으로는 다리가 안성맞춤이다. 단순해 보일지는 몰라도 무당벌레의 부속지에는 물리학의 매혹적인 요소들이 가득 들어 있다. 작은 다리 하나하나마다 마디가 세 개씩 있어서 온갖 신기한 형태로 움직일 수 있다. 자유도가 어찌나 큰지 발을 내려놓으려고만 해도 선택할 것이 한둘이 아니다.[2] 무당벌레의 머릿속에서는 컴퓨터가 어떤 가능성을 선택할지 궁리하고 있다. 풍속, 표면 불균일도, 잎의 조각, 수많은 세부 사항들이 자유자재로 움직이는 여섯 개의 다리를 어떻게 움직일지 결정하는 데 관여한다.[3]

무당벌레는 걸음을 내디딜 때마다 마치 관광객의 손을 수직으로 오를 때처럼 무언가 붙잡을 것을 찾아야 한다. 그러지 않으면 떨어질 테니 말이다. 거미, 도마뱀, 여느 딱정벌레처럼 무당벌레의 발바닥도 가시털이라는 작은 털로 덮여 있다.[4] 가시털은 무당벌레를 표면에 달라붙게 해준다. 무당벌레가 풀어야 하는 문제는 어떻게 해야 발바닥과 표면을 잘 붙일 수 있을 것인가이다. 무당벌레가 내놓은 답은 매우 얇은 액체 막을 이용하는 것이다. 발바닥에서 유체 막을 분비하면 곤충처럼 작은 규모에서는 유체가 모세관 작용과 유체 점성을 통해 강한 점착력을 발휘한다. 무당벌레는 이런 식으로 액체를 분비하여 요철을 메움으로써 표면을 매끈하게 만든다. 유체 층은 얇고 마찰력이 커서 무당벌레가 수직면에서 미끄러지지 않도록 해준다.

무당벌레의 발과 유체의 작용 원리에 대해 새로 알아낸 지식을 모두 종합하면 무당벌레의 다리가 낼 수 있는 총 점착력을 방정식으로 표현할 수 있다. 이를 이용하여 무당벌레가 자신의 작은 세계를 구성하는 지형을 얼마나 훌륭하게 숙달하고 누빌지 예측할 수 있다.[5] 아래 방정식은 암기해 둘 만하다.

$$F_{(점착)} = 2\pi\gamma R + \pi\gamma(2\cos\theta/h - 1/R)R^2 + dh/dt 3\pi\eta R^4/2h^3$$

여기서 $F_{(점착)}$ 은 점착력이다. γ 는 발 아래 유체의 표면 장력이다. R 은 발의 반지름으로, 실제로는 더 복잡하게 생겼지만 여기서는 단순한 원반으로 가정한다. η 값은 발 아래 유체의 점성이고 h 는 발과 표면의 거리, 즉 액체 막의 두께이며 t 는 시간이다. 첫 번째 항은 표면 장력, 두 번째 항은 라플라스 압력, 마지막 항은 점성력이다.[6]

하지만 다양하고 예측 불가능한 지형을 걷는 데는 한 가지 사소한 문제가 있다. 무당벌레가 쓰러지지 않으려면 다리가 단단해야 하는데, 불균일한 표면을 유연하게 디디려면 발이

말랑말랑해야 하는 것이다. 이를 위해 다리에는 레실린resilin
이라는 단백질이 들어 있다.[7] 레실린은 탄성이 있는 생물 중
합체로, 벼룩이 뛰어오르거나 다른 곤충이 관절을 비틀 수 있
는 비결이다. 무당벌레는 다리 윗부분부터 발까지 레실린이
단계적으로 분포하는데, 탄성이 필요한 발의 근처로 갈수록
많고 강성이 필요한 다리 위쪽으로 갈수록 적다.[8] 다리 위쪽
에는 나머지 외골격 부위를 이루는 딱딱한 키틴이 더 많이 들
어 있어서 물체의 강성을 나타내는 영률Young's modulus이 크
다. 여기서 우리는 물질 성질에 작용하는 물리학이 무당벌레
가 기어 다니는 데 알맞도록 진화했음을 알 수 있다.

발을 표면에 붙이는 힘은 인상적이지만, 표면에서 다리를
다시 뗄 수도 있어야 한다. 그러지 않으면 우리의 무당벌레는
한 장소에 꼼짝없이 붙들린 채 물리 법칙에 맞서 헛되이 용을
써야 할 것이다. 이번에도 간단한 방정식으로 이 점착력으로
부터 발을 떼어 내는 데 필요한 에너지(W)를 구할 수 있다.[9]

$$W = F^2 N_A l g(\theta) / 2\pi r^2 E$$

여기서 N_A는 발에 난 가시털의 밀도, l은 가시털의 길이, E는 가시털
의 영률(변형되려는 경향), r는 가시털의 반지름이다. $g(\theta)$ 항은 표
면에 대한 가시털의 각도를 나타내며 $g(\theta) = \sin\theta[4/3(l/r)^2\cos^2\theta$
$+ \sin^2\theta]$로 구할 수 있다.

아직 이야기는 끝나지 않았다. 무당벌레가 표면에 달라붙으려면 털이 많아야 하지만 너무 많으면 안 되기 때문이다. 너무 많으면 자기들끼리 뭉쳐 버린다. 가시털의 거리는 인력이 너무 크지 않을 만큼 멀어야 하지만 발바닥을 최대한 많이 덮을 수 있을 만큼 가까워야 한다. 가시털의 이론상 최대 밀도를 구하는 식은 아래와 같다.

$$최대\ N_A \leq 9\pi^2 r^8 E^2 / 64 F^2 l^6$$

여기서 F는 가시털 한 가닥의 점착력이다.

무당벌레는 가시털을 욱여넣기 위해 몇 가지 변이를 진화시킬 수 있다. 가시털이 한쪽만 끈끈하면 서로 달라붙을 가능성을 최소화할 수 있으며, 발에 돌기와 혹이 나 있으면 가시털을 더 쉽게 떼어 놓을 수 있다.

무당벌레는 발이 표면에 단단히 달라붙되 이동할 때는 떨어질 수 있게 이 방정식에 대한 모든 해가 최적화되도록 진화해야 한다. 그 결과가 바로 가시털이며 이는 방정식으로 표현할 수 있는 간단한 물리적 원리로 생물의 형태를 정교하고 아름답게 다듬은 사례이다. 그렇다면 곤충들의 털투성이 발바닥이 여러 번에 걸쳐 완전히 독자적으로 진화한 것은 놀랄 일이 아니다. 물리적 한계는 사정을 봐주는 일이 없지만 생명체가 이에 대해 내놓는 해결책에는 한계가 있다. 무당벌레에서 관찰되는 몇 가지 결과물에서 그 한계를 알 수 있다. 수렴 진화의 본질은 생물학적 형태를 물리적 원리에 의해 결정되는 비슷한 결과물로 빚어내는 것이다. 모든 곤충은 몇 가지 관계로 수렴하는데, 총체적으로 보면 복잡하고 매혹적이기는 하지만 그럼에도 이해할 수 있을 만큼 단순화할 수 있다.

작은 곤충이 표면 위를 걷고 벽을 오르고 심지어 몸을 뒤집은 채 잎과 천장 밑을 기어 다니기 위해 동원하는 정교한 수단은 여러분과 내가 쉽게 이해할 수 있는 종류가 아니다. 여러분의 발에 물을 얇게 바르고서 집의 외벽을 수직으로 걸어 올라가 보라. 실망이 이만저만이 아닐 것이다. 인간의 규모를 지배하는 것은 중력이므로 여러분은 미처 한 걸음 내디디기도 전에 사정없이 바닥으로 내동댕이쳐질 것이다. 하지만 여러분과 나보다 약 7만 5,000배 가벼운 무당벌레를 지배하는 것은 분자력이다. 그것은 표면 장력, 모세관 작용, 반데르발스 힘 등이다. 분자를 밀어내고 끌어당기는 이 모든 힘이 어우러져 무당벌레의 우주를 빚어낸다. 이 우주에서는 분자력을 이용하여 벽에 달라붙는 묘기를 부리는 것이 필연적이다. 그렇다고 해서 중력이 무당벌레에 전혀 작용하지 않는다는 것은 아니다. 잎이나 벽에서 분리된 무당벌레는 여러분과 나처럼 어김없이 바닥으로 떨어진다. 낙하 속도가 느리고 부상을 덜 입기는 하겠지만 말이다. 중력은 피할 수 없다. 하지만 대다수 곤충의 규모에서는 중력이 막후로 물러나고 분자력이 전면에 등장한다.[10]

어떤 문이 열리면 어떤 문은 닫힌다. 무당벌레는 이 얇은 유체 막을 이용하여 벽을 오를 수는 있지만 바로 이 분자력, 바로 이 법칙 때문에 봉변을 당하기도 한다. 여러분과 나와 대형 동물은 씻고 싶으면 샤워나 목욕을 하거나 가까운 물웅덩이나 연못을 이용한다. 물 밖으로 나오면 물은 중력 때문에 떨어져 내리고 얇은 막과 방울 몇 개만 남는다. 개는 몸을 부르르 떨고 여러분은 수건으로 닦는다. 둘 다 할 수 없을 때는 물이 증발할 때까지 그냥 기다리면 된다.

하지만 무당벌레는 더 신중해야 한다. 물이 한 방울만 있어도 몸에 우악스럽게 달라붙기 때문이다. 작은 다리가 아무리 강해도 표면 장력을 이기고 물을 밀어내기엔 역부족이다. 개미처럼 더 작은 곤충은 그런 물방울에 아예 집어삼켜져 갇힐 수도 있다. 물방울 표면에 있는 물 분자들의 분자력에 의해 표면 장력 감방인 물 우리에 감금되는 것이다. 이런 이유로 많은 곤충, 특히 작은 곤충은 단단한 다리로 몸에서 흙과 먼지를 털어 내는 드라이클리닝 방식으로 몸을 청소하고 물의 유혹을 멀리한다.

인간은 벽을 수직으로 오르지 못하나 파리와 무당벌레는 오를 수 있다는 사실은 우리의 일상 경험에서 너무 명백하고 당연시되어 눈길조차 거의 끌지 못할지도 모른다. 하지만 무당벌레의 영역에서 작용하는 물리학과 우리가 따라야 하는 물리학은 두 가지 서로 다른 세계를 규정한다. 물론 물리학은 같지만 서로 다른 힘이 각 영역을 지배하는 것이다. 그럼에도 이 물리학은 각각의 규모에서 살아가는 생명체의 형태에 대해 많은 것을 설명해 준다. 무당벌레의 다리 설계와 목욕 방법 또는 인간이나 가젤의 이동 방법에서 간단하게 설명할 수 있는 것은 아무것도 없다. 하지만 그 한계와 가능성을 설명하려면 우연성, 즉 재현될 수 없는 생명 진화의 역사적 변칙을 탐구하는 것이 아니라 이 생명체의 작동을 지배하는 기본 물리 법칙을 조사해야 한다.[11]

무당벌레의 묘기는 장애물 넘기만이 아니다.

무당벌레의 온갖 묘기 중에서 가장 눈에 띄는 것은 날개를 보호하는 딱지날개 밑에 욱여넣어진 작은 날개다. 두께가 0.5마이크로미터밖에 안 되어 거미줄처럼 얇은 이 날개는 솜씨 좋게 세 겹으로 접힌 채 매끈하고 딱딱한 딱지날개의 보호를 받는다. 무당벌레는 포식자나 에든버러 관광객이 귀찮게 굴면 0.5초 안에 이 접이식 날개를 펼쳐 최대 시속 60킬로미터로 하늘 높이, 원한다면 1킬로미터 넘게 날아오를 수 있다.[12]

무당벌레 날개는 비행기 날개와 달리 결코 단순한 고정식 구조물이 아니다. 활짝 펴면 몸길이의 네 배까지 늘어나는 가동익(可動翼)이다. 날개는 경첩 관절로 몸에 부착되어 수평면을 따라 앞뒤로 파닥거리는데, 몸의 근육과 날개의 맥은 마치 레버처럼 날개를 공기 속으로 밀어내어 양력을 발생시킴으로써 몸을 하늘로 띄운다. 날개 앞쪽을 따라 뻗은 강화된 맥은 빗방울이나 뜻밖의 물체와 부딪혔을 때 힘과 안정성을 유지하게 해준다.

무당벌레 날개는 무척 나긋나긋하지만, 경첩 관절의 근육과 날개 속 맥 덕분에 공기 패턴과 바람의 변화에 맞춰 형태를 바꾸고 휘어질 수 있다. 하지만 이렇게 대단한 구조로도 이 작고 통통한 공을 띄워 올리기에는 역부족으로 보인다.

많은 곤충학자들은 곤충이 어떻게 나는지 알아내려고 골머리를 썩였다. 컴퓨터 모형화가 급속히 발전하고 곤충의 움직임을 고속으로 촬영할 수 있게 되면서, 연구자들은 곤충이 어떻게 빼어난 솜씨를 발휘하여 공기역학의 물리학으로 인한 모든 요소와 가능성을 활용하는지 탐구할 수 있게 되었다.[13]

무당벌레 날개는 양력을 얻는 데 필요한 온갖 묘기를 부릴 수 있다. 언뜻 보기에는 뒤죽박죽이요 마구잡이로 내두르는 것처럼 보이지만 그 속에는 정교하게 조율되는 변화가 있는데, 이 동작에는 〈손뼉 치고 휘돌리기clap and fling〉라는 신비한 이름이 붙어 있다. 날개를 뒤로 뻗어 손뼉 치듯 맞닿게 하면 그 사이의 공기가 삐져나오면서 무당벌레를 앞으로 밀어낸다. 날개를 펴서 앞으로 뻗기 시작하면 빈 공간을 메우려고 공기가 밀려들어 날개 표면 위의 공기 순환을 보강함으로써 양력을 키운다. 손뼉 치고 휘돌리기에는 문제가 있는데, 격렬한 움직임에 날개가 상하는 것을 말하는 것은 아니다. 그것은 날개폭이나 날개 치는 횟수를 늘렸을 때 무당벌레가 얻을 수 있는 양력이 지나치게 커질 수 있다는 것이다.

이 관계를 알면 무당벌레 날개를 방정식으로 환원할 수 있으며, 이를 통해 이 부속지에서 발생하는 양력과 일률을 계산할 수 있다. 날개 주위의 힘, 각속도, 관성 모멘트를 고려하면 무당벌레의 비행을 부속지가 만들어 내는 킬로그램당 약 30와트의 일률 같은 간단한 수로 환원할 수 있다.

무당벌레는 착지할 때 날개가 상하지 않도록 감싸 보호해야 한다. 다치지 않도록 딱딱한 딱지날개 아래로 접어 넣어야 하는 것이다. 여린 날개를 숨기는 두 개의 껍데기는 마룻널 장부 이음처럼 한가운데에서 맞물리도록 똑똑하게 진화했다.

자연이 곤충을 만들려면 재료가 필요한데, 이것은 딱지날개도 마찬가지다. 그 해결책인 키틴은 튼튼한 당질로, 철보다는 열 배가량 무르지만 머리카락의 재료인 케라틴(단백질로 이루어진 물질)보다는 열 배가량 질기다.[14] 거미줄은 전설적인 장 강도를 자랑하지만, 여기서는 그렇게 무지막지하게 질길 필요는 없다. 무당벌레의 날개와 (머리를 비롯한) 나머지 취약 부위를 보호할 수만 있으면 된다.

무당벌레는 장갑 이곳저곳을 키틴으로 보강했으며 더듬이와 다리 같은 곳은 유연성을 위해 레실린을 섞었다.

우리의 무당벌레가 좌충우돌하며 세상을 살아가는 동안 날개가 상하지 않고 생식 연령에 도달하려면 그런 충돌에도 무사해야 한다. 충돌의 세기는 머리 상해 척도HIC 같은 방정식으로 계산할 수 있다.[15] 이것은 자전거 헬멧이 여러분의 머리를 얼마나 효과적으로 보호할 수 있는지 알아볼 때 쓰는 실용적인 방정식이다.

$$\text{HIC} = (t_2 - t_1)\left[1/(t_2 - t_1)\int_{t_1}^{t_2} a(t)\,dt\right]^{2.5}$$

여기서 t_2와 t_1은 시간이며 $a(t)$는 충돌 가속도이다.

이리저리 움직이는 무당벌레의 경우엔 더 복잡하긴 하지만, 날개를 고이 보호하려면 키틴의 강도와 딱지날개의 두께가 충돌 가속도를 이겨 내야 한다. 이 요인들은 궁극적으로 물리적 성질에 의해 정해진다.

그런데 키틴은 반투명한 물질이며 딱지날개는 날개를 덮는 것 말고도 몇 가지 다른 역할을 해야 한다. 그렇다. 짝을 유혹하는 것도 중요하고 포식자를 퇴치하는 것도 마찬가지다.[16] 딱지날개는 빨간색, 검은색, 노란색을 띠는데, 이는 무지갯빛 빨간색, 초록색, 황금색 등 곤충 세계의 팔레트에서 일부분에 지나지 않는다.

어쨌거나 딱지날개를 색칠할 때에는 나름의 타당성이 있어야 한다. 광택과 반점이 무작위로 배열되면 심미적으로는 보기 좋을지 몰라도, 여느 곤충과 마찬가지로 우리가 무당벌레에게 바라는 것은 일정한 패턴과 점이다. 곤충의 점을 비롯한 동물의 무늬는 포식자를 속이고 짝을 끌어들이는 위장술에 요긴하다.

곤충의 색깔이 어떻게 정해지는지 처음으로 탐구한 사람은 물리학자이자 컴퓨터 천재인 앨런 튜링이었다.[17] 갓 태어난 무당벌레에서 세포가 색소를 만드는 과정을 상상해 보라.

조금 떨어진 곳에서는 또 다른 세포가 색소의 생산을 방해하는 억제 효소를 만들고 있을지도 모른다. 발달하는 곤충의 세포에 이 색소와 억제 인자가 두루 퍼지면 색깔의 기울기가 생긴다. 그러면 딱 알맞은 장소에 색소가 생길 수 있으며 검은 점이 나타날 수도 있다. 한편 다른 장소에서는 색소가 억제되어 빨간색이 나타날 것이다. 이런 활성 인자와 억제 인자가 작용하는 범위를 조절하여 최종적으로 모든 패턴이 만들어진다.[18] 이 간단한 규칙만 가지고 무당벌레의 점, 표범의 무늬, 물고기의 줄, 달마티안의 반점을 만들 수 있다. 이 기울기는 이를테면 아래와 같은 방정식으로 표현할 수 있다.

$$\delta a / \delta t = F(a,h) - d_a a + D_a \Delta a$$
$$\delta h / \delta t = G(a,h) - d_h h + D_h \Delta h$$

여기서 t는 시간이고 a와 h는 각각 활성 인자와 억제 인자의 농도이다. 첫 번째 항은 화학 물질 생산량, 두 번째 항은 퇴화로 인한 손실, 마지막 항은 성분의 확산을 나타낸다. 이 방정식은 여러 가지로 변형할 수 있다.

튜링 패턴은 자연에서 흔하게 볼 수 있는데, 물론 현실에서는 단순히 활성 인자와 억제 인자가 몇몇 세포에서 퍼져 나가는 것보다 훨씬 복잡하다. 다양한 화학 물질이 제각각 역할을 하며 그 밖의 대사 상호 작용도 최종 디자인에 복잡성을 더한다. 많은 동물의 배아에서는 단순한 화학 물질 기울기가 아니라 유전적 제어와 조절이 무대 중앙을 차지한다. 하지만 화학 물질 기울기의 상호 작용이 패턴을 만들어 낸다는 튜링의 기본 발상은 무당벌레가 어떻게 반점을 얻었는지 이해하는 기발한 토대가 된다.[19] 튜링의 간단한 모형은 더 복잡한 유전 지식에 종종 자리를 내주었으나 그의 연구는 복잡한 생물 현상을 단순한 물리 법칙으로 설명하려는 대담한 행보였으며 물리학과 생물학을 통합하려는 초창기 시도 중 하나였다.

점박이 몸으로 포식자를 퇴치하거나 짝을 점찍었으면 이젠 하늘로 날아올라야 한다. 메도스 공원에서 낮잠을 자다 깬 여행객에게서 벗어나려면 날개를 팔락일 수 있도록 몸을 데워야 한다. 무당벌레는 변온 동물이어서 대부분의 온기를 스스로의 대사 활동이 아니라 주변에서 얻는다. 이에 반해 여러분과 나는 스스로 체온을 조절하는 항온 동물이다. 무당벌레는 체온을 유지하려면 주변에 의존해야 한다. 우리의 친구에게 이것이 문제가 되는 이유는 기온이 13도 이하로 내려가면 추워서 몸이 말을 듣지 않기 때문이다. 그렇기에 햇볕을 쬐는 것은 무당벌레의 삶에서 필수적인 요소이다. 여러분 중에도 업무 시간 중의 일광욕이 생리학적으로 꼭 필요하다고 강변하고 싶은 사람이 적지 않을 것이다.

무당벌레는 딱지날개를 태양 쪽으로 향하고 앉은 채 키틴질 덮개로 태양 복사열을 흡수하여 체온을 높인다. 복사열의 일부는 껍데기 표면에서 반사될 것이다. 무당벌레의 밝고 매혹적인 색깔에는 대가가 따른다. 몸을 데우는 데 필요한 바로 그 복사열이 훨씬 많이 반사되어 버리는 것이다. 실제로 거무튀튀한 무당벌레가 밝은 색깔의 무당벌레에 비해 귀한 태양 에너지를 훨씬 효율적으로 수집한다고 알려져 있다.[20]

여러분과 나의 경우는 증발을 통해 열의 일부를 배출한다. 땀이 피부 표면에서 기화하면서 에너지가 빠져나가는 것이다. 하긴 땀을 흘리는 목적 자체가 과열을 막는 것이니까. 그런데 다행히도 무당벌레는 두꺼운 딱지날개 덕에 증발이 거의 일어나지 않아 불필요한 열 손실을 방지한다. 하지만 일부 열은 몸에서 공기 중으로 전도된다.

우리는 무당벌레의 모든 열원과 열 손실을 마치 장부에 기입하듯 꼼꼼히 체계적으로 계산할 수 있다. 그러려면 태양 에너지가 얼마나 흡수되고 얼마나 반사되는지 따져 보고, 소량의 열이 무당벌레의 대사 활동에서 생기고 몸 안에서 밖으로 나가는 것도 고려해야 하며, 몸과 딱지날개 사이의 얇은 공기층이 단열재 역할을 하여 열 손실을 억제하는 것도 염두에 두어야 한다. 바람이 무당벌레를 스치면서 열의 일부를 빼앗는 것도 감안해야 한다.

열이 들어오고 나가는 이 태피스트리의 다양한 부분들을 더하고 빼고 나누고 곱하면 무당벌레 체온(T_b)의 방정식을 얻을 수 있다. 아래의 작은 방정식은 이 작은 곤충에게는 생사를 가르는 문제이다.[21]

$$T_b = T_r + tQ_sR_b(R_r - R_b)/kR_r$$

여기서 T_r는 딱지날개의 온도, t는 딱지날개의 투과율, Q_s는 무당벌레의 입사 에너지, R_b는 무당벌레 몸통의 반지름, R_r는 껍데기 반지름, k는 몸통과 딱지날개 사이 공기의 열전도율이다.

메도스 공원의 해가 저물거나 이 아름다운 장소에 겨울 추위가 찾아오면 도시민과 관광객은 집과 카페로 피신하지만 작은 무당벌레는 피할 곳이 없다. T_b는 적자로 돌아선다. 하지만 무당벌레에게는 다른 수가 있다. 여러분과 나는 거의 알아차리지 못하지만, 무당벌레는 몸을 떨 수 있다. 이렇게 에너지를 태워 열을 발생시킴으로써 껍데기의 열 손실을 상쇄할 수 있고 돌아다니기에 충분할 만큼 체온을 유지할 수 있다.[22]

하지만 얼마 지나지 않아 몸을 아무리 떨어도 겨울 추위를 떨칠 수 없게 되면 무당벌레는 동면에 들어가야 한다. 에든버러의 기온은 최대 9개월간 이 작은 벌레를 휴면 상태에 빠뜨린다. 무당벌레는 피난처를 찾기 위해 친구들과 힘을 합쳐 낙엽, 흙, 이끼 같은 보온재를 찾아 도시를 누비고 함께 모여 추위에 굴복한 채 몸의 활동이 중단되도록 한다. 이제 걷기도 날기도 힘들기에 무당벌레들은 다닥다닥 붙어서 포식자의 공격을 막는다. 그러지 않으면 몸이 굼떠서 금방 잡아먹힐 것이다.

겨울잠이 절정에 이른 한겨울에는 체온이 영하로 떨어질 수 있는데, 그러면 무당벌레에게 또 다른 문제가 생긴다. 무당벌레는 추위에 호들갑을 떨었지만, 그것은 몸이 꽁꽁 얼어 날카롭고 고약한 얼음 결정이 세포막을 뚫고 돌이킬 수 없는 손상을 입힐 가능성에 비하면 아무것도 아니다.

이제 무당벌레는 또 다른 방정식을 실행해야 한다.

$$\Delta T_f = K_f m$$

몸에 염분 같은 부동액 성분을 첨가하면 물의 어는점을 낮출 수 있다. 어는점이 얼마나 낮아지는지(ΔT_f) 알려면 화학 물질의 〈어는점 내림 상수〉(K_f)와 용액의 몰랄 농도 m을 곱하기만 하면 된다.[23]

물 2그램에 글리세롤 1그램을 넣으면 이 용액의 어는점은 약 영하 10도로 내려간다. 무당벌레는 혈액에서 이런 화합물을 합성함으로써 얼음 결정이 생기는 것을 막아 체온의 급격한 저하를 이겨 내고 겨울이 끝날 때까지 몸을 온전히 보전할 수 있다.

이 방정식은 물리학의 무정하고 불가피한 원리에 생명이 어떻게 대처하는지 똑똑히 보여 줄 뿐 아니라 여러 방정식으로 표현되는 자연 현상이 어떻게 생명체에 유익하게 접목되는지도 알려 준다. 무당벌레의 체온은 상호 작용을 하는 항들의 혼합물이며, 몸에 들어오고 나가는 열 인자들에 의해 수학적 형태로 표현된다. 날이 저물면 무당벌레의 행동은 앞의 결론을 따른다. 녀석은 몸을 오들오들 떨기 시작할 것이다. 어느 부위에서는 몸을 떨어서 열 손실에 대해 조치를 취할 수 있으며, 먹이를 더 많이 태워서 열을 만드는 간단한 과정이 냉각의 일부를 상쇄한다. 무당벌레의 혁신은 여기에 머물지 않는다. 운동과 공기역학의 방정식인 다리와 날개 덕에 녀석은 더 획기적인 조치를 취할 수 있다. 나뭇잎 속으로 기어들거나 하늘을 날며 숨을 곳을 찾는 것이다. 낙엽에 묻힌 채 물리 법칙을 고분고분 받아들여, 자신을 덮치는 필연적 기면 상태에 순응한다. 하지만 진화는 결코 수동적인 방관자가 아니다.

돌연변이를 통한 실험은 더 성공적으로 번식할 수 있는 유기체를 만들어 내는 해결책을 찾아 물리적 원리를 탐색한다. 그럼으로써 더 튼튼하고 성공적인 미래 개체군을 규정하고 빚어낸다. 곤충 생물학의 역사에서 그런 혁신 중 하나는 글리세롤 같은 화합물을 생산하여 어는점을 낮춤으로써 어는점 내림 방정식에 따라 체온 하한선을 영하로 끌어내려 체온 범위를 확장한 것이다.

이 어는점 내림 방정식은 한 개체군의 다양한 후손들이 조상의 생명 형태에서 표현된 적 없는 새로운 물리적 관계를 어떻게 탐구하는지를 근사하게 보여 준다. 번식 가능성을 높이는 물리적 원리가 새로운 변이형에 의해 발견되면 이 원리는 선택되어 새로운 세대에 전달된다. 이런 식으로 생명은 물리적 원리의 우주를 탐색하는데, 이것은 방정식으로 표현되어 생명체에 접목된다.

운동과 체온 조절뿐 아니라 동물이 생존하는 데 필요한 기체에도 단순한 물리적 관계가 작용한다. 무당벌레가 움직이고 몸을 데우고 번식할 수 있는 것은 대다수 동물에게 가장 필요한 기체인 산소를 얻는 능력에 절대적으로 의존한다. 우리 몸에서 공기를 빨아들이고 내뿜는 폐는 끊임없이 일하는 산소 공급원이다. 심지어 물속에 사는 물고기도 물을 아가미 사이로 흐르게 하여 에너지 생산에 필수적인 산소를 뽑아낸다. 우리처럼 물고기도 유기물 먹이를 태울 때 산소를 이용한다.

여느 곤충과 마찬가지로 무당벌레도 폐가 없다. 그 대신 원통들이 생명의 튜브 그물망처럼 몸속에 뻗어 있다.[24] 이 기관은 더 작은 기관지에 연결되어 몸속을 가로지른다. 이 관을 통해 공기가 흐르면서 무당벌레의 내장에 산소를 공급한다. 그물망이 하도 촘촘해서 산소를 필요한 부위에서 몇 마이크로미터 이내까지 보낼 수 있다. 하지만 산소 전달은 확산이라는 수동적 과정에 의해 이루어진다. 확산은 원자나 분자가 농도가 높은 곳에서 낮은 곳으로 이동하는 현상이다.

곤충의 호흡 방법은 비교적 간단하기에 이 확산 과정을 다루는 방정식도 복잡하지 않다. 아래 방정식을 이용하면 분자가 일정한 거리(x)를 이동하는 데 걸리는 시간(t)을 구할 수 있다.

$$t = x^2 / 2D$$

여기서 D는 주어진 매질에서 분자가 얼마나 빨리 이동할 수 있는가를 일컫는 확산 계수이다.

이 간단한 방정식을 통해 기체가 주어진 거리를 이동하는데 걸리는 시간이 이동 거리의 제곱에 비례함을 알 수 있다. 산소의 이동 거리를 두 배 늘리고 싶으면 두 배가 아니라 네 배 더 오래 기다려야 한다. 수가 커지면 기다리는 시간은 더욱 많이 증가한다. 이 때문에 곤충은 확산으로 인해 궁극적 제약을 받는다.

무당벌레 몸속으로 들어간 기체의 확산 속도는 몸속 농도에 따라 결정된다. 생리학자 아돌프 피크Adolf Fick는 확산 연구를 개척한 인물이다. 19세기에 그는 산소 같은 기체가 주어진 시간에 얼마큼 흐르는지와 관련한 지식의 상당수를 밝혀냈다(널리 알려진 피크의 제1 법칙도 그중 하나이다). 그의 방정식은 아래와 같다.

$$J = -D \, dC/dx$$

여기서 J는 유량, D는 확산 계수, dC/dx는 주어진 거리에서의 기체의 농도 변화율이다. 이 방정식을 이용하면 얼마나 많은 산소가 곤충의 몸속을 통과할지 계산할 수 있다.

이 방정식을 곤충에 대입하면 매우 단순한 사실을 알 수 있다. 그것은 곤충의 크기에 한계가 있다는 것이다. 몸집이 너무 커지면 기관의 그물망이 어지간히 복잡해지지 않고서는 충분한 산소를 적절한 시간 안에 몸 한가운데까지 운반할 수 없다. 확산 거리만 문제가 되는 것이 아니다. 산소가 확산하여 들어가는 과정에서 곤충의 몸속 깊은 곳까지 도달하기 전에 전부 소모될 수도 있다. 이것은 코끼리만 한 개미나 딱정벌레가 없는 한 가지 이유이다.

곤충의 최대 가능 크기를 계산하기 힘든 이유는 지금까지의 기초적 분석을 정교하게 다듬기가 쉽지 않기 때문이다. 일부 곤충은 복부를 움직여 공기를 능동적으로 빨아들이고 내뿜을 수 있다. 이런 식으로, 압력 기울기에 의한 공기의 흐름인 대류가 더 강제적으로 작용하는 덕에 많은 곤충, 특히 바퀴벌레처럼 큰 곤충이 산소를 능동적으로 빨아들일 수 있다. 하지만 이런 도움을 받더라도 기관의 단순한 그물망으로 얻을 수 있는 공기의 양에는 한계가 있다.

곤충이 커질 수는 있지만, 가장 덩치가 큰 포유류나 멸종 파충류인 공룡만큼 거대해질 수는 없다. 기록된 최대의 곤충은 뉴질랜드에 서식하며 곱등이를 닮은 웨타weta의 한 종인 데이나크리다 헤테라칸타*Deinacrida heteracantha*(자이언트 웨타)이다. 녀석의 몸무게는 71그램이며 골리앗왕꽃무지 goliath beetle도 50그램을 넘는다. 하지만 이 곤충계의 고질라들을 14만 킬로그램짜리 대왕고래와 비교해 보라.

그런데 시간을 거슬러 올라가면 매우 기이한 광경을 볼 수 있다. 약 3억 년 전에는 지구상에 서식하는 곤충의 크기가 지금보다 훨씬 컸다. 무성한 석탄기 숲 — 어마어마하게 넓은 습지대 숲으로, 석탄의 공급원이 되었다 — 의 하늘을 붕붕

거리며 날아다니는 것은 거대한 잠자리였다. 지금은 멸종한 메가네우라*Meganeura*는 날개폭이 50센티미터를 훌쩍 넘었다. 숲 밑을 기어 다니는 무시무시한 노래기 아르트로플레우라*Arthropleura*는 2.5미터까지 자랐다. 이 시기에 무슨 일이 일어난 것일까? 진화가 거대 곤충 실험을 마구잡이로 했던 것일까? 공교롭게도 같은 시기의 대기 중 산소 농도는 약 35퍼센트로, 오늘날의 21퍼센트보다 꽤 높았다. 이렇게 높은 산소 농도는 거대 곤충의 등장에 한몫했을 가능성이 있다. 산소 농도가 높아지면 더 많은 산소가 몸속에 효과적으로 확산할 수 있어 곤충의 몸이 커질 수 있다.

아이디어가 다 그렇듯 아름다운 이야기는 종종 냉혹한 현실에 맥을 못 춘다. 산소가 생명체에서 하는 역할은 단순히 확산을 통해 크기에 영향을 미치는 것에 머물지 않는다.[25] 고농도의 산소는 유독할 수 있는데, 여기서 생성된 자유 라디칼이 주요 생물 분자를 공격하기 때문이다. 곤충이 몸집을 키우는 쪽으로 진화한 것은 몸속으로 확산하는 산소의 양을 줄임으로써 산소의 이러한 독성 효과를 최소화하기 위해서인지도 모른다. 곤충의 몸집이 커지면 먹이가 더 많이 필요하고 외골격이 부서질 가능성이 커지는 등 다른 문제도 생길 수 있다.[26] 이런 문제들도 곤충의 크기를 제약하는 요인으로 작용한다.

그럼에도, 곤충의 과거 서식 환경과 대기 환경에 대한 우리의 지식이 아무리 불완전하더라도 우리는 물리적 원리가 곤충의 형태와 최대 크기를 적잖이 좌우한다고 결론 내려야 한다. 따라서 궁극적으로는 곤충을 파충류나 포유류와 비교함으로써 동물의 구조가 어떻게 해서 심한 제약을 받는지 알 수 있다. 곤충의 세부 구조가 우연과 우발성에 의해 빚어졌다고 주장할 수는 있겠지만, 궁극적 한계라는 과제를 맞닥뜨리면 기초 물리학으로 돌아가야 한다.

무당벌레가 메도스 공원의 이끼 더미나 낙엽 더미 아래를 뒤지며 함께 몸을 숨길 동료들을 찾으려면 세상을 감지할 수 있어야 하는데, 무당벌레의 머리에는 바로 이 일을 하기 위해 엄청나게 복잡한 감각 기관들이 달려 있다. 무당벌레는 눈이 두 개이다. 여러분이나 나와 다르게 이 눈은 빛을 포착하여 많은 수용체에 전달하는 하나의 커다란 렌즈가 아니라 여느 곤충과 마찬가지로 겹눈이다. 미세한 렌즈인 낱눈이 모여 이루어진 거대한 겹눈에서는 개별 렌즈가 하늘의 저마다 다른 부분에서 빛을 받아들인다. 그런데 이 작은 렌즈의 크기에는 한계가 있다. 아무 제약이 없다면 무당벌레는 낱눈을 최대한 많이 가지고 싶어 할 것이다. 낱눈이 많을수록 더 큰 해상도의 상을 얻을 수 있기 때문이다. 말하자면 주변 세상에 대해 더 자세한 정보를 수집할 수 있는 것이다. 개별 렌즈의 각지름(θ)은 간단한 방정식으로 나타낼 수 있다.[27]

$$\theta = ad/r$$

여기서 a는 렌즈 열(列)의 각시야(角視野), d는 개별 렌즈의 지름,

r은 렌즈 열의 길이이다.

렌즈를 더 많이 욱여넣으면 틀림없이 세상에 대해 더 많은
정보를 수집할 수 있지만 새로운 문제가 생긴다. 렌즈가 작을
수록 회절의 영향이 커지기 때문이다. 회절이란 빛이 살짝 구
부러지고 왜곡되어 간섭을 일으키는 현상이다. 그러면 눈은
무용지물이 된다. 무당벌레의 시각을 방해하지 않는 한계 각
(θ_d)은 아래와 같이 빛의 파장(λ)을 이용하여 계산할 수 있다.

$$\theta_d = 1.2\lambda/d$$

여기서도 물리적 원리가 진화 투쟁에서 싸움을 벌이는 트
레이드오프를 볼 수 있다. 렌즈 하나하나를 작게 만들면 렌즈
를 눈에 더 많이 욱여넣어 세상을 더 많이 볼 수 있다. 하지만
렌즈가 너무 작아지면 빛의 물리적 작용 때문에 역효과가 난
다. 진화 과정은 교차하는 원리들에 제약받으며, 이 원리들은
결과물을 예측 가능하고 협소한 형태로 빚고 다듬는다.

곤충의 눈이 빛과 색깔을 받아들이는 메커니즘은 그 자체
로 하나의 연구 분야이다.[28] 낱눈은 각각 파란색, 초록색, (많
은 경우) 자외선을 받아들이는 수용체가 있기에 전자기 스펙

트럼에서 여러분과 내가 볼 수 없는 영역을 볼 수 있다. 일부 날벌레에서는 자외선과 파란색에 적응한 수용체가 하늘을 우선적으로 향하는데, 이것은 비행을 돕기 위해서일 것이다. 곤충의, 실은 모든 동물의 시각 능력에서는 전자기 스펙트럼의 저마다 다른 영역을 물리적으로 감지해야 한다는 요건이 생물학과 만난다.

이 작디작은 무당벌레를 들여다보면서 우리는 진화와 물리적 과정의 확실하고도 깊은 연관성 중에서 단 하나만을 탐구했다. 몇 달간의 연구가 끝난 뒤에, 무당벌레의 물리학을 탐구하는 과제를 맡은 학생들은 몇 가지 원리만을 다뤘는데도 보고서 분량이 40면을 넘었다. 화학 물질을 감지하고 주변 환경을 물리적으로 느끼며 날 때 공기 속도를 감지하고 곤충에 따라서는 소리를 포착하는 감각기로 가득한 더듬이는 아예 조사하지도 않았다. 각 능력마다 우리가 정식화하고 깊이 탐구할 수 있는 방정식들이 있다. 잎을 자르고 먹이를 으깨는 구기의 역학에 대해서도 논의하지 않았다.[29] 저작(咀嚼) 과정은 그 자체로 방정식과 힘들의 연쇄이며, 무당벌레가 생명을 유지하려면 반드시 고려해야 하는 요소이다. 먹이의 소화와 흡수는 우리를 또 다른 경로로 데려가는데, 여기서는 확산, 삼투, 마찰이 다른 힘들과 상호 작용을 하여 무당벌레가 성장과 번식에 필요한 에너지와 영양소를 얼마나 효과적으로 얻을 수 있는가를 결정한다. 곤충 혈액인 혈림프hemolymph는 또 어떤가? 혈림프는 작은 혈림프관을 순환하며 필수 영양소를 세포에 공급하고 노폐물을 제거한다. 근육 기능의 물리학, 에너지 저장, (곤충의 바깥층인) 표피의 세부 사항은 어떻게 작용할까? 무당벌레 번식의 물리학은 어떤 식일까?[30] 알의 발달과 애벌레 단계는 어떻게 이루어질까? 내 생각에 이런 과제를 제대로 연구하려면 3년도 더 걸릴 것이다.[31] 이 모든 질문은 이 책의 범위를 뛰어넘지만, 이 짧은 설명에서 기울인 몇 가지 노력에서 우리가 어떤 결론을 이끌어 내야 하는지 알 수 있다.

무당벌레는 놀랍도록 복잡한 존재이며, 무게가 태양의 10^{33}분의 1밖에 안 되는 이 기계에 담긴 물리적 원리는 항성의 구조와 진화를 정의하는 물리적 원리보다도 많다.

이 물리적 원리들은 따로따로 제 할 일만 하는 것이 아니라 모두가 서로 엮여 있다. 진화 과정에서 자연 선택은 각각의 생물에 구현된 원리들의 모자이크가 번식 성공에 최적화되지 않았으면 그 변이형을 없애 버리는 식으로 작용한다.[32]

마이크로미터 두께의 얇은 날개를 찢거나 손상시키는 충돌에서 살아남기 위해 무당벌레는 삶의 예측 불가능성과 타격을 이겨 낼 수 있는 두꺼운 딱지날개를 발달시켜야 한다. 하지만 딱지날개가 너무 두꺼우면 몸이 무거워져서 하늘을 나는 능력이 약해지며 포식자에게서 달아날 만큼 빠르게 날개를 팔락거리지 못하게 된다. 이 난제 앞에서, 무당벌레의 선호 재료인 키틴의 영률은 무당벌레의 공기역학적 삶을 규정하는 방정식과 일대일로 대면해야 한다. 키틴의 강도를 표현하는 관계는 그 자체로 키틴의 열 흡수 능력을 변화시켜 무당벌레의 체온에 대한 방정식을 충돌에서 살아남는 능력과 접목한다.

커다란 종이에 적어 놓은 수백 가지 방정식을 상상해 보라. 여기저기 그려진 곡선 화살표는 한 방정식의 항이나 해가 다른 방정식에 어떤 영향을 미치는지 나타낸다. 이 거대한 방정식 연결망이 이동하고 변화함에 따라 온갖 피드백 과정이 일어난다. 한 방정식의 미세한 변화가 일으킨 물결은 마치 경기장의 〈파도 응원〉처럼 전체로 퍼져 나간다. 이것이 생명이다. 돌연변이는 몇몇 방정식의 해를 바꾸고 새 방정식을 추가하고 어떤 방정식들을 제거한다. 자연 선택은 이렇게 뒤섞인 수학적 잡탕을 가져다 환경에서 시험한다. 무당벌레에게서 발현된 물리학 태피스트리 중에서 성공적 번식으로 이어지는 것은 새로운 실험으로 넘어가며 그러지 못하는 것은 없어진다.

방정식으로 표현할 수 있는 물리적 원리를 최대한 많이 구현하여 컴퓨터로 무당벌레를 창조하는 일은 매혹적인 도전일 것이다. 그러려면 이 책에서 언급한 피상적 노력을 뛰어넘어 무당벌레의 유전 부호를 깊숙이 탐구하면서 돌연변이와 오류를 덧붙여야 할 것이다. 더 높은 차원에서는 컴퓨터 모형으로 무당벌레 개체군을 만들어 내어 녀석들이 추위에 군집을 형성하는 과정을 시뮬레이션해야 할 것이다. 여기에는 온전한 다세포 동물을 방정식으로 표현된 물리적 원리로 환원할 가능성을 더 깊이 탐구한다는 과학적 쓰임새만 있는 것이 아니다. 생명 형태를 빚어내는 다양한 힘과 가능성을 이해하려는 우리의 노력도 훨씬 심화될 것이다. 이런 노력은 우리를 과학의 근본적 특징인 예측 능력의 영역으로 더 깊숙이 데려갈 것이다.[33]

생명을 방정식의 집합으로 환원하는 것은 유전학과 물리학을 연결하는 효과적 방법인지도 모른다. 무당벌레의 체온을 생각해 보라. 무당벌레의 체온을 구하는 열 방정식에서 각 항을 조절하는 것은 하나의 유전자일 수도 있고, 유전자의 집합일 수도 있고, 여러 유전자의 조합에서 생겨나는 창발적 속성일 수도 있다. 무당벌레의 표면에서 유실되는 태양 복사열의 양은 반사되는 양에 좌우되며, 반사되는 열의 양은 표면이 얼마나 반짝거리는가에 좌우된다. 또한 이것은 딱지날개의 표면 특성을 결정하는 유전자와 발달 경로의 산물이다. 표면이 거칠면 일부 복사열이 흩어질 수 있는데, 이 또한 딱지날개의 형성을 좌우하는 유전자에 의해 통제된다. 무당벌레의 몸에서 유실되는 복사열의 양은 딱지날개의 두께에 따라 달라지며, 이는 발달을 조절하는 유전자에 의해 결정된다. 이런 예가 한둘이 아니다.

우리는 방정식을 실체로 여기지 않도록 주의해야 한다. 방정식은 물리적 실체로 존재하는 것이 아니라 여러 변수 간의 관계를 나타낼 뿐이다. 하지만 열평형처럼 유기체가 생식 연령에 도달하는 데 유익한 특징을 정의하는 방정식은 유기체의 여러 물리적 특징들을 조합하는 한 가지 방법으로 생각할 수 있다. 각각의 특징은 방정식의 항을 이루며 특정 유전자나 유전자 집합, 또는 유전자 산물의 상호 작용에서 비롯할 수 있다.

방정식의 항이 달라지는 것을 유전자와 그 궁극적 경로에 접목하면 — 간단히 말해서 열평형 방정식에서 두께 항을 대체할 수 있는 딱지날개 두께를 한 유전자나 여러 유전자가 결정한다는 것이다 — 방정식의 변수들을 유전자의 활동 측면에서 표현할 수 있을지도 모른다. 이는 거시 세계에서의 물리적 관계와 성질을 그로부터 비롯하는 유전체 및 경로와 진정으로 통합하는 것이다.

여러 환경이 하나의 유기체 전체의 유전적 경로에 미치는 영향은 주어진 방정식의 해에 환경이 어떻게 영향을 미치는가를 규정하기 위해 우리가 추가할 수 있는 또 다른 변수인지도 모른다. 그리하여 우리는 하향식으로 작용하는 과정을 상향식으로 유기체의 구조를 결정하는 유전자의 역할에 접목할 수 있을 것이다. 기본적으로 방정식은 유기체의 어떤 특징을 전체 체계로 고려해야 하는가를 알아내는 유용한 수단이며, 방정식의 항들은 서로 어우러져 유기체가 생식 연령에 도달하는 능력과 관계된 중요한 성질에 영향을 미친다. 많은 유전자가 둘 이상의 과정에 관여하며 발달 과정이 무척 복잡하기에 유전학을 이런 식으로 물리학과 연결하는 것은 섣부른 야심일 수도 있다.[34] 많은 과정에서 단일 유전자와 표현형 사이에 일대일 관계가 존재하지 않는다는 것도 문제이다. 그럼에도 이 진화물리학 또는 물리유전학 접근법은 적응과 진화적 변화를 양적이고 물리적으로 한정된 측면으로 압축하는 단 하나의 유용한 방법인지도 모른다.[35]

또한 이 맛보기 탐구에서 우리는 수렴 진화의 공통 원인, 즉 유기체들의 구조가 비슷한 이유를 엿보았다. 종종 〈수렴 진화〉는 더 효율적이기는 하지만 물리 법칙으로 인한 유사성을 설명하는 또 다른 방법에 불과하다.[36] 무당벌레의 끈적끈적한 털투성이 발, 날개의 형태, 딱지날개의 두께와 색깔을 보면, 우리는 그 곡선을 빚어내는 단순한 방정식과 수학적 관계가 모든 곤충에 적용됨을 알 수 있다. 방정식의 연결망은 언제나 변형으로 이어진다. 여기서 날개가 커지면 저기서 딱지날개나 다리 크기에 파급 효과가 일어난다. 여기서 딱정벌레의 색깔이 달라지면 저기서 체온 조절이나 겨울잠 습성에 영향을 미친다. 포식자, 먹이, 보금자리가 곤충에 강요하는 사소한 변화들을 통해 지구의 거대한 곤충 메들리가 탄생한다. 하지만 이 모든 세부 사항에 일관되게 적용되는 생명의 방정식들은 진화를 생명 현상의 좁은 길로 인도한다. 하지만 이 길들은 풍성하고 아름답고 경이롭다.

4장
크고 작은 모든 생물

우리는 무당벌레의 물리학을 탐구하면서 생물의 생김새가 어떤 이유에서 비롯하는지 여러모로 들여다보았다. 하지만 무당벌레는 곤충의 한 유형에 불과하기에 여러분은 지구상의 나머지 생물은 어떤지 궁금할 것이다. 다윈의 기념비적 통찰 이후로 진화생물학은 다윈핀치에서 어류에 이르는 하나의 유기체 전체에 특별히 관심을 쏟았다. 무당벌레와 마찬가지로 이 크고 작은 모든 생물은 물리학의 제약을 받을까? 우리의 무당벌레는 진화생물학과 물리학의 관계에 대해 더 보편적인 지식을 얻기 위한 토대가 될 수 있을까? 탐구의 차원을 하나의 유기체 전체가 어떻게 형성되는지로 확장하면, 우리는 물리학이 나머지 지구 동물원의 이해에 어떻게 기여하는지 알 수 있을 것이다.

진화생물학과 물리학의 두 분야는 언뜻 보기에는 쌍둥이 같지 않다. 하지만 물리 법칙이 생명을 협소하게 제약된 형태로 몰아간다는 생각과 (무당벌레에서 보듯) 형태를 빚는 과정에서 진화와 생물학적 발달이 어떤 역할을 하는지에 대한 현대적 시각 사이에는 모순이 전혀 없어 보인다. 물리학은 생명체가 왜 특정한 모습인지에 대해 많은 것을 설명하는 반면에, 진화생물학은 어떻게 해서 그런 모습이 되었는지에 많은 것을 설명한다. 둘을 합치면 완전한 그림을 얻을 수 있다. 하나의 유기체 전체 규모에서 물리학과 생물학이 전반적으로 조화를 이루고 있음을 아름답게 보여 주는 한 가지 방법은 수렴 진화를 탐구하는 것이다.[1]

수렴 진화는 무당벌레를 비롯한 곤충의 구조를 훌쩍 뛰어넘어 전체 생물권을 아우른다. (이유는 모르겠지만) 내가 좋아하는 동물 중 하나인 두더지를 살펴보자.

두더지는 어디에 살든 매우 단순한 삶의 목표를 추구한다. 그것은 땅굴을 파고 집을 짓고 자식을 낳는 것이다. 두더지의 땅속 생활에는 기본적인 생물학적 성질이 요구되는데, 그중 상당수는 압력이 힘 나누기 면적과 같다는 간단한 물리 방정식을 토대로 삼는다.

$$P = F/A$$

두더지는 흙을 밀어낼 수 있을 만한 압력으로 땅을 파야 하며 굴이나 집을 만들겠다는 욕구를 가지고 전진해야 한다. 위의 방정식은 자명하다. 주어진 표면적당 더 많은 힘을 가하는 것은 더 큰 압력을 가하는 것이다. 두더지에게 방정식의 결과는 매우 단순하다. 두더지가 파려는 흙의 응집력보다 압력이 크면 두더지는 앞에 있는 물질을 옮길 수 있으며 압력이 작으면 옮기지 못한다. 시간이 아무리 지나도 압력이 충분히 높아지지 않으면 두더지는 땅을 파지 못하거나 자칫하면 흙에 파묻힐 것이다. 어느 쪽이든 그 두더지의 유전자는 후손에게 전달되지 못한다. $P = F/A$는 두더지에게 중대한 문제이다.

따라서 흙을 밀어내어 땅속 두더지 집을 만들어야 한다는 강력하고도 단호한 선택압이 존재하며 이 선택압은 예측 가능한 특징들을 낳는다. 두더지는 앞다리가 작달막해서 단면적이 최소화된 덕에 결국 자신 앞에 가할 수 있는 압력이 극대화된다. 이와 더불어 발이 노처럼 생겨서 흙을 대량으로 옮길 수 있다. 커다란 다리는 단면적이 커서 방해가 되고 넓적한 다리는 많은 양의 흙을 긁어낼 수 있는데, 두더지의 앞다리는 이 둘을 절충한 결과물이다.

짧고 힘센 다리의 끝에는 억센 발톱이 나 있어서 주변 세상을 더욱 효과적으로 옮기고 바꿀 수 있다. 다지증(多指症)에 걸린 것처럼 엄지발가락이 하나 더 있는 것도 굴 파는 데 유리하다. 두더지는 전진 운동의 효과를 높일 수 있도록 몸통이 호리호리하다. 크고 통통하고 네모지게 생긴 동물은 모든 조건이 동일하다면 흙에 가하는 압력이 상대적으로 적다. 흙을 밀어내는 힘이 더 넓은 면적에 분산되기 때문이다.

나는 이 과정을 좀 더 단순화했다. 두더지가 땅속 생활을 위해 적응해야 하는 것은 이것만이 아니다. 땅속에서 호흡하면 이산화탄소가 쌓이기 때문에 두더지는 이산화탄소 내성이 크다. 두더지의 혈액에 있는 일종의 헤모글로빈(산소와 결합하여 몸 전체로 운반하는 단백질)은 산소와의 친화성이 매우 높아서, 두더지는 우리에게 질식을 일으킬 정도의 이산화탄소 농도에도 버틸 수 있다. 따라서 $P = F/A$가 전부는 아니다. 그 밖의 적응들도 나름의 법칙을 따르지만, 다만 여기서는 건너뛰도록 하겠다.

두더지는 작은 면적에 가해지는 힘을 극대화하여 흙을 효과적으로 옮기는 데 필요한 타협의 공학적 산물이다. $P = F/A$의 유기체적 구현인 셈이다.

이 법칙의 진화적 결과로 두더지는 계통과 상관없이 똑같이 생겼다. 유럽, 북아메리카, 아시아에 서식하는 두더지과 Talpidae는 캥거루나 코알라와 더 가까운 근연종 주머니두더지과Notoryctidae와 생김새가 비슷하다. 두더지의 생김새는 물리학의 산물이며, 에든버러의 흙에 굴을 파는 작은 털북숭이 포유류이든 호주 오지의 흙바닥 벌판에 굴을 파는 유대류이든 그 생김새를 결정하는 것은 $P = F/A$이다.

내가 두더지를 고른 것은 땅을 판다는 매우 독특한 생활 방식 때문에 한 가지 물리 법칙이 삶에서 두드러지기 때문이다. 두더지의 생활 방식 — 이 경우는 땅굴 파는 소형 동물의 형태에 대한 선택지 — 은 진화적 가능성이 수렴 진화 과정에서 가질 수 있는 잠재적 해결책을 엄격하게 제약한다. 땅굴을 파는 상당수의 다른 동물도 전반적으로 설계가 동일하다.

심지어 두 동물이 같은 형태로 수렴한 이유가 환경의 물리적 특징 때문이 아니라 다른 생명체의 영향 때문이더라도 ― 이를테면 포식자를 피하기 위해 몸이 호리호리할 수 있다 ― 그 유사성의 핵심에는 궁극적으로 물리적 원리가 놓여 있다. 그런 동물들은 가속을 향상하기 위해 근육이 클 것이고 빛을 효과적으로 받아들여 포식자를 잘 볼 수 있도록 시력이 좋을 것이다.

수렴 진화에는 마법적이거나 기이한 것이 전혀 없다. 액체 리튬과 액체 물을 가열하면 둘 다 기체가 된다는 사실이 신기하지 않은 것과 마찬가지다. 후자의 현상은 괴상한 우주적 우연의 일치가 아니라 물리적 과정일 뿐이다. 즉, 액체의 분자나 원자에 에너지를 가함으로써 인력을 극복하여 기체로 소산시킨 결과이다. 수렴 진화도 마찬가지다.[2] 서로 다른 유기체 형태에 비슷한 물리적 원리가 작용했을 때 두 형태가 비슷해지는 것은 매우 흔한 일이다.

수렴에서는 둘 이상의 법칙이 작용하는 경우가 많기 때문에, 간단한 방정식을 찾아내기가 힘들다. 무당벌레나 두더지 같은 생물의 행동을 유심히 관찰하면 녀석들의 생존에 관련된 다양한 법칙을 찾을 수 있을 테지만, 유기체의 생물학이나 생태학을 포괄적으로 파악하지 못하면 어떤 법칙이 작용하는지조차 알기 힘들다. 유기체에서 작용하거나 발현되는 법칙에는 전반적 해결책이 둘 이상 있을 수도 있다. 하지만 수렴 진화가 생물권에 보편적이고 수많은 예가 있는 것으로 보건대 해결책은 무한하지 않고 오히려 몇 개 되지 않음을 알 수 있다.

어떤 사람들에게는 드넓은 가능성의 지형을 탐색하여 해결책에 도달하는 생명의 능력이 신기하게 보일지도 모르겠다. 영국의 두더지가 호주의 두더지와 비슷하게 생겼다니 놀랍지 않은가? 생물학적 가능성의 거대한 영토에서 녀석들은 어떻게 똑같은 해결책을 찾았을까?

지구상의 모든 생명, 우주의 모든 생명은 $P = F/A$ 법칙을 따른다. 선택의 여지가 없다. 이 법칙이 생물학에서 작용하기만 한다면, 땅굴을 파는 두더지든 축축한 흙을 비집고 들어가려 하는 벌레든 바다 밑바닥 모래질 퇴적층 속을 조용히 미끄러지는 까나리든 모든 동물은 이 법칙을 따라야 한다. 이 법칙을 기본적으로 불러일으키는 생물학적 해결책은 모두 이 법칙을 따른다. 생명은 돌고 돌아 이 해결책으로 찾아가는 것이 아니다. 그렇다면 문제는 이 원리가 생물학적 해결책으로 구현되었을 때 유기체가 생식 연령까지 살아남을 수 있는가이다. 몸이 공 모양이거나 앞다리 없이 태어난 두더지는 땅속에서 오래 살아남지 못할 것이다. 너무 뚱뚱해서 모래질 퇴적층으로 파고들지 못하는 까나리 또한 큰 물고기에게 잡아먹혀 진화 투쟁에서 실패할 것이다.

두더지에게서 $P = F/A$가 일단 중요한 역할을 하게 된 뒤에는 이 방정식을 최적화하는 생물학적 해결책 중에서 두루 받아들일 수 있는 것은 하나뿐이다. 그것은 땅딸막하고 삽 모양의 앞발을 가진 소형 동물이다. 두더지는 드넓은 가능성의 지형을 탐색하지 않았다. 법칙을 따를 수밖에 없었기에, 땅굴을 파는 최초의 유사두더지 동물에서 돌연변이를 통해 생겨난 해결책은 가장 효과적으로 포식자에게서 달아나고 땅속 먹이를 찾고 무너지는 땅굴에서 기어 나올 수 있도록 이 방정식의 적용을 최적화하는 것이었다.

유전적 돌연변이 때문에 공 모양이거나 통통하고 네모지게 생긴 변종 두더지는 원래의 종에 비해 땅굴을 파는 데 덜 효과적이다. 궁극적으로는 $P = F/A$를 더 효과적으로 적용하는 녀석들에 비해 영토와 자원을 차지하는 경쟁에서 뒤처질 것이다. 하지만 환경이 달라지면 이런 돌연변이가 효과적일 수도 있다. 천산갑처럼 언덕 아래로 굴러 내려가는 것이 포식자에게서 벗어나는 가장 효과적인 방법인 가상의 환경에서는 통통한 몸통의 둘레가 $2\pi r$와 일치하는 공 모양 두더지가 더 유리할 것이다. 그러면 $2\pi r$의 관계로 표현되는 녀석의 몸 둘레가 구르는 두더지에 작용하는 적절한 관계가 된다. 이런 가설적 방식으로 유기체는 온갖 법칙을 따르며 환경의 체스판을 가로질러 한 조건 집합에서 다른 조건 집합으로 옮겨 다닌다. 이 법칙들을 자신에게 유리하게 이용하거나 이 법칙들에 더 효과적으로 따르는 돌연변이는 생식 연령까지 살아남는다.

물리 법칙의 집합이 협소하고 단순하더라도 우리는 그 속에서 놀라운 다양성을 관찰할 수 있다. 다리가 있으면서 땅굴을 파는 동물을 대상으로 $P = F/A$의 중요성을 증가시키면 두더지의 생김새가 탄생한다. 이를 다리 없는 무척추동물에 적용하면 벌레의 생김새가 탄생한다. 지렁이는 길고 가늘지만 다리 없는 무척추동물이기 때문에, 두더지와 달리 작고 튼튼한 다리로 움직이는 것이 아니라 근육을 수축시키고 팽창시켜 땅속으로 비집고 들어간다. 왕성한 시기의 지렁이는 땅에 파고들 때 제 몸무게의 500배 이상을 밀어낼 수 있다. 과거 역사가 있는 생물학적 물질에 법칙이 작용하면 다양성이 생겨나지만 수렴은 이런 생명의 가지들을 매우 비슷하게 만든다. 심지어 두더지와 지렁이는 척추동물과 무척추동물이라는 별개의 동물군에 속하는데도 몸통이 길고 가는 원통형에 끝이 뾰족하다는 공통점이 있다.

물리학은 우리가 생명에서 관찰하는 많은 것을 설명하지만, 관찰하지 못하는 것도 설명할 수 있을까? 몇몇 생물학자들이 커피를 마시면서, 때로는 맥주잔을 기울이며 나누는 대화가 하나 있다. 언뜻 보기에 이 대화는 조금 난해하거나 심지어 조금 괴상하게 보일지도 모르겠다. 하지만 그들이 던지는 질문은 이 책에서 다루는 모든 것의 핵심을 꿰뚫는다.[3] 그 질문은 이것이다. 왜 두더지 같은 동물에겐 바퀴가 없을까?

주변에서 운송과 관련된 것을 아무거나 살펴보면 이 질문이 그다지 괴상하지 않음을 알 수 있다. 자동차, 기차, 자전거, 수레에는 바퀴가 있다. 심지어 하늘을 나는 비행기도 착륙은 바퀴로 한다. 수많은 운송 방식이 이 둥글고 단순한 장치를 이용한다. 그렇다면 자연은 왜 바퀴를 한사코 거부했을까?[4]

바퀴는 도로, 철도, 평평한 표면에서는 더할 나위 없이 효과적이지만, 세상은 대부분 언덕과 도랑, 불규칙한 장애물이 무작위로 뒤섞여 있다. 이런 지형에서는 바퀴가 맥을 못 춘다. 바퀴는 반지름보다 높은 수직 장애물을 넘지 못한다. 쇼핑 카트를 밀다가 턱을 만나면 손잡이를 잡아당겨 앞바퀴를 들어야 하듯, 바퀴를 들어 올릴 수 없다면 장애물에 부딪혀 멈추고 만다. 쇼핑 카트와 턱 같은 복잡한 요소를 논외로 한다면, 이 간단한 문제는 힘 F로 바퀴를 밀어 장애물을 넘어가는 방정식으로 표현할 수 있다.

$$F = \sqrt{(2rh - h^2)}\, mg\, /\, (r - h)$$

여기서 h는 장애물의 높이, r는 바퀴의 반지름, m은 바퀴의 질량, g는 중력 가속도[지구에서는 1초당 초속 9.8미터(m/s^2)]이다.

이 방정식에서는 장애물의 높이를 바퀴의 반지름과 같게 하면 힘이 무한대가 된다. 따라서 결코 장애물을 넘지 못한다.

지구의 지형은 모든 것이 불규칙하며, 몸집이 작을수록 장애물이 많다. 바퀴 달린 개미나 무당벌레가 모래 알갱이나 흙 입자를 넘어 다니는 것은 여간 고역이 아닐 것이다. 사륜구동이어도 마찬가지다.

우리의 바퀴 달린 생물에게는 또 다른 문제도 있다. 질척질척한 흙과 모래를 비롯하여 바퀴의 구름에 저항하는 모든 것은 속도를 늦춘다. 네발로 겅중겅중 뛰어다니는 굶주린 여우는 바퀴 달린 토끼가 진흙을 튀기며 영국의 들판을 누비다 바퀴가 땅에 박혀 꼼짝 못 하는 것을 보면 환호성을 지를 것이다.

다리는 기본적으로 지형을 돌아다닐 수 있는 가장 중요한 가능성을 제공한다. 포식자에게 쫓기거나 진창을 피하려면 좌우로 갈지자를 그리거나 쉽게 방향을 바꿀 수 있어야 한다. 산양이 너비 몇 센티미터의 높은 바위 턱에 올라 울퉁불퉁한 표면에 불규칙하게 튀어나와 있는 발판을 솜씨 좋게 디디는 극단적 상황에서는 다리가 바퀴보다 유리하다는 사실이 명백하다.

생명에 바퀴가 없는 이유가 단지 모든 육상 동물의 조상에게 바퀴가 없었기 때문이라는 발상은 솔깃하다. 육상 동물은 조상의 유산에 의해 제약을 받은 것인지도 모른다. 다리 관절은 애초에 바퀴를 만들기에 적합하지 않으니 말이다. 하지만 바퀴의 진화에 근본적 걸림돌이 있어 보이지는 않는다. 우리는 물고기가 처음으로 뭍에 올라서면서 마치 사람이 팔을 풍차처럼 내두르듯 지느러미를 빙글빙글 돌리는 광경을 상상할 수 있다. 회전 속도를 키우고 지느러미를 더 튼튼하게 만들었다면 효율도 좋아졌을 것이다. 결국 그 구조는 신경과 혈관이 꼬이는 문제를 해결하고서 일종의 바퀴로 진화했을 것이다.

진화는 바퀴처럼 생긴 기관을 실험하지 않는다. 남극을 제외한 지구상의 모든 대륙에서 쇠똥구리는 동물의 똥을 공 모양으로 뭉쳐 나중에 먹거나 거기에 알을 낳기 위해 자신의 굴로 열심히 나른다. 쇠똥구리의 길 찾기는 그 자체로 시각적 단서의 진화 측면에서 대단한 업적이다. 쇠똥구리는 은하수를 길잡이 삼아 제 몸무게의 10~1,000배나 되는 거대한 공을 굴린다. 쇠똥구리의 똥 덩어리를 보면 평평하고 건조한 지형에서는 진화가 구름rolling 운동을 실험한다는 것을 알 수 있다. 땅이 평평할 거라고 예상할 수 있는 곳에서는 구름이 효과적이다.

마찬가지로, 사막에서는 회전초tumbleweed가 굴러다닌다. 회전초는 식물의 일부인데, 모양이 구에 가까우며 성숙한 식물에서 떨어져 나와 바람에 실려 다니다 새 터전을 개척한다. 이 식물은 대부분의 부위가 죽어 있는데, 이런 형태에는 이점이 있다. 회전초가 멈추면 죽은 부위에서 씨앗이 땅에 떨어져 싹을 틔운다. 회전초에는 10여 과(科)가 속해 있는데, 이 식물들이 서식하는 건조한 초원 지대는 평지가 넓게 펼쳐져 있어 이 식물 사절단이 방해받지 않고 돌아다니기에 이상적인 환경이다.

이 사례는 엄밀한 의미에서 바퀴는 아니지만 진화가 설명할 수 없는 어떤 이유로 지형을 이동하기 위한 해결책으로써 원운동을 간과하지 않았음을 보여 준다. 하지만 진화는 이 형태를 본격적으로 파고들지는 않았다.

이 논의를 접하고 나면 이런 의문이 떠오를 것이다. 지형이 이렇게 불규칙한데 왜 동물들은 도로를 건설하거나 적어도 땅을 평평하게 다지지 않을까? 리처드 도킨스Richard Dawkins는 〈도로 건설이 충분히 이기적이지 않아서〉라는 흥미로운 답변을 내놓았다.[5] 여러분이 도로를 놓으면 딴 사람이 여러분의 노고를 가로챌 수 있다. 도로 건설에 에너지를 쏟아 봐야 허사일 수 있는 것이다. 우리 사회에서 도로는 정부가 모든 사람을 위해 조치를 취한 결과이다. 도로를 이용하지 않을 사람도 공사비를 지불해야 한다. 사유 도로에서는 건설업자에게 통행료를 지불해야 하는데, 경제학을 공부하지 않은 동물들에게는 쉬운 일이 아니다. 이 논증에 설득력이 있긴 하지만, 훨씬 간단한 답은 동물에게서 도로 건설이 진화하려면 애초에 바퀴가 있거나 바퀴가 진화하여 도로 건설의 선택압으로 작용해야 한다는 것이다. 하지만 앞에서 보았듯 유기체는 애초에 바퀴를 부속지로 진화시키지도 않는다. 도로 건설의 선택압이 아예 존재하지 않는 것이다.[6]

왜 토끼에게 바퀴가 없는지 궁금해하는 사람들은 대체로 왜 물고기에게 프로펠러가 없는지 궁금해하는 바로 그 사람들이다. 이것은 약간 초현실적이기는 하지만 그럼에도 흥미로운 질문이다. 선박, 보트, 심지어 그리스 휴양지의 초소형 외륜선에도 프로펠러가 달려 있으니 말이다. 두더지는 흙을 통과하려고 작은 원통형 몸통과 노처럼 생긴 앞발로 수렴 진화했는데, 왜 물고기는 물을 통과하려고 프로펠러로 수렴 진화하지 않았을까?

프로펠러는 별로 효율적이지 않다. 프로펠러를 너무 빨리 회전시키면 주변의 물 흐름이 교란된다. 프로펠러 끝트머리 주위에서 물이 기포(起泡)하면, 즉 거품이 생기면 배의 추진력이 약해진다. 배에서 프로펠러의 효율은 기껏해야 약 60~70퍼센트에 불과하다. 이것을 물고기가 헤엄치는 것과 비교해 보라.[7] 물고기는 몸을 구부려 구불구불한 물결을 일으켜서는 그 물결(의 일부)을 따라 나아간다. 이 운동 방식은 효율이 95퍼센트를 넘기도 한다. 알고 보면 몸을 구부려 바닷속을 구불텅구불텅 헤엄치는 것은 포식자에게서 달아나고 경쟁자보다 먼저 먹이에 도달하는 효율적인 방법이다.

프로펠러를 직관에 어긋나는 가능성으로 치부하기 전에 ─ 물고기에게 프로펠러가 달렸다는 상상은 남들에게 조롱받기 십상이다 ─ 회전 구조로 액체 속에서 추진력을 얻는 생물의 사례가 정말로 있다. 여러분의 장에 서식하며 많은 연구가 이루어진 대장균*Escherichia coli* 같은 몇몇 미생물의 옆구리나 꽁무니에서 달랑거리는 것이 편모이다. 채찍처럼 생긴 이 부속지는 초당 약 100회의 놀라운 속도로 회전한다.[8] 편모가 미생물을 액체 속으로 추진하는 속도는 초당 600마이크로미터, 즉 시속 2미터가량이다. 그래도 느리다고 깔보진 마시길. 몸길이의 600배 거리를 1초에 주파하는 셈이니까. 이것을 여러분의 몸길이로 환산하면 약 시속 30킬로미터, 즉 인간의 달리기 속도로서도 꽤 빠른 수준이다.

편모는 진화의 특이한 결과물이다. 길이가 약 1마이크로미터인 미생물 세포 안에 단백질이 있고 그 속에 작은 모터가 들어 있는데, 이 모터는 편모를 이루는 기다란 단백질 단위를 회전시킨다. 미생물 중에는 편모가 하나뿐인 것도 있고 여러 개인 것도 있으며, 일부는 정착하고 싶은지 (아마도 독소에서 벗어나거나 먹이를 찾으려고) 새로운 장소로 이동하고 싶은지에 따라 마음대로 편모의 생장을 조절할 수도 있다. 미생물은 편모의 회전 방향을 짧게 역전시켜 자신을 빙글빙글 돌릴 수 있는데, 이런 식으로 최적의 생장 조건을 찾아 방향을 바꾼다.

배의 프로펠러와 미생물의 편모가 겉보기에는 비슷한 탓에 왜 물고기가 똑같은 수법을 쓰지 않는지 궁금할 수도 있겠지만, 미생물의 서식 환경과 물고기의 서식 환경 사이에는 크나큰 차이가 있다.[9]

여러분이 올림픽 규격 수영장에서 수영해야 하는데, 물이 아니라 당밀이 채워져 있다고 상상해 보라. 끈적거리는 수영장에 들어가면 몸이 가라앉는다. 이제 온몸이 잠겼으면 있는 힘껏 팔을 뒤쪽으로 밀어 첫 번째 스트로크를 한다. 그러면 몸이 앞으로 나아가지만 몇 센티미터가 고작이다. 그런데 두 번째 스트로크를 하려고 팔을 앞으로 당기면 팔의 전진 동작 때문에 몸이 아까와 똑같은 거리만큼 뒤로 밀려 난다. 계속 헤엄쳐도 여전히 그 자리이다. 끈적끈적한 물질에 대고 팔을 앞뒤로 버둥거려도 앞뒤로 조금씩 왔다 갔다 할 뿐이다.

물속에서 헤엄치는 미생물의 규모에서는 이것이 일상이

다. 물은 점도가 큰 액체처럼 행동한다. 이 규모에서는 일반적인 선박 프로펠러가 작동하지 않는다. 물을 뒤로 밀어내야 하는데, 시럽 같은 액체에서는 이것이 사실상 불가능하기 때문이다. 그러니 프로펠러와 편모를 비교하는 것은 적절치 않다. 편모의 원리는 프로펠러로 운동량을 뒤쪽 물로 보내어 동체를 앞으로 미는 것보다는 물에 나사를 박는 것에 가깝다.

편모는 효율이 약 1퍼센트로, 일반적인 프로펠러에 비해 매우 낮다. 하지만 어떤 미생물에서도 자연이 프로펠러를 이용하는 광경은 찾아볼 수 없다. 우리가 보는 것은 무언가를 작은 규모, 즉 물리학자들이 〈저 레이놀즈 수low Reynolds number〉라고 부르는 끈적끈적한 규모에서 움직이게 하는 수단이다. 편모는 작은 생물이 움직이고 싶을 때 채택하는 해결책이지만, 낮은 효율의 회전 운동으로 추진력을 발생시켜 유체를 통과하는 방식이 자연에 없지 않음을 보여 준다. 이보다 큰 규모인 〈고 레이놀즈 수〉에서는 물의 점성이 덜 중요해져서 유체의 행동이 수영장 물과 비슷해지기 때문에 프로펠러가 작동하지만, 물살을 헤치는 물고기에 비하면 여전히 덜 효율적이다.

하지만 바퀴와 프로펠러에는 골치 아픈 문제가 있다. 바퀴 달린 토끼나 프로펠러로 추진하는 물고기가 진화하는 과정을 상상할 수는 있지만, 이런 생물이 없는 이유가 발달상의 장벽 때문인지, 즉 생명의 연장통이 그런 수단으로 도약하기에는 융통성이 부족하기 때문인지는 단언할 수 없다. 존재하지 않는 것을 실험하고 그 진화적 경로를 추적하는 것은 여간 힘든 일이 아니다. 하지만 바퀴와 프로펠러에 이르는 발달 경로가 가능했더라도 생명이 그런 수단을 외면하고 뭍에서는 다리를, 물에서는 구불텅구불텅하는 몸을 선택할 그럴듯한 물리적 이유가 있다.[10]

유기체가 어떤 생김새를 선택하고 어떤 생김새를 선택하지 않는가를 단순한 수학적·물리학적 원리가 결정할 수도 있다고 생각한 과학자들이 있다. 1917년, 스코틀랜드의 명석한 수학자 다시 웬트워스 톰프슨D'Arcy Wentworth Thompson은 『성장과 형태에 관하여On Growth and Form』라는 논쟁적인 책을 출간했다.[11] 그는 생명에서 관찰되는 수많은 수학적 관계와 비례를 풍성하고 매혹적인 문장으로 입증했다. 달팽이에서 멸종 동물 암모나이트에 이르기까지 껍데기의 형태를 규정하는 등각 나선을 들여다보는가 하면 뿔과 이빨의 형태를 탐구하고 식물 생장에 나타난 수학적 관계를 연구했다.[12] 심지어 모눈종이에 물고기를 그리고 모눈을 여러 방향으로 잘라 비스듬한 형태의 낯선 모양들이 자연에 실제로 있는 여러 종을 닮았음을 밝혀냈다. 그의 요점은 간단하다. 생물학은 수학으로 기술할 수 있으며, 모든 생물은 저마다 다른 척도 사이의 단순한 비례 패턴과 상호 연관성을 따른다. 그의 책은 다윈주의에 물든 시대에 다소 급진적이었다. 심지어 오늘날에도 사람들은 그의 책을 어떻게 이해해야 할지 갈피를 잡지 못한다.

톰프슨의 책을 뒷받침하는 것은 이 책을 관통하는 것과 같은 논리이다. 그것은 이론의 여지가 없고 필연적인 물리 법칙이 생명에서 작용한다는 것이다. 다리로 이동하는 유기체는 중력 법칙에 맞서기 위해 특정한 방식으로 비례를 구현해야 한다. 나무도 마찬가지다. 유체역학은 물고기의 형태를 좌우한다. 달팽이의 등각 나선은 선 위에서 언제나 일종의 자기유사적 패턴을 따른다. 유기체들의 형태를 측정했을 때 반복적이고 유사한 특징이 관찰되는 것은 놀랄 일이 아니다. 하지만 톰프슨이 하지 않은 일이 두 가지 있다. 그는 자신의 관찰이 〈왜〉 생명에 적용되는지 규명하려 들지 않았으며, 매혹적인 도표식 절단과 회전 변형을 제외하면 이런 현상이 〈어떻게〉 일어나는지에 대해 현실적 메커니즘을 제시하지 않았다.

그는 책을 통틀어 이러한 관계의 상당수가 생물이 서식하는 환경에서 비롯한다고 설명했다. 이를테면 식물 생장은 중력에 맞서는 운동에 대한, 또한 생장 과정에서 겪는 힘에 대한 반응이라고 말했다. 이 관계가 진화 과정과 물리적 원리의 긴밀한 결합에서 생겨남을 명토 박지는 않았지만, 그의 책은 생명에 담긴 수학적 규칙성을 입증하려는 최초의 진지한 시도였다.

그는 이 모든 현상이 〈어떻게〉 일어나는가라는 두 번째 질문을 완전히 간과했는데, 이 때문에 몇 가지 문제가 생겼다. 그가 이 질문을 왜 한 번도 탐구하지 않았는지는 불분명하지만, 질문을 반드시 던졌어야 할 이유도 없기는 마찬가지다. 그의 관심사는 진화가 어떻게 대칭성과 예측 가능한 형태를 낳는지 보여 주는 것이었다. 그것만 해도 책 한 권에 담기에는 충분했을 것이다. 1910년대는 DNA가 알려지기 이전이었기에 이런 형태가 어떻게 생겨났는지 추측하려다가는 논의가 공상의 영역에 빠졌을 것이다.

하지만 그 뒤로 그의 비판자들은 이 공백으로 보건대 그가 암묵적으로 자연 선택을 거부한다고 주장했다. 속속들이 수학적인 그의 자연 서술에는 다윈주의적 진화 과정의 여지가 전혀 없으며, 경이로운 형태들에 대한 다윈주의적 설명의 여지도 전무하다. 심지어 일부 논평가들은 그의 책이 〈생기론〉, 즉 무생물과 구별되는 어떤 힘이나 질료가 생기의 요소로서 생명에 존재한다는 믿음을 지지한다고 주장했다. 무정의 물체는 다른 것으로 신비롭게 변형되지 않는다. 바위가 쇠막대로 변하지 않듯 말이다. 그러니 수학적 관계만이 유기체적 형체에 결부되어 있다고 믿으면서 자연 선택을 거론하지 않는 톰프슨의 태도는 무언가 다른 것, 즉 한 생명 형태가 다른 생명 형태로 바뀔 수 있게 하는 어떤 생명력이 생명에 있다고 말하는 셈이었다.

하지만 이런 비판은 논점에서 벗어난 것으로 보인다. 톰프슨의 분석에서는 생기론을 전혀 찾아볼 수 없다. 그의 요지는 생명이 어떤 식으로 작동하든 진화의 핵심에 있는 과정이 무엇이든 그것은 예측 가능한 형태를 지닌 형상으로 귀결한다는 것뿐이다. 그는 생명이 무한하지 않으며 법칙에 단단히 종속된다고 주장한다. 이 법칙들은 생명에서 볼 수 있는 뚜렷한 대칭성과 패턴을 설명한다. 수렴 진화의 사례를 설명할 뿐 아니라 어쩌면 생물권에 특정한 성질이 없는 이유를 설명할 수 있을지도 모른다. 그럼에도, 생물학에 대한 현대의 분자·유전적 통찰을 감안한다면 이제는 이런 현상이 어떻게 일어날 수 있는지 물을 만하다. 우리는 새로운 통찰을 바탕으로 물리학이 어떻게 생명을 빚어낼 수 있는지 이해하기에 훨씬 좋은 위치에 놓여 있다.

진화는 이 변화의 위업을 어떻게 달성할까? 한 세기쯤 전에 이 질문을 던졌다면 여러분은 전형적인 다윈주의적 반응을 맞닥뜨렸을 것이다. 생명 속의 정보는 돌연변이를 일으키는데, 그것은 유전 부호를 오독했기 때문일 수도 있고 유해 화학 물질 같은 환경적 공격 때문일 수도 있다. 이 사소한 변이로 인해 저마다 다른 자손이 태어나는데, 그중 일부는 환경 적응력이 남보다 뛰어나다. 더 훌륭히 적응한 후손은 생존하여 번식하고, 제대로 적응하지 못한 후손은 죽는다. 이 점진적인 선택 과정이 생명을 새롭고 이채로운 형태로 빚어낸다는 것이다.

이 다윈주의적 종합은 우리가 그 메커니즘을 이해하는 과정에서 다듬어지고 개선되기는 했지만 기본적으로는 여전히 정확하다. 하지만 자연 선택 메커니즘에 대한 우리의 이해는 지난 수십 년간 매우 정교하게 확장되었다. 그것은 〈이보디보evo-devo〉라고도 불리는 〈진화발생생물학evolutionary developmental biology〉에 대한 지식이 증가한 덕분이다. 〈이보디보〉라는 약어가 (단지 멋있어 보인다는 이유로) 유행하는 것이 왠지 영 마뜩잖긴 하지만.

생물학자들은 배아를 연구하고 발달 과정에서 유전자가 켜지고 꺼지는 것을 들여다봄으로써 생명이 단순한 모듈, 즉 다양한 형태로 변형될 수 있는 기본적 건축용 벽돌로 이루어졌음을 밝혀냈다. 이 작업의 핵심을 이루는 패러다임 전환은 수백만 조각의 기다란 DNA를 생성하고 이를 처음부터 끝까지 읽어 생명으로 재조립하는 것이 생명 부호의 전부가 아님을 깨달은 것이다. 다윈주의는 오랜 세월에 걸쳐 이 유전 부호를 한 조각 한 조각 바꿀 필요가 없다. 사소한 변화의 누적이라는 있을 법하지 않은 사건이 일어나지 않아도 된다. 유전자는 전체 조절 유전자 집합에 의해 통제되어 켜지고 꺼지며, 이 덕분에 매우 비슷한 DNA 조각 두 개가 서로 다른 두 가지 형태로 발현할 수 있다.

여러분과 침팬지의 차이는 두 DNA 부호의 4퍼센트 차이에만 있는 것이 아니다. 나머지 96퍼센트를 어떻게 읽는가도 차이를 만들어 낸다.

진화발생생물학이 밝혀낸 것은 이뿐만이 아니다. 생명은 똑같은 DNA 부호의 다른 부위들을 읽는 기발한 수법을 쓸 수 있을 뿐 아니라, 과학자들이 발견한바 생명의 지침서는 거대한 계층 구조를 이루고 있다. 어떤 유전자는 작은 차이를 일으키지만 어떤 유전자는 전체 발달 패턴을 조절한다. 그중에서도 가장 극적이고 인상적인 것은 호메오박스homeobox

(혹스hox) 유전자이다. 집파리에서 인간까지 모든 동물에서 발견되는 이 혹스 유전자는 파리의 다리, 물고기의 지느러미, 여러분의 팔다리 같은 사지의 발달에 관여한다.

몇 가지의 간단한 유전자 변화만으로 생물학적 구조를 통째로 변형하는 이 특출난 능력은 생명체의 여러 중요한 부위에 융통성이 있는 이유를 설명할 수 있는데, 이것이 가장 잘 드러나는 부위 중 하나는 사지이다. 이 분야를 다룬 숀 캐럴 Sean B. Carrol의 경이로운 책 『이보디보: 생명의 블랙박스를 열다Endless Forms Most Beautiful』에서 보듯, 부속지는 공통 설계의 고정된 모듈(발가락digit)의 개수와 형태를 변형한 것에 불과하다.[13] 길고 가는 발가락 세 개를 만들면 두루미의 발이 되지만, 이것을 날개 끝에 달면 먹이를 덮치는 매의 날개가 된다. 납작한 물갈퀴 속에 숨기면 바다거북이 대양을 건널 수 있으며, 발가락을 두 개로 줄여 딱딱한 덮개에 넣으면 아라비아 사막의 뜨거운 모래를 걷는 낙타의 발이 된다. 이러한 사지의 발달은 혹스 유전자의 미묘한 변화에서 비롯한다. 이 유전자가 발현하는 횟수와 시점에 따라 해당 동물의 사지가 달라진다.

진화발생생물학은 발생과 진화를 연결하여 생물학에 기여했을 뿐 아니라 진화가 어떻게 일어나는지를 더 훌륭하게 설명하는 실마리가 되기도 한다. 할리우드 영화 「트랜스포머」에서 보듯, 발가락이나 척추, 심지어 특정 조직을 만드는 세포 같은 모듈을 거듭 사용하여 생명을 짓는 방식에서는 유기체가 어떤 환경에서 살아가고 이동하느냐에 따라 이 모듈이 변화되어 극적인 재구성에 영향을 미칠 수 있다. 생명체가 물속에 있든 땅 위에 있든 공중에 있든 돌연변이를 통해 이런 모듈을 재구성하여 전혀 다른 환경에서 서식할 수 있는 생명체 구조를 만들어 낼 수 있다.

하지만 이 모든 현상은 물리학과 어떤 관계일까?

진화발생생물학에는 진화와 물리 법칙이 조화를 이룰 토대가 들어 있다. 우리의 두더지를 생각해 보라. 물리 법칙이 $P=F/A$ 최적화 문제에서 유럽의 두더지와 호주의 두더지를 같은 해결책으로 이끈다는 주장에는 〈하지만 어떻게?〉라는 질문이 자연스럽게 따라붙는다. 땃쥐와 족제비를 친척으로 둔 두더지가 캥거루와 코알라를 친척으로 둔 두더지와 이토록 비슷하게 생길 수 있다니 대체 어찌 된 영문일까? 기묘하지 않은가? 어떻게 이런 유사성이 점진적 변화를 통해 일어날 수 있을까? 어떤 동물의 생김새가 땃쥐나 캥거루와 비슷하게 고정되어 버리면 되돌릴 수는 없는 것일까? 어떻게 서로 다른 두 계통에서 일어난 변화가 비슷한 형태로 수렴할 수 있을까?

옛 형상에서 생겨난 새 형상에 물리 법칙이 가차 없이 작용되면, 생명체를 완전히 새로 설계하지 않고도 모듈식 설계를 통해 변형할 수 있다. 기존의 사지 연장통을 이용하면 앞다리를 튼튼하고 넓게 바꿀 수 있는데, 이렇게 하면 생명의 기본 단위를 전혀 바꾸지 않고도 땅에 굴을 파는 두더지를 설계할 수 있다. 이런 변이 중 일부는 극적인 돌연변이를 전혀 일으키지 않고도 단지 특정 유전자의 발현을 변화시킴으로써 일으킬 수 있지만, 발생에 대한 진화적 연구에 따르면 더 중요한 변화도 이런 식으로 일으킬 수 있다.[14] 진화발생생물학은 한 걸음 더 나아가 과거의 통념과 달리 유기체가 이전의 발생에 꽁꽁 묶여 있지 않으며 모듈식 재배열로 유전적 유산의 제약에서 벗어날 수 있음을 시사한다. 이런 융통성 덕에 물리학이 개입하여 진화가 무엇을 할 수 있고 무엇을 할 수 없는지 결정할 기회가 커질 수도 있다. 진화 실험의 모든 빈틈을 단순한 발생 장벽으로 해명할 수는 없을지도 모르지만, 때로는 이 빈틈이 오로지 물리적 원리의 관점에서 덜 적응적이기 때문일 수도 있다.

하나의 유기체 전체에 대한 진화 이야기 안에는 생명의 변신shape-shifting 행동에 대한 또 다른 미스터리들이 있다. 그중에서도 두드러지는 것으로는 특정한 법칙들의 지배를 받는 환경에서 서식하던 유기체가 조상으로부터 갈라져 다른 법칙들이 우세한 새로운 환경으로 이주하고서도 어수선한 혼란의 진화적 아수라장을 겪지 않는 비결이다.

그런 이주 중에서 어떤 기준에서 보아도 인상적인 것으로 육지 상륙이 있다.[15] 이 이주는 물리적 조건이 전혀 다른 두 환경인 대양과 대륙을 가로지르는 결정적 전환의 뚜렷한 사례이다. 진화발생생물학은 유기체가 어떻게 하나의 물리적 조건 집합에서 다른 집합으로 넘어갈 수 있는지에 대해 더 분명한 그림을 제시한다.

생명체가 수중 서식처에서 뭍의 새 보금자리로 이동하면 생존의 물리적 조건에 중대한 변화가 일어난다. 둘 사이에는 중간적 전환 단계가 위치할 여지가 있다. 육지의 진흙탕 연못과 조간대(潮間帶)는 물과 뭍 사이에서 일종의 중간 지대 역할을 한다. 물속에서 일부 물고기는 바다 밑바닥을 육상 동물처럼 걸어 다닌다. 하지만 물에서 뭍으로의 완전한 전환은 그럼에도 만만한 일이 아니다.[16]

동물이 뭍으로 이동할 때 겪는 현저한 변화는 거대한 중력장이 더는 부력으로 상쇄되지 않는다는 것이다. 유기체가 물속에서 몸을 끄집어내어 질척질척한 해변을 기어가기 시작하면 $9.8m/s^2$의 중력이 온전히 녀석을 짓누른다. 마치 우주정거장에서 지구로 갓 귀환한 우주 비행사가 잠시 의자에 누워 적응하지 않으면 제 몸무게를 이기지 못하고 쓰러지는 것과 같다. 이 중력값이 실감나지 않는다면 지금 당장 한쪽 팔로 팔굽혀 펴기를 250번 해보라. 그게 바로 $9.8m/s^2$을 밀어내는 데 필요한 힘이다.

물고기가 육지를 탐사하기 전에 물속에서 받는 힘은 아래와 같은 방정식으로 표현된다.

$$F = mg - \rho Vg$$

질량 곱하기 중력(mg)은 유기체가 땅을 누르는 무게를 나타낸다. 이때 위로 밀어 올리는 힘인 부력이 아래로 잡아당기는 중력을 상쇄하여 물고기는 지느러미를 펄럭거리며 최소한의 노력만으로 바닷속을 미끄러져 다닐 수 있다. 부력은 $\rho V g$ 항으로, 유체의 밀도(ρ)에다 물고기에 의해 대체된 부피(V)와 중력 가속도 g를 곱하여 얻는다. 수영장에서나 여름 휴양지 바다에서 몸을 물에 띄우면 부력이 어떻게 중력의 영향을 상쇄하는지 체험할 수 있다. 그런데 육지에서는 $\rho V g$가 사라지다시피 한다. 대기는 밀도가 희박하기에 동물이 받는 부력은 무시해도 좋을 수준이다. 남은 것은 중력의 끌어내리는 힘 mg, 즉 가련하고 짓눌린 피조물의 무게뿐이다. 동물이 $\rho V g$의 상실을 만회하려면 순전히 제 힘으로 스스로를 땅으로부터 밀어내야 한다.

법칙들이 서로 다르게 조합된 두 장소를 넘나드는 것은 이렇게 힘든 일이다. 이제 우리는 난제를 맞닥뜨렸다. 이 두 세계의 물리학과 진화적 경로의 분기(分岐)를 어떻게 화해시킬 수 있을까? 이 전환은 어떻게 해야 가능할 수 있을까?

답은 작은 돌연변이에서 찾을 수도 있고 극적인 변화에서 찾을 수도 있다. 진화발생생물학은 한 개 또는 몇 개의 유전 단위를 바꿔 사지를 비롯한 유기체의 전체 분절을 변형하는 생명의 모듈식 설계가 전혀 다른 환경을 넘나드는 전환에 적합하다는 사실을 보여 주었다.

연구자들은 근사한 실험을 통해 물고기가 어떻게 초기 네발짐승으로 탈바꿈했는지 탐구했다. 사지 발생을 조절하는 혹스 유전자를 통제하는 것은 언제 켜지고 꺼질지를 지시하는 조절 유전자들이다. 이 총체적 조절 부위에 들어 있는 DNA 가닥들은 호르몬 생산을 관장하여 배아의 부속지 발생에 영향을 미친다. 과학자들이 제브라피시zebrafish의 〈CsB〉 유전자를 생쥐에 이식했는데도 생쥐에서는 지느러미가 아니라 사지가 돋아났다.[17] 그들은 발가락을 만드는 부위와 보행에 필수적인 다리 부위인 사지 말단autopod의 유전적 발현도 유전자에 의해 조절된다는 사실을 발견했다. 순서를 바꿔 생쥐의 증폭 유전자를 물고기에 이식해도 여전히 지느러미가 돋아날 것이다.

이런 엽기적이면서도 인상적인 실험들은 지느러미와 사지를 조절하는 유전자가 비슷하며 매우 오래되었음을 보여 준다. 진화의 오랜 역사를 통틀어, 동물의 부속지를 발생시키는 전반적 구조를 조절하도록 진화한 기본 유전자는 지금도 지느러미든 다리든 사지 발생을 조절한다.

지금쯤 독자의 입에서는 놀라움의 탄성이 터져 나왔을 것이다. 지느러미를 조절하는 유전자가 육상에서 걷는 다리를 만드는 일에도 필요할 것임을 초기 동물은 어떻게 알았을까? 초기 동물이 애초의 물리적 환경과 전혀 다른 환경에서 살아남을 수 있도록 유전 부호에 융통성이 접목된 것은 어찌 된 영문일까? 이러한 이른바 내재성 — 앞으로 맞닥뜨릴 도전을 예견하는 것처럼 보이는 신기한 성질 — 을 목격하면 누구나 거대한 정신이 작용한다고 생각하려는 유혹에 빠질지도 모른다.

지느러미를 사지로 바꾸는 위업이 대단해 보일지는 몰라도 너무 놀랄 필요는 없다. 우리가 생명체에게 요구하는 것은 바다에서 나와 중력이 몇백만 배 큰 중성자별 표면으로 이동하라는 것이 아니다. 그러니 극단적인 물리적 변화를 겪어야 할 필요가 없다. 환경이 너무 덥거나 춥거나 산성이거나 해서 다세포 유기체의 모듈에 해로운 것만 아니라면, 동물의 기본 얼개를 변형하여 저마다 다른 환경에서 우세한 법칙에 대응할 수 있다. 지느러미를 만들도록 진화한 유전자는 중력 방정식에서 부력 ρVg가 빠진 세상에서 동물이 살아갈 수 있도록 뼈를 분리된 발가락으로 나누고 더 굵게 만들 수 있다. 이 전환은 힘들긴 하지만 완전히 새로운 것은 아니다. 방정식에서 항 하나를 소거하면 유기체의 무게(mg)가 부각되기는 하지만, 그것은 진화의 시작점에서도 마찬가지였다.

물고기가 뭍으로 몸을 끌어올림에 따라 뼈와 근육이 더 튼튼한 후손들은 더 효과적으로 땅에서 몸을 들어 올리고 이동하여 먹이를 발견하고 아마도 한낮의 태양을 피할 그늘도 찾을 수 있었을 것이다.

물고기가 어떻게 헤엄치기에서 걷기로 전환했는가는 여전히 논란의 여지가 있다. 심지어 오늘날에도 말뚝망둥어를 비롯한 일부 갯벌 동물에서는 꼬리 튕기기 같은 중간적 이동 방식을 찾아볼 수 있다. 꼬리 튕기기는 꼬리를 땅바닥에 세게 내리쳐 몸을 모로 누인 채 공중으로 띄우는 투박한 이동법이다. 꼬리 튕기기보다 조금 우아하긴 하지만 여전히 원시적인 방법도 있는데, 이것은 꼬리를 이용하여 몸을 앞쪽으로 띄우기는 하지만 배를 아래로 향하는 똑바른 자세를 유지한다.[18] 이렇게 하면 적어도 자신이 어디로 가는지 알 수 있으며 눈을 바닥에 처박지 않는다. 이에 반해 분홍점씬벵이*Chaunax pictus* 같은 일부 어류는 마치 육상 동물처럼 바다 밑바닥을 걸어 다니는데, 이 묘기는 물고기가 뭍에 올라가기도 전에 걷기를 배웠음을 시사한다.

궁극적으로, 뭍에 올라간 물고기에게 필요했던 근본적인 물리적 변화는 지느러미에서 다리로의 전환이었다. 다리는 걷기에 필요한 유연성을 발휘하면서 물고기를 중력에 맞서 들어 올릴 수 있어야 했다. 유기체가 원시적 다리를 가지고서 뭍에서 움직일 수 있게 되면 이 시점부터 동물 크기의 변화는 동물이 들어 올려야 하는 무게 mg를 정의하는 질량 대비 몸무게를 지탱할 뼈의 굵기와 근육의 힘 사이의 단순한 비례 문제가 된다. 이것이 톰프슨이 그토록 생생히 관찰한 비례 법칙이다.

그런데 동물의 역사를 통틀어 수많은 척추동물이 독자적으로 뭍에 상륙했지만 그중에서 한 계통만이 우리로 이어졌다.[19] 이 진화적 세부 사항을 들여다보면 물에서 뭍으로의 전환이 사소한 문제가 아님을 알 수 있다. 해양 생물이 뭍에 올라온 초기 진화에서는 기존의 내재적 능력 같은 것을 찾아볼 수 없다. 각각의 환경에서 매우 다른 법칙이 작용하고 선택압이 무지무지하기에 이 전환이 성공하려면 여러 차례의 실험이 필요했던 것 같다.

 물리적 한계가 동물들의 일부 전환을 가로막았으리라는 가정은 터무니없는 억측이 아니다. 심지어 지구만 놓고 보더라도 뉴질랜드 로터루아의 끓는 화산성 웅덩이에서 스페인 리오 틴토의 산성 강에 이르기까지 동물이 살 수 없는 환경이 있다. 이런 장소에서는 미생물만 승승장구한다. 여기서 보듯 물리적 한계가 극단적이면 동물이 진화할 수 없다. 진화적 내재성이 인상적이기는 하지만 한계가 없는 것은 아니다.

 물 밖으로 나오면서 겪게 되는 문제점은 뭍에서의 이동을 정의하기 위해 방정식에서 부력 항을 소거하는 물리학에 대처해야 한다는 것만이 아니다. 걸어 다닐 때의 어려움 말고도 다른 문제들이 있다. 새로운 육상 주민이 작열하는 태양 아래 서면 비늘 피부에서 물이 마구 증발한다. 물을 액체에서 기체로 바꾸는 데 필요한 에너지를 일컫는 기화 잠열은 킬로그램당 2,257킬로줄(kJ)로 여느 액체보다 열 배가량 높지만 태양의 에너지는 물을 싹 말려 버리고도 남는다. 수영한 뒤에 여름 햇살 아래 몸을 말려 본 사람이라면 누구나 알 것이다. 마실 물이 없으면 탈수 증상을 겪게 된다. 물이 풍부한 안전한 환경을 떠나기로 마음먹은 생물이 맞닥뜨린 역설은 말라 버리지 않으려면 물 가까이 머물러야 한다는 것이다. 물리학은 여기서 끝나지 않는다. 물은 표면에서 증발하면서 에너지를 빼앗아 동물을 식힌다. 몸이 너무 차가워지면 움직일 수 없으므로 조심해야 한다.

태양 용광로의 화염 속에서는 지켜야 할 균형이 있다. 생물은 태양을 이용하여 몸을 데워야 하면서도 수분을 잃으면 탈수를 겪을 위험이 있다. 따라서 두꺼운 불투수성 피부를 진화시켜 수분 손실을 늦춰야 한다. 이 혁신적 성질을 영원히 간직하려면 피부 세포의 발생을 조절하는 유전 모듈에 변화가 일어나야 한다. 우리의 새내기 네발짐승은 예전 수생 환경의 예측 가능한 3차원적 규칙성에 비해 너무나 낯선 환경을 구석구석 탐사하면서 이 모든 기묘하고 새로운 실험을 진행해야 한다.

물속 허공의 흐릿한 점이던 동물은 이제 하늘의 별을 넋놓고 바라보면서 예전에는 뿌연 연안수에 막혀 들어오지 못하던 짧은 파장의 자외선에 흠뻑 젖는다. 녀석은 무자비한 방정식의 차갑고 매몰찬 눈빛을 들여다본다.

$$E = hc / \lambda$$

이 방정식은 빛의 에너지를 나타낸다. 이 악마는 어느 때보다 가깝게 녀석에게 접근했다. 빛 에너지(E)는 플랑크 상수(h)에 빛의 속도(c)를 곱하고 빛의 파장(λ)으로 나눠 얻으므로 자외선처럼 짧은 파장의 빛이 긴 파장의 빛보다 훨씬 많은 에너지를 가진다. 이 파장은 자신의 에너지를 물고기 표면에 가하는데, 이 광선은 (여러분과 내게는 일광 화상으로 친숙한) 방사선 손상, 심지어 암의 가능성을 동반한다.

자외선으로 인한 피해는 엄밀한 물리 법칙을 따른다. 파장이 짧은 빛은 파장이 긴 빛보다 에너지가 커서 분자에 더 많은 손상을 입힐 수 있다. 이 논리는 우주의 모든 유기체와 마찬가지로 우리의 풋내기 뭍사람에게도 적용된다. 자외선 복사량이 많은 육지에 올라온 동물은 자신을 보호하기 위해 색소를 더 많이 생산하는 돌연변이를 일으켰을지도 모른다. 최초의 육상 거주자의 색소가 어떻게 생겼는지는 알 수 없지만, 아마도 멜라닌 같은 화학 물질이 쓰였을 것이다. 멜라닌은 우리 피부에도 있으며 균류와 동물처럼 다양한 생물에서 방사선 손상을 막아 준다. 멜라닌의 짙은 색깔 때문에 피부는 볕에 검게 그을리고, 아프리카와 아시아처럼 햇살이 강렬한 지역에 사는 사람들은 짙은 피부를 타고난다. 탄소의 고리와 사슬이 복잡하게 얽힌 멜라닌의 화학 구조는 (단백질이 처음 생성되던 고대로 거슬러 올라가는 경로인) 티로신 같은 아미노산의 과합성(過合成)으로부터 일찌감치 진화했을 것이다. 여기서도 우리는 기존의 유전적 구조가 변화되어 옛 생화학적 경로를 새로운 역할과 새롭지만 물리 법칙이 무너질 만큼 극적으로 다르지는 않은 환경적 과제에 맞게 고쳐 쓴 증거를 볼 수 있다.

자외선 차단 화합물이 어디서 왔든, 그 화학 구조나 색깔이 어떻든 이 모든 화합물은 $E = hc/\lambda$에 내재하는 단순한 관계에 맞게 진화한다. 이 화합물들이 어디서 왔든 모두가 공통된 성질이 있다는 것은 놀랄 일이 아니다.[20] 대부분은 자외선 범위의 복사를 흡수하도록 탄소 원자의 긴 사슬이나 고리 구조로 되어 있는데, 이 화학 구조는 자외선을 가장 효과적으로 흡수하는 탄소 결합 — 비편재화된 전자 체계를 가진 결합 — 에 국한된다. 여기서 우리는 수렴 진화를 화학적 수준으로 들여다보는데, 이 현상은 궁극적으로 대형 동물이 환경 방사선에 노출되어 발생한다.

물에서 사는 데 필요한 적응을 백지에서 시작할 필요는 없었다. 자외선 차단 화합물은 친숙한 생화학에서 구할 수 있었다. 많은 해양 생물도 자외선에서 완전히 벗어나진 못한다. 맑고 탁 트인 바다에서는 자외선이 물속 깊이 침투하며, 가장 깊은 심해 생물을 제외한 많은 해양 생물은 어느 정도의 자외선에 노출된다. 뭍에 작용하는 물리 법칙들은 바다에서도 작용한다. 법칙의 세기나 일부 구성 요소가 달라질 뿐일 때도 많다.

심지어 처음 보는 문제들도 기이한 것이 아닐 수 있다. 건조를 막는 피부는 분명히 지상에서 일어난 혁신이지만, 물고기도 자신의 내장을 바닷속에 퍼뜨리고 싶어 하지는 않는다. 물고기의 내부와 바깥세상을 나누는 튼튼한 장벽에 대한 선택압은 이미 존재한다. 이 장벽을 뭍의 건조한 환경에 맞게 강화하면 된다.

생명이 뭍에 올라온 뒤에도 그 모듈식 적응 능력은 흥미진진한 방식으로 진화를 이어 갔다. 비단구렁이 배아의 유전자 발현을 추적한 실험에서 플로리다 대학교 과학자들은 사지를 만드는 혹스 유전자가 비단구렁이 DNA에 여전히 남아 있음을 밝혀냈다.[21] 〈소닉 헤지호그Sonic hedgehog, SHH〉라는 — 생물학자들은 유전자를 명명하는 감각이 남다르다 — 사지 증폭 유전자의 생산을 자연적으로 억제함으로써 비단구렁이는 사지가 생기지 못하게 한다. 유전자 발현을 이렇게 초보적으로 변형하기만 해도 네발짐승을 뱀으로 바꿀 수 있다. 이와 더불어 다리의 방해를 받지 않은 채 몸을 꿈틀거리며 땅속에 파고들고 나무 위에 올라가고 모래와 흙을 통과하는 능력이 생긴다. 사지가 달린 화석 뱀도 혹스 유전자가 잠재한다는 사실로 설명할 수 있을 것이다. 이제는 멸종한 이 고대의 짐승들은 (오늘날의 뱀에서는 잠들어 있는) 능력을 단순히 재발현함으로써 다리를 다시 얻었을지도 모른다.

묻에서 물로 돌아가면서 생활 방식이 바뀌어 부력 항 ρVg가 다시금 삶의 조건이 되어 버린 유별난 전환의 비밀을 고래의 혹스 유전자에서 찾을 수 있음은 두말할 필요가 없다.[22]

진화발생생물학은 생물이 한 환경에서 다른 환경으로 어떻게 이동하는지에 대해 우리에게 실마리를 던졌다. 각 환경에는 저마다 다른 법칙들의 집합이 작용하며 이 때문에 생명의 구조에 변화가 일어나야 하는데, 이는 몇 가지 기본 설계의 재배열을 통해 이루어진다. 그 덕에 새로운 서식처를 성공적으로 개척할 수 있다. 환경마다 물리적 성격이 다르긴 하지만 전반적으로 보면 서로 그렇게 동떨어진 것은 아니다. 우리의 작은 세계를 특징짓는 똑같은 중력, 대기, 바다를 공유하고 있으니 말이다.

찰스 다윈은 『종의 기원: 자연 선택을 통한 종의 기원에 관하여 또는 생존 투쟁에서 선호된 품종의 보존에 관하여』(빅토리아풍의 장황한 제목을 고스란히 인용한 것은 책에 걸맞은 예우를 갖추기 위해서이다)라는 책을 이러한 주장으로 마무리했다.[23]

생명에 관한 이러한 견해에는 여러 가지 능력이 깃든 장엄함이 있다. 이러한 능력은 처음에는 불과 몇 가지 생물, 어쩌면 단 하나의 생물에게 생기를 불어넣었겠지만, 중력의 법칙에 따라 이 행성이 회전하는 동안에 너무나 단순했던 시작이 가장 아름답고 경이로운 무수히 많은 형태* 들로 과거에도 현재에도 꾸준히 진화하고 있는 것이다.

여기서 다윈은 두 가지 중요한 추론을 이끌어 낸다. 첫 번째 추론은 지구가 중력 법칙에서 출발했다가 이 단순한 시작에서 벗어나 더 복잡한 것으로 바뀌었다는 명시적 관념이다. 이 분리가 의도적인 것은 아니었을지 몰라도 암묵적으로 물리학과 생물학을 분리하는 오랜 유산이 된 것은 분명하다.

이 단순한 시작에서 〈무수히 많은 형태〉가 생겼다는 두 번째 추론은 물리학으로부터의 또 다른 암묵적 일탈이다. 이 주장을 흠잡기란 쉬운 일이다. 다윈은 종종 문학적 과장을 동원

* 한국어판에는 〈생물〉로 번역되어 있다.

했다. 그는 훌륭한 글쟁이였다. 어떤 면에서는 다윈이 옳았다. 자세히 살펴보면 형태는 잠재적으로 무한하다. 나비 날개의 비늘 하나하나가 음영, 색조, 색상이 다르고 이것들이 미묘하게 번갈아 가며 태피스트리로 배열되었음을 감안하면 나비 날개에서 가능한 색깔의 배열은 아마도 무한할 것이다. 사람의 얼굴처럼 무한한 다양성이 있다.

하지만 다윈과 내가 갈라서는 지점은 그의 결론이 전반적으로 지향하는 방향이다. 세상이 중력 법칙처럼 평범하고 단순한 것에서 생겨나 생물학의 무한한 형태로 만발했다는 주장은 예술적으로는 매혹적이지만 과학적으로는 오해의 소지가 있다. 그가 중력을 기본적 물리 법칙으로 고른 것은 아이러니하다. 중력 법칙은 동물 크기의 비례에서 나무의 형태에 이르기까지 커다란 규모에서 생명을 빚는 데 어마어마한 역할을 하기 때문이다. 중력은 생명 진화의 처음부터 지금까지 줄곧 함께했으며 만물의 형태에 분명한 흔적을 남겼다. 중력 법칙은 생물이 바다에서 기어올라 뭍을 차지했을 때 생명의 성질 변화를 지배했으며 지구상의 생명이 무한하지 않고 한계를 지니도록 했다.

물리 법칙은 지금도 생명의 형태를 빚어내고 있다. 하나하나 뜯어보면 무한하긴 하지만 제한된 형태로 말이다.

5장
생명의 꾸러미

숫자 중에는 하도 커서 도무지 감이 안 오는 것들이 있다. 내가 에든버러 브런츠필드의 우리 집 바깥에서 푸들 세 마리가 짖어 댄다고 말하면, 여러분은 즉시 이 동물들의 모습을 떠올릴 수 있다. 북슬북슬한 털과 활달한 모습, 자갈밭을 쏘다니며 냄새를 맡는 광경을. 하지만 여러분의 몸에 약 3조 7000억 개의 세포가 있다고 말하면 이 숫자는 아무 의미도 없는 막연한 개념에 불과하다.[1] 너무 거대하기에 사물이 이렇게 조합된다는 것을 상상할 수 없는 것이다.

생물이 무엇으로 이루어졌으며 무슨 단위로 조립되었는지 물을 때 우리는 이 영역에 발을 디디는 것이다. 우리는 무당벌레, 두더지, 개미 한 마리에서 이제 세포의 영토로 들어선다. 이러한 생명의 규모는 마치 벽돌이 집을 구성하듯 우리가 생명의 구성에서 질서를 발견하는 다음 단계이다. 이 단계에서도 우리는 한때 엄청나게 복잡한 지형으로 보이던 것이 더 쉽게 이해할 수 있는 물리적 원리에 자신의 비밀을 털어놓는 것을 볼 수 있다. 세포의 세계가 방정식으로 표현되는 순간 예측이 가능해지고 우연성의 역할이 사그라든다.

1660년대에 로버트 훅Robert Hooke이 마른 코르크에 현미경을 갖다 대었을 때 무엇이 보이리라 기대했는지 우리는 알지 못한다. 그가 렌즈 속을 들여다보자 눈앞에는 빽빽한 구멍들이 마치 수도원의 작은 방들처럼 규칙적으로 줄지어 있었다. 실제로 그는 〈방〉의 이미지를 떠올렸다. 자신이 발견한 이 작은 공간을 〈셀cell〉(세포)이라고 불렀으니 말이다. 이 단어의 어원은 작은 방을 일컫는 라틴어 〈켈라cella〉이다. 훅은 이 구조가 얼마나 중요한지 전혀 눈치채지 못했다.[2] 1665년에 출간한 『현미경 속 세계Micrographia』에 유명한 벼룩과 더불어 세포를 그려 넣었을 때 그 중요성을 알아본 사람 또한 아무도 없었다.

현미경적 형태를 관찰한 것은 훅만이 아니었다. 북해 건너편에서는 네덜란드인 상인이자 호기심 많은 또 한 명의 과학자 안톤 판 레이우엔훅Anton van Leeuwenhoek이 유리구슬을 깎아 호주머니에 들어가는 크기의 현미경을 만들었다. 그는 연못 물로부터 치아에서 긁어낸 찌꺼기에 이르기까지 온갖 사물에 자신의 새 장비를 들이대어 이 숨겨진 우주에 대한 호기심을 충족했다. 이전에는 아무도 보지 못한 이 소우주에서 그가 발견한 것은 작디작은 〈극미 동물animalcule〉이었다.[3] 대부분은 움직이고 있었다. 그는 심지어 이 동물들을 죽이는 법도 알아냈다. 식초에 닿게 했더니 움직임이 멈춘 것이다.

판 레이우엔훅은 왕립학회에 잇따라 편지를 보내어 자신의 발견을 보고했다. 훅의 발견과 마찬가지로 판 레이우엔훅의 관찰이 얼마나 중요한지 이해하려면 창의적 사고력이 필요했다. 많은 이들이 보기에 이 난쟁이 생물들은 동물들의 축소판 우주가 존재한다는 분명한 증거였으나 일시적인 재미와 매혹 이외에는 할 말이 별로 없었다.

이 세포 우주의 중요성이 인식된 것은 두 세기가 지나서였다. 그제야 세상은 훅이 관찰한 작은 구멍들과 판 레이우엔훅이 기록한 작고 분주한 동물들이 같은 현상의 다른 표현임을, 즉 세포가 생명의 작은 꾸러미요 생물을 만드는 구성단위임을 깨달았다. 훅이 코르크에서 본 것은 건조하고 텅 빈 형태의 윤곽이었지만, 판 레이우엔훅이 본 것은 독립적인 생물이었다. 이 네덜란드인의 관찰이 남달리 중요한 이유는 그가 본 것이 바로 미생물이었기 때문이다. 그 뒤로 로베르트 코흐, 루이 파스퇴르를 비롯한 많은 사람들의 노력으로 이것이 질병의 원인이며 맥주와 포도주를 만드는 현미경적 공장임이 밝혀졌다.

생명의 세계에 대해 훨씬 많은 관찰이 이루어지면서 이 현미경적 영역이 전면에 등장했다. 1839년에 독일인 과학자 테오도어 슈반Theodor Schwann과 마티아스 야코프 슐라이덴 Matthias Jakob Schleiden은 그때까지 따로따로 떨어져 있던 몇 가지 관찰들을 조합하여 세포설이라는 근사한 발상을 내놓았다. 그들의 발상은 — 당시만 해도 급진적이었는데 — 모든 생물이 적어도 하나 이상의 세포로 이루어지고, 세포가 모든 생명 구조의 기본 단위이자 생물의 온갖 다양한 기능의 근원이며, 세포가 기존 세포에서 일종의 복제를 통해 생겨난다는 것이었다. 세포설이 급진적이었던 이유는 이 모든 추론 이면의 메커니즘이 아직 밝혀지지 않았기 때문이었다. 오늘날은 너무나도 당연하게 받아들여지고 있지만 말이다. 요즘은 이 관찰이 세포설이라고 불리는 것을 들으면 어이가 없을지도 모르겠지만, 그것은 생명이 세포로 이루어진다고 말하는 것일 뿐이다. 세포설은 생물학에서 당연하게 받아들여지는 사실이자 세포생물학의 전 분야를 떠받치는 주장이다.

지난 150여 년의 연구 덕에 우리는 이제 생명의 가장 기본적인 단위를 지배하는 원리들을 알고 있다. 우리는 세포에 작용하는 물리학과 생물학을 이해하며 진화의 우연적인 역사적 변칙이 그 그림의 어느 부분에서 어떤 역할을 했는지도 알고 있다.

하지만 우선 이유를 물어야 한다. 훅과 판 레이우엔훅을 비롯하여 그들을 따라 축소판 세계를 탐험한 모든 이들을 매혹한 이 신기한 생명의 꾸러미는 왜 생겼을까? 한 가지 단순한 이유는 희석이라는 기본적인 물리적 원리이다. 거품욕 물비누를 욕조에 부으면 물비누 분자가 물과 섞이고 확산하면서 색깔이 금세 사라진다. 초기 지구에서도 대부분의 분자는 바다, 강, 개울로 흘러들어 희석되었을 것이다. 이 분자들이 다른 분자와 반응하여 더 복잡한 화학적 기계를 이룰 만큼 다닥다닥 붙으려면 암석 내부 같은 매우 특별한 장소가 필요했을 것이다. 작은 용기에 들어간 이 초기 복제자들은 단지 그 안에 옹송그리고 모여 있는 것이 아니라 이를 이용하여 세상을 주름잡을 수 있었다. 이렇게 상자 속에 들어간 분자들은 바다처럼 희석의 위험이 더 큰 환경으로 이동할 수 있었다.

간단히 말하자면 세포는 희석이라는 문제에 대한 답이었다. 이 혁신 덕에 생물은 무엇이든 흐트러뜨리는 물속 세상에 진출할 수 있었다. 이렇게 생겨난 구획화는 생명의 본질적 성격으로 간주되며 번식과 진화와 함께 모든 생물의 토대를 이룬다.

물론 세포만으로 생물권을 모두 설명할 수 있는 것은 아니다. 지구상에는 세포 구조가 없는 생물체도 있다. 단백질 외피로 둘러싸인 작은 감염성 핵산 조각인 바이러스는 사람들에게 감기 같은 질병을 일으키고 심지어 미생물에게도 참변을 낳는다.[4] 하지만 생물권의 이 작은 깡패들이 퍼지려면 물기가 많은 세포, 즉 번식을 위한 숙주가 필요하다. 바이러스는 세포 생명체 없이는 스스로 번식하지 못하기 때문에 어떤 사람들은 바이러스를 생명의 전용 클럽에 끼워 줘야 하는지, 〈입자〉나 〈개체〉라는 야박한 이름을 붙여 강등해야 하는지 고민하기도 한다. 프리온은 잘못 접힌 단백질로, 다른 단백질까지 잘못 접히게 만드는 연쇄 반응을 일으켜 광우병 같은 무시무시한 전염병을 퍼뜨리는데, 이 프리온 또한 일부의 주장에 따르면 생명의 영역 바깥에 있다. 바이러스와 마찬가지로 세포 영역에 피해를 입히지만 그 자신은 세포가 아니다. 세포가 없으면 프리온은 아무것도 아니다. 잘못 접힌 채 바람에 날리는 단백질에 불과하다. 적어도 우리 세계는 세포성이 생명의 특징이라는 사실에서 벗어날 수 없는 듯하다.

세포가 생명 현상의 중심임을 쉽게 이해할 수 있는 간단한 사고 실험이 있다. 유기물 부스러기와 재료로 가득한 가상의 정원 연못을 상상해 보라. 괴상한 날씨, 연못에 불어 드는 물질, 그 밖의 요인 때문에 대사 작용이 일어난다. 원재료가 분해되면서 에너지를 방출한다. 더 놀랍게도 연못 안에서 핵산(DNA)이 정보 복제 시스템으로 진화한다. 여기서, 누군가의 불길한 뒷마당에서, 세포의 원형이 탄생한 것이다! 하지만 이 정원 연못은 설령 어떤 잠재력이 있더라도 흙구덩이에 갇힌 채 어디에도 가지 못한다. 복제가 이루어지거나 새로운 에너지원과 영양소로 전환이 일어날 가능성은 전무하다. 〈세포〉는 족쇄를 찬 신세이다.

실의에 빠진 우리의 정원 연못 생물은 바닷가 바위의 홈이나 열수구(熱水口)의 수수께끼 구멍 같은 물리적 공간에 갇힌 복잡한 생화학 작용에 대한 비유이다. 초기 세포에 무작위로 둘러싸인 생화학 작용 중 어느 하나가 풀려났다. 그 작용은 행성 규모의 팽창을 시작할 자유를 얻었다. 그러고 〈싶은〉 것은 아니었지만, 이 사건이 벌어지고 나니 복제하는 분자는 이제 풍부해지고 지구상의 다양한 환경에 노출될 가능성이 생겼다. 이 환경들은 분자에 작용하여 더 많은 변이와 생명을 낳도록 했을 것이다. 세포성은 집중의 메커니즘을 제공했을 뿐 아니라 진화적 선택이 다양한 형태로 일어날 수 있는 수단도 제시했다. 그런 의미에서 세포성과 진화는 떼려야 뗄 수 없이 연결되어 있다.

여기서 궁금한 것 한 가지는 최초의 세포가 어떻게 생겨났을까이다. 무엇이 이 작은 상자를 만들었기에 분자가 여기 모여 자기복제 기계가 될 수 있었을까? 이것은 생명의 역사에서 일어난 우발적 사건일까, 아니면 물리적으로 필연적이었을까? 질문에 답하려면 이 캡슐이 어떻게 형성되고 무엇으로 만들어지는지 알아야 한다.

세포의 가장자리와 각각의 주변을 살펴보라. 지구상의 모든 자기복제 생명체에는 세포막이 있는데, 이것은 사실 모든 것을 담는 주머니인 셈이다. 세포막은 그저 평범하게 합쳐진 화학 물질을 담는 일종의 초소형 쇼핑백이 아니다. 세포막을 이루는 분자들은 특징 면에서 극적이며 단순함 면에서 아름답다.

세포막 안의 분자들에게는 머리와 꼬리가 있는데, 이 두 가지 구별되는 부위는 분자가 기발한 화학적 능력을 발휘하는 비결이다. 꼬리는 탄소 원자가 한 줄로 엮인 긴 사슬이다. 이 탄소 원자들은 소수성(疏水性)이어서 물에 녹지 않는다. 전하를 가하여 수용성으로 바꾸지 않는다면 이 원자들은 기름이 물과 섞이지 않듯 물을 한사코 멀리한다. 한편 이 꼬리들에 연결된 머리는 성질이 다르다. 머리는 대전된 결합으로 이루어진다. 이 세포막 분자의 흔한 부류 중 하나인 인지질에서 머리는 한 개의 인 원자이며 여기에 음전하를 띤 산소 원자 몇 개가 달라붙어 있다. 머리는 친수성이어서 물에 잘 녹는다. 이렇듯 이 분자는 한쪽은 소수성이고 한쪽은 친수성인 정신 분열적 분자이다. 이 분자는 무슨 일을 할까?

이 분자를 물에 넣으면 놀라운 일이 일어난다. 저마다 다른 분자들의 꼬리가 서로를 향해 정렬하고 머리는 바깥쪽의 물을 향한다. 그러면 이 분자들로 이루어진 두 겹의 구조가 저절로 생겨나는데, 안쪽에 모여 있는 꼬리는 소원대로 물을 피할 수 있으며 바깥을 향한 머리는 물을 향한 애정을 만족시킬 수 있다.

이 지질 막의 묘기는 아직 끝나지 않았다. 막을 끝없이 펼친 채 물속에서 정처 없이 펄럭거리는 것이 아니라 마치 빗방울이 에너지를 최소화하려고 공 모양이 되듯 이 지질 막은 표면 장력을 최소화하려고 자신을 구부려 구형이 된다. 어떤 지시도 받지 않은 채 자발적으로 내부에 액체를 담은 공이 되는 것이다. 이로써 세포 구획이 만들어졌다. 지질의 배치와 공 모양을 이루는 성질을 보건대 분자 간의 이온 상호 작용과 에너지 최소화 경향이라는 물리적 원리가 이 기다란 분자 사슬을 세포 주머니로 바꾸는 것은 필연적이다.

약 40억 년 전에 이렇게 저절로 만들어진 작은 공 소포(小胞)는 스스로 복제할 수 있는 분자를 감쌌을 것이다. 이 분자 상호 작용의 산물은 이제 방 안에 들어앉은 채 밀집했으며,

초기 세포 안에 누적하여 마침내 다양한 반응이 일어날 수 있는 밀도에 도달했을 것이다. 느리지만 꾸준하게, 우리가 오늘날의 세포에서 관찰하는 복잡한 대사 작용이 생겨났다. 이 이른바 원시 세포에 둘러싸인 최초의 분자들은 DNA의 자매 분자이자 유전 부호의 개척자적 형태인 리보 핵산RNA의 활성형이었을 것이다.[5]

세포가 탄생하자, 연못을 떠다니는 기다란 유전 정보 조각뿐 아니라 이 초창기의 생명 꾸러미에서도 진화가 일어나기 시작했다. 세포 자체는 환경 조건이 작용하여 진화를 추동하는 단위가 되었다.

여러분은 이렇게 말할지도 모르겠다. 하지만 이건 전부 추측 아니냐고.

1980년대에 캘리포니아 대학교 샌타크루즈 캠퍼스의 데이비드 디머David Deamer는 고대 운석에서 추출한 단순한 화학 물질이 막을 만들 수 있는지 연구했다.[6] 희석이라는 물리적 문제에 대한 답인 세포 구조에 담긴 정보는 우연한 사건이었을까, 아니면 물리적으로도 필연적인 사건이었을까? 그가 선택한 것은 우주를 떠돌다 마지막 순간에 화염 속에서 하늘을 가로질러 지상에 안착한 돌인 운석이었다. 어떤 운석은 태양계에서 가장 원시적인 물질이다. 운석의 종류 중에 탄소질 구립운석carbonaceous chondrite이 있는데, 이것은 탄화물이 포함된 것으로 알려진 검은색 돌이다. 그중 하나가 1969년 호주 빅토리아에 떨어진 머치슨 운석이다. 이 운석은 초기 태양계의 물질들이 뒤섞이면서 형성되었으며, 생명의 구성 요소가 어디서 왔는지 궁금한 우주생물학자들에게 오랫동안 매혹의 원천이었다. 머치슨 운석은 단백질을 구성하는 화학적 단위인 아미노산을 함유한 것으로 밝혀졌다. 하지만 아미노산만 들어 있는 게 아니었다.

디머는 지질을 닮은 단순한 분자를 몇 가지 추출했다. 이 카르복시산은 지질처럼 대전된 머리와 소수성 꼬리가 있지만 현생 세포에서 쓰이는 지질보다는 덜 정교하고 대체로 더 짧다. 디머는 운석에서 이 분자들을 수집하여 물에 넣었다. 그랬더니 분자들이 저절로 모여 소포를 형성했다.

디머는 막이 저절로 생기며 그 형태를 물리적으로 예측하고 연구할 수 있음을 보여 주었다.[7] 그뿐 아니라 이 세포 구획을 만드는 분자들이 탄소가 풍부한 암석에 든 채 태양계 곳곳에 흩어져 있음을 밝혀냈다. 초기 태양 주위를 돌다가 응축한 기체들로부터 만들어진 고대의 물질은 그 속에 세포를 만드는 바로 그 분자들을 생성했다.

우리의 태양계에 있는 기체와 그 밖의 물질들이 기이한 우연의 산물이나 100만 분의 1 확률로 생긴 혼합물이 아니라면 우리는 어떤 원시 구름에서도 세포성 분자가 생기리라 기대할 수 있다.[8] 이 분자는 원시 세포 물질의 꾸러미를 풍부한 액체 물이 기다리는 행성 표면으로 운반할 것이다.

디머가 탄화물을 수집한 운석에서만 이 분자들이 발견되는 것은 아니다. 실험에 따르면 온갖 방법으로 이 분자들을 만들 수 있다. 심지어 생명이 탄생하기 전의 초기 지구에서도 화학 반응으로 막이 생성되었을 수 있다. 단순한 유기 분자 〈피루브산pyruvic acid〉을 가열하고 압력을 가하면 막 물질이 만들어진다.[9] 이 초기 세포 성분은 틀림없이 지구에 풍부했을 것이다.

이 기발하고 비교적 단순한 실험들에서 세포막이 어떻게 형성될 수 있는지 밝혀졌지만, 초기 지구의 정확히 어느 장소에서 이 일이 일어났는가는 논란의 여지가 있다.[10]

바닷속 깊이 지각판 사이로 벌어지고 갈라진 고랑들에 열수구가 있다. 이 광물질 굴뚝은 용융 금속을 비롯한 화학 물질로 가득한 액체가 차가운 바닷물과 접촉하면서 우뚝 솟은 암석 덩어리이다. 이 거석 안에서는 고압 때문에 여전히 섭씨 수백 도의 액체 상태인 뜨거운 물이 광물질의 기공과 구멍을 통해 뿜어져 나와 이 극단적 조건에서 화학 반응을 일으킨다.

어떤 과학자들은 이런 환경에서 암석 기공 속의 화학 물질 농도가 바뀐 덕에 생명의 초기 화학 작용이 시작되었다고 생각한다.[11] 마침내 암석이 풍부한 이 표면에서 최초의 대사 과정이 일어날 준비가 끝나자 화학 물질들이 막 코팅에서 벗겨져 나와 넓은 세상으로 퍼져 나갔을 것이다.

어떤 사람들은 열수구설을 거부하고 생명이 해변에서 시작되었다고 주장한다. 조류가 드나들면서 새로운 분자들이 밀려와 일시적 웅덩이나 암석 노두에 모였으리라는 것이다. 또 어떤 사람들은 운석 구덩이에서 생명이 시작되었을 가능성이 더 크다고 생각한다.[12] 우주의 바위가 지표면을 때릴 때 발생하는 고열이 생명에 이상적인 온도 기울기와 물 순환을 만들어 냈다는 것이다. 육지의 일부 화산 가장자리에 생긴 다윈의 〈작고 미지근한 웅덩이warm little pond〉가 생명의 발상지였을지도 모른다.[13]

최초의 자기복제 분자와 이를 둘러싼 세포가 생겨나기 위해 무언가 특별한 게 필요했는지, 아니면 이 과정이 여러 장소에서 일어날 수 있었는지는 앞으로 해결해야 할 문제이다. 하지만 디머의 실험에서 보듯 화학 물질이 세포 구조 안에 구획된 것은 역사적 변칙의 우연한 결과가 아니라 물과 애증의 관계인 정신 분열적[14] 분자가 모이는 곳이면 어디에서든 얼마든지 일어날 수 있는 일이다.

막 주머니와 그 속에 담긴 몇몇 분자만 가지고는 할 수 있는 것이 별로 없다. 이런 세포가 생겨나고 유전 부호가 발생함에 따라 이 세포들을 운영할 대사 경로가 만들어져야 한다. 이 세포 구획 안에서 생명의 경로, 즉 생명의 구성 요소를 제작하는 생산 라인이 더 복잡해지면서 생명의 여러 요소가 종합된 전형적 세포의 특징에 이르는 수많은 길이 생길 수 있었다. 세포막이 자리를 잡고 난 뒤에 우리는 이렇게 물을 수 있다. 이 최초의 대사 경로는 그 자체로 신기한 우연적 사건이었을까, 아니면 그 속에도 예측 가능한 물리적 원리가 있을까?

세포의 대사 경로를 나타낸 지도를 인터넷에서 훑어보면 수많은 원호와 선이 화학 도로의 수백 가지 최종 산물과 중간

물을 연결하는 것을 볼 수 있다. 이 경로들은 단백질을 만드는 아미노산, 복합당, 유전 부호의 구성 요소, 식품이 분해되어 생긴 여러 분자에 이르기까지 모든 것을 만들어 낸다. 이 복잡한 경로는 자신을 감싼 세포와 정말로 다른 것일까? 끈들이 미로처럼 얽힌 이 매트에서 우연한 역사적 사건이 기회를 얻을 수 있을까?

하지만 이 아수라장 속에는 경이로운 단순함이 있다. 수많은 경로의 기본 재료를 만들어 내는 역(逆)시트르산 회로를 비롯하여 세포에서 발견되는 가장 오래된 대사 경로 중 일부는 초기 지구에서 구할 수 있던 화합물을 이용한다. 이 경로와 관련 화학 물질, 에너지 순환이 단순한 것으로 보건대 많은 사람들은 이 반응도 보편적일 거라 생각한다.[15] 이런 경로가 모든 생명에 보편적인 것을 보면 단순히 우연한 사건이 최초의 세포에 고정된 것 같지는 않다.

이 결론을 더욱 뒷받침하는 것은 이 복잡한 경로 집합의 다른 부분들에 대한 연구이다. 그중 일부에는 보편성의 흔적이 남아 있다. 세포 내에서 포도당을 분해하는 해당(解糖) 경로와 역으로 포도당을 만드는 당신생 경로는 매우 오랫동안 보존되었는데, 세포 생성과 에너지 획득에 필수적이다. 에든버러 대학교의 과학자들은 수천 가지 대안적 분자와 경로를 시험하여 생명에서 이용하는 경로가 모든 가능한 경로 중에서 가장 많은 화합물을 만들어 낸다는 사실을 밝혀냈다.[16]

이 독자적 연구들에서 우리는 지구 최초의 세포들에서 나타난 대사 변환이 단순한 요행이 아니라 물리 법칙의 결과임을 알 수 있다. 그 속에 담긴 정보와 대사 변환이 구조화되는 방식에는 생물학적 유산의 흔적이 들어 있을지도 모르지만 말이다.[17] 또한 이런 결론들은 이 경로가 우연이며 일찌감치 생명체에 고정되어 그 뒤로 불변했다는 생각을 뒷받침하지 않는다.[18] 오히려 그 반대로 이 경로들은 매우 유연하며 일부 경로는 쓰이는 화학 물질을 바꾸는 몇 가지 돌연변이만으로 다른 경로로 바뀔 수 있는 듯하다. 생명이 자신을 만드는 여러 기존 경로의 제약에서 벗어나고 싶었다면 얼마든지 그럴 수 있었을 것이다.

하지만 세포 내의 많은 대사 과정이 최적화된 방식에는 심오한 의미가 담겼다.[19] 그것은 생명이 우주의 다른 곳에서 생겼더라도 지구와 똑같거나 매우 비슷한 연결망에 정착했을 것이며, 우리는 그 그물망이 어떻게 생겼을지 미리 예측할 수 있으리라는 것이다.

동물이 출현하기 30억 년 전에 이 단세포 미생물은 대사 경로를 활용하여 홀로 지구를 지배했다. 하지만 바깥에서는 그들의 형상을 따라 물리적 과정이 느리게, 하지만 필연적으로 그들을 빚어내고 있었다. 그리하여 결국 두더지와 그 밖의 복잡한 생명체를 만들어 내고 만다.

누군가에게 미생물에 대해 이야기하면 그는 하품을 참느라 애먹을 것이다. 미생물에 친숙하지 않은 사람이라면 거의 누구나 미생물에는 볼 것이 별로 없다고 생각한다. 하지만 그

미시 세계는 환상적인 형태들의 향연이다. 공, 막대기, 나선, 실, 심지어 콩 모양, 별 모양, 네모 모양 미생물이 득시글하다.

발상지에서 세상으로 나온 최초의 세포들도 법칙에 의해 빚어졌으며, 녀석들이 물리학의 노예였듯 훗날 동물도 더 복잡하긴 하지만 필연적 법칙에 의해 만들어지게 된다.[20] 생명의 신임 대사(大使)인 미생물에 환경이 미친 최초의 끈질긴 영향은 세포의 크기를 작게 유지했다는 것이다.[21] 대다수 세포는 모양이 어떻든 미세하다. 세월이 지나도 커지지 않는다. 대체 왜일까?

세포의 크기가 미세한 데는 여러 이유가 있다.[22] 큰 주머니는 중력 때문에 찌그러질 우려가 있다.[23] 세포가 작을수록 중력에 의해 찌그러져 내용물이 삐져나올 가능성이 적어진다. 우리는 이 과정에 중력이 작용하는 것을 볼 수 있다.

세포가 맞닥뜨려야 하는 걸림돌은 이뿐만이 아니다. 무엇보다 세포는 먹이와 영양소를 섭취하고 노폐물을 배출해야 한다. 세포가 구형이라고 가정해 보자. 그러면 표면적은 $4\pi r^2$인데, 여기서 r는 세포의 반지름이다. 하지만 부피는 $(4/3)\pi r^3$이므로, 반지름을 늘이면 표면적이 제곱으로 증가하는 데 반해 부피는 세제곱으로 증가한다. 세포가 커질수록 부피가 표면적보다 빨리 커지는 것이다. 말하자면 세포 내부의 모든 단위 부피에 대해 영양소가 들어오고 노폐물이 나갈 표면적이 점점 줄어든다. 여러분이 작아질수록 필수적 교환이 이루어지는 표면적이 내부의 부피에 비해 커진다. 몸이 커질 때의 또 다른 문제는 세포 내의 확산이다. 여러분이 커질수록 영양소가 세포를 통과하여 이쪽 끝에서 저쪽 끝으로 이동하는 시간이 오래 걸린다.[24] 그러니 작을수록 유리하다.

세포가 작아서 좋은 점이 또 있을 수도 있겠지만, 주머니가 찌그러지지 않는 것과 세포 경계를 넘나드는 물질 교환이 효과적으로 이루어지는 것은 두 가지 중요한 이익이다. 두 결과 모두 그 뒤에는 단순한 물리적 원리가 있다. 그렇다면 세포가 얼마나 작아질 수 있을까라는 질문이 떠오른다. 물론 DNA를 비롯한 필수 요소들이 들어가지 못할 만큼 작아질 수는 없다. 이론상 최소 크기는 약 200~300마이크로미터로, 유전 물질과 부속 단백질이 담기고 몇 가지 대사 경로가 형성되기에 딱 맞는 크기이다.[25] 이 추정치는 자연에서 발견되는 가장 작은 세균과 얼추 맞아떨어진다.[26] 그중 하나인 펠라지박터 유비크*Pelagibacter ubique*는 너비가 0.12~0.20마이크로미터에 길이가 약 0.9마이크로미터밖에 안 된다.

하지만 작다고 해서 좋기만 한 것은 아니다. 먹이가 필요할 때 주변의 영양소를 더 많이 거둬들일 수 있도록 표면적을 더 늘리고 싶다면 어떻게 해야 할까? 한 가지 방법은 몸집을 키우는 것이지만, 앞에서 보았듯 공 모양으로는 점점 커질수록 부피 대비 표면적이 줄어든다는 문제가 있다. 세포는 이 역설을 해소할 방법을 찾아야 하는데, 그것은 공을 단순히 뻥 튀기하는 게 아니라 막대 모양으로 만드는 것이다.

어떤 원통형 미생물의 반지름이 1마이크로미터이고 길이

가 5마이크로미터라고 생각해 보자. 길이를 10마이크로미터로 두 배 늘이면 부피 대비 표면적의 비는 2.4에서 2.2로 8.3퍼센트 감소한다. 이 경우, 주어진 부피에 필요한 표면적은 아주 조금 줄어든다. 이에 반해 길이 5마이크로미터의 원통형 미생물과 표면적이 같은 공 모양 미생물의 반지름을 늘여 길이 10마이크로미터의 원통형 미생물과 표면적이 같아지도록 한다고 생각해 보라. 그러면 부피 대비 표면적의 비율은 1.73에서 1.28로 26퍼센트 감소한다. 구가 팽창하면 일정한 내부 부피에 대응하는 표면적이 훨씬 작아지며 부피 대비 표면적 비율은 원통형 미생물에서보다 빨리 감소한다. 표면적을 늘리고 싶다면 구를 부풀리기보다는 원통을 늘이는 게 낫다.

이것은 단순한 물리학적 공상이 아니다. 실험실이나 자연에서 미생물을 연구하면 미생물이 굶주렸을 때 실 모양이 되는 것을 종종 보게 된다. 기초적인 산수만 있으면 이 변신 행동을 설명할 수 있다. 물리학은 미생물을 잡아 늘인다.

그렇다고 해서 미생물이 커질 수 없다거나 언제나 길고 가는 모양일 수밖에 없다는 것은 아니다. 우리가 〈작다〉라고 말하는 것은 모두 상대적 개념이다.[27] 우리 세상에서는 모든 미생물이 작아 보이지만 그들의 세상에서는 큰 것은 크다. 거대 세균 에풀로피스키움 피셸소니*Epulopiscium fishelsoni*는 쥐돔의 장에서 서식하며 너비가 무려 0.6밀리미터까지 자라 맨눈으로 볼 수 있을 정도이다. 물론 이 작은 짐승은 미생물이 최대한 작아져야 한다는 나의 주장을 조목조목 반박한다. 하지만 자세히 들여다보면 물리 법칙을 어기고 있지는 않음을 알 수 있다. 녀석은 장에서 살면서 물고기가 소화한 먹이로부터 풍부한 영양소를 섭취한다. 그래서 부피 대비 표면적이 작아도 충분한 먹이를 세포에 공급할 수 있다. 세포막이 전부 안으로 접히는 함입 덕에 유효 표면적이 부쩍 늘었는데, 이 또한 표면적의 문제를 해결하는 데 한몫한다.

진화가 빚어낸 형태 중에는 경이롭고 매혹적인 것도 있다. 일부 세균*의 올록볼록한 모양은 오랫동안 미스터리였는데, 이것은 아마도 표면에 달라붙어 막을 형성하여 자신의 위쪽으로 물이 흐르도록 하기 위해서인 듯하다. 이런 미생물에 작용하는 물리적 원리는 액체의 행동과 그 액체가 가하는 전단 응력(σ)에서 비롯한다. 전단 응력이 크면 액체는 미생물을 표면에서 떼어 내는 경향이 있다. 이 힘은 아래와 같은 전단 응력 방정식으로 표현된다.

$$\sigma = 6Q\mu / h^2 w$$

여기서 전단 응력(σ)은 유량(Q), 미생물 주위 유체의 점도(μ), 미생물이 위치한 물길의 너비(w), 물길의 높이(h)로 계산할 수 있다.

여기서는 영양소 대신 유체역학이 현미경적 규모에서 생

* 예를 들어, 비브리오 세균이 있다.

명과 일대일로 작용하여 세포를 형성하고 구성한다.[28]

지구상의 다양한 환경에서는 다른 물리적 성질이 유체의 흐름만큼 또는 더욱 부각될 수 있다. 많은 세균은 끈적끈적한 액체에서 서식하는데, 미생물 규모에서의 일반적인 물보다 훨씬 끈적끈적하다. 여러분 뒷마당의 찐득찐득한 마른 연못이나 동물 장내는 유체의 점도가 유난히 높은데, 이런 곳에 사는 미생물은 강이나 개울처럼 자유롭게 흐르는 액체를 접하지 못한다. 이런 장소에서는 미생물의 형태가 나선형이어야 끈적끈적한 세계를 헤치고 나아가기 쉽다.[29] 이런 찐득찐득한 유체에서도 단순한 법칙이 입자의 행동을 통제한다.

두더지나 무당벌레와 마찬가지로 미생물 세계의 단세포들도 단순한 물리 법칙에 따라 특정 형태로 수렴하는데, 어떤 면에서 이 법칙들은 복잡한 다세포 생물에서보다 더 쉽게 구별되고 감지되지만 그럼에도 결국에는 다세포 생물 못지않게 단호하고 예측 가능한 형태를 만들어 낸다.

이 모든 경이로운 형태에서 우리가 간과한 사소한 세부 사항이 하나 있다. 그것은 이 미생물을 이루는 지질 막이 본질적으로 유연하다는 사실이다. 이 막은 구형이 되기도 하고 물컹물컹한 무정형의 방울이 되기도 한다. 생명은 또 하나의 필수적 발명을 해내야 했다. 대다수 미생물 막을 둘러싼 것은 세포벽이다. 미생물의 세포벽은 〈펩티도글리칸peptidoglycan〉이라는 성분으로 이루어졌는데, 당과 아미노산이 닭장 철망처럼 결합되어 있다. 이 벽이 형태와 단단함을 부여하는 덕에 세포는 여러 모양을 취할 수 있다.

세포의 다양한 형태를 보면 세포벽이 어떻게 생겨나게 되었는지 알 수 있다. 닭장 철망은 최초의 무정형 미생물에 형태를 부여했을 것이다. 녀석들은 형태를 고정하지 않은 채로도 살아갈 수야 있었겠지만 자신의 세상을 정처 없이 흐느적 흐느적 헤매고 다녔을 것이다. 세포막을 딱딱하게 만드는 성분을 만들어 낸 세포는 돌연변이와 선택압에 의해 공 모양이나 실 모양이나 곡선으로 바뀜으로써 표면에 달라붙거나 먹이를 얻거나 곤죽을 나선형으로 통과하는 효율을 높일 수 있었다. 세포벽은 생명이 확산, 유체역학, 점성 같은 다양한 물리 법칙에 따라 형태를 갖춰 생존 및 번식 가능성을 극대화하기 위한 적응으로 볼 수 있다. 우리는 미생물의 형태마다 물리적 원리를 방정식으로 나타내고 이 원리들이 다양한 환경에서 미생물의 행동과 잠재적 성공에 어떻게 영향을 미치는지 수학적으로 모형화할 수 있다.

무당벌레 같은 큰 규모의 유기체에서와 마찬가지로, 물리적 원리가 생명 안에서 드러나는 것과 더불어 진화 또한 돌연변이를 통해 유기체가 생식 연령에 이를 가능성을 제공한다. 물리적 원리는 생명의 필연적 존재 조건일 뿐 아니라 생존 가능성을 높이는 적응의 목록을 확장하는 수단이기도 하다. 이 법칙들은 새로운 발명의 공간을 열어 준다.[30] 세포벽은 다양한 형태의 조망을 열었으며 각 형태는 저마다 다른 원리를 활용하여 번식 가능성을 높였다.

이 미생물 메들리에서 우연적 사건이 하나라도 작용하고 있을까?[31] 진화를 다시 돌렸을 때 지금 지구상에 있는 모든 형태가 탐색될 것인지는 확신할 수 없다. 거대 세균 에풀로피스키움 피셀소니는 동물의 장이 있어야 하는데, 동물은 (지질학적 시간으로 따지면) 최근까지도 나타나지 않았다. 무당벌레나 두더지에서와 마찬가지로 우연은 일정 범위의 세부 사항과 변형을 탐색할 여지를 허락하며, 이 범위는 작은 규모에서 풍부한 다양성으로 나타난다. 하지만 형태의 범위는 무한하지 않은데, 존재하는 형태는 몇 가지 기본적인 물리 법칙을 따르는 듯하며 그 덕에 예측이 가능하다. 우리는 외계에서도 세포가 작을 것이며 굶주렸을 때는 문제를 해결하기 위해 막대기나 실 모양으로 자랄 것이라 예측할 수 있다. 몸집이 크다면 적어도 능동적으로 먹이를 빨아들이거나 주름을 만들어 표면적을 극대화해야 할 것이다.

우리가 우연성을 발견할지도 모르는 장소는 세포막 자체의 구조에서이다. 생명은 처음 출현한 뒤로 어마어마하게 분화했으며, 이 다양한 형태는 무수한 종류의 세포막을 탐색했다.

그람 양성균은 세포벽으로 둘러싸인 단순한 세포막을 선택했다. 이 균은 덴마크의 세균학자 크리스티안 그람Christian Gram의 이름을 딴 것으로, 그는 세균을 세포막의 차이에 따라 다르게 염색하는 방법을 처음으로 발견했다. 이렇게 하면 세균을 현미경으로 더 쉽게 알아볼 수 있다. 그람 양성균 중 하나는 피부를 감염시키거나 음식을 중독시키는 포도상구균

(속)*Staphylococcus*이다. 그람 양성균과 대조적으로 그람 음성균은 세포막이 더 복잡하다. 그람 음성균은 세포막이 두 겹으로, 그 사이에 세포벽이 있다.

세포막이 두 겹인 세균은 어디에나 있으며 그중 하나가 살모넬라(속)*Salmonella*이다. 오랫동안 과학자들은 그람 음성균의 신기한 두 겹 세포막에 흥미를 느꼈다. 어쩌다 두 겹이 되었을까? 한 가지 가능성은 세균이 지구를 지배하면서 새로운 행성에서 실험을 벌이다가 한 세균을 다른 세균이 집어삼켰으리라는 것이다. 상대 세균을 삼키되 죽이지는 않은 이 숙주는 그 세균이 생산하는 먹이 — 아마도 당을 비롯한 대사산물 — 를 가로챌 수 있었을 것이다. 삼켜진 세균은 안전한 보금자리를 얻었으며 숙주로부터 그 밖의 영양소를 공급받을 수 있었을 것이다. 세균이 집어삼켜지는 장면을 상상해 보라. 세균이 숙주의 세포막에 둘러싸이면 세포막이 두 겹이 된다. 하나는 자신의 것이고 하나는 굶주린 침략자의 것이다. 이렇듯 세균이 삼켜지면 세포막이 두 겹인 세포가 탄생한다.[32]

이 설명이 깔끔하기는 하지만, 어떤 사람들은 여기에 동의하지 않고 두 겹 세포막이 항체에 맞서는 영리한 방어 메커니즘이었다고 주장한다. 미생물 전쟁으로 인한 이 화학적 산물은 자연환경에서 많은 세균에 의해 생산되며 자원 쟁탈전에 동원되어 경쟁자를 죽이거나 무력화한다고 생각된다.[33] 그람 양성균은 세포막이 하나뿐이어서 일반적으로 항체에 더 취약하므로, 두 겹 세포막이 항체를 더 철저히 막는 방법이라는 생각은 일리가 있다.

지질 막 안에서 미생물 세계는 현란한 다양성을 뿜낸다. 미생물의 일종으로, 극한 환경, 토양, 바다에 서식하는 고세균의 지질 막은 세균의 지질 막과 화학적으로 다르다.[34] 어떤 고세균은 지질이 세포막 중간에서 연결되는데, 이 덕분에 고온을 더 잘 견디는 듯하다.

세포막에서 발견되는 모든 단백질, 여기에 연결된 온갖 당, 그리고 세포막이 다른 세포의 표면에 달라붙어 신호를 주고받는 기능을 관찰하면 온갖 다양성을 발견할 수 있다. 특히 세포막 자체는 당 사슬의 점액과 그물망으로 덮인 경우가 많은데, 이는 바깥세상으로부터 세포를 더 확실하게 보호해 준다. 이따금 세포막이 수분을 머금어 세균이 건조하지 않도록 지켜 주기도 하는데, 이는 뜨거운 사막의 바위에 서식하는 미생물에 요긴하다. 단순한 세포막의 내부와 주위에서는 생화학적 재주와 다양성이 화려하게 펼쳐진다.

이 놀라운 풍성함을 들여다보면 세포의 구성 요소를 감싸고 농축하고 바깥세상과의 소통 창구를 제공하는 벽인 세포막 뼈대가 일단 만들어진 뒤에는 세포막의 세부 사항과 장식에서 우연이 훨씬 큰 역할을 맡을 수 있었으리라 추론할 수 있다. 두 겹 세포막, 지질의 연결 부위, 점액층, 이 모든 것이 다채롭게 펼쳐지고 세포의 중심 구조 주위에서 실험을 진행할 수 있는 것이다. 이렇게 발달한 것 중 일부는 진화의 무작위 경로가 낳은 결과이며 물리적 요건에 속속들이 종속되지는 않았을 수도 있다.

심지어 세포벽도 우연한 진화적 변화의 산물인지도 모른다. 세포벽이 특정한 아미노산과 당으로 만들어져야 할 이유가 있을까? 단순한 무작위적 사건이 진화에 의해 정착되고 계승되어 이런 구성이 탄생한 것이 아닌지 우리는 알지 못한다. 세포벽은 일부 화학 물질이 우연히 괜찮은 방어벽과 단단한 덮개 역할을 하게 되면서 생긴 것인지도 모른다. 일을 제대로 해내는 화학 물질은 생명에 고정되었을 것이다. 거기에다 하나의 테마가 여러 가지로 변주될 수도 있을 것이다.

머나먼 외계에 생명체가 있다는 말을 들으면 우리는 두 겹세포막 생명체나 정확한 세포벽 구조를 자신 있게 예측할 수 있을까? 이러한 적응 중 상당수의 생화학적 기원에 대해 우리가 언젠가 더 자세히 알게 된다면 일부는 필연적이고 예견된 혁신으로 보일지도 모르겠다. 어떤 것은 진화의 우연적 변덕이 (일단 발견된 뒤에 자신에게 요구되는 임무를 해냄으로써) 특정 환경에서 적응적 가치를 지니게 된 것일 수도 있다. 다른 세계에서 진화를 다시 진행시키면 세포막의 부속과 장식 중 상당수는 생화학적 세부 사항 면에서 다를지도 모르지만 생명의 기본 구조로서의 세포막은 이 낯선 장소에서도 발견될 것이다.

이 수많은 미생물들은 70억 년간 지구를 지배했다. 하지만 이 시기에 미생물들은 고립된 세포로서 제 일만 하면서 지구를 뒤덮은 것이 아니다. 한 세포의 노폐물은 다른 세포의 먹이가 될 수 있었다. 먹이 부족에서 포식자 회피에 이르는 무수한 진화적 선택압을 겪으며 이 세포들은 협력하고 다세포 군체를 형성했다. 이 근사한 노동 분업을 가장 잘 보여 주는 예는 여러 미생물 층으로 이루어진 미생물 매트이다. 미생물 매트는 갈색, 주황색, 초록색의 두껍고 끈끈한 구조로, 주로 화산성 웅덩이 가장자리에 자리 잡고는 끓어오르는 칼데라 가장자리에 떠서 자란다. 여러분도 옛 건물의 벽에서 이보다는 덜 풍성한 초록색 막을 본 적이 있을 것이다.

막의 맨 위에는 주로 초록색 광합성 미생물이 있는데, 녀석들은 햇빛을 붙들어 그 에너지로 이산화탄소를 당으로 바꾼다. 이 맛있는 유기 화합물이 아래층으로 내려가면, 태양의 빛과 온기를 누리지 못하는 다른 미생물들이 어두운 지하 세계에서 당의 화학적 변환을 수행한다. 이런 식으로 이 작은 사회에서 각 미생물이 제자리를 잡은 채 노폐물과 먹이를 주고받으며 순환에 참여한다.

지구의 겉과 속에서 생명의 가혹한 조건에 의해 다양한 미생물에 강요된 협력이 이 미생물 도시를 만들어 낸다.[35] 사람들이 미생물을 동식물의 거시 세계와 구별하는 것은 드문 일이 아니다. 거시 세계는 〈다세포〉 구조로 이루어진다. 하지만 미생물은 혼자 힘으로 살아가는 경우가 드물며 종종 다른 세포들과 동거한다. 개미와 새의 경우와 마찬가지로 미생물을 모아 놓으면 복잡하고 자기조직화된 행동이 나타난다. 이 패턴과 운동은 부분의 합을 넘어서는 질서를 만들어 낸다. 이 패턴과 질서는 먹이를 찾아다니는 늑대 떼처럼 일사불란하게 표면 위를 무리 지어 이동할 수 있는 미생물에서 유난히 잘 드러난다.[36] 가장 작은 세포들의 이러한 조율된 행동은 방정식으로 예측할 수 있다.[37] 우리는 세포의 협력 속에서 무미건조한 물리적 원리가 작용하는 것을 본다.

이 협력은 단순한 우연이 아니다. 우연한 사건이 고정된 것도 아니다. 지구에 서식하는 많은 세포에게는 필연적인 결과였다. 세포들이 다양한 영양소와 에너지원에 정착하면서, 한 미생물의 노폐물을 다른 미생물이 이용하는 것은 자연스러운 수순이 된다. 여기에서 연합이 생겨난다. 광합성 미생물이 당을 만들기에, 당을 먹는 미생물은 광합성 미생물과 긴밀하게 협력하는 것이 유리하다. 이 굶주린 작은 세포의 생물량은 당이 빈약한 웅덩이에서 혼자 살아갈 때보다 커질 것이다. 미생물들을 통솔하고 녀석들의 다양한 협력과 상호 작용을 관할하는 감독관은 전혀 필요 없다. 이 모든 다양성을 세상에 늘어놓으면 각 미생물이 얻는 이익에 따라 협력이 탄생한다. 이 자기조직화는 방정식을 이용하여 모형화하고 예측하고 탐색할 수 있다. 우리는 어느 행성에서든 생물학적 진화가 일어난다면 협력과 군체, 심지어 미생물 매트가 생겨날 것이라 기대할 수 있다.

세포와 그 상호 작용에서 중요한 혁신들이 일어나면서 협력하는 미생물의 세계가 탄생하는 것은 필연적인 듯하다. 그들의 핵심적인 대사 능력도 마찬가지다. 이 미생물들은 세포 수준에서 막과 분자 껍질의 다양성을 나타내지만, 개별적 존재로서의 세포와 이를 자기복제적이고 대사 작용을 하는 형태로 바꾸는 생화학은 보편적이며 물리 법칙의 지배를 받을 것이다.

생명의 세포성 이면에 있는 원리들에 대한 탐구를 마무리하기 전에 마지막 질문을 하나 살펴보자. 이 질문은 더 복잡하고 불확실하고 논쟁적이지만, 그럼에도 물리적 원리에 의해 점차 범위가 좁혀지고 있는 생명의 특성을 탐구한다. 미생물은 어떻게 해서 우리가 동식물이라고 부르는 복잡한 다세포 군체로의 기념비적 전환을 이루었을까? 이것은 필연적이며 물리 법칙에 의해 주도되었을까?

동식물을 구성하는 세포는 대다수 미생물의 세포와 사뭇 다르다. 대형 유기체의 세포는 종종 〈진핵세포〉라는 범주로 묶이는데, 이 세포들의 주요한 특징은 세포 소기관이라는 작은 방 중 하나인 핵에 DNA가 모여 있다는 것이다. 반면에 우리가 지금까지 살펴본 〈원핵세포〉는 대부분 핵이 없다.

진핵생물 영역에는 동식물 말고도 (세포의 생명에서 혁명을 일으킨) 조류(藻類) 같은 단세포 생물이 포함된다.[38] 진핵세포는 대체로 원핵세포보다 훨씬 크다. 진핵세포가 대다수 원핵세포와 가장 다른 점은 핵이 있다는 것이지만, 진핵세포에는 핵 말고도 여러 세포 소기관이 있다. 그중에서 미토콘드리아는 여러분의 세포를 비롯한 대다수 진핵세포의 발전소이다. 미토콘드리아는 (여러분이 점심 때 먹은 샌드위치의 분자

같은) 유기 화합물을 산소로 연소하여 에너지를 만들어 낸다.

진핵세포는 생명의 초기 역사에서 일어난 기묘한 연합의 산물이다.[39] 포식 세균에 집어삼켜진 미생물이 미토콘드리아가 되었을 것이다. 이 세포 내 공생endosymbiosis은 새로 삼켜진 세균과 숙주가 서로에게 무언가를 주기로 약속한 흥미로운 내부 협정이었다. 삼켜진 세균은 먹이와 아늑한 환경이라는 혜택을 얻었으며 숙주는 새 세입자가 공급하는 산소를 이용하여 더 효율적인 에너지 호흡(산소 호흡aerobic respiration)을 할 수 있게 되었다. 수백, 수천 개의 미토콘드리아가 하나의 세포 안에서 마치 도시의 발전소 단지처럼 에너지를 생산하면서 에너지 혁명을 가져왔다.[40] 이 제휴는 에너지에 한계가 있는 원핵세포의 제약으로부터 생명을 해방시켰다. 이와 더불어 진핵세포의 유전자 크기와 복잡성이 증가하면서 더 정교한 생화학 연결망이 생겨날 수 있었다.[41]

그리하여 동물이 탄생하기 위해서는 세 가지 이례적 사건이 잇따라 일어나야 했다. 첫째, 대기 중 산소 농도가 높아져 (여러분과 내가 이용하는 에너지 생산 방식인) 산소 호흡으로 에너지 생산 능력을 부쩍 늘릴 수 있어야 했다. 둘째, 세포 내 공생이 일어나야 했다. 세균이 삼켜지면서 미토콘드리아 발전소가 건설될 수 있었다. 미토콘드리아 덕분에 하나의 커다란 세포 안에서 에너지를 생산하는 능력이 급증했는데, 이 위업은 새로운 에너지원을 개척하는 데 일조했다. 마지막으로, 이 세포들이 하나의 덩어리로 뭉쳐 여러 기관으로 비가역적으로 분화하는 동시에 하나로 행동하는 개체를 만들어 내야 했다.

생물권이 원핵생물 부류를 넘어 부상할 수 있었던 계기는 있을 법하지 않은 우연성들의 변덕스러운 집합이었던 것처럼 보인다. 하지만 이 사건들 속에 필연성의 끈이 묻혀 있지는 않을까?

물리적 원인은 쉽게 파악할 수 있다. 산소 증가는 산소 호흡의 능력이 분출되는 데 필요했으며, 이로써 무산소 환경에 비해 몇 배 많은 에너지를 만들 수 있게 되었다. 새로 등장한 동물들은 산소를 에너지원으로 삼아 더 많은 에너지와 힘을 생산했다. 그런데 산소의 증가 자체는 광합성의 노폐물이었다. 태양 에너지를 붙잡고 이 광합성 과정에서 물을 전자(電子)의 공급원으로 이용할 수 있던 미생물은 금세 햇빛이 비치는 지구상의 모든 수생 서식처에 진출할 수 있었다.[42] 그 결과로 그들은 산소를 만들어 냈다. 그 가능성에 도달하여 얻게 될 물리적 제약과 유익이 그곳에 있었다. 지구상에서 열역학적으로 유리한 에너지 산출 반응을 탐색하는 진화 과정의 필연적 결과로 산소가 증가했다고 생각해도 무방할 것이다.

세포를 미토콘드리아로 채워 에너지를 공급하는 것은 단순한 물리학이었다. 발전소를 많이 모으면 단위 부피당 더 많은 에너지를 생산할 수 있으며, 더 많은 에너지로 더 많은 세포와 더 복잡한 구조를 만들 수 있다. 더 많은 미토콘드리아의 보금자리가 되도록 진화한 세포는 생장하고 분열할 에너지를 더 많이 확보할 수 있었을 것이다. 이 변화 또한 필연적인 것으로 보인다. 세포 내 공생은 지구 생명의 역사에서 여러 번 일어났다.[43]

세포가 저마다 다르게 생장하는 연합을 — 이 연합 덕에 각 세포는 분화하여 효율을 증가시키고 자신이 맡은 임무에 맞는 복잡성을 가질 수 있다 — 어떻게 해석해야 할까? 이것은 효율과 정교한 노동 분업 덕에 하나의 유기체 전체가 경쟁에서 성공하여 환경에서 살아남을 가능성이 커지는 것으로 쉽게 이해할 수 있다. 점균류는 먹이가 필요해질 때까지 가만히 살아간다. 그러다 세포들이 모여 일제히 행진하는데, 종종 샛노란 그물망이 핏줄 같은 촉수를 숲 바닥에 꿈틀꿈틀 뻗으며 먹이를 찾는다.[44] 진핵 제국 변방에 사는 900여 종의 점균류는 세포들이 모여 성공 가능성을 높이는 행동이 생물권에서 결코 드물지 않음을 보여 준다. 세포가 스스로 비가역적인 역할을 맡고 단세포의 독립 기회를 포기하게 된 정확한 사연은 알 수 없지만, 결합과 협력의 선택압은 오늘날에도 생물권 어디서나 찾아볼 수 있다.[45] 세포가 자원과 서식처를 놓고 경쟁하는 행성이라면 어디에서든 다세포적 행위가 독립적 다세포 생물의 출현으로 이어질 가능성이 다분하다. 물리적 원리가 여기에 추진력을 공급하며 세포 구조와 이에 따르는 유전 경로가 수단을 제공한다.

간단히 말하자면 다세포성의 등장, 즉 동식물의 복잡한 생물권이 탄생한 바탕은 단순한 물리적 원리이다.[46] 우리는 세포가 왜 협력하여 더 많은 에너지를 손에 넣었는지 알 수 있다. 이 현상을 밀어붙인 것은 경쟁이었을 것이다. 몸집이 큰 동물은 포식자로서 유리한 위치를 차지했을 것이고 먹잇감들은 잡아먹히지 않으려고 더 크게 진화했을 것이다. 생물학적 군비 경쟁은 더 효과적이고 때로는 더 큰 기계를 요구했다.[47] 동물이 등장하면서 다세포 생물의 다양한 진화 실험이 제 궤도에 올랐다.

물리적 원리가 모든 계층 수준에서 생명 형태를 예측 가능한 구조로 엄격하게 제약한다는 주장 — 내가 지금까지 주로 들여다본 주장 — 과 진화에서의 주요 전환이 물리적 원리의 필연적 결과라는 주장 사이에는 중요한 차이점이 있다. 두 번째 주장은 아직 검증되지 않았다.[48] 그럼에도 우리는 생명이 단세포 미생물에서 복잡한 다세포 생물로 탈바꿈한 이유와 그로 인해 펼쳐진 — 또한 생명을 그 길로 이끌었을 — 물리적 이익과 잠재력을 이해할 수 있다. 하지만 지금으로서는 앞서 논의한 모든 과정을 일련의 방정식으로 나타내는 것은 쉽지 않은 과제일 것이다. 미생물에서 동물로의 전환을 명확히 서술하는 방정식을 작성하는 것은 (이를테면) 무당벌레의 체온을 하나의 방정식으로 뭉뚱그리는 것보다 훨씬 야심찬 목표이다.

어느 행성에서든 생명이 진화할 시간이 충분한 조건에서 이러한 결정적 전환이 필연적으로 일어난다고 가정하면 분자를 감싼 초기의 지질에서 거대한 리바이어던에 이르는 똑같은 길에 생명이 발을 디디리라는 생각이 억측은 아닐 것이다.[49] 이러한 생명 형태가 아무리 다양해지더라도 그 생명들은 세포 안의 물리적 원리를 간직할 것이다.

6장
생명의 가장자리

방문객이 산들바람 부는 상쾌한 빅토리아풍 해변 마을 휫비의 부두에 선 채 갈매기가 해변에서 여름 휴가객이 떨어뜨린 빵 부스러기나 신기한 과자를 쪼아 먹는 광경을 지켜본다. 불과 몇 킬로미터 아래에서 시커먼 케이지가 덜덜거리며 땅속으로 내려가는 광경을 누가 떠올릴 수 있으랴.

차에 올라타 브램 스토커에게 『드라큘라』의 영감을 준 위압적인 고딕풍 성당의 폐허를 지나 마을 북쪽으로 가면 외부인에게는 당혹스러운 장면이 왼쪽에 펼쳐진다.[1] 이곳은 잿빛의 먼지투성이 건물들이 갈색과 흰색의 암염에 둘러싸인 불비 광산이다. 사이로 난 도로는 광산을 오가는 차량으로 북적거린다. 어수선하게 섞여 있는 처리 공장과 창고 가운데에 마치 노동자를 위한 대성당처럼 두 개의 거대한 회색 원통형 탑이 하늘 높이 솟아 있다. 바로 지표면을 땅속 미로와 연결하는 수갱이다.

이 숨겨진 왕국을 방문하려면 약간의 준비가 필요하다. 연한 주황색 작업복, 혹여 화재가 날 경우를 대비한 호흡기, 안전모, 손전등, 그리고 튜브와 멸균 삽과 막대기가 가득 든 배낭까지. 배낭에 든 물건들은 채굴 장비가 아니라 지표면 깊숙한 곳에서 생명을 찾는 미생물학자가 꼼꼼히 선별한 도구들이다.

광부들과 이들을 뒤따르는 작은 무리의 과학자들이 질서 정연히 행진하여 거대한 금속 문을 지나 수갱 꼭대기에 도착하자 케이지가 그들을 기다린다. 〈수갱에서 허튼 행동을 하지 마십시오〉라거나 〈케이지에서 경거망동하지 마십시오〉 같은 경고 방송이 수갱 위쪽 들보에서 요란하게 울린다. 저 보건·안전 공무원들은 제 할 일을 정확히 안다. 금세 우리는 그들의 열정에 물든다(내가 기억하는 최고의 명언은 〈안전과 과학은 한편입니다〉이다).

광부와 과학자가 2층짜리 케이지에 들어차자 철망 문이 쾅하고 닫힌다. 케이지가 덜컹하더니 내려가기 시작한다. 광산에 신선한 공기를 공급하고 서늘한 기온을 유지하는 환기 시스템의 미풍을 얼굴에 맞으며 10분 동안 어둠을 뚫고 바닥으로 내려간다. 보이는 것은 케이지 옆의 작은 구멍 사이로 획획 지나가는 캄캄한 소금 벽뿐이다.

1킬로미터 지하의 바닥에서 암염에 뚫린 휑뎅그렁한 네모꼴 구멍을 가득 채운 인공조명의 친숙한 광경이 우리를 반긴다. 이 소금은 2억 6000만 년 전 페름기에 존재한 짠물 바다의 흔적이다. 이곳 광부들은 거대한 자동 채굴기로 암염을 부수고 긁어 소금을 채굴하는데, 일부는 여러분과 차량을 얼음과 눈으로부터 보호하기 위해 도로에 뿌려지고, 일부는 작황을 개선하는 비료가 된다. 일반인의 시선으로부터 숨겨진 이 아래쪽에는 인류가 지구의 껍데기 앞에서 맞닥뜨리는 날것의 현실이 있다. 광부들이 채취하는 광물과 암석이 우리 문명을 지탱한다.

개미집처럼 펼쳐진 광경은 이 광산을 경영하는 클리블랜드 포타시사(社)가 1970년부터 파낸 1,000킬로미터 길이의 터널이다. 밴이 다닐 수 있을 만큼 넓은 이 터널들은 북해 밑으로 풍부한 소금 층까지 뻗어 있다. 고대 첵스타인해가 유럽만 한 면적을 뒤덮은 모습은 장관이었을 것이다. 이곳은 단순한 짠물 웅덩이가 아니라 어마어마한 내해로, 삼엽충이 바다를 지배하고 초기 네발짐승 중에 (훗날 지배자 공룡이 된) 용궁류sauropsid가 있던 시절에는 하얗게 일렁이는 수면이 원시 지구의 수평선까지 펼쳐져 있었을 것이다.

광부들이 바위 표면을 깎아 내는 동안 우리 과학자들은 터널로 빠져 소금 옆면에 난 문으로 간다. 마치 악당 괴수의 은신처 입구 같다. 하지만 입구 뒤에 있는 것은 2000년 초부터 암흑 물질 탐색을 주도한 실험실이다. 1킬로미터 두께의 바위가 우주 방사선을 막아 주는 이곳 깊은 지하에서 과학자들은 태양과 우주로부터 오는 불필요한 입자의 간섭 잡음을 최소화하면서 우주의 수수께끼 성분인 암흑 물질의 확실한 흔적을 찾는다.

이곳에 와야 할 이유는 그것만이 아니다. 깊은 땅속에는 생물학의 암흑 물질이라 할 지하 미생물이 서식한다. 지금으로부터 수십 년 전에 생물학자들은 우리에게 친숙한 나무, 파충류, 조류 등 온갖 지상의 생물을 제외한 어마어마한 지구 생물량이 땅속에 있음을 알게 되었다. 이런 깊이에서는 살 수 있는 동물이 거의 없지만, 다양한 형태의 에너지가 있기에 하데스 같은 땅속의 틈새에서 미생물이 이 에너지를 이용하여 번성할 수 있다.

불비 광산의 광혈(鑛穴)과 투수(透水) 지대는 미생물의 천연 서식처가 된다. 이곳에서 미생물들은 유기 탄소를 먹거나 여기저기에서 희귀한 철 화합물을 섭취한다. 광산에 고인 작은 물웅덩이는 미생물의 영구 서식처이다. 이 미생물들은 여러분이나 나와 달리 결코 서두르는 법이 없다. 지켜야 할 마감도 없다. 여느 땅속 생물과 마찬가지로 녀석들은 느리게 분열하는데, 전 세계의 일부 지하 서식처에서는 수천 년 또는 그 이상마다 한 번씩 번식하기도 한다. 이곳은 생물학적 저속 차로이다. 과학 소설을 연상시키는 불비 지하과학연구시설 Boulby Underground Science Facility의 깔끔한 내부에서 나와 캄캄한 흙투성이 터널을 지나 투수 지대에 도착하여 표본 채취용 멸균 튜브에 물을 담아 연구실에 돌아와서는 DNA를 추출하고 이 땅속 뿌연 물속에 무엇이 사는지 들여다본다.[2] 이 척박한 환경에는 다양한 내염성 미생물이 서식한다. 녀석들은 극한 생물extremophile, 말 그대로 극단적인 것을 좋아하는 미생물이다.

이 작고 억센 생물들을 〈극한 생물〉이라고 부르는 것이 인간 중심적이라고 말하는 사람들도 있다. 산소가 풍부한 대기 속에서 온갖 해로운 옥시던트oxidant*와 함께 살고 있는 우리의 모습을 녀석들이 본다면 우리야말로 극한 생물이라고 생각할 것이다. 녀석들의 근사하고 아늑하며 종종 산소가 없는 땅속 보금자리는 녀석들에게는 극단적이지 않다. 이 역발상은 재미있기는 하지만 실은 터무니없는 소리이다. 나뭇가지를 타는 원숭이, 우듬지에서 끼끽대는 앵무, 토양 한 줌에 서식하는 수많은 미생물로 둘러싸인 채 우림을 거니는 인간에 대해 이 땅속 거주자들이 의견을 표명할 수 있다면 그들은 우림의 생물들을 바라보며 자신의 신세를 한탄할 것이다. 지구에는 정말로 극단적인 환경이 있다. 그곳에서는 물리적·화학적 조건이 생명을 한계로 밀어붙이며 생물권이 삶과 죽음을 오락가락한다. 이곳에는 동물이 살 수 없으며 심지어 미생물 중에서도 진화적 유산과 생화학적 생장 수단을 갖춘 소수만이 서식한다.[3]

불비 광산에서는 짜디짠 액체와 희소한 탄소와 영양소를 섭취할 수 있는 미생물만 버틸 수 있다. 아이스크림을 핥고 모래사장에서 뛰노는 아이들과 여름 햇볕 속에서 짖어 대는 개들의 소음과 흥분에서 차로 30분도 떨어지지 않은 이곳에

• 오존, 이산화질소, 각종 유기 과산화물 따위의 산화성 물질을 통틀어 이르는 말.

서 생명은 한계 상황을 맞닥뜨리고 있다. 여기서 수분이 조금 감소하거나 저곳에서 염도가 조금 증가하기만 해도 생명이 금세 꺼져 버릴지도 모른다. 이곳에서 우리는 지구의 생물학적 진화 실험 중에서도 무척 별난 것을 목격하고 있다. 이것은 지구 전체에서 부단히 작용하며 물리학에 속박되지 않는 생명의 끝없고 무한한 가능성이 아니다. 생명은 끈질기기는 하지만 자신의 제국에 지극히 국한된 현상이다. 울타리에 둘러싸인 동물원 동물처럼 알려진 우주 전체에서 발견되는 모든 물리적 조건의 극히 일부만을 차지하는 좁은 환경에서 살아가는 것이다.

하지만 이 경계는 무엇일까? 지구의 특별한 생명 실험에서 그어진 불운한 한계선에 불과한 것일까? 다른 진화 실험들에서는 우리가 상상도 못 한 새로운 생존 수단이 개척되어 우리의 극한 생물들이 버티지 못할 물리적·화학적 공간에 단단히 자리 잡으려나?

이 질문들을 염두에 두고서, 세포적 생명이 구성 — 세포와 (세포를 조립하는) 분자의 형태 — 의 측면에서뿐 아니라 정복할 수 있는 서식처의 측면에서도 어떤 제약을 받는지 생각해 보자. 물리학은 생명의 한계를 짓는다.

불비 광산은 깊이가 어마어마하지만, 1킬로미터라고 해봐야 지표면에 난 바늘 자국에 불과하다. 이보다 더 깊이 들어갔을 때 생명의 첫 번째 문제는 먹이를 충분히 얻는 것이다. 지하 공간과 암석의 모든 구멍과 틈새 중에서 실제로 생명의 보금자리가 되는 곳은 100만 분의 1에 불과할 것이다. 미생물에게 문제는 보금자리를 찾는 것이 아니라 에너지를 얻는 것이다. 저 깊은 아래의 생명은 무성한 식생과 (상대적으로) 생명으로 뒤덮인 지표면에 비해 빈약하지만 그렇다고 불가능한 것은 아니다.[4]

더 깊이, 수 킬로미터를 파 내려가면 새로운 문제가 생명을 기다린다. 그것은 온도 상승이다. 지구 내부에는 생성 과정에서 발생한 원시 열이 담겨 있다. 이 열은 작열하고 소용돌이치며 우리 태양계를 형성한 가스 구름에 갇혀 있었으며, 행성을 만드는 재료인 방사성 원소가 붕괴하면서 생겨났다. 지구 중심부는 엄청나게 뜨거워서 고체 철로 이루어진 핵이 6,000도로 이글거리며 빛나고, 액체 철로 이루어진 핵이 그 주위를 빙글빙글 돌며 거대한 발전기처럼 자기장을 형성하여 우주에서 쏟아져 들어오는 방사선 폭탄으로부터 우리와 대기를 보호한다. 비교적 온화한 지표면에서 이 고열의 핵까지 열이 점차 증가하는데, 이를 지하 증온율geothermal gradient이라 한다. 지구 속 깊이 파묻힌 생명은 이 지하 증온율에 대처해야 한다.

지열이 상승하는 데는 시간이 별로 걸리지 않는다. 심지어 불비 광산에서도 환풍구 달린 터널로부터 고작 몇 미터만 내려가면 30도의 열기에 숨이 막힌다. 여러분이 지구상의 어디에 있고 열이 어떤 식으로 올라오는지에 따라 다르긴 하지만, 대개 지하 10킬로미터까지 내려가기도 전에 온도가 해수면에서의 끓는점인 100도를 넘어선다.

살아 있는 세포에서 분자를 가열하면 결합되어 있던 원자들이 과도한 에너지 때문에 분해된다. 온도가 높아질수록 에너지로 인한 피해가 커진다. 온도를 10도 올리면 화학 반응률이 약 두 배로 증가하므로, 생명이 땅속 깊이 내려갈수록 온도 상승으로 인한 위험이 커진다. 그러면 생명은 단백질과 세포막을 복구하고 새로 만들기 위해 자신의 에너지를 써야 한다.

1960년대와 1970년대에 미국의 미생물학자 토머스 브록Thomas Brock은 옐로스톤 국립공원 화산성 웅덩이의 끓는 물에서 생명이 살 수 있을지 궁금했다. 그는 부글거리며 김을 내뿜는 칼데라에 탐침을 넣어 진흙을 채취해서는 자신의 실험실에 가져갔다. 평범해 보이는 슬러지 안에는 70도 이상에서 자랄 수 있는 미생물이 많이 들어 있었다.[5] 이것은 새롭고 놀라운 발견이었다. 이 호열성 세균thermophile들은 단순히 고온을 견딜 수 있는 게 아니라 고온을 필요로 했다. 진흙을 식히면 녀석들은 더는 증식하지 않았다. 이 새로운 발견에 자극받은 과학자들은 더 높은 온도를 들여다보았다. 기네스 세계 기록 대회라도 열린 듯 더 높은 온도에서 살아가는 생명을 찾으려는 경쟁이 벌어졌다. 과학자들은 옐로스톤의 열천에서 눈길을 돌려 바닷속 깊은 곳에서 지각으로부터 물을 뿜어내는 열수구에 주목했다. 열수구의 압력은 수온을 100도 이상으로 끌어올리기에 충분했다.

80도 이상을 좋아하는 진정한 극단주의자인 이 극호열성 세균hyperthermophile은 다양한 종을 망라한다. 이 분야의 기록 보유자는 블랙 스모커° 열수구에서 발견된 메타노피루스 칸들레리 *Methanopyrus kandleri*로, 무려 122도에서도 번식할 수 있다.[6]

이 미생물들이 극단적 고온에서 생장하기 위해 어떻게 적응했는지 들여다보면 이 혹염의 서식처에서 살아가기가 얼마나 힘든지 짐작할 수 있다. 세포 내 단백질의 상당수는 황원자의 추가 결합(다리bridge라고도 한다)이 있는데, 이것은 고온의 에너지가 분자를 해체하지 못하도록 3차원 구조를 고정하는 볼트와 같다. 이렇게 하면 단백질을 더 탄탄하게 짜맞춰 쉽게 풀어지지 않게 할 수 있다.[7] 이 미생물들은 이런 기발한 적응과 더불어 열 충격 단백질을 생산하는데, 이를 포함하는 반응의 네트워크는 손상된 단백질에 달라붙어 이를 제거하거나 안정시킨다. 샤페로닌chaperonin은 고열에 망가진 단백질을 다시 접는 일을 돕는 작은 단백질의 집단이다. 하지만 생명 분자의 내열성에는 대가가 따른다. 세포가 이 모든 도우미 분자를 합성하려면 전혀 새로운 단백질 사본을 만들어야 하기 때문이다. 손상을 막기 위한 투쟁에 들어가는 에너지가 생명의 고온 상한선을 정한다.

이 상한선이 어디까지 올라갈지는 아직 알 수 없다. 122도를 넘길지도 모른다. 한 연구진은 약 150도가 상한선일 거라고 주장했다.[8] 세포 안에서 경쟁하는 에너지 수요, 단백질과

• 어두운 검댕 같은 물질들이 해양저의 〈굴뚝〉으로부터 방출되기 때문에 붙여진 말.

세포막을 열에 더 잘 견디도록 만드는 다양한 방법, 주변의 여러 에너지원 등을 고려하면 상한선을 정하는 쉬운 이론적 방법은 없다. 하지만 한 가지 일반 원칙은 분명하다. 우리가 아는바 생명의 기반은 복합 탄소 분자이다. 탄소와 기타 원소의 다양한 결합력은 단순히 지구상에서의 진화가 낳은 우연한 결과이거나 지구에만 존재하는 특수한 수치가 아니라 보편적인 값이다. 이를테면 탄소 원자와 다른 원자의 평균 결합력은 몰당 346킬로줄인데, 지구에서나 머나먼 은하에서나 똑같다.

산소와 질소 같은 원자들에 다양하게 연결된 탄소 원자 사슬로 이루어진 생명체를 고온에 노출시켰을 때 일어나는 현상은 지구상에서의 우연하고 유일무이한 진화가 아니다. 화학적 수준에서 작용하는 것은 탄소-탄소 결합의 세기와 그 보편적 결합 에너지, 그리고 그 밖의 결합이다.

온도가 약 450도까지 올라가면 생명을 이루는 대다수 유기 분자가 파괴된다.[9] 고온에 저항하는 분자를 만들려면 탄소 원자를 특별하게 배열해야 한다. 연필심의 재료인 흑연은 훨씬 높은 온도를 견딜 수 있지만 그 구조는 탄소 원자가 단조롭게 연결되어 밋밋한 탄소 판을 이룬 것에 불과하다. 이런 재료로는 생명체를 만들 수 없다. 복합 유기물을 오븐에 넣어 450도로 가열하면 이산화탄소 기체로 바뀐다. 화학자들이 실험용 유리 용기에서 유기물을 없앨 때에도 이 방법을 쓴다. 그러니 122도와 450도 사이 어딘가에 생명이 견딜 수 있는 온도 상한선이 있을 것이다. 세포가 122도에서 결합을 유지하려고 기울이는 노력을 보면 상한선이 450도보다는 122도에 가까우리라 추측할 수 있다.

나는 상한선을 예측하는 어수룩한 짓을 하지는 않을 것이다. 우리의 논의에서는 그다지 중요한 일이 아니기 때문이다. 고온은 생명의 한계를 정한다. 하지만 행운의 사건과 우연한 진화적 혁신으로 그 상한선의 범위가 달라질 수 있다. 진화과정에서 어떤 열 충격 단백질이 발달하여 상한선이 몇 도 올라갔는지도 모른다. 미래의 진화적 혁신이 생명의 온도를 좀더 끌어올릴 수도 있다. 어쩌면 합성생물학자와 유전공학자가 실험실에서 성과를 거둘지도 모를 일이다.

중요한 것은 상한선을 정하는 것이 결국은 물리학의 보편법칙이라는 사실이다. 다원주의적 돌연변이나 우연한 혁신, 생명의 새로운 발견이 아무리 일어나도 그 상한선을 바꿀 수는 없다. 온도의 상한선을 끌어올리면 생명의 서식 범위를 틀림없이 늘릴 수 있다. 지구의 일반적인 지하 증온율은 1킬로미터 내려갈 때마다 약 25도이다. 온도 상한선을 50도 끌어올리면 나머지 모든 생명이 금지당한 암석 속 2킬로미터를 더 파고들 수 있다. 미생물의 관점에서는 결코 사소한 공간이 아니다. 탐사할 암석이 약 10억 세제곱킬로미터 늘어난다는 말이니까.

하지만 행성 규모에서는 온도 내성이 커진다고 해서 생명의 그림이 썩 달라지지 않는다. 줄잡아 122도에서도 생물권의 두께는 약 5~10킬로미터인데, 이에 반해 지구 반지름은 6,371킬로미터이다. 생물권은 0.1퍼센트에 불과하다. 지구의 생명은 생물권이 아니라 생물막이라고 부르는 게 맞을지도 모르겠다.[10] 생명이 450도 근처에 갈 수 있다는 소수 의견에 따라 생물권의 두께가 약 세 배 늘어나더라도 생물권이 지각에 침투하는 깊이는 여전히 지구 반지름의 약 0.3퍼센트밖에 안 된다. 생명은 지구의 얇은 막이다. 열에너지로 인한 한계 때문에 지구 속으로의 입장을 거부당하는 유기물의 꺼풀이다.

뜨거운 지구 속에서 나와 우주의 얼음장 같은 추위 속으로 가면, 이곳에서도 물리학은 생명이 견딜 수 있는 저온에 한계를 부여한다. 절대 영도에서는 어떤 분자도 움직이거나 다른 분자와 연결되거나 단백질을 만들거나 유전 부호를 읽지 못한다. 중요하게 보이지는 않을지도 모르겠지만, 물리학은 여러분과 내가 편안하게 느끼는 온도와 절대 영도 사이 어디엔가 한계를 정해 두었다. 생명이 느끼는 한계는 절대 영도의 오싹한 극단보다는 여러분과 내게 친숙한 온도에 훨씬 가깝다. 지금까지는 영하 20도 이하에서 생명이 복제된다는 확실한 증거를 찾을 수 없다.[11] 대사 작용이나 가스 생성, 효소 활동은 이보다 낮은 온도에서 일어날 수 있는 것처럼 보이지만 말이다.

유기체는 순수한 물이 해수면 높이에서 어는 온도인 0도 아래에서도 살 수 있는데, 그 이유는 영하에서도 액체 상태의 물이 존재할 수 있는 환경이 있기 때문이다. 염분을 주입하면 어는점을 약 영하 21도까지 낮출 수 있다(이것은 식용 소금 인 염화나트륨 용액의 최저 어는점이다). 과염소산염 같은 특이한 염분을 넣으면 어는점을 영하 50도보다 훨씬 아래까지 낮출 수 있다. 이렇게 낮은 온도에서 생명 활동을 찾아낼 때의 난점 중 하나는 화학 반응의 속도가 무척 느리다는 것이다. 하지만 저온에서 생장률이나 대사율을 측정하는 것은 기술적 어려움에 불과하다.

저온 생명이 맞닥뜨려야 하는 난제는 화학 반응과 그에 따른 많은 복구 과정 및 생화학 경로가 너무 느리게 일어나기에 손상된 분자를 복구하기 힘들다는 것이다.[12] 고온에서의 생명과 달리 분자 손상은 주로 과도한 열에너지 때문에 생기는 것이 아니라 방사성 붕괴에서 나오는 떠돌이 입자 때문에 생긴다. 전리 방사선ionizing radiation이 세포를 휘젓고 다니면 DNA가 망가지거나 단백질이 파괴된다.

우리 주변은 방사선으로 가득하다. 은하와 태양에서 방출된 양성자와 중이온을 비롯한 입자들이 쏟아져 들어온다. 상당수는 지구 자기장에 의해 방향이 바뀌지만 일부는 지구를 통과하며 DNA와 만난다.

방사선은 지구 내부에서도 방출된다. 모든 행성의 지각이나 핵에서는 우라늄이나 칼륨, 토륨의 일부 동위 원소를 함유한 천연 광물에서 이 원소가 붕괴할 때 방사선이 발생한다. 해로운 감마선을 비롯한 여러 종류의 방출물로 이루어진 이 방사선은 모든 사람에게 영향을 미치지만, 세기가 약해서 걱정할 정도는 아니다.

이 자연 방사능은 생명의 기본 성분, 특히 DNA에 손상을 가한다.[13] 자연 방사능은 DNA의 이중 나선을 끊거나 활성 산소 라디칼이 생성되도록 하는데, 활성 산소도 DNA 분자를 공격하여 손상시킨다. 생명을 구성하는 복잡한 긴 사슬 화합물을 무엇이든 망가뜨릴 수 있는 것이다. 생명이 이 방사선을 쉽게 차단할 방법은 전무하다. 대부분의 방사선은 생물학적 재료에 효과적으로 침투할 수 있는데, 세포 하나로만 이루어진 미생물의 경우는 여간 심각한 문제가 아니다. 유일한 해법은 손상이 일어날 때마다 복구하는 것이다.

설상가상으로 일부 분자는 자신의 구조를 바꾸는, 즉 붕괴하는 자연적 경향이 있다.[14] 가만히 앉아만 있어도 이 모든 손상이 천천히 꾸준히 쌓여 결국 세포가 회복할 수 없을 만큼 커지는 것이다. 낮은 온도에서 생명 활동이 일어나려면 세포가 이 불가피한 손상을 복구할 수 있을 만큼의 에너지와 생화학적 활동이 필요하다. 활동이 너무 적으면 오랜 기간에 걸쳐 분자에 손상이 쌓이는 속도를 따라갈 수 없다. 고온에서의 생명과 마찬가지로 정확한 온도를 쉽게 계산할 방법은 없다. 하지만 우리는 세포가 저온에 대처하는 근사한 방법을 진화시킬 수 있음을 안다. 이른바 호냉성 세균psychrophile은 15도 이하에서 가장 잘 증식하는 미생물로, 추위의 효과를 상쇄하는 기발한 방법을 개발했다.

극지방의 싸늘한 온도에서는 지질로 이루어진 세포막이

딱딱하게 굳는다. 버터 한 덩이를 따뜻한 부엌에 두면 토스트에 발라 먹기 좋게 말랑말랑해지지만, 아침을 먹고 나서 버터를 냉장고에 넣고 한 시간쯤 지나면 다시 단단해지는 것을 알 수 있다.[15] 버터의 지방산과 마찬가지로 미생물 지질 막의 지방산도 남극 빙상의 냉장고 온도에서 딱딱하게 굳는다. 지질의 긴 사슬은 냉각되면 일렬로 나란히 서는데, 이렇게 분자들이 빽빽하게 모여 있으면 움직일 공간이 거의 없다.

하지만 분자들을 움직이게 할 방법이 있다. 지방산 사슬은 많은 탄소 원자가 단일 결합을 이룬 형태인데, 여기에 이중 결합을 가미하면 사슬이 뒤틀리게 할 수 있다. 이제 분자는 길고 곧은 사슬이 아니라 한쪽으로 굽은 모양이다. 이 불포화 지방산은 나란히 두어도 단단히 뭉치지 않는다. 굽은 사슬 때문에 지방산이 분리되어 있어서 이제 분자들이 자유롭게 움직일 수 있으며 냉각되어도 빽빽하게 뭉치는 경향이 줄어든다.

설명을 돕기 위해 부엌으로 돌아가 또 다른 흔한 재료를 꺼내 보자. 홍화유는 불포화 지방산으로 가득하다. 식탁에 엎지르면 흘러 다니고 냉장고에 넣어도 액체 상태를 유지한다. 홍화유의 구부러진 사슬은 버터의 지방산과 달리 분자가 계속 움직일 수 있게 한다. 극지방의 미생물도 똑같은 방법으로 세포막을 불포화 지방산으로 채운다. 이렇게 가지를 친 분자는 세포막을 유연하고 말랑말랑하게 유지한다. 영하의 온도에 노출되면 세포막은 딱딱하게 얼어붙지 않고 가단성(可鍛性)을 유지하여 먹이가 세포 안으로 들어오고 노폐물이 빠져

나가도록 할 수 있다.[16]

이것은 놀랍도록 아름다운 사례이다. 탄화물의 단일 결합을 단순히 이중 결합으로 교체하기만 했는데 생명이 지구의 얼어붙은 황무지를 개척할 수 있게 된 것이다. 원자 수준의 이러한 변형 속에서 우리는 진화가 화학과 물리학의 간단한 수법을 이용하여 전혀 새로운 세상을 손에 넣는 비결을 목격한다.

이 간단한 발명이 대단해 보일지는 모르겠지만, 이렇게 생명의 하한선을 내려 봐야 물리학이 정해 둔 단단한 장벽에 접근하는 것이 고작이다. 이 하한선에서는 세포막을 아무리 바꾸고 결합 몇 가지를 아무리 교체해도 중간 지대를 벗어날 수 없다. 이 중간 지대에서는 에너지가 가장 풍부한 환경조차 화학적 저속 차로에 묶인 신세이다. 이 지대에서는 반응이 하도 굼뜨게 일어나기 때문에 어떤 생명체도 손상과 분자 변형, 분해의 필연적 공격에 뒤지지 않을 만큼 빠른 화학 반응을 일으킬 수 없다.[17]

그리하여 생명은 더운 곳과 추운 곳 사이에 갇혀 있으며, 생명 활동의 경계를 정하는 것은 단순한 원리이다. 주어진 시간이나 장소에서 생명이 활동할 수 있는 정확한 한계는 발명과 우연에 따라 달라질 수 있지만, 이 한계는 범위가 좁다. 생명의 온도 내성을 지극히 낙관적으로 추정하더라도 어떤 행성에서 생명이 정복할 수 있는 부분은 전체 부피의 극히 일부에 지나지 않는다. 생명체가 견딜 수 있는 온도를 수백 도 증가시켜 봐야 행성에서 차지할 수 있는 범위는 몇십 분의 1퍼센트 달라질 뿐이다. 생명은 일단 행성에 자리 잡으면 강인하고 끈질기게 버틸 수 있지만, 작은 영토에 만족해야 한다. 절대 영도와 (태양 같은) 별 내부의 온도 사이에서 생명이 점유할 수 있는 범위는 0.007퍼센트에 불과하다. 이 좁은 범위는 특정한 역사적 진화의 결과가 아니다. 진화 과정을 다시 돌려도 범위는 달라지지 않는다. 이것은 우리가 생명이라 부르는 화합물의 작지만 흥미로운 가지에 물리 법칙이 작용한 결과이다.

우주 전역에서, 심지어 지구의 작은 암석에서도 생명은 당혹스러울 만큼 다양한 극단을 맞닥뜨린다. 어쩌면 온도는 이례적인 사례이거나 물리적 경계의 특이한 집합인지도 모른다. 생명의 범위를 좁히는 또 다른 극단이 있을까?

멕시코 서해안 바하칼리포르니아수르의 게레로 네그로에 가면 세계 최대의 염전을 볼 수 있다. 염전 주인들은 해안선 근처에 있는 3만 3,000헥타르의 드넓고 평평한 지대에서 바닷물을 조심스럽게 증발시켜 햇빛 아래 눈부시게 빛나는 흰색 소금 팬케이크를 만든다. 기업 규모의 이 염전에서 생산하는 소금은 해마다 900만 톤에 이른다.

불비 광산의 짠물 웅덩이에서와 마찬가지로 이곳의 생명도 엄청난 난관을 맞닥뜨린다. 그 난관이란 바로 삼투 작용이다. 삼투 작용이란 소금기를 머금은 주변 환경이 세포로부터 사정없이 물을 빨아들여 세포가 말린 대추처럼 쪼글쪼글해지는 현상을 일컫는다. 무작위의 진화적 적응으로는 삼투 작용을 피할 방법이 없다. 삼투 작용은 피할 수 없는 과정이며, 삼투 효과가 어디에서 일어나든 생명은 적응하거나 죽거나 둘 중 하나이다.

그렇다면 호열성 세균과 마찬가지로 이 지역에 서식하는 생물이 생존을 위해 높은 염도를 필요로 할 만큼 적응했다 해도 놀랍지 않을 것이다.[18] 15~37퍼센트의 염도에서만 증식할 수 있는 미생물인 호염성 세균halophile이 바하와 불비에 서식하는데, 녀석들은 대다수 생물이 짜부라질 만한 짠물에서 무럭무럭 자란다.

삼투 작용은 간단히 없앨 수 없으며 그 효과는 무지막지하다. 삼투 작용을 멈추는 유일한 방법은 아래 식처럼 그와 맞먹는 압력인 삼투압(π)을 가하는 것뿐이다.

$$\pi = imRT$$

여기서 m은 용질의 리터당 몰수(몰 농도), R은 보편 기체 상수, T는 온도이다. i 값은 반트호프 계수라는 특이한 비율로, 실험을 통해 알아내야 한다. 이것은 염화 이온을 물에 넣었을 때 분리되는 정도를 나타낸다.

짠 바닷물이 순수한 물을 세포막 밖으로 빨아들이지 못하게 하기 위한 최소한의 삼투압은 무려 28기압이나 된다.

물을 강제로 빼앗긴 트라우마를 겪은 생명은 이에 대응하는 두 가지 효과적인 방법을 진화시켰다.[19] 첫 번째 방법은 세포에 이온을 넣어 주는 것이다. 이른바 함염(含鹽)salt-in 미생물이 이 접근법을 택했다. 삼투 작용을 이길 수 없으면 한편이 된다는 식이다. 칼륨 이온이 세포 안에 축적되도록 함으로써 세포 안팎의 삼투 퍼텐셜이 같아지도록 하면 세포는 정상적인 삶을 유지할 수 있다. 부작용은 내부의 염화 이온 농도가 높아진다는 것인데, 그래서 이 문제를 해결할 단백질을 진화시켜야 한다. 이온은 결합을 끊고 단백질 접힘을 방해하고 수분 섭취를 힘들게 만들 수 있기 때문이다.

진화는 이 문제에 대해 기발한 해결책을 내놓았다. 많은 단백질은 내부에 소수성인 부분이 있다. 염분이 수분을 점차 대체하면 물을 싫어하는 부분들 사이에서 염분에 의해 수분이 빠져나감에 따라 이 부분들이 서로 가까워진다. 이렇게 인력이 커질 때의 문제는 이 단백질 요소들이 너무 꽉 뭉칠 수 있다는 것이다. 하지만 소수성 접촉면이 줄어들도록 단백질을 진화시키면 끌어당기는 힘을 약화하여 염분의 효과를 상쇄할 수 있다. 이 섬세한 트레이드오프 덕에 단백질은 평상시처럼 행동할 수 있다. 두 번째 방법은 생명의 핵심 단백질에서 전하와 결합을 변화시키는 것이다.

하지만 어떤 생명체는 염분을 얼씬도 못 하게 한다. 그 대신 삼투압 균형을 맞추기 위해 염분처럼 행동하면서도 세포에 좀 더 친화적인 화합물을 만들어 낸다. 트레할로스trehalose

같은 당과 일부 아미노산은 세포 내 화합물 농도를 증가시킴으로써 염화 이온의 피해를 입지 않은 채 삼투압을 바깥과 맞출 수 있다. 이 축염(逐鹽)salt-out 미생물은 매우 흔하며 바하의 소금 껍데기와 불비의 짠물 투수 지대에 서식한다.

염분 농도가 매우 높아지면 이제는 삼투압이 아니라 수분 부족이 문제가 된다. 세포에서 수분이 고갈되면 생명의 화학 작용을 가능케 하는 이 필수적 용매가 생명 기계를 계속 작동시킬 만큼 충분히 공급되지 못한다.

이 수분 스트레스의 하한선을 정하는 것은 수분의 이용도를 나타내는 수분 활성도water activity(a_w)이다. 더 정확히 말하자면 염분이 함유된 물의 증기압과 순수한 물의 증기압 사이의 비율이다. 수분 활성도가 작을수록 물을 구하기 힘들어진다. 순수한 증류수의 수분 활성도는 1이다. 불비의 짠물 웅덩이 같은 포화 소금 용액은 수분 활성도가 0.75이다. 대부분의 미생물이 필요로 하는 수분 활성도는 약 0.95 이상이다. 이보다 낮으면 삼투압 스트레스가 생겨 생물의 분자가 더는 활동하지 못하게 된다. 하지만 호염성 세균을 비롯하여 건조한 환경을 견딜 수 있는 많은 미생물은 수분 활성도를 0.75보다 훨씬 아래로 끌어내릴 수 있다. 일부 균류의 수분 활성도는 0.6을 밑돌기도 한다.

생명의 온도 극한을 찾는 일에 매혹된 과학자들이 있듯, 생명체의 수분 활성도 한계를 찾으려는 탐색이 진행되고 있다.[20] 전 세계를 뒤지고 극한 환경을 조사하면 한계가 내려가는 것을 볼 수 있을 것이다. 하지만 이 책의 관점에서 보자면 새로운 한계를 정하고 싶어 하는 미생물학자들의 치열한 경쟁보다 중요한 것은 가용 수분이 생명을 제약한다는 일반적 원리이다. 생명에 필요한 가장 기본적인 성분인 액체 상태 물의 가용도가 약 0.6의 수분 활성도 이하로 내려가면 그곳에서 살아갈 수 있는 생명체의 다양성이 감소한다. 수분 활성도가 약 0.5까지 낮아지면 어떤 생명체도 살 수 없을 것이다.[21] 물을 충분히 구할 수 없기 때문이다. 친숙한 식품인 꿀이 좋은 예이다. 꿀의 수분 활성도는 대체로 0.6 이하이다. 꿀을 뚜껑을 연 채 식탁에 두어도 곰팡이가 피지 않는 것은 이 때문이다. 미생물에게 꿀은 바싹 마른 사막과 같다.

수분 활성도와 꿀의 예에서 우리는 액체 상태의 물이 있더라도 생물이 살 수 없는 곳이 있음을 알 수 있다. 우리는 물만 있으면 생명이 살 수 있다고 생각하는 경향이 있다. 행성학자들은 다른 행성의 생명체를 찾는 일이 〈물을 따라가는〉 것이라고 즐겨 말한다. 〈물이 있는 곳에 생명이 있다〉라고 말하기도 한다. 이 격언은 물이 생명체에서 필수적인 역할을 한다는 일상적 관찰에서 비롯한 것이지만 100퍼센트 정확하지는 않다.

생명에 너무 극단적인 수용액은 꿀 말고도 더 있다. 25도의 포화 상태 염화마그네슘 용액은 수분 활성도가 0.328로, 생명이 선호하는 수준보다 훨씬 낮다. 이런 용액은 생물 분자를 교란하기도 한다.[22] 지중해의 심해 염수를 비롯하여 염화

마그네슘 농도가 생물학적으로 위험한 수준인 장소는 지구에서도 찾을 수 있다. 미생물학자들의 조사에 따르면 이 짠물은 생명의 경계선에 있다.[23]

불비 광산 깊숙한 아래쪽에서는 물길이 이리저리 구부러지면서 여기서는 염화나트륨을 녹이고 저기서는 황산염을 녹인다. 불비 광산을 통틀어 대부분의 짠물에서는 생명 활동이 일어나고 있으며, 호염성 세균은 빈약한 자원으로 근근이 살아간다. 이따금 이 물줄기가 염화마그네슘 광맥을 지나기도 하는데, 그러면 수분 활성도가 뚝 떨어진다. 이 작은 물웅덩이에서는 생명의 흔적을 전혀 찾을 수 없다. 물길이 거대한 암석 지대를 지나고 극단적이지만 소금 사랑꾼에게는 무해한 수백 미터의 소금을 통과하다가 특수한 소금 하나로 방향을 살짝 잘못 틀기만 해도 생명이 감당하지 못하게 되어 버리는 것이다.

마찬가지로 남극 맥머도 계곡의 돈 후안 연못은 물이 가득 담긴 평범한 웅덩이이지만 생명 활동이 전혀 없는 것으로 알려져 있다. 1970년대 이후로 과학자들은 이 희귀한 물웅덩이에 매혹되었다. 수분 활성도가 0.5 이하인 염화칼슘 짠물로 가득하기 때문에 우리는 이곳에 생명이 없으리라 예상할 것이다. 그런데 미생물학자들이 돈 후안에서 증식하는 무언가를 채집했다.[24] 비록 연못에는 생명 활동이 없지만 생명이 살 수 있는 바깥에서 미생물이 쓸려 들어왔으리라는 것이 중론이다. 이 미생물을 건져 안락한 실험실 환경의 배양 접시에 두면 녀석들은 증식할 것이다. 봄이 되어 남극에서 눈이 녹으면 물이 연못으로 흘러들어 수면에서 민물의 렌즈를 형성하면 그곳의 수분 활성도는 아마도 생명의 문턱값을 넘을 것이다. 그러면 생명이 잠시 한숨 돌리고 증식하다 물이 섞이면 연못은 다시 생명이 살 수 없는 곳으로 돌아간다.

생명이 없지만 물이 많은 이런 서식처는 심오하고 중요한 무언가를 우리에게 보여 준다. 물은 생명의 필수 요건이다. 하지만 심지어 우리 지구에도 액체 상태의 물이 많되 생명이 구할 수 있는 물이 충분치 않은 환경이 있다. 그것은 바하칼리포르니아수르의 햇볕에 굳어 버린 소금 껍데기처럼 환경이 건조하기 때문만이 아니라 일부 염류 용액이 액체 상태임에도 생명에 필요한 물 분자를 공급하지 못하기 때문일 수도 있다. 굳이 외계를 방문하지 않아도 우리는 생명이 어디에서 물리적 한계에 도달했는지, 어디에서 어떤 우연이나 진화로도 염분의 장벽을 넘을 수 없는지 알 수 있다. 진화는 35억 년 넘도록 적응 실험을 했지만, 수분 활성도가 낮은 곳에서 진화는 무력하기만 하다. 포화된 염화마그네슘 또는 염화칼슘 용액에 영양소, 유기물, 그 밖에 여러분이 상상할 수 있는 모든 에너지원을 넣더라도 그 수생 환경은 번식하는 세포에게 여전히 죽음의 장소일 것이다.

이 제약이 놀랍기는 하지만, 생명을 즉사시킬 또 다른 극단적 환경이 있는지 더 알아보자. 물리학이 생물권을 어떻게 제약하는지에 대해 전반적인 그림을 그리려면 그 밖의 극단적 환경을 탐사해야 한다. 스페인 남부에 가면 오래됐지만 건축학적으로 경이로운 도시 세비야가 있는데, 인근에 리오 틴토강이 흐른다. 이곳은 이베리아반도를 가로지르는 연주황색과 빨간색의 강이다. 강물은 100여 킬로미터를 흐르며 황화물 암석 지대를 통과하여 황을 산화시켜 황산으로 바꾼다. 그래서 이 강물은 평균 수소 이온 농도가 2.3pH의 강산성이다. 이 산성도조차 캘리포니아 아이언산에 비하면 새 발의 피이다. 그곳을 흐르는 산성수의 수소 이온 농도는 축전지의 산과 맞먹는 0~1pH이다. 이런 극단적인 화학적 성질로 보건대 생명에는 너무 가혹한 환경이라고 보아도 무방할 것이다.

그런데 이런 곳에서 번성하는 생명체가 있다.[25] 물의 수소 이온 농도는 양성자의 농도를 나타낸다. 양성자가 많을수록 용액의 산성도가 높다. 하지만 양성자가 생명에 해로운 것은 아니다. 양성자가 세포막을 통과하는 흐름은 에너지 수확의 토대이다. 하지만 양성자가 너무 많으면 전하가 쌓여 단백질을 비롯한 세포의 필수 요소들을 손상시킨다. 리오 틴토강과 아이언산에는 산(酸)을 좋아하는 호산성 세균acidophile이 사는데, 녀석들은 양성자를 열심히 내보내야 한다.[26] 녀석들이 쓰는 방법은 양성자를 세포 밖으로 펌프질하여 세포 내부의 산성도를 일정하게 — 중성에 가깝게 — 유지하는 것이다. 녀석들을 호산성 세균이라 부르는 것은 잘못이다. 이 미생물은 세포 내부의 산성화를 방지하는 쪽으로 진화했기 때문이다. 하지만 양성자를 내보내려고 온갖 애를 쓰면서도 녀석들은 이 조건에 적응했다. 산성도가 낮은 환경에 두면 상당수가 죽을 것이다.

반대쪽 극단에는 수소 이온 농도가 높은 환경을 견딜 수 있는 호염기성 세균alkaliphile이 있다. 캘리포니아 데스밸리 정북에 있는 모노 호수에 가면 호염성 생명의 세상을 엿볼 수 있다.[27] 이곳에는 〈투파tufa〉라는 신기한 튜브 모양의 탄산염 둔덕이 호수 위로 솟아 있는데, 주변의 땅은 외계를 연상시키는 기이한 풍경이다. 저 굴뚝들은 바닷물보다 세 배 짠 10pH의 호수에 광물질이 침전해 있다는 증거이다. 이렇게 높은 수소 이온 농도는 생명을 가로막는 장벽이다. 그런데도 호수에는 미생물이 살 뿐 아니라 알칼리파리*Ephydra hians*가 호숫가에 득시글거리고 브라인슈림프*Artemia monica*가 물속에서 꿈틀거린다. 심지어 동물까지 번성하는 것이다. 알칼리파리 애벌레는 모노 호수에서 삶을 시작하는데, 염기성 물을 탄산염 광물로 바꾸는 특수 기관이 몸속에 있다. 애벌레 몸속에 격리된 이 생체광물biomineral은 해독제로 볼 수 있다. 물속 이온을 뽑아내어 작은 알갱이로 뭉쳐 해롭지 않게 만드는 기발한 방법인 것이다.

모노 호수가 많은 과학자들을 매혹시키고 관심을 사로잡긴 하지만 세상에서 가장 염기도가 높은 호수는 아니다. 수소 이온 농도가 11을 넘는 아프리카 지구대Rift Valley of Africa의 마가디 호수를 비롯한 전 세계 여러 호수에도 생태계가 형성되어 있다.

지금까지 살펴본 자연환경에서는 수소 이온 농도가 아무리 극단적이어도 생명을 가로막지는 못했다. 그렇다면 우리는 생명이 물리학을 거역하는 극단적 환경을 찾아낸 것일까? 꼭 그렇지는 않다. 물리적 사실들을 생각해 보면 알 수 있다. 고온에서 결국 생명이 배제될 수밖에 없는 이유는 극단적 고온에서는 거대한 에너지가 분자의 원자 결합에 주입되어 생명이 파괴되기 때문이다. 탄소에 기반한 연약한 생명 형태는 1,000도에서 분자를 붙잡아 둘 수 없기에 우리는 생명이 견딜 수 있는 온도의 상한선이 있음을 쉽고 단순하게 이해할 수 있다. 그 한계가 어디이고 분자가 어떻게 망가지는 것이 생명의 한계인지는 조사해 봐야 알겠지만. 염분도 마찬가지다. 가장 단순하게 이해하자면, 염분 내성이나 건조 내성의 한계를 정하는 것은 물을 얼마나 얻을 수 있는가이다. 물을 완전히 없애거나 물 분자가 이용될 수 없을 정도로 염분을 주입하면 생명은 활동에 필요한 용매(물)를 얻지 못한다. 물 이용도에 근거한 생명의 한계가 있음은 쉽게 이해할 수 있다.

그런데 수소 이온 농도에는 본질적으로 생명을 차단하는 요소가 없다. 세포가 에너지를 충분히 얻을 수 있고 양성자를 세포 안팎으로 충분히 펌프질할 수 있으면 세포 내부를 중성에 가깝게 유지하여 바깥세상의 극단적 수소 이온 농도에 손상되지 않을 수 있다. 이온 자체는, 바깥에 머물기만 한다면 세포에 치명적 위협이 되지 않는다. 지금까지 다양한 수소 이온 농도의 환경을 살펴보았지만 어디에나 생명이 있었다는 것은 놀라운 사실이 아닐지도 모른다.

그렇다고 해서 수소 이온 농도가 언제나 생명에 우호적인 것만은 아니다. 고온이나 염분 스트레스 같은 극단적 조건이 더해지면 세포는 여러 문제를 해결하기에 충분한 에너지를 찾아야 한다. 대다수 지구 환경에서는 극단적 조건이 하나만 있는 경우가 드물지만, 대체로 한 가지가 지배적이다.[28] 깊은 바닷속에서는 차가운 온도에 소금기가 가미된다. 화산성 웅덩이에서는 산성에 종종 고온이 동반된다. 지금껏 발견된 미생물 중에는 소금기, 높은 수소 이온 농도, 고온에 두루 대처할 수 있는 것도 있다.[29] 어떤 환경에서든 극단적 조건이 생명을 벼랑 끝으로 밀어붙일 수 있다. 세포가 극단적 조건들의 합동 공격에 맞설 충분한 에너지를 얻지 못할 수 있는 것이다. 하지만 수소 이온 농도 하나만으로는 지구의 자연환경에서 생명에 근본적 한계를 부여하지 못하는 듯하다.

궁극적 한계가 밝혀지지 않은 극단적 조건은 이뿐만이 아니다.[30] 지각 아래쪽과 심해에서는 고압 때문에 세포 분자가 옥죄일 수 있지만, 수압이 해수면보다 1,000배 높은 11킬로미터 바닷속 마리아나 해구 바닥에서도 생명을 찾아볼 수 있다. 지각의 경우는 깊은 땅속에서 생명이 번성한다. 이 압력 상승에 대처하는 적응 방법들이 발견되고 있다. 세포막에 퍼져 있는 공극과 운반체는 노폐물을 내보내고 영양소를 흡수하는 일을 도우며, 고압을 좋아하는 이른바 호압성 세균barophile에서는 단백질이 변형된다.[31] 지각 속으로 파고들면 압력보다 온도가 먼저 생명을 제한한다. 압력의 효과가 세포를 옴짝 달싹 못 하게 하기 전에 지하 증온율이 생명을 견딜 수 없는 열에 노출시키는 것이다.

여기서도 배울 것이 많다. 온도 문제가 없더라도 생명은 압력 한계에 굴복하고 말까? 고압의 문제는 기체의 용해도와 유체의 행동 같은 여러 요인에 간접적으로 영향을 미친다는 것이다. 극단적 압력에 놓인 생명이 결국은 세포에 미치는 직접적 효과 때문에 굴복할 것인지, 주변의 행동 변화로 영양소나 에너지가 고갈되어 죽을 것인지는 여전히 철저히 연구해야 할 문제이다.

수많은 극단적 조건 중에서 생명에 가차 없는 한계를 부여하는 조건이 하나 있다. 전리 방사선은 고온과 마찬가지로 생물학적 분자에 에너지를 가하여 분자를 손상하거나 파괴한다. 알다시피 생명은 방사선 효과에 맞설 수 있다. DNA 같은 분자는 가닥이 손상되어도 복구할 수 있다. 단백질은 다시 합성될 수 있으며 카로티노이드 같은 일부 색소는 방사선이 물과 닿아 만들어 내는 활성 산소를 제거할 수 있다. 생명은 방사선에 의한 분자 손상에 대처할 대응 체계를 갖추고 있는데, 미생물 하나가 이 대응책들을 겸비하면 대단한 효과가 나타난다.

전 세계 사막에 서식하고 있는 남세균 크루코키디옵시스 *Chroococcidiopsis*는 미천해 보이지만 약 15킬로그레이(kilogray, KGy)의 방사선을 쬐고도 무사한데, 이것은 인간 치사량의

1,000배에 이른다.[32] 이 미생물과 한 부류로 데이노코쿠스 라디오두란스*Deinococcus radiodurans*가 있는데, 이 세균은 손상을 복구하고 완화함으로써 10킬로그레이 이상의 방사선에도 견딜 수 있다.[33]

하지만 방사선에도 틀림없이 상한선이 있을 것이다. 과도한 방사선 에너지의 공격을 받으면 손상을 복구하고 세포를 새로 만드는 능력이 고온에서와 마찬가지로 한계에 이르러 세포가 파괴될 것이다. 지구에서는 자연환경과 인위적 환경을 막론하고 생명체가 고용량의 방사선에 지속적으로 노출되는 경우가 드물기에 극단적 방사선이 극단적 온도만큼 진화를 제약하지는 않았을 것이다. 그럼에도 이런 경계가 존재하리라고 상상할 수는 있을 것이다.

생물권은 동물원과 같아서 벽으로 둘러싸여 있다. 그 안에서 크고 작은 온갖 생명체가 법칙의 인도를 받아 예측 가능한 형태로 진화했다. 이 법칙들은 생명체에 제한을 가하기는 하지만 세부적 측면에서 엄청나게 다양한 생물학적 복잡성이 마음껏 실험되도록 허용한다. 하지만 생물권의 잠재력은 동물원을 에워싼 단단한 벽에 꼼짝없이 속박당한다. 이런 한계 중에는 보편적인 것도 있을 것이다. 진화의 주사위를 아무리 굴려도 생화학 작용을 할 용매가 없거나 고온으로 인한 극단적 에너지가 주입되는 상황을 극복할 수는 없다. 개체의, 어쩌면 생명 전체의 삶과 죽음을 가르는 경계는 온도 민감성이나 단백질 같은 세부 사항일 것이다. 하지만 시야를 넓히면 생명의 경계, 즉 넘볼 수 없는 물리 법칙은 우리 모두를 구속하는 단단한 벽을 세운다.

이 동물원은 결코 광활하지 않다.[34] 지구 위 생명의 만화경을 대충 훑어보면 생명의 다양성에 끝이 없다고 생각하기 쉽다. 물론 자잘한 변이가 무한한 것은 사실이다. 하지만 행성 규모에서 생명이 차지하는 물리적 공간과 (알려진 우주 전체에서 발견되는 방대한 조건들 안에서) 생명이 적응할 수 있는 물리적·화학적 조건은 극소수에 불과하다. 우리는 보편적 극단에 둘러싸인 채 작디작은 거품 속에서 살아간다. 진화의 제한적 궤적은 그 극단 속에서 경로를 탐색한다.

7장
생명의 부호

「생명의 비밀을 찾았다!」

이 불멸의 문장은 유전 부호 DNA의 구조가 발견된 날, 잉글랜드 케임브리지 프리스쿨가(街)의 선술집 이글에서 터져 나왔다.

하지만 실제로는 이런 말을 주고받지 않았을까 싶다. 「짐, 뭐 마실래?」「어, 라거 한 잔 부탁해, 프랜시스.」「알았어. 여기 라거랑 기네스 한 잔씩이요. 돼지 껍질 튀김 두 접시도요.」 진짜 그랬다는 말은 아니다.

어쨌거나 해맑은 독자들의 낭만적 꿈을 망치고 싶지는 않다. 하지만 1953년 2월 제임스 왓슨과 프랜시스 크릭이 로절린드 프랭클린이 만든 엑스선 영상에서 영감을 받아 DNA 구조를 제안함으로써 생명의 핵심을 추론하는 기념비적 한 걸음을 내디뎠다는 말은 조금도 망설이지 않고 할 수 있다. 이 분자는 지구상의 생명체를 만드는 설명서가 담긴 부호, 즉 세포의 암호이다.

이 분자의 비밀이 풀렸을 때, 그 특징을 살펴본 사람들이 그 뒤로 오랫동안 DNA를 변칙이자 진화의 우연한 산물, 특별한 구조를 가진 한낱 분자로 여기게 될 것은 놀랄 일이 아니었다. DNA의 구조가 어찌나 특이했던지 이런 분자가 다른 행성에서 진화할 수 있겠느냐고 물어보면 누구나 그건 불가능하며 그렇게 확률이 낮은 사건이 정말 일어난다면 경천동지할 일이라고 답했을 것이다. 유전 부호의 진화에 대한 초기 논문에서 크릭은 이것을 〈얼어붙은 사건〉이라고 표현했다.[1] 생명의 탄생과 함께 일어나 생명체의 토대에 고정되어 결코 떨어질 수 없으며, 만일 떨어진다면 세포에 재앙을, 아마도 죽음을 가져오리라는 뜻이다. 이렇게 중요한 부호와 이를 읽을 수 있는 부수적 구조가 일단 자리 잡으면 아무리 작은 오류나 변경도 치명적일 수 있다. 이 견해는 그럴듯했지만 점차 신빙성을 잃어 갔다.

세포에서 생명 계층의 다음 단계로 내려가 세포의 형태를 부호화하고 조립하는 분자를 들여다보면서 진화의 선택을 새로운 관점에서 볼 수 있게 되었다. 여기서도 우리는 물리적 원리가 생명체의 화학 작용 전반에 작용하면서 생명의 부호를 다독여 단순한 우연의 변덕이 아니라 질서 정연한 체계로 이끌어 가는 뚜렷한 흔적을 목격하기 시작했다.

이중 나선이라는 분자를 예로 들어 보자. 이중 나선을 풀어서 크게 확대하여 책상에 놓아 보라. 이제 왼쪽과 오른쪽으로 두 가닥의 뼈대가 여러분을 바라보고 있다. DNA 사다리는 인산염과 리보스ribose(단순당)를 반복하여 만든 두 가닥의 받침대로 분자 전체를 떠받친다. 사다리 가운데로 지나가는 가로대는 DNA의 내장(內臟)이다. 좌우의 뼈대에 한 줄로 붙어 있는 것은 아데닌(A), 티민(T), 시토신(C), 구아닌(G)으로 이루어진 유전 부호의 네 가지 알파벳이다. 이 핵 염기 nucleobase를 무한히 다양한 조합으로 길게 늘어놓은 철자들은 일종의 정보로, 세포는 이를 읽어 생장하고 손상을 복구하고 자신의 사본을 만든다.

이 작은 네 개의 분자는 자기들끼리 매우 특수한 방법으로 결합한다는 점에서 독특하다. A는 오로지 T와, C는 오로지 G와 결합하여 한 쌍을 이루는 것이다. 유전 부호의 글자들이 이렇게 까탈스럽게 결합하는 탓에 왼쪽에 A가 있으면 오른쪽에는 반드시 A의 짝인 T가 온다. DNA의 두 뼈대에 붙은 채 그 사이를 지나가는 것이 바로 이 〈염기쌍〉으로, A와 T의 쌍이 C와 G의 쌍과 어우러져 이중 나선을 이룬다.

바로 여기서 처음으로 뭔가 이상한 낌새가 보인다. 이렇게 작고 빡빡한 구조로 연결되는 능력을 가진 분자는 자연에서 거의 찾아볼 수 없다. 아무래도 기막힌 우연 같다.

왓슨과 크릭도 이 괴상한 특징을 간과하지 않았다.[2] 두 사람은 DNA 구조를 서술한 논문에서 이렇게 언급했다. 〈우리가 추측한 구체적 조합이 유전 물질의 복제 메커니즘일 수도 있겠다는 생각을 우리는 놓치지 않았다.〉 DNA 사슬 두 가닥을 양쪽으로 잡아당기면 세포가 DNA의 사본 두 개를 비교적 쉽게 만들 수 있다. 한 가닥을 가지고 나머지 가닥을 재합성할 수 있기 때문이다. 세포는 A가 오로지 T와, C가 오로지 G와 결합한다는 것을 안다. 따라서 DNA 가닥 두 개를 따로따로 이용하여 이중 나선 DNA 분자 두 개를 새로 만들 수 있다.

유전 부호의 핵심은 네 가지 화학 물질 A, T, G, C의 알파벳 네 글자이다. 유전 부호가 마법의 수 4로 이루어진 것은 그저 우연일까?[3] 왜 2나 6이나 8이 아닐까?

과학자들은 생명이 탄생하기 오래전에 DNA의 가까운 친척 RNA가 세상을 홀로 지배했다고 생각한다. 오늘날까지도 RNA는 DNA의 부호와 기능 단백질 사이에서 매개자 역할을 한다. RNA 분자는 DNA보다 좀 더 민감하고 덜 안정적인데, 스스로 접힐 수도 있고 단백질처럼 활성 분자를 만들어 화학 반응을 매개하고 심지어 자신을 복제할 수도 있다. 40억 년 이전의 〈RNA 세상〉에서 자기복제 분자를 지배한 것은 RNA였으며 단백질이 여기저기 달라붙어 있었다.[4] 결국 RNA의 글자 연쇄는 우리가 모르는 모종의 수법에 의해 더 안정적인 DNA로 부호화된 듯하다. 오늘날에는 DNA 분자가 세포 주기 동안 유전 정보를 저장한다.

두 글자 알파벳, 이를테면 C와 G만으로 이루어진 유전 부호를 상상해 보라. 그러면 전체 유전 부호는 이 두 가지 화학 물질이 모스 부호처럼 길게 늘어선 것에 불과하다. RNA 세상에서는 이 두 가지 염기가 오늘날처럼 C-G 염기쌍을 이룸으로써 RNA 분자가 접히고 복잡한 형태를 만들어 스스로를 복제하고 복잡한 화학 반응을 일으킬 수 있었다. 하지만 이 결합이 유난히 독특한 것은 아니다. 각 염기가 유전 부호상에서 다른 염기와 결합할 확률은 50퍼센트여서 — C와 G가 50대 50으로 풍부하게 나눠져 있다고 가정하면, C는 어떤 G와도 결합할 수 있고 G 또한 어떤 C와도 결합할 수 있다 — 염기의 조합이 매우 단순하다. 이제 염기 두 개 — A와 U(우라실. RNA에서 티민을 대체한다) — 를 더해 네 개로 만들면 더 복잡한 결합 수법을 쓸 수 있으며 더 많은 정보와 복잡성을 담을 수 있다. 각 염기는 이제 염기의 25퍼센트와만 결합할 수 있으며 더 정교한 구조를 만들 수 있다. 염기쌍은 더 까다로워지고 분자는 더 복잡해진다. 간단히 말해서 염기가 많아질수록 분자에 담을 수 있는 정보가 많아지고 같은 정보를 더 짧은 분자에 담을 수 있다.

하지만 이 개수가 4를 넘어서서 6이나 8이 되면 정보는 더 많아지지만 문제가 생긴다. 염기를 더 추가하면 분자가 복제될 때 쉽게 구분할 수 있을 만큼 다른 염기를 찾기가 힘들어진다. 이 때문에 유전 부호가 복제될 때 오류율이 높아지고 엉뚱한 짝을 만나는 경우가 많아진다. 이러한 초기의 복제 형태를 컴퓨터로 모형화했더니 마치 유전 부호를 만드는 골디락스처럼 실제 부호의 염기 개수인 4가 딱 적당한 것으로 나왔다.

다른 측면의 증거들도 같은 결론으로 수렴한다. RNA 분자가 가상으로 복제되고 변화되는 컴퓨터 모형을 이용한 연구에 따르면 다양한 핵 염기 개수 중에서 4를 썼을 때 분자의 적합도와 진화 능력이 가장 크게 나타났다.

이런 아이디어들은 으레 그렇듯 우리를 당혹스럽게 한다. 우리에겐 타임머신이 없기 때문이다. 초기 지구에서 이 분자들이 우리가 상상한 대로 복제되었을까? RNA 세상은 있었으며 정말로 우리가 상상한 대로였을까? 우리에게 정답이 있다고 주장하는 사람은 아무도 없지만, 이렇게 다양한 실험의 결과에는 뭔가 기이한 것이 있다. 아무리 실험을 해도, 지구 상의 생명이 잘못을 저질렀고 더 나은 해결책이 있다는 기상천외한 결론은 결코 도출되지 않는다. 유전 부호의 염기 개수가 달랐더라면 생명이 훨씬 효과적이고 효율적으로 진화했으리라는 결론에 도달하지 않는다는 것이다.[5] 오히려 우리는 우리 자신의 생물학적 구조에서 관찰되는 것들을 끊임없이 재확인한다.

이 결론은 얼어붙은 사건의 가능성, 즉 우연한 진화 경로가 초기 생명체의 구조에 고정되어 쉽게 바뀌지 않을 가능성을 배제하지 않는다. 게다가 이 발견들은 멀고 아득한 과거를 대상으로 한다. 유전 부호의 글자가 왜 네 개인가에 대한 가설 중 상당수는 RNA 세상에 대한 가정에 뿌리를 둔다. 오래전에 사라져 버린 세상에서 네 글자의 이점이 전성기를 누렸으리라는 생각 말이다. 우리가 아는 것에 이처럼 한계가 있음에도, 연구에서 알 수 있는 것은 유전 부호 개수가 무작위로 정해지지 않았다는 것이다. 생명의 부호와 이 부호를 읽는 방법은 단순한 우연, 온갖 가능한 경로 중 그저 하나가 아닐 것이다. 오히려 수많은 경로와 방향 전환, 실험과 오류는 결국 예측 가능하고 (우리가 이제야 이해하기 시작한) 물리적 과정과 법칙에 부합하는 구조로 이어졌다.

그런데 4라는 숫자에는 어떤 의미가 있을지도 모르지만, 화학 물질 자체는 아무거나 될 수 있지 않을까? 중요한 것은 글자들이 서로 달라서 이들을 서로 다르게 조합하여 긴 사슬로 연결하기만 하면 읽을 수 있다는 것이니, 수많은 〈글자〉 조합을 가진 다양한 부호를 제작하여 생명체 창조에 필요한 것들을 만들 수 있지 않을까?

21세기에 들어선 뒤로 자연 유전 부호의 변경과 관련하여 눈부신 발전이 이루어졌다. 시쳇말로 〈생명의 알파벳을 확장〉하려는 욕망을 품은 합성생물학자들은 네 글자를 넘는 유전 부호를 만들어 낼 수 있다.[6] 알파벳이 커지면 부호에 더 많은 정보를 담고 — 물론 이렇게 글자가 많아지면 복제 시의 오류도 더 많아지겠지만 — 세포 합성 시험을 통해 신약과 유용한 제품을 만들어 낼 수 있을 것이다. 이런 동기에 사로잡혔으니 합성생물학자들이 유전 부호의 구조가 어떻게 진화했는지 다른 화학 물질을 써도 되는지 발견하려고 노력하는 것은 당연했다. 유전 부호는 여러 가능성 중에서 지금과 다른 무엇이 될 수도 있을까?

알려진 유전 부호와 화학적 구조가 비슷하지만 원자 구성이 약간 다른 대체 염기를 이용하여 실험실 조사를 했더니 다양한 선택지가 탄생했다. 크산토신xanthosine과 2,4-디아미노피리미딘2,4-diaminopyrimidine 커플이 그런 염기쌍 중 하나이다.[7] 또 다른 염기쌍인 이소구아닌isoguanine과 이소시토신isocytosine은 화학식이 기존 염기인 구아닌(G)과 시토신(C)과 같지만 일부 원자가 다른 위치에 달라붙어 있다. 심지어 일부 이소구아닌과 이소시토신을 세포에 넣으면 이 대체 염기쌍을 DNA에 추가한 채 복제하도록 속일 수도 있다.[8]

이런 실험에서 보듯 자연은 다른 부호를 이용할 수 있지만, 왜 자연이 지금의 염기를 선택했는지 설명하려면 모든 종류의 화학 물질을 체계적으로 시험해 보아야 한다. 미국의 스크립스 화학생물학연구소와 하버드 대학교에서 스위스의 취리히 연방공과대학교에 이르는 여러 기관의 과학자들은 여러 가지 가능한 염기들을 RNA에서 짝짓는 고된 실험을 진행했다.[9] 이들의 연구는 화학 물질의 풍경을 지나는 여행 같아서, 방향이 달라질 때마다 염기쌍에 어떤 변화가 일어나지 않는지 꼬치꼬치 살펴야 한다.

이들은 헥소피라노스hexopyranose로 이루어진 염기로 RNA 생성을 시도했다. 헥소피라노스는 우리에게 친숙한 염기들과 화학적으로 비슷하지만 탄소 고리가 다섯 개가 아니라 여섯 개여서 좀 더 크며 이 때문에 알맞은 쌍을 이루지 못한다. 화학기의 일부(특히 -OH기)를 고리 중 하나에서 제거한 단 한 번의 사례에서만 염기쌍이 생겨날 수 있었지만, 이것은 유전 부호에서 발견되는 천연 화학 물질이 아닐 가능성이 크다. 이 결과만 놓고 보면 생명이 선택한 네 글자가 무작위로 정해진 것이 아니며 원자의 구성과 배열이 유전 부호의 조합에 중요한 역할을 한다는 것을 알 수 있다. 분자를 너무 크게 만들면 쌍을 이루지 못한다.

화학자들은 꿋꿋이 더 넓은 영토로 나아갔다. 이름도 복잡한 펜토피라노실-(2→4) pentopyranosyl-(2→4)처럼 화학 구조는 같지만 화학기가 다른 위치에 달라붙은 RNA 이성질체 isomer를 만들었더니 새 염기쌍이 실제로 작동했다. 다소 놀랍게도 일부 염기쌍은 천연 RNA의 염기쌍보다도 강하다. 이것은 핵산 세계의 외딴곳에 생명이 채택한 것보다 나은 염기를 만드는 화합물이 숨겨져 있다는 뜻일까? 이곳은 유전 부호의 핵심 성분을 만들기에 더 알맞은 작은 화학적 오아시스일까?

핵산의 한 가지 특징은 유연성이다. 그것은 염기쌍을 열고 닫아서 유전 부호를 복제하거나 단백질로 전사할 수 있다는 것이다. 가상의 RNA 세계에서 염기쌍은 분자가 올바른 구조로 접혀 있을 수 있을 만큼 강한 동시에 애초에 분자가 접힐 수 있을 만큼 유연하도록 약해야 했다. 하지만 천연 RNA보다 강한 결합을 가진 이 희귀한 구조들은 분자가 너무 뻣뻣한 듯하다. 그러니 염기를 다른 것을 쓰지 않았다면 RNA를 더 낫게 만들 수 없었을 것이다. RNA의 구조와 염기 종류는 염기쌍의 강도를 극대화하는 것이 아니라 염기쌍을 최적화하기 위해 선택된 것이다.

합성생물학자들이 새로운 화학적 배열을 계속 탐색하면 틀림없이 생명의 유전 알파벳 선택에 대해 훨씬 많은 사실이 밝혀질 것이다. 이 연구는 궁극적으로 진화가 정보 저장 시스템을 구축하기 위해 내린 오래전의 근본적 선택을 이해할 수 있는 실마리를 던질 것이다. 하지만 지금으로서는 이 유전 부호의 화학 물질 선택이 단순한 물리적 메커니즘에 의해 결정되는 듯하다고 말할 수 있다.

탐구를 계속 해 나가다 보면 부호를 뭔가 유용한 것으로 읽어 내는 것에 더 많은 우연이 결부되어 예측 가능한 물리적 경로의 여지가 줄어드는 것 아닌지 궁금할 것이다. 유전 부호 읽기의 첫 번째 단계는 DNA의 상보적 사본을 RNA로 전사하는 것이다. 이 가닥이 〈전령 RNA messenger RNA, mRNA〉라고 불리는 것은 놀랄 일이 아니다. 녀석의 임무는 말 그대로 전령 역할을 하는 것, 즉 긴 DNA 부호의 상보적 사본이 되는 것이다. 이 사본은 전달되어 최종 산물인 단백질로 바뀐다. DNA 부호의 이 RNA 사본을 합성하는 것은 DNA를 따라 아귀를 맞추는 커다란 효소 RNA 중합 효소로, 염기를 결합하여 촉수처럼 생긴 우리의 전령을 묵묵히 만들어 낸다.

이 전령 RNA의 길이를 따라 또 다른 RNA 분자의 조각들이 결합한다. 〈운반RNAtransfer RNA, tRNA〉라 불리는 이 조각들은 단백질의 구성 요소인 아미노산을 조금씩 전령 RNA에 운반한다. 운반 RNA마다 독특한 아미노산이 있으며 DNA 부호의 매우 특수한 부분에 달라붙는 성향이 있다.

운반 RNA는 부호의 세 글자, 즉 이른바 코돈codon에 달라붙어야 한다. 운반 RNA가 이리저리 움직이며 세 개의 연속한 글자 무리를 전령 RNA 가닥에 붙임에 따라 그 전령 아미노산들은 서로 접촉하고 결합하여 아미노산 사슬을 이룬다. 이 구조에서 ─ 그 자체는 거대 RNA 구조의 집합인 리보솜으로 보호받는다 ─ 아미노산 가닥 하나가 마치 뱀이 구멍에서 모습을 드러내듯 나타난다. 리보솜에서 빠져나온 기다란 아미노산 사슬은 교묘하게 뒤틀려 저절로 접힌다. 이렇게 단백질이 탄생한다. 갓 태어난 이 단백질은 화학 반응을 일으키거나 세포막 형성에 참여하거나 자기복제 생명체의 건설에 필요한 온갖 임무를 수행할 준비가 되어 있다.

DNA에서 RNA를 거쳐 단백질에 이르는 부호 해독 작업은 한 차원에서 보면 정교하게 다듬어진 단순한 과정이다. 첫째, DNA의 네 글자가 메시지로 해독된 다음 운반 RNA가 자신의 아미노산으로 이 메시지에 달라붙는다(이들 자신은 세 글자 부호를 무척 좋아한다). 마지막으로, 아미노산 연쇄가 만들어지는데, 이것이 바로 단백질이다. 그런데 다른 차원에서 보면 이 과정은 지독히 독특하다. 자연에 존재하는 오만 가지 천연 화학 물질 중에서 스스로 결합하는 기묘한 화학 물질 네 개가 모여 부호를 만드니 말이다. 이 부호에서 탄생하는 단백질은 고작 스무 개의 아미노산으로 이루어지는데, 자연환경에는 이런 분자가 수백 개나 있다.

생명의 정보 연장통에 무엇이 필요한지 다시 살펴보자.

RNA와 DNA 사이에는 다섯 가지 주요 염기[DNA의 A, T, C, G와 RNA의 A, U, C, G(T가 U로 교체되었다)], 인산기와 리보스 당만으로 이루어진 뼈대, 몇몇 운반 RNA(사실 세포가 부호를 읽으려면 이런 RNA 분자가 31개 이상 필요하다), 아미노산 20개가 있다. (일부 세포는 셀레노시스테인selenocysteine과 피롤리신pyrrolysine이라는 별도의 아미노산 두 개를 쓰기 때문에 전체 개수는 22개이다.) 부호에서 기능적 분자를 만들어 내는 전체 정보 저장 시스템이 60개 미만의 분자로 이루어진 것이다. 이 현상을 바라보는 방법은 두 가지가 있다. 말하자면 이 시스템이 우연한 사건, 즉 수많은 다른 방식으로 일어날 수도 있었던 천재일우의 사건일 수도 있고 진화가 매우 까탈스러워서 매우 적은 경로, 심지어 단 하나만 가능했을 수도 있다. 이 60개 남짓한 분자는 알려진 우주에 존재하는 유기 분자의 만신전에서 특별한 존재들일까? 이 질문에 답하는 것은 유전 부호가 해독된 이후로 생물학자들이 맞닥뜨린 과제 가운데 가장 심오한 것 중 하나일 것이다. 여기에 답할 수 있다면 생명의 부호가 가진 구조와 그 산물이 순전한 우연인지 더 깊은 물리적 원리가 이것들을 빚어냈는지 분명히 알 수 있으리라.

네 글자 부호가 만들어졌으니, 이제 남은 미스터리는 이 부호가 어떻게 저마다 다른 아미노산에 배치되었는지 알아내는 것이다. 앞에서 설명했듯 각 아미노산은 DNA 부호의 연이은 염기 세 개로 이루어진다. 한편 각 염기는 A, C, G, T

의 네 글자 중 하나이므로 4 × 4 × 4 = 64개의 조합이 가능하다. 하지만 생명에 필요한 코돈은 아미노산 20개나 22개만으로 이루어진다. 어찌 된 영문일까? 생명에서 쓰는 아미노산의 상당수에는 두 개 이상의 코돈이 배치되어 있다. 이 〈축중 degeneracy〉 현상 덕분에 64개의 세 글자 부호가 전부 아미노산에 배치된다. 그중에는 구두점이 두 개 있어서 — 〈시작〉 코돈과 〈마침〉 코돈 — 언제 읽기를 시작하고 끝내야 하는지 부호에게 알려 준다. 이것은 유전자의 시작과 끝을 규정하는 표지이다. 각 유전자는 단백질의 일부나 단백질 전체를 부호화한다.

세 글자 부호와 이에 대응하는 아미노산의 관계를 나타내는 부호 명단은 로제타석과 약간 비슷하다. 여기저기가 변경되어 이 핵심 명단에 스무남은 가지 수정이 이루어지는 것을 제외하면 이 편제는 모든 생명에 보편적이다. 이 보편성에서 보듯 세 글자 부호가 각각 아미노산에 배치되는 방식은 아주 오래전으로 거슬러 올라간다. 오늘날 지구상에 있는 모든 생명의 조상은 이 부호를 가지고 있었으며 이 부호는 진화 과정에서 모든 생물에게 전파되었다. 이 명단이 어떻게 생겨났고 이 또한 기이한 사건인지 알아내는 것은 호기심 많은 과학자들의 마음을 사로잡은 문제였다. 누가 옳든, 대다수 과학자들이 합의하는 요지는 이 명단이 무작위 사건이 아니라 매우 특수한 선택의 결과라는 것이다.

생명체가 하고 싶어 하는 한 가지 중요한 일은 유전 부호를 복제하거나 요긴한 단백질로 전환하기 위해 부호를 읽다가 너무 많은 오류를 범하지 않는 것이다. 특정한 순서의 부호로 아미노산을 구성하는 것은 이러한 오류가 단백질에 스며들 가능성을 최소화하는 방법일 것이다.[10] 흥미롭게도 같은 아미노산의 코돈들은 한 덩어리로 묶이는 경향이 있다. 이를테면 알라닌alanine 아미노산의 코돈은 GCU, GCC, GCA, GCG로, 세 번째 자리만 다르다. 글리신glycine이나 프롤린proline 같은 그 밖의 아미노산에서도 같은 패턴이 관찰된다. 이런 식으로 코돈을 묶으면 부호에 사소한 오류가 생겨도 아미노산이 바뀔 가능성이 줄어서 최종 단백질이 달라지지 않는다. 부호의 우연한 변경은 부호 자체에서의 돌연변이 때문에 생길 수도 있고, 방사선이나 DNA의 화학적 변화 때문에 생길 수도 있고, 전령 RNA가 해독될 때 부호의 오역 때문에 생길 수도 있다. 오류의 원인이 무엇이든 코돈을 한 덩어리로 묶음으로써 오류의 영향을 줄일 수 있다. 게다가 화학적 성질이 비슷한 아미노산들은 비슷한 코돈을 공유하는 것으로 보이는데, 이는 최종적으로 생산되는 단백질에서 DNA의 돌연변이나 오독으로 인한 영향을 최소화하는 방법이다.[11]

오역 가능성을 더 효율적으로 줄이는 유전 부호를 컴퓨터 프로그램과 비교하면 천연 부호가 무척 특이하다는 것을 알 수 있다. 자연이 만들 수도 있는 모든 부호인 수백만 가지 대안 중에서 우리의 부호가 이 오류를 줄이는 데 가장 효율적이었다.[12]

이것은 자연이 부호 명단에서 특정 조합을 선택한다는 또다른 그럴듯한 단서이다. 우연하게도 아르기닌arginine 아미노산은 자신의 운반 RNA가 결합할 수 있는 코돈에 자신 또한 결합할 수 있다. 이소류신isoleucine 아미노산도 마찬가지다. 이 때문에 어떤 사람들은 오래전에 아미노산과 작은 RNA 가닥이 서로 끌어당기면서 코돈 명단이 생겼다고 주장한다. 심지어 이것은 운반 RNA가 매개 역할을 하기도 전이었을 것이다. 아미노산은 오늘날 우리가 관찰하는 이 모든 복잡한 과정 없이도 전령 부호에 직접 결합했는지도 모르겠다. 이 친화성은 RNA를 단백질로 해독하는 연결 고리의 토대를 닦았다.

자칫하면 첨예한 논쟁에 말려들 수도 있지만, 모든 가능성을 고려하건대 이 모든 이론의 요소들이 생명에 포함되어 있으리라 기대할 수 있을 것이다.[13] 최초의 부호가 생겨났을 때 RNA 조각에 결합된 일부 아미노산과 이 친화성은 어떻게 해서 어떤 코돈들이 특정 아미노산을 부호화하게 되었는지 이해하는 실마리를 던질지도 모른다. 어쩌면 이런 발달과 동시에 진화적 선택은 오류가 최소화되는 — 적어도 믿고 번식할 수 있을 만큼 무해한 수준으로 감소되는 — 부호를 선호했을 것이다. 오류가 적을수록 후손 분자가 올바르게 동작하고 주변에 전파될 가능성이 커진다. 그리고 훗날 돌연변이가 일어나 부호가 더 최적화되도록 코돈이 재배열되었을지도 모른다.

이 모든 과정에는 작은 수수께끼가 하나 있는 것처럼 보인다. 최초의 생명에 자리 잡은 부호 명단이 생명에 그토록 중요하다면, 유전 기관과 그 번역에 그토록 핵심적인 부분이라면, 크릭 말마따나 얼어붙은 사건으로서 계속 남아 있어야 하지 않을까? 그렇다면 우리는 이것이 매우 불완전할 것이라고, 생명의 정보 저장 시스템의 초창기이자 명백히 필수적인 부분이 남긴 그림자인 변칙으로 가득할 것이라고 예상해야 마땅하다. 이 시스템이 나중에 변경되면 유기체는 죽음을 맞이할 것이다. 하지만 합성생물학자들이 금세 실험실에서 코돈을 완전히 새로운 아미노산에 재배치한 것을 보면, 생명은 한때 생각한 것보다 더 많은 실험 기회를 가졌을지도 모른다. 그러면 변화의 여지가 있다. 자연환경에서는 유전 부호의 기본 설계가 확립된 뒤에도 코돈 명단에서의 이러한 교체가 일어날 수 있었을 방법이 있다. 세포가 특정 코돈을 더는 이용하지 않게 될 수도 있다. 어쩌면 돌연변이가 일어나 운반 RNA 유전자가 유실되고 이와 연결된 아미노산이 사라졌을지도 모른다. 그러면 나중에 또 다른 RNA 유전자의 복제와 돌연변이를 통해 그 코돈이 전혀 새로운 아미노산에 재배치되었을 수도 있다. 이런 유전적 재배치를 통하면 명단을 바꿀 수 있을지도 모른다. 대사 경로와 마찬가지로 생명은 새로운 경로를 밟고 새로운 부호 실험을 할 수 있는 듯하다.

생명의 생화학이 가진 이런 유연성에는 훨씬 근본적인 일반적 의미가 있다. 그것은 역사적 우연, 즉 주사위 한 쌍의 우연적 역할이 얼어붙은 사건이자 역사의 불변하는 유산으로서 통념처럼 단단하게 생명에 고정된 것이 아닐지도 모른다는 것이다. 생명이 비교적 자유롭게 분자 구성을 바꿀 수 있다면 생명은 물리적 원리에 의해 물리 법칙에 대해 최적화되도록 빚어질 수도 있으며, 따라서 생명의 여명기에 착용한 분자 구속복에 영영 갇히지 않는다.

여전히 제기되는 질문은 생명의 생화학이 가진 이 유연성이 얼마나 예측 가능성으로 이어지는가이다. 지구에 대한 사전 지식이 전혀 없지만 생물학적 정보 조정에 대해 초보적 지식을 가진 외계인이 우리가 현재 알고 있는 것, 즉 네 개의 특정한 염기와 부호를 해독하는 코돈 명단을 선험적으로 예측할 수 있을까?

이 질문에 답하려면 부호의 유연성과 진화에 대해 아직도 알아야 할 것이 많다. 합성생물학자들이 더 깊은 이해로 우리를 이끌 것이다. 하지만 부호가 우연에 불과하고 다른 곳에서는 결코 반복되지 않을 역사의 우발적 행운이라는 시각은 신빙성이 낮다. 유전 부호에 염기가 네 개인 데는 그럴 만한 이유가 있다. 화학적 가능성의 지평에서 네 개의 염기는 정보 저장 분자를 최적화하고 복제의 유연성과 능력을 가장 높이기 때문이다. 또한 우리는 코돈 명단에서 비무작위성을 찾아볼 수 있다. 오늘날의 부호 명단을 낳은 정확한 사건과 선택압은 아직 온전히 밝혀지지 않았지만, 아미노산의 화학적 친화성에서 RNA와 오류 최소화 노력에 이르는 여러 조건은 단순한 우연이 아니라 물리적·화학적 성질에서 생겨나며, 후자는 궁극적으로 원자의 물리학에 연결된다.

생물학이 으레 그렇듯 이 모든 지식이 밝혀지기 전에는 유전 부호가 어떻게 생겼는지 예측하기가 불가능에 가까웠다.[14] DNA의 구조가 발견되기 전인 1950년에는 누구도 DNA를 상세하게 묘사할 수 없었다. 어떤 사람들은 이것이 생물학과 물리학의 차이라고 주장한다. 물리학은 예측에 동원할 수 있는 법칙과 방정식이 있지만, 생물학은 그렇지 않다는 것이다. 하지만 이 비교가 전적으로 정당하지는 않을 수도 있다. 예측을 할 수 있으려면 유전 부호와 그 화학적 성질을 이해해야 하며, 이 지식은 과학의 역사에서 비교적 최근에야 알려졌다. 마찬가지로 물리학자들이 (이를테면) 이상 기체 법칙을 상상할 수 있으려면 저마다 다른 온도와 압력에서 기체의 행동에 대해 기본 지식을 알아야 했다. 사실 유전 부호에 대한 기초 지식만 가지고서도 사람들은 여러 부호에 대한 오류 최소화의 컴퓨터 모형을 실행하여 어느 것이 효과적으로 작동하고 어느 것이 그렇지 않은지 예측할 수 있었다. 또한 여러 염기를 이용하는 모형과 더불어 실험실 실험을 진행함으로써 과학자들은 여러 유전 부호의 효율을 탐색하고 예측할 수 있었다. 합성생물학이 새로운 부호를 만들어 이를 생명에 접목하는 탐구를 추진하려면 더 나은 예측 능력이 필요하다. 합성생물학자들의 성공과 성취는 자신들이 설계하고자 하는 새 화합물이나 생물에 대한 예측 능력에 달렸다.

유전 부호의 엄청난 복잡성을 (이를테면) 헬륨이 든 상자와 비교하면 단순한 방정식을 이용하여 부호의 행동을 예측하는 것조차 힘들 것이다. 이렇듯 유전 부호는 전혀 다른 연구 범주에 속한다. 하지만 유전 부호가 복잡하다고 해서 물리적 원리에 덜 종속되는 것은 아니다. 이러한 내력이 있다고 해서 유전 부호가 기막힌 우연의 산물이라는 뜻도 아니다. 기체의 행동을 예측하는 물리학자들이 맞닥뜨리는 문제가 유전 기관의 복잡성을 예측하려 하는 과학자들보다 더 제한적인 것은 의심할 여지가 없지만, 두 연구 분야를 전혀 다른 문제로 가르는 것은 오해의 소치인 듯하다. 유전 부호의 많은 부분은 예전에 생각했던 것보다 더 간단한 물리적 — 따라서 화학적 — 원리를 따른다.

유전 부호에서 (이것이 부호화하는) 단백질로 더 내려가면 우리는 여기에서도 우연이 배제되어 있음을 보게 된다. 유전 부호의 마지막 단계로 RNA에서 긴 아미노산 연쇄가 만들어지는데, 이 단백질은 접혀서 생명의 기능 분자, 즉 세포를 구성하는 효소와 구조적 요소가 된다.[15]

호기심 많은 연구자들은 오래전부터 단백질에서 이용하는 아미노산의 개수와 종류가 임의적인지 궁금해했다.[16] 무엇보다 비생물학적 세계에는 수백 가지 아미노산이 있으니 말이다. 무작위적 대안들이 있는 상황에서, 생명에서 주로 발견되는 스무 가지 아미노산을 진화가 선택할 것인지 알아내려는 최초의 시도들은 (비록 확정적이지는 않았지만) 이것이 무작위적이지 않을 가능성을 적잖이 암시했다.[17] 그러다 2011년 들어 게일 필립Gayle Philip과 스티븐 프릴랜드Stephen Freeland 가 정교한 연구 결과를 학술지 『우주생물학Astrobiology』에 발표했다.[18] 두 사람은 단백질 구조에 필수적인 아미노산의 모든 성질 중에서 세 가지가 특히 중요하다는 가정에서 출발 했다.

첫째, 아미노산의 크기는 단백질을 이루는 긴 아미노산 사 슬이 어떻게 접히는지와 이것이 과연 활성 분자에 적절히 결 합될 수 있는지를 결정한다. 둘째, 아미노산의 전하도 단백질 에서 핵심적 역할을 한다. 음으로 대전된 아미노산과 양으로 대전된 아미노산은 서로에게 끌려 단백질을 묶어 두는 다리 가 될 수 있다. 단백질 구조에 점점이 흩어져 있는 이러한 결 합의 상당수는 아미노산의 전체 사슬이 유용한 기능을 수행 하는 잘 정의되고 질서 정연한 구조로 합쳐질 수 있는 가장 중요한 수단 중 하나이다. 셋째, 물을 밀어내는 성질(소수성) 또한 아미노산의 매우 중요한 특징이다. 단백질이 물이나 (물이 전혀 없을 경우) 세포막에 용해하면 아미노산의 친수 성에 따라 단백질 전체나 그 일부의 행동이 달라진다. 친수성 은 단백질이 다른 단백질에 어떻게 달라붙는지, (세포막의 깊은 내부와 같이) 물이 없는 세포 부위에서 끌어당기는 힘 을 가지는지에 영향을 미친다.

필립과 프릴랜드는 몇 가지 아미노산을 고른 뒤에 프로그 램을 이용하여 다양한 크기, 전하, 소수성을 가지는 집합을 선별했다. 두 사람은 단순히 생화학적 범위가 넓은 아미노산을 고르는 게 아니라 생화학적 성질들이 그 범위 안에 고루 분포하여 서로 겹치지 않도록 했다. 이렇게 하면 단백질의 다양한 성질을 활용할 수 있으므로 생명을 위한 최상의 연장통을 제공할 수 있으리라는 것이 그들의 가정이었다. 또한 생화학적 성질이 고루 분포하면 생명은 이상적으로 바람직한 것에 가까울 가능성이 큰 아미노산을 고를 수 있다. 마치 DIY 연장통에 들어 있는 다양한 렌치처럼 성질들을 뒤섞는다는 발상이다. 모든 렌치가 아주 크거나 작은 것은 바람직하지 않다. 우리는 다양한 크기의 렌치가 골고루 있길 바란다. 그래야 오래된 문짝을 떼어 내려고 볼트를 풀어야 할 때 필요한 렌치를 찾을 가능성이 커진다.

필립과 프릴랜드가 〈커버리지coverage〉(성질의 넓고 고른 분포를 일컫는 두 사람의 용어) 연구에 포함한 최초의 아미노산 집합은 머치슨 운석에서 발견된 아미노산들이었다. 생명이 처음 등장했을 때 이런 아미노산들이 지구에 비처럼 내렸으리라 가정한다면 가장 먼저 검사하는 것이 타당해 보였다. 두 사람은 운석에서 발견된 50가지 중에서 몇 가지를 골라 검사했다. 이 50가지 중에서 8가지는 생명에 실제로 쓰였으며 나머지 42가지는 우리가 아는 한 생명체에서 발견된 적이 없다. 필립과 프릴랜드는 분기한 아미노산 중에서 너무 크고 거추장스러워서 단백질을 만드는 데 쓰기 힘든 것(총 16개)을 제외했다.

두 사람이 알아낸 사실은 놀라웠다.

생명이 쓰는 20개의 아미노산을 운석의 50개에서 무작위로 고른 100만 가지 대체 묶음과 비교했더니, 생명이 쓰는 20개가 세 가지 핵심 인자를 포함하고 조합하는 면에서 다른 어떤 집합보다 뛰어났다. 생명이 쓰는 아미노산은 결코 무작위적이지 않아 보였다. 그보다는 아미노산들이 넓은 범위에 걸치도록, 심지어 단백질에 유용한 성질들이 고루 분포하도록 진화에 의해 선택된 것처럼 보였다. 이것은 다용도 연장통에서 기대할 수 있는 바이다.

그럼에도 생명이 쓰는 아미노산 중에서 고작 8개만이 운석에서 발견되었고 나머지 12개는 원시적인 8개의 최초 집합에서 파생한다. 이 12개의 파생 아미노산이 만들어질 수 있는 것은 세포 내에 새로운 합성 경로가 생겼기 때문이다. 그리하여 연구자들은 분석을 재개했는데, 여전히 원시 운석 아미노산 50개를 이용하되 이번에는 매우 원시적인 아미노산 8개의 최적 집합만 탐색했다. 이 집합 중에서 생명이 쓰는 천연의 8개보다 나은 것은 1퍼센트 미만이었고, 세 가지 성질이 모두 우월한 것은 0.1퍼센트 미만이었다. 이번에도 범상치 않은 결과였다.

하지만 이 마지막 계산은 생명에서 쓰는 것보다 나은 아미노산 집합이 있을지도 모른다는 흥미로운 증거 아닐까? 생명에는 비무작위성이 있는 것처럼 보이지만, 생명이 쓰는 8개의 우연한 선택보다 더욱 유망한 집합이 있을 수 있지 않은

가? 이런 질문을 던질 때는 조심해야 한다. 필립과 프릴랜드도 인정했듯, 두 사람이 고른 아미노산의 특징은 세 가지뿐이었으며, 아미노산이 얼마나 유용한지 결정하는 요인이 그 밖에 더 있을지도 모른다(그중 하나가 단백질 사슬 안에서 돌아다닐 수 있는 능력인 입체steric 또는 구조 요인이다).

연구자들은 마지막 검사에서 아미노산 집합을 더욱 확장했다. 운석에서 50개를 고르되 생명이 쓰는 나머지 12개로 보강했다. 필립과 프릴랜드는 여기에다 세포가 만들고 단백질이 이용하는 12개의 매개 화합물로서 세포 내에서 만들어지는 또 다른 아미노산 14개를 추가했다. 이 14개는 DNA에 부호화되어 있지 않다. 그러고는 이렇게 부적 확장한 76개의 아미노산 집합에서 아미노산 20개의 집합을 무작위로 골랐는데, 100만 가지 가능한 대체 집합 중에서 천연 집합보다 뛰어난 것은 단 하나도 없었다.

필립과 프릴랜드의 결과는 흥미롭다. 하지만 아직도 우리가 알지 못하는 것이 많다. 초기 지구에 풍부하여 생명이 징발할 수 있는 아미노산으로는 어떤 것이 있었을까? 아미노산의 또 다른 성질 중에서 생명에 중요하여 선택에 영향을 미치는 것이 있을까? 초기 지구와 단백질에 대한 지식이 만나면서 이런 연구가 개선될 것임은 의심할 여지가 없다. 몇몇 기묘한 우연이 벌어졌고 프로그램 실행에서의 불운이 언젠가는 바로잡힐 지긋지긋한 막다른 골목으로 우리를 데려가기도 했지만, 이를 제외하면 필립과 프릴랜드의 연구는 생명체를 구성하는 데 주로 쓰이는 20개의 아미노산이 무작위적이지 않음을 강하게 시사한다. 이 아미노산들이 선택된 이유는 다양한 성질을 제공할 수 있는 집합적 융통성이 있기에 생명이 이를 선별하여 초기 생명체의 조합에 필요한 방대한 단백질 묶음을 만들 수 있었기 때문이다.

최근에 유전 부호를 바꾸는 것에 만족하지 못한 합성생물학자들은 세포로 하여금 새로운 종류의 아미노산을 단백질에 포함하도록 하는 데 대단한 성공을 거뒀다.[19] 현대 분자 기술이 발전하면서 자연에서 생명에 쓰이지 않는 아미노산을 이용하여 단백질에서 새로운 질병 치료제를 만들 수 있으리라는 희망이 보인다. 자연의 생화학 작용에서 생길 수 없는 아미노산 집합으로 만든 디자이너 단백질은 어마어마한 과학적 잠재력과 윤리적 우려를 동시에 제기한다.

이렇게 새로 만들어진 피조물을 바라볼 때 우리는 생명이 생화학적으로 이토록 유연하니 생명이 쓰는 기존 아미노산이 단지 우연이요 얼어붙은 사건임에 틀림없다고 생각하려는 유혹을 느낄지도 모르겠다. 어쨌거나 이 새로운 아미노산 중 일부가 새로운 생화학적 묘기를 부릴 수 있다면 이것은 생명이 이 능력을 발굴하지 못한 사례 아니겠는가?[20] 새 아미노산을 기존 경로에 바꿔 넣는 것은 너무 번거로운 일이었을 테니 말이다. 진화를 다시 진행할 기회가 주어진다면 생명은 이 새롭고 흥미로운 생화학적 성질을 백지에서 찾아내어 (합성생물학자들이 쓰고 있는 것을 포함하는) 또 다른 아미노산 집합을 만들어 내지 않을까?

하지만 진화와 합성생물학 사이에는 중대한 차이가 있다. 과학자들은 유용성을 가질 수 있는 특정한 생화학적 성질을 찾는다. 그것은 효능이 좋은 약을 만들기 위해서일 수도 있고, 공업화학자나 약학자가 쓸 새 화합물을 만들기 위해서일 수도 있다. 과학자들은 사전에 숙고하여 아미노산을 골라 세포에 넣어 원하는 결과를 얻을 수 있다. 하지만 생명은 방대한 단백질에 쓰일 수 있는 아미노산 집합을 선별해야 하고, 그러면서도 에너지 요구량을 최적화해야 한다. 스무 가지 아미노산으로 이루어진 열 가지 집합을 보유하는 것은, 각각의 집합이 요긴하게 쓰일지 몰라도 물질과 에너지의 관점에서는 큰 대가를 치러야 한다. 그러니 에너지가 요구되는 경로를 더 적게 가지고도 환경에서 충분히 복제되어 번성할 수 있는 세포가 우위를 누릴 것이다. 확장된 유전 부호에도 마찬가지 논리를 대입할 수 있다. 부호에 의도적으로 글자를 추가할 수 있고 심지어 안정되고 더 많은 알파벳을 가진 미생물을 실험실에서 만들 수 있다고 해서, 이 확장된 유전 부호가 수백만 년 넘도록 자연환경과 먹이·자원 경쟁에 노출되고서도 (우리에게 친숙한) 네 글자 부호의 유기체보다 장기적으로 유리하리라는 증거는 없다.

필립과 프릴랜드의 연구는 생명이 받는 압박의 결과가 작고 일반적인 아미노산 연장통과 넓고 고르게 분포한 생화학적 성질의 조합으로 — 이는 생명이 그 집합으로 만들 수 있는 가능성을 극대화한다 — 이어질 가능성이 크다는 것을 보여 준다. 이 생화학적 진화는 합성생물학자의 에너지를 이끄는 동기와 압박과는 판이하게 다르다. 과학자가 구슬리면 세포가 온갖 아미노산을 이용하여 단백질을 만들 수 있다는 가능성만 가지고는 하나의 유기체 전체가 환경에서 받는 선택압이 그 아미노산에 우선적으로 정착할지에 대해 알아낼 수 있는 것이 별로 없다. 생명이 받는 요구는 오히려 유형을 최대로 늘리는 최소의 개수를 선택하는 것이다.

우리는 생명이 방향 전환을 할 수 있음을 안다. 이례적인 아미노산인 셀레노시스테인은 일부 단백질에서 발견된다.[21] 속에 든 셀레늄 원자는 단백질의 항산화 기능을 개선하는 듯하다. 또 다른 신기한 사촌 피롤리신은 일부 메탄 생성 미생물에서 발견되는 아미노산이다.[22] 두 화합물 다 생명의 아미노산 집합 22개를 확장하는데, 이는 어떤 특정한 생화학적 요구에 따라 단백질 구성 요소의 목록을 확장할 필요성이 있을 때 생명이 이를 달성할 수 있음을 보여 준다.

유전 부호의 개수와 염기 종류, 부호화될 아미노산을 규정하는 코돈 명단, 심지어 아미노산 자체는 모두 제한적이고 비무작위적인 선택으로 보인다. 하지만 어쩌면 이 모든 것이 중요하지 않을지도 모른다. 가능한 아미노산이 20개밖에 안 되는데도 우리는 엄청난 개수의 분자를 엮을 무한한 잠재력이 있다. 아미노산이 300개인 단백질을 생각해 보라. 사슬의 각 위치에는 아미노산 스무 종 중에서 하나가 올 수 있다. 스무 가지 아미노산 중 하나가 올 수 있는 300개의 위치를 하나로 묶으면 2×10^{390}가지 조합이 가능하다! 이것은 알려진 우주에 있는 모든 항성을 훌쩍 뛰어넘는 개수이다. 따라서 생명은 제한된 개수의 아미노산 알파벳만 가지고도 한계를 모르는 다양성, 변칙, 설계 실험을 창조하는 자유로운 잠재력을 가지고 있다. 물론 이 여정의 끝에서 아미노산 사슬이 최종적으로 접혀 분자를 만들어 내는 것은 우연의 영역이다. 이런 다양성이 있기에 이제 우리는 물리적 한계의 제약에서 벗어나 생명이 온갖 다양성을 펼치는 분자의 세계를 열어젖히는 것 아닐까?

생화학자들이 생명의 조립 재료인 단백질의 아찔한 다양성을 처음 탐구하기 시작했을 때 그들은 어마어마한 수와 씨름해야 했을 것이다. 겨우 300개의 아미노산으로 이루어진 가상의 단백질 사슬 하나에 2×10^{390}가지의 서로 다른 서열이 존재하는 상황에서 현실에 존재하는 모든 분자를 이해하려면 생화학 연구에 몇백 년이 걸릴지도 모른다. 하지만 이 분자들이 풀리고 아미노산 연쇄가 해독되고 접힘이 연구되면, 아미노산 서열이 어떻든 단백질의 일부가 채택할 수 있는 접힘이나 형태의 개수는 매우 제한적임이 분명히 드러났다.[23]

단백질을 낱낱의 단위로 분리하면 접힘 배열이 매우 빈약하다는 것을 알 수 있다. 나선(알파 나선α-helix이라고 부른다)은 오른손 방향이며, 아미노산이 아미노기의 수소와 (서열에서 서너 위치 앞에 있는) 아미노산의 산소 사이에서 수소 결합으로 묶여 있다.[24] 또 다른 접힘으로는 병풍 구조 pleated sheet(대개 베타 구조β-sheet라 불린다)가 있다. 이것은 아미노산의 긴 사슬이 수소 결합으로 묶여 판처럼 배열된 것이다.

이 두 가지 접힘은 서로 엮여 조합을 이룰 수도 있다. 많은 단백질이 알파 나선과 베타 구조로 만들어지고 아미노산 사슬을 따라 다양한 순열을 이루는 나선과 판으로부터 조립된다. 일부 단백질에서는 두 형태가 엄격히 교대하는 형태(알파/베타)로 나타나기도 한다. 이 구조들은 나선과 판을 접는 방법에 따라 삼탄당 인산이성질화 효소의 통, 샌드위치, 롤 형태로 하위분류된다. 세부 사항은 신경 쓰지 말라. 여기서 알 수 있는 것은 가능성의 집합이 제한적이라는 것이다.

단백질의 합창단이 이렇게 작은 이유에 대한 한 가지 설명은 이 접힘이 진화 초기에 생명에 고정되었으며 이것만으로도 유용한 무언가를 조합하기에 충분하기 때문에 더는 추가적인 형태를 진화시킬 선택압이 존재하지 않았다는 것이다. 이것은 집을 짓는 것에 비유할 수 있다. 건축 자재 판매점에 가서 모든 브랜드의 벽돌을 사다 쓰는 사람은 없다. 작업에 적합한 몇 가지만 선택한다. 조상 유기체가 접힘을 선택한 뒤로 나머지 생명은 그에 얽매일 수밖에 없었다.

이 논리가 그럴듯해 보이기는 하지만 훨씬 근본적인 법칙이 단백질 접힘의 배열을 선택하는지도 모른다. 아미노산 사슬은 저에너지 상태에 도달하도록 접힐 것이다. 이 연속적 접힘 단계는 열역학에 의해 가장 안정적인 상태로 유도된다. 접힘들은 독립적이지 않으며, 단백질의 저마다 다른 부위들이 다른 부위의 접힘 패턴에 영향을 미친다. 이 모든 접힘이 최종 산물로 완성되는 과정에서 단백질은 열역학적으로 가장 바람직한 구성을 찾는다.[25] 이 말은 해법이 몇 가지에 불과하다는 뜻이다. 무질서한 아미노산 가닥이 어떤 작업을 할 준비가 된 질서 정연한 기계로 깔끔하게 묶인다면 그것은 물리 법칙이나 엔트로피가 위반되는 것일까? 전혀 그렇지 않다. 아미노산이 스스로를 단백질로 배열할 때 물 분자는 구조 속에서 주변으로 밀려 나와 바깥 환경에 있는 물 분자의 무질서한 혼돈에 빠져든다. 이렇게 분자의 질서가 전환되는 과정에서 열역학 제2 법칙은 위반되지 않는다.

여기서도 우리는 (때로는 상극으로 여겨지는) 생물학과 물리학 사이의 아름다운 상승효과를 본다. 어떤 사람들은 두 가지 가능한 견해 사이에서 갈등을 감지한다. 그것은 생명을 단순하고 예측 가능한 몇 가지 해결책으로 몰아가는 생물학적 〈법칙〉의 존재와, 미리 정해진 질서가 존재하지 않고 변이와 선택이 가능성의 드넓은 지형을 정의하는 〈다윈주의적〉 진화관 사이의 갈등이다. 하지만 두 가지 관점은 서로 양립하며 불가분의 관계인 듯하다. 다윈주의적 진화는 유전적 변이와 선택을 통해 매우 다양한 형태를 실험하지만 그 형태들은 물리 법칙을 따르며 우리가 관찰하는 모든 차원에서 작용하는 보편적 원리에 엄격히 제약받는다.[26] 단백질에 대해 말하자면,

다윈주의적 진화는 다양한 기능에 요긴한 다양한 구조의 여러 단백질을 만들어 내고, 이 단백질들은 생존에 유리한 과정에 포함되어 있기에 선택된다. 하지만 열역학은 이 수많은 분자 형태가 조합될 수 있는 모양의 개수를 엄격하게 제한한다.

유전 부호가 생명체의 구조에 어떻게 번역되는가는 많은 사람들을 사로잡은 연구 분야이다. 어떤 사람들은 DNA에 매혹되었고 누군가는 단백질에, 또 누군가는 오랫동안 잊힌 초기 지구의 나니아 대륙 ─ 여기서 최초의 RNA 분자가 화학적 활동과 생명으로 도약했을 것이다 ─ 에 흥미를 느꼈다. 이 생화학 지형에 두루 몸담은 사람들도 있었다. 하지만 지난 몇십 년간 여기저기서 독자적으로, 과학자들은 한때 사실상 기적의 기계로 여겨지던 것에서 우연성을 배제한 듯하다. 생명은 엄청난 분자 수준의 복잡성을 가진 시스템이면서도 그 기능에서는 무척이나 우아한 단순성을 가진 시스템이기에 모든 것이 우연, 사건, (생명이 걸을 수도 있었던) 수많은 경로 중 하나였음에 틀림없으리라고 생각되었으나, 그럼에도 물리적·화학적 제약은 생명의 부호를 다듬고 빚은 것으로 보인다. 심지어 이제는 컴퓨터를 이용하여 대안적 세계와 비교할 수도 있게 되었다. 분자가 이루는 형태의 디오라마는 이전까지만 해도 금지된 영토였으나 안개가 걷히고 보니 실은 더 뚜렷한 패턴으로 정리되고 배열되어 있는 것으로 드러났다.

8장
샌드위치와 황에 대하여

내가 일하는 에든버러의 건물에는 카페가 있는데, 여기 앉아 샌드위치의 포장을 벗길 때 이 별미가 단순한 샌드위치가 아니라 양상추, 토마토, 닭고기 향을 가진 아원자 입자인 맛있는 전자의 꾸러미라고 생각하는 일은 거의 없다.

대학 구내식당답게 푸짐한 종이봉투 속 내용물이 먹음직스럽긴 하지만, 샌드위치라는 허울을 쓴 이 음식은 실은 전자를 소비하는 간편한 방법에 불과하다. 가장 작은 세균에서 대왕고래에 이르는 온갖 생명체를 통틀어 세포가 성장과 번식에 필요한 에너지를 얻는 방법에는 놀랄 만한 공통점이 있다. 이 과정이 생명체마다 어찌나 똑같고 어찌나 단순한지, 그 속에 어찌나 기본적인 원리가 들어 있는지 우주를 통틀어 어디에서든 생명이 같은 방법으로 에너지를 얻으리라 상상하기 쉽다. 우리가 생명의 구조를 탐험하고 물리적 과정에서의 토대를 탐구하는 것은 이 메커니즘 안에서이다. 우리는 생명을 만드는 부호와 분자로부터 생명의 분자 기계를 이루는 또 다른 필수적 부분으로 눈길을 돌린다. 그것은 생명체가 성장과 번식에 필요한 에너지를 어떻게 환경으로부터 얻는가, 즉 생물권에 동력을 공급하는 과정이다.

1960년대에 명민한 과학자 피터 미첼Peter Mitchell은 생명이 환경에서 에너지를 얻는 기본 메커니즘에 대해 골똘히 생각했다. 그가 궁금증을 품은 이유는 이 질문이 중요하다는 사실을 알았기 때문이다. 무질서나 엔트로피 증가를 향해 우주를 밀어붙이는 열역학 제2 법칙은 우주의 기정사실, 즉 법칙이며 생명은 이를 따라야 한다.[1] 성장하고 번식할 수 있는 기계를 만들려면 이 기계를 해체하고 그 에너지와 분자 구성 요소를 무로 흩어 버리고 싶어 하는 무지막지한 제2 법칙에 맞서 이 질서를 유지할 에너지가 필요하다. 따라서 생명이 어떻게 환경에서 에너지를 얻는가는 단순히 주변 세상과의 상호작용을 이해하는 데만 중요한 것이 아니라 생명이 우주적 법칙의 제약 안에서 어떻게 작동하는지 아는 데에도 근본적인 것인데, 제2 법칙만큼 기본적인 것은 찾아보기 힘들다. 우리 지구라는 일시적 오아시스는 태양으로부터 에너지를 얻고 내부의 원시적 열로부터 스스로 에너지를 만들어 낸다. 그 속에서 생명은 어떻게 이러한 구조적 복잡성을 이루고 지구 방방곡곡과 내부로 퍼져 나갈 에너지를 모으는 것일까?

미첼의 생화학적 통찰은 1978년 노벨상 수상이라는 결실을 낳았다. 우리의 세계관을 바꿔 놓은 여느 발견과 마찬가지로 미첼의 발견 또한 지나고 나면 당연해 보이지만 미래 세대에게 상식처럼 보이도록 조각들을 맞추려면 창조적 천재성이 발휘되어야 했다. 그 결과로 생물학을 이해하는 또 다른 초석이 놓였다. 이런 이해에서 시사하는 보편적 적용 가능성은 생명이라는 기계의 또 다른 기본 요소이다. 이는 물리학에 뿌리를 두었기에, 다른 곳에서 진화했더라도 우주 어디에서나 생명이 유사할 것이라 유추할 수 있다.

하지만 지금은 샌드위치 이야기로 돌아가자. 먹고 난 샌드위치는 어디로 갈까? 우리 몸속에서 구성 성분인 당과 단백질과 지방으로 분해된다. 그 물질의 일부는 산소 속에서 연소하여 에너지를 방출하고 또 다른 일부는 소화되지 않은 채 배출된다. 여러분은 중고등학교에서 산소 호흡에서 일어나는 반응을 열심히 베껴 적은 기억이 날 것이다. 얼마나 지겹던지. 하지만 내 말을 끝까지 들어 보라. 이 과정이 얼마나 아름다운지는 학교에서 한 번도 배우지 않았을 테니 말이다.

$$C_6H_{12}O_6 + 6O_2 \rightarrow 6CO_2 + 6H_2O + \text{에너지}$$

왼쪽의 복잡한 화학식 $C_6H_{12}O_6$는 당의 일종인 포도당의 식이지만, 샌드위치 재료에서 살라미에 이르기까지 어느 복합 탄화물을 대입해도 괜찮다. 이 탄화물을 우리가 들이마시는 공기 중 산소에 넣으면 화학반응식의 우변에서 보듯 두 화합물이 에너지를 만들고 이산화탄소(CO_2)와 물(H_2O)을 부산물로 내보낸다.

유기물 — 앞의 예에서는 당 — 에 들어 있는 전자는 자신의 원자 안에서 흐릿한 궤도를 돈다. 전자에는 에너지가 들어 있는데, 생명이 화학 반응에서 끌어내는 것이 바로 이 에너지이다. 하지만 어떻게 하는 것일까?

우주의 모든 원자는 전자를 내놓는 정도가 저마다 다르다. 많은 원자는 전자 공여체여서 전자를 아낌없이 베풀지만, 주기보다는 받기를 좋아하는 전자 수용체도 있다. 원자가 전자를 주느냐 받느냐에 영향을 미치는 것으로는 압력과 온도에서 산성도에 이르는 여러 요인이 있지만, 여기서 속속들이 들여다볼 필요는 없다. 간단히 말해서 여러분의 점심 허기를 달래려면 (샌드위치의 성분을 비롯한) 많은 유기물이 너그러운 전자 공여체여야 한다.

음식 속의 세포막이나 (세포 안의 미토콘드리아 같은) 세포 소기관의 막에 들어 있는 분자 중에는 전자를 내줄 준비가 된 화합물에 달라붙는 것이 있다.[2] 이제 전자는 여정의 첫 단계를 시작했다. 전자는 마치 이어달리기를 하듯 샌드위치의 분쇄된 산물에서 세포로 이동한다.

방금 전자를 손에 넣은 분자 옆에는 더욱 전자를 좋아하는 또 다른 분자가 있어서, 전자는 세포막을 뚫고 한 분자에서 다른 분자로 도약하기 시작한다. 이어달리기가 시작되는 것이다. 결국 전자가 결승점에 도착하면 무슨 일이 일어날까? 그곳에서는 전자 수용체가 기다리다가 전자를 낚아챈다. 우리 몸속에서는 산소가 이 일을 맡는다. 전자 수용체가 중요한 이유는 전자를 치우지 않으면 전자가 세포를 메워 금세 교통 정체가 일어나기 때문이다. 그러면 지금까지 설명한 전달 과정이 모조리 멈춰 버린다. 이제 여러분은 호흡이 왜 중요한지 이해했을 것이다. 산소를 몸속에 받아들여 에너지 기관의 과부하를 막는 것은 필수적인 작업이다.

전자가 막을 통과할 때 에너지가 방출되는데 이제 우리는 이 에너지로 무언가를 해야 한다. 거둬들여야 하는 것이다. 미첼은 창의력을 발휘하여 이 과정을 밝혀냈다.[3] 각 분자는 전자가 지나갈 때 극소량의 에너지를 얻어서, 이 에너지를 이용하여 또 다른 아원자 입자인 양성자를 막 안에서 밖으로 이동시킨다.

이제 양성자 기울기가 생겼다. 막 바깥에 있는 양성자가 막 안에 있는 양성자보다 많아진 것이다. 이 양성자들은 삼투 작용을 통해 세포 안으로 돌아와 기울기를 같게 만들고 싶어 한다.

물이 담긴 컵에 건포도를 한 알 넣으면 달고 짠 내부가 주변으로부터 물을 빨아들여 건포도가 팽창한다. 이것이 삼투 작용이다. 물은 건포도 안팎의 농도가 같아지는 방향으로 이동한다. 마찬가지로, 막 바깥의 양성자가 안쪽보다 많으면 안쪽에서 바깥의 양성자를 빨아들여 세포막 양쪽의 농도를 같게 한다.

막 바깥에 있는 양성자는 야누스의 얼굴을 하고 있다. 농도가 더 높을 뿐 아니라 양전하를 띠고 있어서 각각 H^+로 표기된다. 막 바깥의 전하 농도가 더 높은 것은 $\Delta\Psi$로 표기되고,

실제 양성자 자체의 농도가 더 높은 것은 ΔpH로 표기되는데, 이 둘이 어우러져 강력한 기울기 효과를 발휘한다. 우리는 이 기울기를 다소 역동적으로 들리는 〈양성자 동력proton motive force〉 Δp라고 부른다. 양성자 동력을 구하는 방정식은 아래와 같다.

$$\Delta p = \Delta \Psi - (2.3RT/F)(\Delta pH)$$

여기서 R은 보편 기체 상수(8.314 J/mol/K), T는 세포의 온도, F는 패러데이 상수(96.48 kJ/V)이다. 양성자 동력의 전형적인 값은 약 150~200밀리볼트(㎷)이다.

이렇듯 양성자는 세포 안으로 끌려 들어가려는 성질이 있다. 하지만 세포막 아무 데서나 내키는 대로 확산하여 들어가는 것은 아니다. 막은 일반적으로 양성자를 통과시키지 않기 때문이다. 양성자는 〈아데노신삼인산adenosine triphosphate, ATP〉 생성 효소라는 작고 복잡한 기계를 통해 흘러드는데, 이 기계의 임무는 에너지를 담아 두는 ATP를 만드는 것이다.

양성자가 ATP 생성 효소를 통해 안으로 들어오면 분자 기계의 부품들이 회전한다.[4] 이 경이로운 장치는 단 6개의 단백질 단위로 이루어졌다. ATP 생성 효소가 톱니바퀴에서 모양이 달라지면 인산기가 아데노신이인산adenosine diphosphate, ADP에 결합하여 ATP를 만들어 낸다.[5] 이 새로운 인산 결합은 전자 전달계electron transport chain의 에너지를 포획한 상태이다.

이렇게 생산된 분자 ATP는 세포 주위로 운반될 수 있으며, 새 단백질을 만들거나 기존 단백질을 수리하거나 새 세포를 만들기 위해 필요하다면 어디서든 인산기가 분해되면서 에너지를 방출할 수 있다.[6] 이 과정이 사소하다는 느낌이 든다면 여러분 몸의 모든 세포에서 1초에 약 1.4×10^{21}개의 ATP 분자가 생산된다고 생각해 보라![7] 이 장을 읽는 데만도 약 2.5×10^{24}개의 이온 분자가 소모된다.

전체 과정을 생각해 보자. 전자를 모으는 갖가지 분자, ATP를 만드는 기계, 심지어 작은 분자이지만 섬세하고 교묘하게 인산 결합을 이용하여 에너지를 거둬들이는 ATP 자체에 이르기까지 이 모든 과정에는 분명히 복잡성이 있다.

하지만 이 과정의 핵심은 믿기지 않을 만큼 단순하다. 여기서 우리는 쉽게 구할 수 있는 아원자 입자인 전자를 가지고 있으며, 약간의 에너지를 써서 또 다른 아원자 입자인 양성자의 기울기를 만들어 낼 수 있다. 이 기울기는 삼투 작용이라는 기본 원리를 통해 작은 기계를 회전시켜 분자를 만드는데, 이 분자는 에너지를 저장했다가 필요한 곳 어디에나 방출한다. 이 메커니즘은 매혹적일 만큼 소박하다.

이 에너지 수확 체계가 매우 특이하다는 말을 누군가에게서 들은 적이 있다. 단순해 보이는 것은 우리가 이 메커니즘을 이미 알고 있기 때문이다. 하지만 다른 곳에서도 생명이 이런 체계를 이용할까? 질문을 약간 바꿔서, 공학자에게 종이와 연필을 주고 환경으로부터 에너지를 수확하는 체계를 고안하라고 주문해 보라. 그들은 똑같은 체계를 내놓을까?

미심쩍은 이들을 위해, 공학자들이 거의 똑같은 일을 했음을 일러두고자 한다. 전 세계 150여 개국에서 쓰는 수력 발전의 원리는 댐을 지어 물을 높은 저수지에 가둔 뒤에 비탈을 따라 흘러내리게 함으로써 물의 운동 에너지를 터빈의 회전 운동으로 바꿔 전기를 만들어 내는 것이다. 세부 사항은 세포와 다르지만 기본 발상은 똑같다. 생명은 양성자를 막 바깥의 저수지로 펌프질한다. 막은 댐처럼 행동하여 양성자를 바깥에 붙잡아 둔다. 그런 다음 삼투 작용의 기울기를 이용하여 양성자가 분자 터빈으로 밀려 들어오게 함으로써 ATP 생성 효소에서 회전 운동을 일으킨다. 이 축소판 터빈은 전기를 생산하는 것이 아니라 ATP에 에너지를 저장한다. 하지만 ATP조차도 전력을 나중에 쓸 수 있도록 저장하는 건전지에 비유할 수 있다. 세포는 수력 발전이 아니라 양성자 발전을 하는 셈이다.

이런 불가능한 시나리오를 상상해 보라. 생화학 분야가 전혀 발전하지 않았지만 어떤 이유에서인지 세포막이 불투과성임을 우리가 안다고 해보자. 이제 공학자에게 종이와 연필을 주고 원자에서 에너지를 얻는 체계를 고안하라고 주문해 보라. 그들이 수력 발전소를 떠올려 전자를 이용하는 초소형 펌프로 일종의 이온 기울기를 만드는 체계를 생각해 내지 못할 이유는 전혀 없다. 이 기울기에 의해 이온이 회전자를 통과하여 세포로 돌아가는데, 여기서 전기가 발생하거나 에너지를 포함하는 화합물이 만들어진다.

미첼의 발상인 화학 삼투 공리chemiosmosis theorem가 여기에 논리를 부여하기는 하지만, 혹자는 군이 왜 양성자 기울기인지 의문이 들 것이다. 전자가 한 단백질에서 다른 단백질로 이동할 때마다 소량의 에너지가 방출되는데, 우리는 그 에너지를 모조리 모으고 싶어 한다. 양성자를 펌프질하여 기울기를 만드는 것이 똑똑한 방법인 이유는 전자가 운반될 때마다 막 바깥에 양성자 기울기가 발생하고 그 기울기는 수많은 전자 운동이 누적된 산물이기 때문이다. 그러면 산 위 저수지에 물이 고이듯 양성자가 꽤 많이 쌓인다. 이렇게 모인 양성자를 하나의 기계로 보내면 에너지를 얻을 수 있다.

여기서 다시 떠오를 만한 전형적인 질문은 이 모든 과정에 우연과 우발성의 여지가 있느냐는 것이다. 역사적 변칙이라는 행운의 성질이 끼어들 수 있을까? 아니면 이 과정의 구조는 엄격한 패턴에 얽매여 있을까?[8]

이 에너지 발생 기계에 세부적 측면에서 융통성이 있음은 이미 알려진 바이다.[9] 어떤 미생물은 양성자 대신 나트륨 이온(Na^+)을 이용할 수 있다. 한 기발한 연구에서 독일 연구진은 세균의 막에 구멍을 뚫는 화학 물질을 이용하여 막의 구멍 때문에 양성자가 아세토박테리움 우디이Acetobacterium woodii에 마구잡이로 새어 들어오더라도 전자 전달계에서 화학적 카페산caffeate을 이용하는 능력에는 아무 변화가 없음을 밝혀냈다. 하지만 막의 구멍으로 나트륨 이온이 새어 들어오자 세균은 ATP 생성 능력을 잃었다. 이 미생물이 양성자 대신 나트륨 이온을 이용한 것에서 보듯 이 기발한 장치에는 수정의 여지가 있다. 그럼에도 양성자는 모든 주요 생물계에서 막 안팎의 기울기를 만드는 가장 흔한 방법이며, 양성자 기울기를 이용하는 방법은 우연의 산물이 아니라 생명의 기원 자체에 깊이 스며 있는지도 모른다.[10]

이 에너지 추출 기계에는 더욱 인상적인 융통성이 있다. 그리고 여기서 특이한 반전이 일어난다.

생명은 샌드위치와 산소가 반드시 필요한 게 아니다. 우리는 다른 전자 공여체와 전자 수용체를 이용할 수 있으며 우주에서 발견되는 온갖 물질을 이용하여 생장하는 생명체를 만들 수도 있다. 여러분과 나는 호흡하려면 산소가 필요하지만 세포에서 전자를 치우는 화학 물질이 산소뿐인 것은 아니다. 많은 미생물은 철이나 황의 화합물을 이용하여 산소처럼 전자를 잡아들인다. 이런 전환의 결과가 혐기성 미생물, 즉 산소 없이도 살 수 있는 미생물이다. 깊은 땅속이나 질척질척하고 냄새 고약한 웅덩이에서 이 미생물들은 산소의 기미도 없이 삶을 영위하며 바위에서, 늪에서, 화산의 유황 웅덩이 깊은 곳에서 자란다. 녀석들은 철, 황, 또는 그 화합물 등과 같은 풍부한 원소를 호흡한다. 전자 수용체를 교체하는 것만으로도 인간이 갈 수 없는 곳을 서식처와 생명의 환경으로 삼을 수 있는 새로운 지평이 열린다.

생명의 잠재력은 거기서 끝나지 않는다. 우리는 산소를 버리고 다른 전자 수용체를 취할 수 있을 뿐 아니라 전자 공여체로도 딴 것을 선택할 수 있을지도 모른다. 샌드위치여 안녕! 전자 공여체를 수소로 대체하면 깊은 땅속에서 수소 기체를 식량 공급원으로 이용할 수 있는 미생물이 된다. 〈암석을 먹는 화학 물질〉이라는 뜻의 이 화학 독립 영양 생물chemolithotroph 은 여러 면에서 우리보다 유리하다. 녀석들은 더는 유기물이 필요하지 않기에 나머지 생물권과 사실상 독립적으로, 심지어 빛이 들어오지 않는 땅속에서도 살아갈 수 있다.

샌드위치를 비롯한 유기물을 식량 공급원으로 이용할 때의 한계는 그 성분이 다른 미생물, 식물, 동물에서 온다는 것이다. 여러 생명 유형 간의 이러한 상호 의존은 지구 생태계를 이루는 먹이 사슬의 토대이다. 식물은 초식 동물의 먹이가 되고, 초식 동물은 육식 동물의 먹이가 되고, 육식 동물은 다른 육식 동물의 먹이가 된다. 이것은 사실 한 생명체에서 다른 생명체로 이동하는 복잡한 전자 그물망에 불과하다. 하지만 수소를 먹는 미생물은 지구의 원료로 배를 채운다. 화학 독립 영양 생물에 누구보다 매혹된 집단은 우주생물학자들이다.[11] 그들은 다른 행성의 서식 가능 지역에서 이런 대사 작용을 통해 생명이 땅속 깊은 곳에서 살 수 있지 않을지 질문을 던진다.

전자 공여체와 수용체를 이리저리 섞으면 다채롭게 차려

진 화학 물질에서 에너지를 만들 수 있다. 메탄가스를 만드는 미생물인 메탄 생성 세균은 수소 기체를 전자 공여체로, 이산화탄소를 전자 수용체로 이용한다. 수소 기체는 오래전 지구가 생길 때 붙들린 것일 수도 있고 사문석화 과정에서 특정 광물질이 물과 반응할 때 생성되기도 한다.[12] 물에 녹은 채 암석 틈새를 기어 다니는 수소는 생태계 전체를 지탱할 수 있다. 수소를 주된 전자 공여체 공급원으로 쓰는 미생물 군집은 옐로스톤 국립공원의 부글거리는 화산성 웅덩이 여러 곳에 서식하는데, 이 휴면 초화산supervolcano 아래 마그마로 달궈진 깊은 땅속에서 수소가 생성된다.[13]

쓰고 남은 전자를 메탄 생성 세균이 치울 때 이용하는 이산화탄소도 얼마든지 구할 수 있다. 이산화탄소는 농도가 약 400피피엠(ppm)으로 대기 조성의 극히 일부이지만 미생물이 전자 수용체로 쓰기에는 충분하다. 게다가 깊은 땅속에는 더 많이 농축되어 있을 수 있다.

메탄 생성 세균은 우주생물학자들을 흥분시킨다. 화성에서와 토성의 위성 엔켈라두스의 가스 기둥에서 메탄이 검출된 것이다. 이것은 생명의 부산물일까? 물론 생명체 없이도 메탄이 생성될 수 있는 방법이 있으므로 메탄이 있다고 해서 이것이 반드시 생명의 흔적인 것은 아니다. 메탄은 깊은 땅속에서 기체가 고온으로 반응할 때 생길 수 있으며, 얼음 속에 저온으로 포집되었다가 — 이른바 클래스레이트clathrate — 화산 활동으로 얼음이 따뜻해지면 방출되기도 한다. 그럼에도 메탄의 기원에 대해 논란이 있다는 사실 자체만으로도 외계 행성의 메탄이 생명의 흔적인지 알아내려고 시도할 명분이 된다. 머나먼 외계에 생명체가 산다는 가설을 검증하려는 탐사의 이면을 보면, 이 모든 연구의 원동력은 에너지를 생산하는 생명 기계의 놀라운 능력과 그로 인한 가능성에 대한 우리의 지식이다.

전자 전달계는 일종의 모듈식 에너지 시스템이다. 여기에 관여하는 핵심 분자는 어느 생명체나 매우 비슷하여 사이토크롬 같은 단백질과 퀴논으로 만들어지는데, 이런 성분에 들어 있는 철 원자와 황 원자의 배열은 전자를 운반하는 데 안성맞춤이다.[14] 사슬의 양 끝에서는 분자가 전자 공여체와 수용체를 잡아들이는데, 이 생물이 어디에 서식하고 무엇을 먹잇감으로 삼는지에 따라 공여체와 수용체의 종류가 달라진다. 세포도 결코 한 가지 선택에 얽매여 있지 않다. 주변에서 어떤 전자 공여체나 수용체를 입수할 수 있느냐에 따라 새로운 공여체나 수용체에 달라붙을 수 있다. 굶주린 손님이 뷔페 식당에서 피자가 떨어지자 파스타를 접시에 담듯, 미생물은 어느 에너지원을 구할 수 있느냐에 따라 철 화합물과 황 화합물 사이를 왔다 갔다 할 수 있으며 그 덕에 놀랄 만큼 다양한 장소에서 살아갈 수 있다.

최근의 가장 놀라운 발견 중 하나는 미생물이 심지어 자유전자, 즉 어느 것에도 매이지 않은 고립된 전자를 이용할 수 있다는 것이다. 퇴적물에 전극을 꽂으면 미생물은 전극에 달라붙은 채 전자를 직접 뽑아 전자 전달계에 동력을 공급한다.[15] 할로모나스속 *Halomonas*, 마리노박터속 *Marinobacter* 등 엄청나게 많은 미생물이 이 능력을 가지고 있다. 미생물이 전자를 직접 이용하여 에너지를 만들 수 있다는 발견이 특이하기는 하지만, 여기에 놀라서는 안 된다. 여러분의 샌드위치에 들어 있는 것을 비롯하여 내가 언급한 많은 화합물은 전자를 담는 용기에 불과하다. 자유 전자를 얻을 수 있다면 중간 단계를 생략하고 전자를 직접 얻지 않을 이유가 없지 않겠는가?

이런 전자 전달계의 에너지 융통성으로 인한 결과는 결코 과소평가할 수 없다. 해마다 약 1억 6000만 톤의 질소 기체가 이른바 질소 고정 세균에 의해 대기 중에서 포집되어 암모니아, 아질산염, 질산염 등 나머지 생물권을 먹여 살리기에 생물학적으로 더 알맞은 질소 형태로 바뀐다. 이 질화물을 전자 전달계에서 이용하여 에너지를 얻는 미생물은 질소를 암모니아에서 아질산염과 질산염으로 바꿨다가 다시 질소 기체로 바꿔 대기 중으로 돌려보내는 이 모든 전환 과정을 수행한다.

황화물도 마찬가지다. 원소 황, 티오황산염, 황산염, 황화물은 모두 저마다 다른 미생물에게 이용되고 변환되는데, 원소와 화합물을 지각에서 섞고 옮기는 지구의 생물지구화학적 순환biogeochemical cycle을 통해 여러분과 나를 비롯한 나머지 생명도 그 혜택을 누린다.[16]

지난 수십 년을 통틀어 생물학에서 가장 흥미롭고 심오한 발견 중 하나는 생명의 에너지 추출 기계에 대한 통찰에서 비롯한 것으로, 이론상 생명에 에너지를 공급할 수 있는 거의 모든 전자 공여체·수용체 쌍을 자연에서 발견할 수 있다는 것이다. 원소나 화합물 두 개가 어떻게 조합되든 이것이 전자가 한 곳에서 다른 곳으로 이동하면서 에너지를 방출하기에 열역학적으로 적합하다면 얼마든지 쓰일 수 있다.

오스트리아의 이론화학자 엥겔베르트 브로다Engelbert Broda는 1977년에 발표한 기념비적 논문에서 에너지와 열역학에 대한 단순한 직관을 발휘하여 지금껏 발견되지 않은 미생물이 자연에 존재할 것이라고 예측했다.[17] 그중 하나는 암모니아를 전자 공여체로, 아질산염을 전자 수용체로 쓰는 세균이었다. 이 〈암모니아 산화 세균anammox bacterium〉은 결국 1990년대에 발견되었다.[18] 이 세균의 암모니아 처리 과정은 해양 환경에서 엄청나게 중요한 것으로 드러났다. 바다에서 만들어지는 질소 기체의 약 50퍼센트가 이 과정을 거친다.

위의 예에서 보듯 생명의 물리학에 대해 알면 이후에 어떤 생명 형태가 발견될지 예측할 수 있다. 〈물리학의 토대는 예측을 허용하는 법칙이지만 생물학은 너무 다양해서 물리학처럼 엄격한 예측 능력이 결여되었다〉라는 관점은 설 자리를 잃었다. 생명의 에너지학에서 우리는 에너지를 생산하는 분자 기계 속에 단순한 열역학이 포함되어 있음을 본다. 이 기본 원리 덕분에 우리는 생물의 에너지 획득 능력을 더 단순한 에너지계 못지않게 분명히 예측할 수 있다.

미생물이 에너지를 얻는 과정 중 몇 가지는 놀라운 분야에서 매우 실용적으로 적용되기도 했다. 몇몇 미생물은 산소 대신 우라늄을 전자 수용체로 쓸 수 있는데, 아마도 오염된 핵폐기물 매립장에서 발견할 수 있을 것이다. 이 미생물은 우라늄을 전자 경로에 이용하여 우라늄 원소의 화학적 상태를 바꾼다.[19] 이렇게 형태가 달라진 우라늄은 물에 잘 녹지 않기 때문에 상수도에 스며들 우려가 적다. 미생물을 이용하여 위험한 환경 화학 물질의 상태를 공중 보건에 덜 위험하거나 해를 덜 입히도록 바꾸는 것은 〈생물학적 복원bioremediation〉이라는 기발한 공정에 속한다. 미생물이 에너지를 얻는 방법은 순수한 학계의 울타리를 뛰어넘어 새롭고 시급한 환경 문제를 해결함으로써 인류에 봉사하고 있다.

여러분이 이 책의 목적을 잊어버리기 전에 이 모든 현상이 진화와 생명과 그 가능성에 무엇을 의미하는가로 돌아가야겠다.

샌드위치를 산소와 결합시키면 철이나 황 같은 화학 물질을 이용하는 반응에 비해 대체로 약 열 배 이상의 에너지가 생산된다.[20] 이 때문에 혐기성 생활 방식은 에너지가 매우 부족하며, 암석의 철이나 깊은 땅속의 수소를 먹는 미생물은 열역학적 극한에서 근근이 살아간다. 두뇌 활동을 하고 — 사람의 경우는 약 25와트를 소모한다 — 달리고 뛰어오르고 날고 수조 개의 세포로 이루어진 몸을 놀리려면 에너지가 많이 필요하다. 산소 없이 일어나는 에너지 생성 반응은 대다수 동물에게는 너무 약하다. 무산소 서식처에서는 생명이 에너지의 제약을 받는다.[21] 이것은 물리적 과정에 의해 정해진 또 다른 경계이다.

그렇다면 지구 대기의 산소 농도가 약 10퍼센트에 도달했을 때 동물이 등장한 것은 결코 우연이 아니다. 10퍼센트는 산소 호흡에서 얻은 에너지로 훨씬 복잡한 생명체를 지탱할 수 있는 문턱값이다. 산소 호흡이 이보다 낮은 산소 농도에서 등장했을 수도 있지만, 우리가 동물에서 연상하는 대규모의 복잡성에는 이르지 못했을 것이다. 우리에게 친숙한 생물권이 등장하기 위해서는 에너지 획득의 혁명이 일어나야 했다.

하지만 에너지 가용성이 이토록 극적으로 증가하기 위해 지구 대기의 산소 농도가 증가해야 했던 이유는 무엇일까?[22] 우리는 지구 대기의 산소 기체가 광합성에서 발생했음을 안다. 바다, 호수, 강에 널리 서식하는 초록색 미생물 남세균은 물 분자를 쪼개 전자를 방출시킴으로써 햇빛에서 에너지를 얻는 방법을 알아냈다. 햇빛을 이용하여 에너지화한 전자는 결국 우리의 믿음직한 전자 전달계를 거쳐 ATP를 만들어 낸다. 물 분자를 쪼개어 에너지를 얻는 것이 혁명인 이유는 그때까지만 해도 햇빛을 에너지원으로 쓰는 생물은 수소와 철 같은 화학 물질을 전자 공급원으로 쓰는 것이 고작이었기 때문이다. 그런데 매우 풍부하고 널리 분포하는 자원인 물로 돌아섬으로써 산소 발생 광합성 생물은 지구의 뭍과 물을 정복했으며 막대한 산소 기체 생성의 토대를 닦았다.

안타깝게도 새로 공급된 산소가 대기 중에서 곧장 자유롭게 축적되지는 않았다. 메탄과 수소처럼 풍부한 기체가 산소와 잘 반응하기 때문에, 산소 농도가 높아지려면 이런 기체의 농도가 먼저 낮아져야 했다. 고대의 암석에 갇힌 화학적 증거를 보면 이러한 산소 증가가 약 24억 년 전인 대(大)산화 사건Great Oxidation Event에서 일어났고, 약 7억 5000만 년 전에 다시 일어났음을 알 수 있다. 두 번째 증가에서 동물이 등장할 수 있을 만큼 산소 농도가 높아졌다. 산소 증가는 생명에 가장 큰 영향을 끼친 사건이다. 대기의 화학적 변화는 동물의 탄생뿐 아니라 함축적으로 지능의 탄생과도 연관된 것으로 생각된다.

그래서 동물에게는 산소가 필요하다. 이 전자 수용체가 방출하는 에너지는 원숭이가 우림에서 나무를 타고 점프하고 개가 메도스 공원에서 뛰놀고 인간의 두뇌가 생각하기에 충분하다. 하지만 어떤 행성에서 동물이 지능은 고사하고 진화하기에 충분한 에너지를 얻을 방법이 산소밖에 없을까?

나는 에든버러 대학교 우주물리학 수업 마지막 시간이 되면 오랫동안 고생한 학생들에게 즐거움을 선사하면서도 교육 효과를 거둘 수 있는 강의로 전체 과정을 마무리한다. 나는 강단으로 걸어가 잠깐 커피 한잔할 테니 오늘 수업은 초청 강사에게 들으라고 말한다. 그러고는 도마뱀 인간 전신 복장을 하고 가면을 쓴 채로 돌아와 〈나크나르 3 행성에 생명이 있을까?〉라는 제목의 강연을 한다.

강연은 우리가 발견한 먼 태양계 바깥 행성에 대한 묘사로 시작된다. 그 행성은 크고 대기 중에 산소가 있으며 분명히 위성도 있다. 학생들은 내가 말하는 행성이 지구임을 금세 알아차린다. 강연은 이 머나먼 행성이 왜 생명을 지탱할 수 없는지에 대해 내적 일관성을 갖춘 이야기를 엮어 낸다. 나는 이따금 강연을 중단하고 각설탕을 우물거리는데, 학생들은 그것이 석고, 즉 황산칼슘이라는 걸 금세 알아차린다. 여러분도 알다시피 나는 유기 탄소를 먹는 황산염 환원 혐기성 외계인이다. 그래서 산소를 태우는 게 아니라 황산염을 전자 수용체로 쓴다. 이 방식으로 생산되는 에너지는 산소 호흡에 비해 약 10분의 1에 불과하므로 나는 강연 중에 끊임없이 주전부리를 해야 한다.

머나먼 나크나르 3 행성의 산소 농도가 높으면 생명이 탄생하기 힘든데, 그 이유는 생명체가 산소 때문에 연소할 것이기 때문이다. 게다가 산소가 만들어 내는 자유 라디칼은 탄소 기반 화학 물질에 매우 해롭다. 이 세상에 대한 우리의 변변찮은 지식에 몇 가지 덧붙이자면, 이 행성의 표면을 이루는 거대한 암판(巖板)은 이동하면서 오래된 황산염 둔덕을 무너뜨리는데 이 둔덕은 생명체에게 식량을 공급하고 지능의 탄생에 필요한 것이었다. 산소와 움직이는 땅(판 구조론)이 공모하여 이 행성을 생명체에, 적어도 복잡한 다세포 생명체에 불리한 곳으로 만든다.

내 강연의 교육적 목표는 서식 가능성과 지구 생명체에 알맞은 조건에 대한 우리의 견해가 우리의 얕은 지식 때문에 제한받고 있는 것인지, 즉 우리 지구가 정말로 우주의 모든 생명에 대한 보편적 본보기인지에 대해 학생들의 궁금증을 불러일으키는 것이다. 모든 조각들이 서로 맞아떨어지면서도 지구가 살 수 없는 곳이라는 결론으로 귀결되는 정교한 50분짜리 강연을 통해, 나는 학생들로 하여금 지구 생명의 진화에 대한 우리의 견해가 그저 거대한 〈천재일우〉 이야기인지, 운 좋게 벌어진 무언가이자 특정한 진화 경로의 우연한 결과에 대해 우리가 짜 맞춘 그림인지 고민하게 하고 싶었다.

이제 여러분도 짐작했겠지만 나 자신의 견해는 지구상의 생명이 근본적이고 보편적인 무언가를 알려 준다는 것이다. 나크나르 3에서 생명이 탄생할 가능성이 희박하다는 나의 논리와 황산염 환원 지성체에 대한 생각에서는 많은 오류를 찾을 수 있다. 황산염 환원 지성체로 살아가려면 두뇌에 영양을 공급하고 몸을 움직이기에 충분한 에너지를 만들어 내기 위해 거의 끊임없이 황산염을 먹어야 할 것이다. 하지만 이런 번거로움을 논외로 하더라도 황산염 환원의 문제는 다세포 생명체가 출현하기 위해서는 황산염이 지질학적으로 풍부하고 쉽게 얻을 수 있어야 한다는 것이다. 물론, 거대한 황산염 둔덕들이 오래전에 형성되어 있는 머나먼 세계에서는 황산염 환원 돼지들이 석고 둔덕에 주둥이를 처박고, 지능을 가진 외계인 돼지몰이꾼이 집에 돌아가 석고 파이를 먹는 광경이 펼쳐질 수도 있음을 배제할 수는 없다. 하지만 지금으로서는 황산염 환원 지성체는 사변의 영역에 머물러야 한다. 이 대사 작용으로 얻을 수 있는 에너지의 양이 적어서 꿀꿀거리며 석고를 먹는 돼지의 존재 가능성이 희박하기 때문이다. 설령 그런 돼지가 정말 있더라도 녀석들은 여전히 우리가 앞서 살펴본 원리들을 따라 전자 전달계를 이용하여 에너지를 얻을 것이다.

하지만 에너지에 필요한 전자를 얻기 위해 비정통적인 공급원을 잠정적으로 탐색하는 다세포 동물이 우리 지구에도 있다. 갈라파고스민고삐수염벌레*Riftia pachyptila*는 심해 열수구에 서식하는데, 그곳에서는 뜨거운 물이 지각에서 부글부글 끓어오르고 종종 황화물이 풍부한 검은색 광물을 바닷물에 뿜어낸다.[23] 이 벌레의 몸속에 들어 있는 세균 연합체는 열수구의 황화수소(썩은 달걀 냄새가 나는 기체)를 이용하는데, 물에 녹은 산소 기체를 이용하여 이를 산화한다. 길이가 2미터를 넘고 지름이 약 4센티미터인 벌레를 만들 에너지는 얼마든지 있다. 녀석은 기묘한 흰색 원통 모양으로, 주변의 바위 굴뚝에서 나오는 따뜻한 물속에서 검붉은 대가리를 까딱거린다.

대기 중에서는 황화수소 농도가 측정할 수 없을 정도로 낮지만 이 열수구에서는 어찌나 높은지 벌레의 장내 세균이 황화수소를 전자 공여체로 이용하여 에너지를 만들어 내고 유기 화합물을 합성할 수 있다. 벌레는 이 유기물을 먹고서 거대하게 자란다. 이 특이한 공생의 심장부에도 여전히 전자 전달계가 있지만, 이 기묘하고 꿈틀거리는 튜브에서 보듯 희귀한 화학 물질과 기체가 이례적으로 농축될 경우에는 이따금 지구에서도 동물이 다른 형태의 에너지를 탐색하여 낯선 연합을 결성함으로써 스스로를 먹여 살릴 수 있다.

이 귀여운 벌레는 지구화학적으로 얻을 수 있는 생명의 원료가 엄청나게 다양해지면 진화적 가능성이 급증할 수 있음을 보여 준다. 지금까지 우리는 물리적 원리가 어떻게 진화의 산물을 몇 가지 매우 협소한 테두리 안에 엄격히 가두는지 살펴보았다. 진화적 가능성의 범위가 물리학의 제약 안에서 변화할 수 있는 한 가지 방법은 혁신을 추동하는 데 필요한 것들의 지구화학적 입수 가능성을 변화시키는 것이다. 우리 세상에 사는 황산염 환원 강연자가 등장하는 허황한 SF 이야기가 아니더라도 지구화학적 입수 가능성이 진화의 경로와 산물을 변화시킬 수 있다는 증거는 심해의 벌레를 비롯하여 얼마든지 있다. 벌레는 생명이 어떻게 진화 경로 내내 물리학에 의해 제약받는지 보여 주지만, 행성의 지질학적 변동은 새로운 진화적 경관을 열어 줄 수 있다. 에너지 획득을 추동할 수 있는 화학 물질에 관한 것이라면 더할 나위 없다.

그럼에도 지구 대기에서 산소 농도가 증가한 사건 덕에 — 이것은 그 자체로 생명 현상의 결과이다 — 산소 호흡이 더 널리 전파될 수 있었다. 그리하여 산소의 증가는 막대한 양의 에너지를 생명이 이용할 수 있게 함으로써 최초의 동물 세포가 이 기회를 포착한 이후로 다세포 생명체와 지능이 등장할 길을 열었다. 더 많은 에너지는 더 크고 더 복잡한 기계를 낳음으로써 단세포 생물의 단순함을 넘어서는 생물권의 등장을 촉발했다.

최초의 미생물에서 동물의 등장에 이르는 이 진화 이야기는 처음부터 끝까지 전자 전달계와 얽혀 있다. 이뿐 아니라 여러 전자 공여체와 수용체에서 얻을 수 있는 에너지, 즉 전자 전달계에서 방출되는 에너지는 진화사의 시작부터 지금까지 일어난 모든 에너지원 전환에 대해 많은 것을 설명해 준다. 초기 생명은 암석, 기체, 유기물에서 에너지를 뽑아내며 뚜벅뚜벅 앞으로 나아갔다. 그런 다음 산소 농도가 상승했는데, 이를 추동한 것은 물을 쪼개고 전자 전달계로 햇빛의 에너지를 포획하는 물리학이었다. 이 결정적 혁신으로부터 동물이 등장한 사건은 유기물에서 새로 발견된 산소로 전자가 전달될 때 얼마나 많은 에너지가 방출되는가에 대한 열역학과 관계가 있었다. 미생물과 원숭이가 지구를 누비는 원동력은 아원자 입자인 전자의 운동에서 방출되는 에너지이다.

이쯤 되면 생명이 전자 전달계를 대체하여 쓸 수 있는 에너지 생산 반응이 있는지 궁금해야 정상이다. 다른 형태의 에너지원이 있으면 무산소 환경에서의 자원 부족 문제를 해결할 수 있을지도 모른다. 산소에서 완전히 벗어나고서도 복잡한 생물권을 건사할 대량의 에너지를 얻을 방법이 있을까? 생명이 물리학에 제약된다는 말은 에너지를 얻는 방법이 하나만 있다는 뜻이 아니다. 풍력에서 핵 발전에 이르는 인류의 동력에서 보듯 자기복제적이고 진화하는 계는 두 가지 이상의 수(手)를 준비해 뒀는지도 모른다.

일부 세포가 전자 전달계를 이용하지 않고도 살 수 있음은 익히 알려져 있다. 한 가지 방법은 막과 전자 공여체·수용체의 온갖 장광설 대신 분자에 여분으로 있는 인 함유 화학기를 가져다 ADP에 직접 달아 에너지 저장 분자인 ATP로 만드는 것이다. 이 과정이 바로 우리 삶에 속속들이 스며 있는 다목적의 대사 경로 집합인 발효의 핵심이다. 발효는 당을 산으로 바꾸는데, 우리는 이를 이용하여 채소를 절이거나 맥주, 포도주 등의 기본이 되는 알코올을 만들 수 있다. 이 똑같은 과정이 여러분의 몸속에서도 진행되어 당이 젖산으로 바뀌는데, 갑자기 운동을 하다가 근육에 산소가 충분히 공급되지 않아 쥐가 나는 것이 이 때문이다. 이 과정은 전자 전달계를 있는 그대로 이용하지는 않지만 여기에 관여하는 화학 반응은 기본적으로 전자의 이동이다. 발효가 비교적 단순하기는 해도 여기서 생산되는 에너지는 전자 전달계의 10분의 1가량에 불과하다. 여러분의 몸이 경련이 아니라 산소를 원하는 것, 많은 미생물이 기회만 있으면 발효를 버리고 산소 호흡으로 돌아서는 것은 발효의 낮은 에너지 때문이다.

하지만, 어쩌면 우리는 아직도 상상력이 부족한 것인지도 모른다. 훨씬 극단적인 방법은 없을까? 한 가지 고려해 볼 만한 것은 원자에서 전자 이외의 다른 입자로 에너지를 얻을 수 있는가이다. 원자는 전자 이외에 핵에도 에너지를 가지고 있다. 핵이 생명의 에너지원이 될 수 있을까?

우라늄 같은 불안정한 원소의 핵이 붕괴하는 핵분열에서 에너지를 얻는 것은 생명이 전자라는 빈약한 수확을 넘어서 선택지를 부쩍 늘리는 한 가지 방법일 수 있다. 하지만 애석하게도 원자핵은 제어하기가 여간 힘들지 않다.

핵반응로에서처럼 핵 연쇄 반응을 일으켜 엄청난 양의 에너지를 만들어 낼 수는 있지만, 그런 반응에는 우라늄이나 그와 비슷한 핵분열성 원소가 많이 필요하다. 그런 원소가 주변에 그냥 널려 있는 경우는 드물다. 우리가 핵반응로에서 하듯 기발한 기술을 써야 하는 것은 제쳐 두더라도, 기술이 없는 생명체가 이 에너지를 어떻게 이용할 수 있을지, 설령 그럴 수 있더라도 멜트다운meltdown이나 폭발이 일어나 우라늄이 기화하지 않도록 핵반응을 어떻게 제어할지 상상하기란 쉬운 일이 아니다.

생명이 핵분열을 활용할 수 있는 또 다른 방법은 핵분열의 부산물인 전리 방사선을 이용하는 것이다. 우라늄이나 토륨 같은 불안정한 원소가 붕괴하면 알파선, 베타선, 감마선의 형태로 고에너지 방사선이 방출된다. 이 방사선이 생명에 동력을 공급할 수 있을까?

우리는 전리 방사선의 에너지가 물을 쪼갤 만큼 크다는 사실을 알고 있다. 지구의 지각에 들어 있는 핵분열성 원소가 붕괴하면서 생성되는 방사선은 물 분자를 쪼개어 수소를 만든다.[24] 앞에서 보았듯 수소는 전자 공여자가 되어 에너지를 생산할 수 있다. 하지만 여기에서도 전리 방사선의 산물을 가져다 세포 곳곳에 운반하는 역할은 세포 전달계의 몫이다. 핵분열은 전자가 들어 있는 수소를 생명의 식량으로 만들기 위한 부수적 전구체에 불과하다.

생명이 전리 방사선을 이용한다는 증거는 훨씬 기이한 환경에서도 찾아볼 수 있다. 인간 사회는 이 방사선을 — 안타깝게도 때로는 본의 아니게 — 방출한다. 핵 재앙으로 황폐화된 지역에서 제기된 더 인상적인 주장 중 하나는 1986년에 지붕이 날아간 우크라이나 체르노빌 핵반응로 근처에서 사는 균류에 대한 것이다. 러시아 연구자들은 그곳에서 방사선에 심하게 노출된 균류를 이용하여 실험실 실험을 진행했다. 균류에 들어 있는 검은색 멜라닌 색소에 방사선을 쬐었더니 전자 전달 반응 효율이 커졌다. 이 색소가 들어 있는 균류는 대사 작용이 더 활발했다.[25] 그렇다면 이 균류 및 이와 비슷한 유기체들에게는 황폐화되어 붕괴 중인 핵반응로 노심에서 뿜어져 나오는 방사선이 이로울 수도 있다는 기이한 가능성이 제기된다. 그런데 이 종말론적 발견에서도 전자 전달계는 여전히 위세를 떨치고 있다. 사실, 핵분열에서 방출되는 고에너지 방사선은 화합물을 파괴하는 성향이 있으므로 분자를 잘게 쪼개어 더 차분하고 온화한 전자 전달계에 보내거나 분자의 전자 전달 성질을 바꾸지 않고서는 이 방사선을 길들일 방법을 찾기 힘들다.

체르노빌의 균류에서 보듯 핵분열 반응에서 원자핵이 쪼개질 때 에너지를 얻을 수 있지만, 이와 반대로 일부 원자가 부딪혀 합쳐질 때에도 에너지가 발생한다. 안타깝게도 생명이 쓸 수 있도록 핵융합 에너지를 끄집어내는 일은 핵분열보다 훨씬 복잡한 듯하다. 원자핵이 융합될 때는 어마어마한 양의 에너지가 길들여지지 않은 채 풀려난다. 핵융합은 태양에서 에너지가 생성되는 바탕이기도 하다. 하지만 핵융합 반응이 계속 일어나도록 하기 위한 조건은 극히 까다롭다. 핵이 서로 결합하도록 꾀려면 온도를 섭씨 수백만 도까지 끌어올려야 한다. 심지어 목성보다 수십 배 큰 행성인 갈색 왜성의 중심조차 핵융합 반응을 촉발할 만한 온도에 도달하지 못한다. 기술을 이용하여 핵융합 반응을 일으키려면 이 이례적 온도에서 플라스마를 제어할 정교한 핵융합로가 필요하다. 핵융합은 생명의 에너지원이 될 가능성이 희박해 보인다(물론 별의 핵융합 반응에서 생성되어 이곳 지구에서 광합성에 쓰이는 밝은 빛은 제외하고). 그렇다면 전자를 배제하고 원자핵에서 직접 에너지를 얻는 것은 시기상조일 것이다.

원자 구조를 들여다보면서 새로운 에너지원을 탐색하는 것이 대안을 찾는 유일한 방법은 아니다. 또 다른 방법은 이용 가능한 에너지를 산출할지도 모르는 물리적 과정에 대해 생각해 보는 것이다. 우주생물학자 더크 슐츠-마쿠치Dirk Schulze-Makuch와 루이스 어윈Louis Irwin은 기발한 대안들을 솜씨 좋게 탐색하여 몇 가지 대안적 생존법을 제안했다.[26] 이를테면 일부 원생동물의 표면에 난 작은 털처럼 물속에서 살랑거리는 작은 털을 이용하면 조류나 해류의 운동 에너지를 활용할 수 있다.[27] 털이 해류에 의해 구부러지면 이온이 이동하는 통로가 열려 전자 전달계처럼 에너지를 포획할 수 있다.

열수구의 커다란 열 기울기를 활용하여 열에너지를 이용할 수 있을지도 모른다.[28] 열수구에서는 지각에서 분출되는 유체가 바닷물과 접촉하면서 온도가 수백 도에서 영상 몇 도로 훌쩍 내려간다. 어떤 생명체는 자기장을 활용하여 이온을 분리할 수도 있을 것이다. 자기장에 대한 방향을 바꿔 이로 인한 이온의 이동을 통해 에너지를 얻는 것이다. 슐츠-마쿠치와 어윈이 고려한 방법 중에는 삼투 기울기, 압력 기울기, 중력을 이용하여 이온과 분자를 이동시킴으로써 에너지를 모으는 것도 있었다.

이런 발상에 코웃음이 난다면 빙빙 돌아가는 ATP 생성 효소가 화학 삼투 메커니즘의 바탕임을 떠올려 보라. 전자 전달의 궁극적 목적은 양성자 기울기를 생기게 함으로써 양성자가 흘러 들어올 때 ATP 생성 효소가 회전하도록 하는 것이다. 그 역학적 원리는 증기를 이용하여 터빈을 돌리는 것과 다르지 않다. 유일한 차이점은 터빈이 전기를 발생시키는 반면에 세포에서는 ATP 생성 효소의 형태 변화를 이용하여 ADP와 인산기를 취해 ATP를 만든다는 것이다.

세포는 무엇이 ATP 생성 효소를 회전하게 하든 상관하지 않는다. 마음을 열면 생명체가 자신의 회전하는 ATP 생성 효소를 전자 전달계 및 양성자 기울기로부터 분리하여 중력, 압력, 열, 자기장 같은 그 밖의 기울기에 의한 이온의 이동을 직접 활용하는 방법을 상상할 수도 있다.

하지만 이런 급진적 에너지원 중 상당수에 문제가 있음은 슐츠-마쿠치와 어윈도 인정하는 바이다. 중력 에너지는 미생물 규모에서 움직임을 이끌어 내기에는 너무 작다. 압력 기울기도 마찬가지다. 지구 표면과 깊은 내부 사이의 압력차는 어마어마하게 크지만 미생물 규모에서는 보잘것없다(길이가 1마이크로미터인 세균이 수직 방향으로 섰을 때 양쪽 끝의 압력차는 0.01파스칼이다). 생명이 이 차이를 요긴하게 쓸 수 있을까? 이렇게 작은 기울기를 이용하는 장치가 있을 것 같지는 않다. 현재 지구의 자기장은 매우 작아서 에너지를 만드는 데 쓰일 거라 생각하기 힘들다. 일부 미생물과 동물이 이 자기장을 감지하여 방향을 알아내기는 하지만 말이다. 다만 다른 행성에서는 자기장이 강해서 에너지 생산의 가능성이 더 클지도 모르겠다.

이런 발상들을 좌절시키는 또 다른 문제는 특수한 환경 조건이 필요하다는 것이다. 열 기울기는 심해 열수구 주변과 가열된 암석 속, 햇볕에 달궈진 지표면에서는 큰 경우가 많지만 어디에서나 그런 것은 아니다. 이런 기울기는 미생물 군집이 오랫동안 발달하고 유지될 수 있을 만큼 안정적이고 강하고 신뢰할 만해야 할 것이다. 염분과 이온을 이용하는 삼투 기울기도 다양하고 꾸준해야 미생물이 쓸 수 있다.

세포 안에서 에너지를 얻는 대안적 방법들의 물리학에 탐구할 만한 가치가 있음은 의심할 여지가 없다. 이런 방법들의 타당성이 입증되거나 심지어 자연에서 발견된다면 생명이 물리학의 제약 안에서 주위 환경의 자유 에너지를 어떻게 이용할 수 있는지에 대한 우리의 이해가 커질 것이다. 어쩌면 화학 삼투 작용이 지구의 진화 실험에서 기이한 변칙의 결과인지, 아니면 생명이 에너지를 얻는 물리학의 훨씬 근본적이고 예측 가능한 경로를 따르는지 알아낼 수도 있을 것이다. 하지만 우리가 이런 대안적 경로를 발견하지 못한 것이 꼼꼼히 들여다보지 않은 탓이라고 가정하더라도 — 하긴 생명체의 DNA에는 역할이 정해지지 않은 유전자가 많이 있다 — 미생물학자와 분자생물학자에게서도 어느 것 하나 나온 것이 없다.

이런 그 밖의 가능성을 염두에 둔다면, 우리는 미첼의 화학 삼투 작용을 순전한 우연으로 여겨야 할까? 물리학의 예측을 제쳐 두고 무작위적 변덕을 받아들여야 하는 사례로 보아야 할까? 우연히 발견되어 역사적 사건으로서 생명에 고정된 우발적 발명이었을까? 다른 행성에서는 다른 방법으로 에너지를 얻을까? 그러지는 않을 것 같다. 이 장에서 보았듯 전자 전달계가 성공한 비결은 다양한 전자 공여체·수용체, 심지어 순수한 전자 자체를 활용할 수 있다는 것이다. 전자를 이런 식으로 이용할 수 있는 생명체는 다양한 원소와 화합물을 이용할 수 있기에 행성 표면에서 내부에 이르기까지 어디서든 에너지를 얻을 수 있다. 표면에서는 전자 전달계를 이용하는 광합성을 통해 막대한 에너지를 생산할 수 있다. 전자 공여체·수용체를 마음대로 바꿀 수 있는 생명체는 환경 조건이 달라지면 자원이 풍부한 새로운 서식처로 이주하여 크나큰 이익을 누릴 수 있다. 누군가 수소를 다 먹어 버렸다고? 문제없다. 철을 먹으면 되니까. 황산염이 바닥났다고? 걱정하지 말라. 질산염이 있지 않은가. 행성의 원료나 생명체의 부산물에서 전자를 떼어 내어 에너지를 만드는 능력에 결부된 대단한 융통성은 다른 어떤 에너지원에서도 찾아보기 힘들다.

물론 전리 방사선을 먹는 세균이나 열수구의 열 기울기를 이용하는 긴 원통형 생명체를 상상할 수는 있다. 그럼에도 우리는 어떤 행성에서든 물에서 우라늄에 이르는 모든 것에서 전자의 다양한 형태에 접근할 수 있는 생명체가 우위를 차지하리라는 결론을 내릴 수밖에 없다. 이 에너지를 활용하는 능력이 있으면 생명은 지질학적으로 활성인 모든 행성이 만들어 내는 온갖 환경을 개척하기 위한 커다란 걸음을 내디딜 수 있다. 확증 편향에 늘 주의해야 하지만, 우리는 전자 전달계가 지구 생명체의 주요한 에너지 생산 방법으로 성공한 데는 논리와 이유가 있다고 생각하며 다른 곳에서도 마찬가지일 것이라 추측한다.

우리는 거시 규모의 생명에서도 변이를 상상할 수 있다. 우리는 세포막 안팎으로 기울기를 만들 때 양성자 대신 나트륨 이온이 쓰인 사례를 알고 있다. 어쩌면 다른 이온을 이용할수도 있을 것이다. 전자 전달계의 단백질이 우리가 아는 지구상의 구조와 다른 구조를 가지고 있을지도 모른다. 그 단백질은 지구에서처럼 무척 다양하되 철이나 황을 비롯하여 전자를 운반하기에 알맞은 그 밖의 원소를 포함할 것이다. 이 변이는 여러분과 내게 친숙한 규모에서 지구상의 동물이 나타내는 다양한 색깔과 형태 변화에 비유할 수 있다. 하지만 핵심에는, 이 모든 과정의 밑바닥에는 아원자 입자인 전자를 활용하여 우주로부터 오는 자유 에너지를 얻는 방법이 있다. 생명계의 잠재적 보편성, 우주의 가장 기본적인 입자 및 물리적 원리와의 연관성, 그리고 물리학과 생물학이 떼려야 뗄 수 없는 관계라는 사실을 이보다 더 아름답게 보여 주는 것은 아무것도 없다.

9장
물, 생명의 액체

새뮤얼 테일러 콜리지Samuel Taylor Coleridge는 우주생물학자는 아니었지만, 〈물, 물, 온 사방이 물이었다〉라는 노수부의 말은 생명의 가장 근본적인 요건인 물에 대해 여러분이 할 수 있는 어떤 말 못지않게 중요하다.[1]

지구에는 물이 아주 많다.[2] 약 14억 세제곱킬로미터나 된다. 친숙한 사례를 들자면 올림픽 규격 수영장 560조 개를 합친 것과 맞먹는다. 이 물 중에서 여러분과 내가 쓸 수 있는 민물은 약 0.007퍼센트에 불과하다. 나머지는 바닷물, 강어귀, 늪, 습지, 깊숙한 지하수로, 인간은 이용할 수 없지만 미생물 같은 나머지 생물권 상당수가 이런 물에 의존한다.

생명을 위한 화학 반응이 액체에서 일어나는 것은 이치에 맞는다. 유체에서는 반응이 일어날 만큼 분자들이 가까이 모일 수 있다. 중요한 사실은 수백만 개의 분자가 돌아다니다 여러 조합으로 만나 화학 작용을 일으키고 생명체의 복잡한 경로를 작동시킬 수 있다는 것이다. 자욱한 기체 구름이나 고체에서는 이런 상호 작용을 이루기가 힘들다. 고체에서는 분자와 원자가 너무 가까워서 쉽게 돌아다니지 못하는 반면에 기체에서는 너무 멀리 떨어져 있다. 즉, 확산해 있다.

상상력을 조금 발휘하자면 기체에서는 분자가 천천히 반응하고 서로 뜸하게 만날 것이라고 말할 수 있을 것이다. 이를테면 상상력이 풍부한 SF의 산물인 돈키호테풍의 지성체 성간(星間) 구름은 다소 굼뜨고 과묵할 것이다.[3] 하지만 그런 구름에서는 분자와 원자가 확산적 성질을 가지고 있기에, 오랜 기간에 걸쳐 진화하거나 지속될 — 은하의 일생 동안 지속되는 것은 언감생심이다 — 자기복제계를 빚어낼 가능성이 희박하다.

〈생명이 물을 용매로 써야 할까?〉라는 솔깃한 질문은 수십 년간 생물학자들의 흥미를 끌었다. 우리는 정답에 대해 궁리하면서 생명체에 가장 기본적인 요건, 즉 생명체의 부분들이 조립되는 공간이 되는 액체에 담긴 우연성을 생각한다. 생명의 분자적 차원을 형성하는 물리적 원리로의 모험은 계속된다. 물은 산소 원자 한 개에 수소 원자 두 개가 달라붙은 모양이어서 단순해 보일지 모르겠지만, 겉모습과 달리 생명체에서 필수적인 역할을 하며 그에 걸맞게 다양한 물리 현상을 일으킨다.

우리가 아는 유기체 중에서 물 없이 활동할 수 있는 것은 하나도 없으며, 온갖 필수적 화학 반응에 다른 용매를 이용할 수 있는 생명체도 전혀 알려져 있지 않다.[4] 그렇다면 의문은 물의 필요성이 매우 특수한 진화적 조건들의 집합에서 비롯했는가, 더 근본적인 무언가에서 비롯했는가이다.

물의 유별난 성질은 오래전부터 알려져 있었다. 여러분과 내게 가장 눈에 띄는 성질 중 하나는 얼었을 때 물에 뜬다는 것이다.[5] 물은 얼면 밀도가 작아지기 때문이다. 이것은 찬 음료수에 띄운 얼음을 보면 금방 알 수 있다. 이 성질이 신기하기는 하지만 유일무이한 것은 아니다. 규소도 약 20기가파스칼(GPa)의 압력에서 비슷한 행동을 나타낸다.[6] 하지만 대다수 액체는 고체가 되면 밀도가 커져 자신의 액체 속에 가라앉는다. 물이 이렇게 특이한 행동을 나타내는 이유는 액체의 분자 하나하나가 수소 결합으로 연결되어 있기 때문이다. 물 분자 하나의 산소 분자들은 다른 분자의 수소 원자들과 연결되어 있는데, 이는 물의 극성, 즉 막대자석 같은 성질 때문이다. 액체 상태의 물 분자는 날렵하며 자유롭게 돌아다닌다. 서로 가까워질 수도 있고 구석과 틈새에 비집고 들어가기도 한다. 하지만 얼면 수소 결합이 굳어 질서 정연한 그물망을 이루는데, 이 규칙적인 구조 때문에 액체일 때보다 공간을 많이 차지한다. 얼음은 구조가 널찍한 탓에 물보다 덜 치밀하여 물에 뜬다.

물의 이러한 유별난 행동 때문에 겨울에 연못이 얼어도 아래쪽에는 물이 있어서 물고기가 무사하게 살 수 있다. 얼음 지붕은 열을 아래에 가둬 두어 연못이 더 어는 것을 늦춤으로써 물고기들을 (적어도 봄이 올 때까지는) 새들로부터 자유롭게 해준다. 연못의 이러한 광경을 관찰한 사람들은 물의 물리학이 생명에 맞도록 이토록 훌륭히 조절된 것을 보고 놀라움에 숨을 삼켰다. 만일 얼음이 물에 가라앉으면 연못이 아래쪽부터 얼어서 물고기가 죽을 테니 말이다. 하지만 생명을 지탱하는 이 기묘한 성질이 물의 필수적 성격이라는 결론으로 직행해서는 안 된다.

북아메리카 숲에는 나무숲산개구리*Lithobates sylvaticus*라는 매혹적인 동물이 산다. 녀석은 땅속에 사는데, 언뜻 보기에는 특별할 것이 전혀 없다.[7] 하지만 겨울이 오면 이 작은 동물은 교묘한 수법을 쓴다. 겨울 서리가 내리면 나무숲산개구리는 낙엽과 흙 속에 몸을 묻고는 생화학적 묘기를 부려 혈류에서 포도당을 만들어 낸다. 이 당은 혈액의 냉각을 막아 얼음 결정이 형성되지 않도록 한다. 그러지 않으면 길고 가느다란 결정이 혈관을 찢어 개구리에게 손상을 입힐 수도 있다. 봄이 오면 녀석은 몸을 데운 뒤에 아무 일도 없었다는 듯 숲 밑으로 뛰쳐나온다.

기발한 나무숲산개구리는 우리가 세상을 바라볼 때 신중을 기해야 하는 이유를 잘 보여 준다. 얼어붙은 연못에 사는 물고기를 보면 물의 특이한 성질이 생명에 안성맞춤이라고 생각할 수 있지만, 나무숲산개구리는 겨울에 얼어붙는 유체에서 생명이 진화했다면 그런 조건에도 적응했을 것임을 보여 준다. 물의 성질이 생명에 적응하는 것이 아니라 생명이 주변의 화학적·물리적 조건에 적응한다. 우연히 생명의 거처가 된 유체도 그런 조건 중 하나이다. 하지만 생명체가 등장하는 도가니로서 물이 유일무이한 용매인 것이 물의 특별한 성질 때문인지는 아직 밝혀지지 않았다.

물의 일부 성질은 생명에 이상적인 것과는 거리가 멀다. 깊이 파고들면 심지어 생명에 해로운 성질도 찾아볼 수 있다. 물은 컵에 담겨 있을 때는 무해하게만 보이지만, 불활성의 물질이 아니며 생명의 핵심 분자와 반응하는 달갑잖은 성질이 있다. 가수 분해 반응은 영어 단어 〈hydrolysis〉의 라틴어 어원인 〈hydro〉가 〈물〉을 뜻하는 것에서 알 수 있듯 물이 화학적 변화를 일으키는 반응을 일컫는다.[8]

액체 상태의 물은 우리에게 친숙한 H_2O로만 존재하는 것이 아니라 분해되어 수산화물 이온 OH^-가 되기도 하고 양성자(H^+)가 물에 결합한 하이드로늄 이온 H_3O^+가 되기도 한다.

$$2H_2O \leftrightarrow H_3O^+ + OH^-$$

이런 식으로 물이 분해되어 생긴 이온은 생명의 기다란 사슬을 공격할 수 있다. 가수 분해 반응은 핵산에서 당에 이르는 필수 분자를 분해하기 때문에, 생명은 이 손상에 맞서 끊임없이 자신을 수리하고 복구하기 위해 에너지를 써야 한다.

물이 완벽하지 않을지도 모른다는 역발상을 가지고 바라보면 생명에 불리한 물의 성질을 발견할 수 있다는 것은 틀림없는 사실이다. 하지만 이 사소한 시빗거리를 제외하면 물은 생명에서 쓰이는 주목할 만한 성질들을 가지고 있다.

물을 구성하는 원자가 약하게 대전되어 있어서, 즉 극성이어서 액체 물은 크고 작은 다양한 분자를 녹일 수 있다. 이것이 중요한 이유는 이 모든 성분들이 이온에서 아미노산에 이르는 생명의 복잡하고 연쇄적인 대사 과정에 관여하기 때문이다.

(생물학적 촉매인 효소를 비롯한) 여러 생화학적 메커니즘을 포함하는 다양한 분자들인 단백질은 특이하고도 놀랍도록 다양한 쓰임새를 가졌다. 여기서 우리는 물의 진면목을 본다. 물이 생명의 화학 작용이 벌어지는 훌륭한 운동장임을 고스란히 확인할 수 있는 것이다.

물 분자가 단백질 바깥에 결합함으로써 단백질은 유연성을 유지할 수 있으며 생물학적 촉매로서 화학 반응에 필요한 성분들을 얻을 수 있을 만큼 자유롭게 돌아다닐 수 있다.[9] 그러면서도 똑바로 접히고 무결성을 유지할 만큼 단단하다. 신기하게도 물은 이런 역할을 수행하면서 안정성 유지에 필수적인 것으로 간주되지만, 실은 단백질이 유연성을 발휘할 수 있도록 불안정화하는 데 한몫함으로써 생명의 섬세한 균형을 맞춘다.

말하자면 물 분자는 아미노산을 둘러싸 다른 아미노산과 너무 강하게 결합하지 못하도록 한다. 이 행동은 겉보기에는 안정적 결합을 방해하는 듯하지만 이 불안정성 또한 단백질이 유연성을 계속 지니는 데 꼭 필요한 수준을 유지한다.

물과 단백질이 더 적극적으로 공모한 사례도 있다. 단백질 표면에 달라붙은 물 분자는 수소 결합 연결망으로 인해 단단히 결합된 〈껍질〉이 되어 분자를 감싼다. 이것은 유리와 조금 비슷한 물리적 상태이다. 또한 이 행동은 단백질 구조를 유지할 뿐 아니라 상당수 단백질이 수월하게 움직이도록 하는 데에도 필수적인 역할을 한다.

이 모든 경이로운 방법을 통해 물은 단백질이 접히도록 도와주고 단백질의 헐렁한 아미노산 사슬이 올바르게 결합하도록 한다. 하지만 이게 다가 아니다. 물은 단백질 구조 자체의 일부가 되어 단백질 분자 전체의 형태와 기능을 결정할 수도 있다. 화학 반응이 일어나는 이른바 활성 부위 내부에 결합하여 유입 분자와 연결됨으로써 단백질의 촉매 역할을 돕기도 한다. 물 분자는 여러 단백질의 작용에서 매우 큰 비중을 차지한다.

물은 단백질 속으로 들어가는 것에 만족하지 못하고 솜씨 좋게 생명의 부호 자체 속으로 들어간다. 물 분자가 DNA에 어떻게 결합하는가는 DNA 자체 속의 뉴클레오티드 글자 순서에 따라 달라지므로, 물 분자가 DNA에 결합하여 DNA의 다른 부분이나 세포 내의 다른 분자를 만나면 그 뒤의 DNA 부호와 관계된 생화학적 변화를 중개하는 것으로 생각된다. 이렇게 하면 물이라는 매질을 통해 완전히 변칙적인 방법으로 유전 부호를 읽을 수 있다.[10]

세포의 생물학적 메커니즘에서 물이 하는 역할은 구조의 형성을 돕고 중요한 반응을 조율하는 것에 그치지 않는다. 물이 주위의 전자와 양성자를 움직이게 하는 것은 세포에도 이익이 된다. 물의 긴 사슬에서는 수소가 전선처럼 결합하고 행동하기 때문에 일부 세균에서 광합성을 담당하는 분자인 세균 로돕신bacteriorhodopsin 안에 있는 양성자를 지휘하여 에너지를 얻을 수 있도록 한다. 이 똑똑한 구성을 보면 아원자 입자가 물속을 이동하는 것이 어떻게 해서 일부 생명체의 에너지 획득에 필수적인지 알 수 있다.

이 증거의 일부는 매혹적이긴 하지만 다른 가능성을 생각하지 못하게 한다는 사실을 쉽게 알 수 있다. 유기 용매 벤젠처럼 물이 아닌 액체에서도 일부 단백질이 활동할 수 있다는 사실은 의미심장하다. 단백질의 이러한 능력은 물의 생화학이 다른 유체에서도 진화할 수 있었음을 암시한다. 하지만 이런 단백질이 물 아닌 용매에서 솜씨를 발휘할 수 있으려면 우선 물속에서 접혀야 한다. 일부 단백질이 유기 용매에서 활동할 수 있다고 해서 여러 분자 상호 작용을 비롯한 생화학 작용 전체가 다른 액체에서 벌어질 수 있다거나 설령 그럴 수 있더라도 그것이 다른 곳에서 진화적으로 일어날 수 있음이 입증되는 것은 아니다.[11] 단백질이 비수상(非水相) 대체 물질에서 활동할 수 있더라도 물은 여전히 이 단백질에 결합하여 구조적 배열에 관여한다.

물의 여러 쓰임새와 그 정교하고 다양한 변화를 들여다보면 생명이 단순히 물속에서 뒹구는 것이 아니라 물이 생명의 생화학에서 근본적인 역할을 맡는다고 생각할 수밖에 없다. 생명과 그 액체인 물은 여러 면에서 복잡하고 미묘하게 얽혀 있기에 물은 단순히 다른 생명 반응이 일어나는 매질이 아니라 그 메커니즘의 일부이다.

물은 매우 범용적이고, 양성자 전선에 전자를 운반하는 다양한 길목에서 수소 결합 연결망을 이루기도 하고 분자를 단단하고 유연하게 만들어 주는 등 다양한 성격을 나타내므로, 진화하는 자기복제 생명계에 접목되고 중요한 역할을 할 수 있는 능력 면에서 유일무이하리라 생각할 수 있다.

물의 인상적인 성질이 계속해서 밝혀지고 있지만 다른 액체들에 대해 우리가 아는 사실들도 고려해 보아야 한다. 생명에서 물의 대안이 될 수 있으리라 생각되는 용매 중에서 가장 널리 알려진 것은 암모니아(NH_3)이다. 지구 대기압에서 암모니아가 액체 상태를 유지하는 온도는 -78~-33도이지만, 압력을 가하면 끓는점을 약 100도까지 끌어올려 물처럼 넓은 온도 범위를 가지게 할 수 있다. 또한 물과 마찬가지로 여러 작은 분자와 이온 화합물을 녹일 수 있다. 토성 위성 타이탄의 깊은 지하, 목성 같은 거대 가스 행성의 대기, 또는 (아마도) 얼음장 같은 달의 바다처럼 차가운 액체 상태의 암모니아 용액이 있으리라 생각되는 곳에서 액체 암모니아는 생명에 알맞은 환경이 될 가능성이 있다. 하지만 물과의 유사성은 여기까지이다.[12]

생명의 본질적 특징은 막을 이용하여 외부 환경으로부터 분자를 구획화하는 능력이다. 액체 암모니아는 물과 같은 방법으로 막의 자발적 형성을 도울 수 없다. 낮은 온도에서는 일부 지질을 비롯한 탄화수소가 암모니아 속에서 분리될 수 있긴 하지만 말이다.

암모니아가 물과 다르게 행동하는 이유 중 하나는 암모니아가 물만큼 단단한 수소 결합 연결망을 형성하지 못한다는 것이다. 암모니아의 끓는점이 낮은 것은 이 때문이다. 암모니아 분자는 가열하면 물보다 쉽게 사이가 벌어진다. 단백질에서 안정화 효과와 유연화 효과의 섬세한 균형을 맞추는 것을 비롯하여 물이 수행하는 섬세한 상호 작용의 상당수는 암모니아에서는 쉽지 않을지도 모른다.

무엇보다 암모니아는 생물 분자에 맹공을 가할 수 있다. 암모니아는 물과 마찬가지로 용액에서 두 가지 이온(NH_4^+와 NH_2^-)으로 분리된다. NH_2^-가 들어 있는 용액은 양성자와 결합하기 때문에 양성자가 들어 있는 분자를 공격한다. 우리가 아는 생명을 구성하는 복합 분자의 상당수가 이에 해당한다. 이 파괴적 행동 때문에 암모니아는 지구상의 생명에 해로우며 외계의 많은 복합 분자에 대해서도 반응성이 매우 클 가능성이 지대하다. 쉬운 말로 요약하자면, 암모니아는 화학적 섬세함이 결여되어 있다.

하지만 암모니아가 가진 신기하고 주목할 만한 성질들을 언급하지 않는다면 암모니아가 섭섭해할 것이다. 이를테면 암모니아는 금속을 녹여 금속 이온과 여러 자유 전자로 이루어진 괴상하게 생긴 파란색 용액을 만들어 낸다.[13] 자유 전자는 생명에 필수적인데, 그 이유는 주위 환경에서 에너지를 모으는 전자 전달계의 원료이기 때문이다. 언뜻 생각한다면 전자를 녹일 수 있는 액체는 이 귀중한 재화의 공급원이라고 주장할 수 있을 것이다. 기이한 파란색 외계인이 암모니아 바다에서 맛있는 전자를 섭취하는 장면이 떠오르는가? 가능성을 배제하지는 말자.

지금까지의 논의에도 불구하고 암모니아는 복잡한 화학 작용에 관여할 수 있다. 암모니아는 공업화학자들이 공업에 필요한 여러 유용한 재료를 제조할 때 용매로 쓰인다. 로켓 연료로 쓰는 히드라진hydrazine 같은 질화물의 스뫼르고스보르드*는 암모니아의 후손인 셈이다.

여느 비수상 용매와 마찬가지로 암모니아의 문제는 생명체에 바람직한 성질들을 부분적으로만 가지고 있다는 것이다. 대부분의 액체는 생명에 해로워 보이지 않는 성질들이 있고, 암모니아에 용매화되는 전자에서 보듯 심지어 생명에 유익한 성질들도 있다. 하지만 우리가 찾는 것은 진화하는 자기 복제 유기체와 양립하는 몇 가지 성질을 가진 용매가 아니다. 우리가 찾는 것은 각양각색의 반응에 참여할 수 있으면서도 (생명체를 구성하기 위한 화학 작용이 얼마나 폭넓은가를 감안하면) 화학적 행동이 너무 무지막지하지 않고 반응성이 크

* 생선, 치즈와 뜨겁고 찬 요리들이 다양하게 나오는 스웨덴의 뷔페.

지 않은 유체이다.

이제 암모니아 바다를 떠나 다른 액체를 살펴보자.[14] 이 용매들은 암모니아보다도 덜 유용해 보이지만 열린 마음으로 탐구하자면 빼놓을 수는 없다. 몇몇은 다른 액체를 찾는 과학자들의 부단한 노력에 값하는 긍정적 성질이 있다. 이런 액체로는 황산(H_2SO_4), 포름아마이드(CH_3NO), 불화수소(HF)가 있다.

액체 황산은 일정 대기압에서 온도 범위가 10~337도로, 물보다 훨씬 크다. 다양한 환경에서 액체 상태로 존재할 수 있다는 점에서 이는 유망해 보이는 성질이다. 금성의 구름은 황산 농도가 81~98퍼센트에 이른다. 흥미롭게도, 금성의 구름 속에서 고도가 약 50킬로미터인 지점은 온도가 0~150도이고 기압이 지구 표면과 비슷하다. 낙관적인 온도 및 기압 데이터만 가지고서도 금성의 하늘을 너울너울 떠다니는 오줌보 모양의 생명체나 황산으로 배를 채우는 황산염 환원 세균 같은 생명의 가능성에 대해 논의가 무성했다.[15] 화학자 스티브 베너Steve Benner는 흥미로운 사고 실험에서 기이한 액체에 들어 있는 단백질에서 독특한 화학 작용이 일어난다고 주장했다.[16] 황산에서는 질소 대신 황 원자가 아미노산 연결을 안정화한다. 황산은 물과 마찬가지로 많은 화합물을 녹일 수 있지만 유기물이나 훨씬 복잡한 화학 작용에는 바람직하지 않다. 화학적으로 파괴적인 성질이 있기에 그 속에서 진화한 생화학은 매우 제한적일 것이다.

포름아마이드에서도 이와 비슷한 제한적 광경을 볼 수 있다. ATP처럼 우리에게 친숙한 몇몇 분자를 비롯한 많은 분자는 포름아마이드에서 안정적이지만 아무리 적은 양의 물이라도 포름아마이드와 섞이면 포름아마이드를 가수 분해 하고 파괴한다. 그렇기에 포름아마이드 바다는 물이 거의 없는 행성에 자리 잡아야 할 것이다.

불화수소는 화학적 성질이 물과 다르지 않아서 수소 결합을 할 수 있으며 여러 작은 분자를 녹인다. 하지만 물과 섞이면 격렬히 반응하여 불산이 된다. 지질학자들은 실험실에서 불산을 이용하여 암석을 녹인다. 화석을 식별하기 쉽게 부식시키는 것이다. 탄소-수소 결합과 반응하여 탄소-불소 결합으로 바꾸는 성질 때문에, 불소가 풍부한 분자 성분으로 생명체를 만들 수 없다면 불산은 유기화학 용매로는 매력이 없을 수도 있다.

생명을 떠받치는 유체를 찾으려고 물의 이론적 대체물을 모색하는 데는 방금 논의한 어려움 말고도 다른 문제들이 생길 수 있다. 액체 암모니아처럼 낮은 온도가 필요한 액체는 더더욱 골치 아프다.

화학 반응의 속도는 아레니우스 식으로 표현되는 매우 간단한 원리에 따라 변한다. 스웨덴 출신의 노벨상 수상 화학자이자 물리학자 스반테 아레니우스Svante Arrhenius는 19세기와 20세기 초의 특출한 박식가였다. 그는 방대한 주제를 다뤘으며 심지어 지구 대기에 CO_2가 더 첨가되었을 때 어떤 효과가 생길지 추측하기도 했는데, 빙기가 사라지고 지구가 더 워질지도 모른다고 예측했다. 그는 화학 반응의 속도가 온도에 따라 달라진다는 것을 알아냈는데, 실험실에서 다양한 반응 속도를 측정했더니 반응 속도와 온도의 관계는 단순한 직선이 아니었다. 온도를 두 배로 높이면 반응 속도는 두 배 증가하는 것이 아니라 지수적으로 증가한다. 더 정확히 말하자면 모든 반응의 속도(k)는 아래와 같이 정해진다.

$$k = Ae^{(-E_a/RT)}$$

여기서 e는 수학적 상수, E_a는 활성화 에너지, R은 보편 기체 상수, T는 반응이 일어나는 온도이다. 좀 더 특이한 인수인 A는 각 화학 반응의 상수로, 정확한 방향으로 충돌하는 빈도를 나타낸다.

온도와 반응 속도의 이 지수적 관계는 생명에 대해 무엇을 의미할까?

활성화 에너지(반응이 계속 일어나도록 하는 데 필요한 에너지)가 5만 줄(J)인 반응을 생각해 보라. 주위 온도를 100도에서 0도로 낮춰도 반응 속도는 350배만 감소한다. 하지만 온도를 0도에서 −100도로 다시 100도 낮추면 반응 속도는 무려 35만 배 감소한다! 액체 질소의 온도(약 −195도)에서는 반응 속도가 10^{23}분의 1밖에 안 된다!

낙관론자는 촉매로 반응 속도를 끌어올릴 수 있다고 대뜸

응수할지도 모르지만, 아무리 좋은 효소와 화학 촉매를 써도 반응 속도를 몇 배 올리는 것이 고작이다. 어쩌면 온도와 반응 속도의 지수적 관계는 문제가 아닐지도 모른다. 생명은 이렇게 느린 속도에서도 지구의 여느 생명체보다 몇 배 느리게 번식하면서 근근이 살아갈 수 있을 것이다. 하지만 대다수 행성 환경에서 생명은 끊임없는 손상을 받으며 이를 복구해야 한다. 손상의 원인 중 하나는 자연 방사능이다.

여기서 생명은 문제를 맞닥뜨린다. 방사능으로 인한 손상이 치명적 수준까지 쌓이지 않도록 하려면 손상을 복구할 수 있어야 한다. 생장하고 번식하는 데 쓸 에너지가 거의 없는 깊은 땅속에 서식하는 미생물은 분열하는 속도가 매우 느릴 것이다. 하지만 여기에서도 방사능으로 인한 손상을 복구할 에너지는 충분해야 한다.[17] 지구 암석에서는 방사능 내성이 가장 큰 미생물이라도 휴면 상태로 약 4000만 년이 지나면 자연 방사능 때문에 죽고 말 것이다. 화성은 대기가 지구보다 희박하기 때문에 우주선(宇宙線) 수치가 높다는 또 다른 문제가 생긴다. 방사능 내성이 있는 미생물이 화성에 서식하거나 우주인이나 로봇 탐사선에 의해 우연히 그곳에 떨어지더라도 수천 년 안에, 또는 훨씬 일찍 죽을 것이다.[18]

추운 기후에 사는 생명체의 화학 반응 속도가 우리에게 친숙한 생명체에 비해 수만 배, 수억 배, 수조 배 느리다면, 이 저온 생명체는 막대한 양의 손상이 쌓여 생명 유지에 필요한 속도로 스스로를 복구하지 못할 가능성이 있다.

하지만 저온 생명체에게도 희소식이 있다. 생명체가 직면하는 문제 중 일부는 온도에 따라 정도가 달라진다. 활성 산소의 형성, 아미노산 붕괴, 열로 인한 DNA 염기쌍의 붕괴 등은 온도와 관계가 있어서 온도가 낮을수록 손상이 느리게 일어난다.[19] 저온 생명체도 손상을 입기는 하겠지만, 일부 손상은 반응 속도만큼 느리게 일어나 생명체의 느린 복구 속도를 상쇄할 것이다. 하지만 방사능에 의해 분자가 직접 받는 손상은 온도와 사실상 독립적이다. 너무 느린 삶을 살면 이 불가피한 손상에 따라잡히고 말 것이다.

복구 및 생장 속도가 느린 것 말고도 환경이 우리의 굼벵이 생물에게서 달아날지도 모른다. 모든 환경은 시간이 지남에 따라 달라진다. 실제로 화학 반응이 생명을 위해 에너지를 생산하려면 환경에 전환과 역동적 변화가 일어나 차이를 만들어 내야 한다.[20] 극단적으로 낮은 온도에서는 세포의 화학 반응 속도가 너무 느려져 세포가 대사 경로에 서식처의 단기적 변화를 활용하라는 명령을 내렸을 즈음이면 그 조건이 이미 사라졌을 가능성이 다분하다. 더 큰 규모에서는 반응 속도가 수조 배 감소할 경우 생명체가 최초의 변화에 노출되어 대사 경로가 이에 반응할 기회를 얻기 전에 행성 규모로 조건이 달라질 가능성이 있다. 생명은 헛된 에너지원을 추구하고 오래전에 사라진 물리적·화학적 조건에 대응하려는 헛된 따라잡기 놀이를 하고 있는지도 모른다.

어쩌면 생명체에 최적인 온도 범위가 있을 수도 있다. 생명이 적응하고 스스로 복구하는 능력은 방사선량을 비롯하여 우주 대다수의 환경에서 벌어지는 지구화학적·지질학적 변동과 시간적 상관관계가 있는지도 모른다. 하지만 극단적으로 낮은 온도에서는 생명 활동이 행성 위아래에서 일어나는 많은 과정과 전반적으로 어긋날 수 있다.

외계의 화학 작용을 전망할 때는 가설을 검증할 실제 장소를 우주에서 찾을 수 있다면 언제나 도움이 된다. 우리 태양계에서 혹독하게 추운 환경의 예로 가장 잘 알려진 것 중 상당수, 이를테면 거대 가스 행성의 얼음장 같은 위성에 있는 바다나 화성의 빙하 등은 지구상의 알려진 장소들보다 별로 춥지 않을지도 모른다. 하지만 우리의 우주적 뒷마당에도 지구에서 발견되는 그 무엇보다 훨씬 낮은 온도의 액체가 존재하는 장소가 있다. 그런 곳에 자기복제적이고 진화하는 물질계가 있으리라 낙관할 이유를 찾을 수 있을까?

우주에는 생명이 있으리라 추측되는 추운 장소가 한 군데 있다. 그곳은 토성의 위성 타이탄이다. 이 놀라운 위성의 표면이 사람들을 경악케 한 것은 우주선 카시니호와 하위헌스 착륙선이 2004년에 타이탄 대기를 뚫고 착륙하면서 입이 떡 벌어지게 하는 이 천상계의 사진들을 지구로 전송했을 때였다. 사진에서는 메탄의 강이 지형을 깎아 우리의 수중 세계를 빼닮은 구불구불한 지류와 호수를 만들어 냈다.[21] 영하 180도의 이 혹독한 지형에서 얼음의 물리적 행동은 지구의 암석과 같다.

타이탄에서 생명의 용매 후보는 메탄인데, 유기 분자로서 메탄의 행동은 물과 사뭇 다르다. 메탄은 물과 달리 극성이 없어서 지구 생화학 작용에 필수적인 여러 이온과 대전 분자를 잘 녹이지 못한다. 그러면 우리가 아는 대부분의 단백질이 무용지물이 된다.

어떤 사람들은 물보다 반응성이 낮은 것을 메탄의 장점으로 꼽는다. 그렇다면 지구에서 생명의 분자에 손상을 입히는 가수 분해 반응이 일어나지 않을 것이다. 하지만 설령 그렇다고 해도 물이 일부 분자와 반응하는 성향은 분자의 유연성을 유지하고 분자 간의 춤과 소통을 조율하는 능력의 필수적인 부분이다. 물의 반응성은 이따금 생명에 불리하게 작용하지만 대체로 모든 생명체에 유익하다.

인기 있는 논리 중 하나는 일부 화학자들이 물 아닌 용매에서 합성이 일어나는 것을 실제로 선호한다는 것이다. 이것은 물이 아예 없는 것이 생명에 더 유리하며 액체 메탄이나 이와 비슷한 유체가 생명에 진일보를 가져다줄 수 있으리라는 증거라는 것이다. 하지만 화학자들이 유기 용매에서 반응을 일으키고 싶어 하는 이유는 자신들이 만들려는 화합물이 생겨날 가능성을 극대화하는 것이 그들의 목표이기 때문이다. 그들은 원치 않는 반응성 화학 작용으로 인한 손실을 최소화하고 싶어 한다. 하지만 이것은 생명의 방식이 아니다. 생명은 반응성을 활용하여 활발한 생화학적 과정을 일으킨다. 메탄은 반응성이 상대적으로 결여되고 극성 분자를 녹일 수 없어서 공업화학자들에게 매력적일지는 몰라도 생명에 유리할 가능성은 낮다.

하지만 상상력을 발휘하면 메탄이라는 유기 화합물에서 생화학적 구조를 만드는 법을 생각해 낼 수도 있다. 지구 생명체가 세포를 감쌀 때 쓰는 막을 어떻게 만들지 생각해 보라. 타이탄 같은 세계에서 그런 막을 만드는 한 가지 방법은 막을 안팎으로 뒤집는 것이다. 즉, 대전된 머리는 물을 싫어하는 메탄을 피해 안쪽 방향으로 서로를 향하게 하고 기다란 지방산 꼬리가 바깥을 향하게 한다. 지질을 바깥으로 보내면 메탄 세계에 알맞은 소포를 만들 수 있다. 하지만 이렇게 하자면 지구에서 생명이 쓰는 지방산 꼬리를 채택할 수 없다. 타이탄의 싸늘한 메탄 호수에서는 딱딱하게 굳어 움직이지 못할 테니 말이다. 코넬 대학교 연구진은 화학적 모형화를 이용하여 타이탄에 존재하는 것으로 알려진 질화물인 아크릴로니트릴acrylonitrile로 이루어진 막을 개발했다. 이들이 만든 일명 〈아조토솜azotosome〉은 질소가 풍부한 극성 머리가 있어서 이 머리들이 서로 끌어당겨 막을 형성하고 짧은 탄화물 사슬로 이루어진 꼬리가 밖으로 튀어나와 있다. 이 화합물을 이용하면 전체 구조가 타이탄에서도 지구와 비슷한 유동성을 유지할 것이다.[22]

모형과 추측이 흡족하지 않다면 실제 데이터를 들여다보자. 연구자들은 타이탄에 생명이 살 수 있을 가능성을 알아내기 위해 타이탄의 기체를 측정하여 이를 생명이 에너지를 만들 수 있는 방법과 비교했다. 그들은 아세틸렌과 에탄 같은 탄화수소를 (타이탄의 대기에 존재하는) 수소와 반응시켜 생명이 에너지를 만들고 부산물로 메탄을 배출할 수 있으리라 제안했다.[23] 이 발상은 타이탄의 대기에서 수소의 고갈이 관찰된 것과 표면 근처에서 아세틸렌이 고갈된 것으로 보인다는 사실 덕분에 더욱 주목받았다.[24] 이는 생명의 존재를 입증하는 감질나는 정황 증거로 제시되었다. 이 데이터는 논란의 여지가 매우 크다. 가정의 개수가 가장 적은 과학적 설명을 받아들이라는 원칙인 〈오캄의 면도날〉을 적용하자면 — 이는 외계 생명체에 대해 생각할 때 특히 중요하다 — 우리가 타이탄과 그 메탄 순환에 대해 아는 것이 지극히 제한적인 탓에 앞의 관찰 결과에 대한 다른 지질학적·지구화학적 설명을 간과할 수 있음을 명심해야 한다. 그럼에도 이 발상은 매혹적이다.

여기서 보듯 상상력을 조금만 발휘하면 타이탄에서의 생명에 대해 내적 자기일관성을 갖춘 상을 그릴 수 있다. 하지만 생명이 쓸 수 있는 에너지원이 존재하고 유기 분자와 비(非)탄소 원자가 풍부하고 심지어 지질과 비슷한 화합물이 타이탄에 존재할 가능성이 있더라도, 타이탄의 호수와 땅덩어리 대부분이 낮은 온도 때문에 생명계의 생존을 방해한다면 생명은 존재하지 못할 수도 있다.[25]

이 모든 논의에서처럼 우리에게는 모종의 화학적 편향이 있을지도 모른다. 이는 우리가 잘 아는 용매인 물에 치중하여 연구하기 때문이다. 암모니아, 액체 질소, 불화수소, 액체 메탄 등의 용매에 대해 우리가 아는 것은 물에 비해 미흡하며, 이 용매들에서 일어나는 생화학 작용의 사례가 하나도 발견되지 않았기에 추측의 여지가 다분하다. 우리 자신이 다른 용매를 썼다면, 일산화이수소라는 이상한 용매(H_2O, 즉 물이다!)가 번식하고 진화하고 자기복제하는 유기체와 어떻게 상호 작용을 할지 과연 예측할 수 있었을까? 게다가 우리가 물 기반 지성체임에도 물의 생화학적 역할에 대한 우리의 지식은 최근에야 급속히 발전했으며 그럼에도 여전히 유아기에 머물러 있다.

하지만 이것을 염두에 두더라도 물이라는 용매는 놀랍도록 다재다능한 물질이다. 물은 생명의 극장에서 주역과 단역을 두루 맡을 수 있는 남다른 재주가 있다. 유기화학이나 심지어 다른 생화학적 생명 구조에 쓰이는 그 밖의 용매가 이런 다방면의 능력을 가진 경우는 아직까지 한 번도 없다. 이에 못지않게 중요한 것은 물이 액체 상태를 이루는 온도 범위에서의 화학 반응 속도가 (방사선과 미시적 규모에서의 조건 변화에서 행성 규모의 거대한 재배치에 이르는) 생물학적 손상에 대처할 수 있는 수준이라는 사실이다. 물은 생명의 용매로서 화학적으로 유망할 뿐 아니라 우주에 풍부하게 존재한다. 이는 물의 물리적 성질이 생명체에 알맞을 뿐 아니라 어떤 행성에서 자발적 진화 실험이 일어나더라도 우주적 물리학에 의해 물이 공통의 용매로 쓰일 수 있음을 시사한다.

120억 광년 떨어진 곳에 준항성체quasar가 하나 있는데, 이 오래된 천체의 이름은 다소 기억하기 힘든 〈APM 08279 +5255〉이다. 천문학자들은 이런 이름을 애호한다. 하지만 나는 생물학자이므로 〈프레드〉라고 부르겠다. 프레드에는 태양보다 약 200억 배 큰 블랙홀이 있다. 천문학자들은 아직도 준항성체를 이해하지 못하고 있다. 프레드가 120억 광년 떨어져 있으니까 우리는 지금 우주의 탄생 즈음에 생겨난 빛을 보고 있는 것이다. 준항성체는 매우 오래된 천체이다. 그럼에도 이 신기하고 머나먼 흐릿한 천체에는 어마어마한 양의 물이 있다. 지구의 바닷물을 전부 합친 것의 140조 배나 된다!

프레드가 유별난 것이 아니다. 물은 어디에나 있을 수 있고 흔한 휘발성 물질이다. 우리 태양계에서는 목성의 위성 에우로파Europa를 덮은 얼음 아래에 바다가 있고, 토성의 위성 중 하나로 지름이 500킬로미터도 안 되는 보잘것없는 위성 엔켈라두스Enceladus의 남극에서는 물기둥 — 간헐천 — 이 분출된다. 화성에는 만년설이 있으며 카이퍼 벨트Kuiper belt에만 해도 지름이 1킬로미터를 넘는 얼음 혜성이 약 10억~100억 개나 된다.[26]

프레드에서 발견되는 물이 어떻게 해서 생겼는가는 추측할 수밖에 없지만, 그럼에도 이 머나먼 외계 환경에서 물이 어떻게 생성될 수 있는가에 대해 우주화학자들이 공식을 만들어 냈다는 것은 흥미로운 일이다. 다음의 반응 공식을 보라.[27]

$$H_2 + 우주\ 방사선 \rightarrow H_2{}^+ + e^-$$

$$H_2{}^+ + H_2 \rightarrow H_3{}^+ + H$$

$$H_3{}^+ + O \rightarrow OH^+ + H_2$$

$$OH_n{}^+ + H_2 \rightarrow OH_{n+1}{}^+ + H$$

$$OH_3{}^+ + e^- \rightarrow \underline{H_2O} + H; OH + 2H$$

상세한 화학적 원리를 알 필요는 없지만, 위 공식의 단순함은 아름다우며 주목할 가치가 있다. 수소 분자가 (아마도 죽어 가는 별로부터) 방사능 폭격을 받는다. 수소 이온이 생성되어 산소 원자와 반응할 수 있게 된다(산소 자체는 초신성 폭발 때 생성되어 성간 공간에 흩뿌려진 것이다). 그런 다음 수소와 산소를 함유한 이온이 다시 수소와 반응하여 $OH_3{}^+$ 이온이 되는데, 이 이온은 전자를 얻어 물이 될 수 있다. 위의 공식에서 물에 밑줄이 그어져 있다.

그리하여 우리는 빅뱅에서 수소를 얻고 폭발하는 항성에서 산소를 얻어 여기에 방사선과 전자를 섞어 물을 만든다. 이 일은 우주 어디서나 이루어질 수 있다.

프레드가 물을 만드는 방법이 이것만 있는 것은 아니지만, 여기서 우리는 물에 이르는 경로가 단순하며 특별한 조건이 필요하지 않음을 알 수 있다. 초기 지구에 있던 물은 한때 혜성에서 온 것으로 생각되었으나 지금은 주로 물이 풍부한 소행성에서 왔을 것으로 추측된다. 그리고 소행성의 물은 앞에서 설명한 것과 같은 반응에서 최초로 생성되었을 것이다. 프레드를 보면 이런 과정이 수십억 년간 진행되었음을 알 수 있다. 우주의 한 장소에서, 지구에 생명체가 탄생하기 전, 아니 지구가 생성되기 70억 년도 더 전에 수조 개의 바다가 단 하나의 천체 주위에서 생겨났다.

생명의 그럴듯한 후보로 주목받은 그 밖의 용매들은 대체로 물보다 희귀하다. 타이탄의 표면 아래에 존재한다고 생각되는 물의 바다에는 암모니아가 30퍼센트 들어 있을 가능성이 있는데, 이 물의 대체 물질은 초기 지구 대기의 구성 성분 중 하나였을 것이다. 오늘날 암모니아는 목성 대기의 성분 중 하나이다. 하지만 존재하기는 하되 물만큼 풍부하지는 않아 보인다. 더 독특한 생명의 액체 후보인 황산은 더더욱 희귀하여 불화수소 바다와 마찬가지로 가능성이 희박해 보인다. 우주에 존재하는 불소는 산소보다 약 10만 배 적다. 이런 대안적 용매들이 화학적으로 아무리 다재다능하더라도 우주에 어마어마한 양으로 존재하는 물에는 상대가 되지 못한다. 물고기처럼 생긴 생명체가 헤엄치는 황산이나 암모니아 바다 같은 그 밖의 공상적 생명 액체는 우리의 수수한 바다보다 훨씬 드물 것이다. 물이 생명을 만들어 내는 용매로서 풍부한 동시에 다재다능한 것은 독특한 물리적 성질 덕이다.

10장
생명의 원자

생명에 대한 책의 한 장(章)을 「스타 트렉Star Trek」 이야기로 시작하는 것이 썩 상서로운 출발 같지는 않겠지만, 작가 진 로든베리Gene Roddenberry의 착상에서 시작되어 1966년에 첫 방영된 이 텔레비전·영화 시리즈는 생물 현상에 한계가 없다는 통념의 본보기이다. 우주선 엔터프라이즈호 승무원들은 은하계를 누비며 낯선 생명체와 조우하고 그들의 다혈질이나 공격성을 누그러뜨리는 법을 찾으려고 골머리를 썩인다. 우주에는 예측 불가능한 생물학적 잠재력이 끝없이 넘쳐난다는 이 시리즈의 주제는 SF에 공통되는 아이디어이다. 「스타 트렉」은 이 단순한 관념을 수십 년 분량의 텔레비전 드라마와 영화로 확장했다.

나는 결코 트레키Trekkie[1]가 아니지만 1967년에 방영된 〈어둠 속의 악마The Devil in the Dark〉가 최고의 에피소드라는 윌리엄 섀트너William Shatner(커크 선장의 현실 화신)의 말에 동의한다. 야누스 6 행성에서 광부 50명이 죽었다. 기분이

상한 생물이 분사한 부식성 물질에 맞아 목숨을 잃은 듯하다. 녀석의 정체를 추적하니 암석처럼 규산염으로 이루어진 규소 기반 생명체로 드러난다.[2] 광부들이 채굴하던 규소 덩어리(그런 덩어리 하나가 채굴 책임자의 책상에 놓여 있다)는 단순한 돌덩이가 아니라 호타라는 생물의 알이다. 엔터프라이즈호 승무원들과 화해한 뒤에 호타는 바위에 〈죽이지 않는다NO KILL!〉라고 새긴다. 두 문화가 공감을 바탕으로 소통되면서 호타는 방해받지 않고 알을 돌보는 대가로 광부들이 귀금속을 캐낼 수 있도록 도와준다. 모두에게 더없이 행복한 결말이다.

호타와 녀석의 자식들을 보면 생물학의 또 다른 근본 문제가 떠오른다. 생명을 구성하는 요소인 생명의 원자 벽돌이 우리가 아는 지구의 벽돌과 달라질 수 있을까? 이 가장 기본적인 질문을 염두에 둔 채 우리는 생명의 계층을 따라 더 내려가 이제 원자 규모에서 물리적 과정이 생명의 구성을 어떻게 빚고 이끌 것인지 곱씹어 보고자 한다.

지구의 생명은 매우 다양한 요소들을 기본 분자의 원자 뼈대로 쓰지만, 생명체를 만드는 거대한 분자의 만신전에서 중추를 이루는 요소는 단연 탄소이다. 탄소는 주기율표에서 14족에 속한다. 주기율표에서 탄소 바로 밑에 있는 규소는 같은 족에 속하며 화학적 성질도 비슷하다. 그렇다면 상상력이 풍부한 사람들은 규소가 다음번 최고의 대안으로 탄소를 대체할 수 없느냐고 물을 것이다. 우주는 규소로 가득하니 생명체를 만들 재료가 부족할 염려는 전혀 없다. 커크라면 이렇게 생각했을지도 모르겠다. 호타가 뭐가 문제냐고.

이 질문에 대답하고 생명이 왜 이 모든 원소들을 선택했는지 설명하려면 생명을 이루는 원자의 구조에 대해 알아야 한다. 주기율표와 원자의 물리학을 파고들면, 생명체를 만드는 원소로서 탄소가 선호되는 핵심에는 결국 매우 보편적인 물리적 원리가 자리 잡고 있음을 알게 될 것이다.

주기율표는 1869년에 드미트리 멘델레예프에 의해 최초의 현대적 형태로 발전했는데, 자연적으로 생겨났든 실험실에서 합성되었든 우리가 아는 모든 원소가 실려 있다. 어느 원소든 모든 원자의 핵심에는 핵이 있으며 이 핵 안에는 양으로 대전된 입자인 양성자가 들어 있다. (양성자 하나가 전부인) 수소를 제외하면 나머지 모든 원자의 핵에는 중성자도 들어 있다. 이 중성 입자는 핵을 단단하게 뭉치는 역할을 한다. 원소들은 양성자 개수에 따라 줄 세울 수 있는데, 이를 〈원자 번호〉라고 부르기도 한다. 그러므로 수소는 양성자가 한 개여서 원자 번호가 1이다. 수소는 주기율표 왼쪽 맨 위에 있으며 오른쪽 맨 아래에는 오가네손[3]이 있다.

원자 한가운데 있는 이 작은 입자 꾸러미를 전자가 둘러싸고 있는데, 전자는 빛처럼 파동의 성질을 가진 아원자 입자이다. 하지만 전자는 양성자와 달리 음전하를 띤다. 원자는 언제나 중성이므로, 즉 대전되어 있지 않으므로 양성자의 양전하가 전자의 음전하를 상쇄해야 한다. 말하자면 원자의 전자 개수는 양성자 개수와 같아야 한다.

지금까지 우리가 살펴본 원소들의 그림은 주기율표 왼쪽 맨 위에서 오른쪽 맨 아래까지 원자 번호가 증가하는 단순한 형태이다. 각 원소를 만들려면 핵에 양성자 하나와 핵 주위의 (비유적인) 궤도에 전자 하나를 순차적으로 추가하면서 원자의 동물원을 구성한다. 이렇게 만들어진 원소는 우주와 생명을 이루는 재료가 된다.

그런데 내가 제시한 관점에는 사소한 문제가 하나 있다. 단순히 원자에 전자를 하나씩 추가하면서 입자의 종류를 늘릴 수는 없는 것이다. 전자는 자신과 똑같은 다른 전자 옆에 있는 것을 싫어한다. 이것은 일란성 쌍둥이를 생일잔치에서 나란히 앉히는 것과 비슷하다. 쌍둥이들은 비교당하는 것을 싫어하며 친구들에게 독자적 존재로 대접받고 싶어 한다. 따라서 무작정 전자 옆에 전자를 쌓을 수는 없다. 전자 또는 모든 페르미온이 같은 상태에 있을 수 없다는 이 원리를 〈파울리의 배타 원리〉라고 부른다.[4] 이것은 이 개념을 창안한 오스트리아 태생의 물리학자 볼프강 파울리Wolfgang Pauli의 이름을 딴 것이다.

그렇다면 원자 안에 나란히 있는 두 전자가 서로 똑같지 않고 싶어 한다면 어떻게 해야 할까? 우리가 바꿀 수 있는 성질 중 하나는 전자의 스핀이다. 전자의 스핀이 서로 다른 방향을 향하면 — 스핀 업과 스핀 다운 — 둘은 다르다. 쌍둥이에게 자신을 개인으로 느낄 수 있는 특징이 있는 것처럼 두 원자는 이제 파울리의 원리를 따를 수 있다.[5] 하지만 이 원리에 따르면 세 번째 전자를 더할 수 없다. 세 번째 전자를 다르게 만들기 위해 바꿀 수 있는 성질이 없기 때문이다. 노아의 방주에 비유하자면 전자는 둘씩 짝지어 원자에 채워진다.

전자를 원자에 추가하면 이 전자들은 이른바 〈전자껍질〉이라고도 불리는 오비탈(궤도 함수)을 차지한다. 각 껍질, 즉 오비탈에는 전자가 두 개 또는 2의 배수 개 들어 있어서 파울리의 배타 원리가 위반되지 않는다.

전자 쌓기가 끝나면 마지막 오비탈에 집결한 맨 바깥 전자들이 무엇보다 중요한데, 그 이유는 원자의 여러 부분 중에서 다른 원자와 처음으로 접촉하는 부분이기 때문이다. 이 전자들은 모든 화학적 결합의 성격을 규정하며 원자가 다른 원자와 반응할 것인가를 결정한다. 전자 오비탈이 완전히 채워지지 않은 원자는 전자쌍을 온전히 갖추기 위해 전자를 얻거나 잃고 싶어 한다. 즉, 전자의 자리가 비어 있으면 원자는 반응성을 띤다.

파울리의 소박한 법칙은 네온이나 아르곤 같은 기체가 왜 그토록 불활성인지 알려 준다. 이런 기체는 맨 바깥 전자껍질이 전자쌍으로 꽉 차 있어서 ─ 전자 두 개로 이루어진 쌍이 네 개여서 여유 공간이 전혀 없다 ─ 다른 원자로부터 전자를 받아들이거나 흥미로운 화학 반응에 동참할 공간을 전혀 마련할 수 없다. 불활성 기체는 옆에서 아무리 들쑤셔도 시큰둥하다.

이렇게 전자가 원자에 쌓이는 것으로 1번부터 118번까지의 원소가 주기율표에 어떻게 배치되는지 설명할 수 있다. 주기율표에서 같은 열에 속한 원자들은 최외각(맨 바깥 껍질)의 전자 개수가 같다. 이 원소들은 맨 바깥 전자의 개수가 같으므로 화학적 성질이 매우 비슷하다. 이제 우리는 원자의 성질과 원자가 우리 주변의 물질세계를 빚어내는 방식이 전자가 어떻게 쌓이느냐에 따라 결정된다는 것을 알게 되었다. 여기에 작용하는 것은 간단한 물리적 원리인 파울리의 배타 원리이다.

생명으로 돌아가서 대다수 분자의 핵심에 있는 원소인 탄소를 살펴보자. 탄소는 전자가 여섯 개이다. 이 여섯 개의 전자는 파울리를 만족시킬 방식으로 쌓여야 한다. 두 개는 가장 낮은 오비탈인 이른바 1s 오비탈에 자리 잡는다. 그런 다음 한 궤도 위의 오비탈(2s 오비탈)에 두 개를 쌓을 수 있다. 나머지 두 개는 같은 궤도에 있는 또 다른 오비탈인 2p 오비탈에 있다.[6]

호타는 어떨까? 이 가상의 생물은 규소로 이루어졌는데, 규소는 주기율표에서 탄소와 같은 족이지만 한 줄 아래에 있다. 규소에는 전자가 열네 개 들어 있다. 이 전자들은 어떻게 쌓일까? 두 개가 1s 오비탈에, 두 개가 2s 오비탈에 있는 것은 탄소와 같다. 그런 다음 여섯 개가 세 개의 2p 준(準)오비탈suborbital에 쌓인다. 두 개는 한 궤도 위의 오비탈인 3s 오비탈에, 마지막 두 개는 3p 오비탈에 자리 잡는다.[7] 규소가 탄소보다 전자 개수가 많기는 하지만 두 원소의 최외각은 전자가 s 오비탈에 두 개, p 오비탈에 두 개 있다는 점에서 매우 비슷하다. 이 유사성은 왜 탄소와 규소의 화학적 성질이 비슷한지, 왜 호타가 우리의 상상력을 자극하게 되었는지 설명해준다.

이제 생물학의 심장부 — 생물학 계층의 맨 아래인 원자 수준과 이를 구성하는 아원자 요소 — 에 놓인 기본 원리 한 가지를 이해했으니 탄소가 생명의 구성 요소로 제격인 이유와 규소도 그럴 수 있는지 여부를 살펴보자.

탄소는 크기가 딱 알맞다. 최외각에서는, 다른 원자의 전자와 짝지어 결합을 형성하고 그럼으로써 분자를 구성할 준비가 되어 있는 전자들이 핵에 가까이 결합해 있어서 연결이 탄탄하다. 원자를 쉽게 쪼개어 결합을 깰 수 있을 만큼 멀리 떨어져 있지 않은 것이다. 생명은 DNA처럼 안정적인 분자를 만들 수 있어야 하지만, 한편으로는 에너지를 너무 많이 들이지 않고도 옛 분자를 쪼개어 새 분자를 만들 수 있어야 한다. 탄소는 여기에 안성맞춤이다.

맨 바깥 오비탈인 $2p$와 $2s$에 있는 전자들은 다른 원자의 전자와 짝지어 결합을 형성하고 싶어 한다. 탄소 원자에서 유난히 흔히 볼 수 있는 반응은 전자 하나가 수소의 유일한 전자와 연결되어 탄소-수소 결합을 형성하는 것이다. 이 결합이 모든 형태의 생명 분자를 장식한다. 탄소는 다른 탄소 원자와 결합을 형성할 수 있으며 황, 인, 산소, 질소와도 결합할 수 있다. 이 결합은 세기가 비슷하기 때문에 탄소는 에너지를 거의 들이지 않고도 이 원자 저 원자 사이를 오갈 수 있다. 그런데 원자가 이런 식으로만 결합하는 것은 아니다. 이중 결합을 형성할 수도 있다. 2p 오비탈의 전자 두 개는 다른 탄소 원자의 2p 오비탈에 있는 전자 두 개와 짝지어 이중으로 연결될 수 있다. 이중 결합과 삼중 결합의 능력 덕에 탄소 함유 분자는 종류가 엄청나게 많다.

탄소는 이렇게 융통성이 있고 결합에 대한 열의가 있어서 무척 다양한 사슬, 고리, 그 밖의 구조를 만들어 낸다.[8] 그중에는 탄소 원자 단 하나가 수소 원자 네 개와 결합하여 만들어진 단순한 기체 메탄도 있고 놀랍도록 기다란 분자 DNA도 있다(인체의 DNA를 펴면 2미터나 된다!). 분자들이 이렇게 다양하게 조합될 수 있는 것을 보면 다른 원소들도 똑같이 할 수 있을지 궁금해지는 것이 당연하다. 규소는 경쟁자로 손색이 없으며, 지구에서 산소 다음으로 풍부한 원소이기에 매우 훌륭한 후보처럼 보인다.

그런데 규소와 탄소는 표면의 전자 구성은 비슷하지만 중요한 차이가 하나 있다. 앞에서 말했듯 탄소는 전자가 여섯 개인 데 반해 규소는 열네 개여서 규소의 최외각 전자들은 핵으로부터 더 멀리 떨어져 탄소의 최외각 전자들보다 결합력이 약하다. 전자들이 헐겁게 결합된 탓에 규소는 다른 분자들과 결합하는 힘이 탄소에 비해 대체로 약하다. 규소-규소 결합은 탄소-탄소 결합에 비해 세기가 절반가량이어서 자연에서는 규소 원자가 네 개 이상 나란히 결합한 것을 보기 힘들다.[9] 이 때문에 탄소 기반 생명체에서 수십 개의 탄소 원자가 사슬로 엮여 만들어 내는 그 모든 복잡한 사슬과 고리를 규소가 만들 수 있을 가능성은 희박하다. 핵에 단단히 매여 있지 않은 전자는 다른 원자나 제 원자가 낚아채기 쉬워서 원자의 반응성이 커진다. 규소가 형성하는 결합 중에는 매우 불안정한 것도 있다. 생물학적으로 중요한 기체 메탄(CH_4)과 비슷한 분자인 실란(SiH_4)은 실내 온도에서 자연 발화를 한다.[10]

하지만 규소에는 아킬레우스의 뒤꿈치가 또 있다. 탄소 원자는 산소 원자와 결합할 때 이중 결합을 형성할 수 있다. 산소 원자 두 개가 있으면 매우 범용적인 기체인 이산화탄소를 만들 수 있는데, 이 이산화탄소는 광합성의 원료이다. 하지만 규소는 크기가 커서 산소와 이중 결합을 이루기가 탄소에 비해 힘들며, 그 대신 큰 원자 주위에서 더 편안하게 분포하는 단일 결합 네 개를 형성한다. 이 산소 원자들은 여전히 결합 하나가 남는데, 이를 이용하여 또 다른 규소 원자와 결합한다. 그러면 어떤 일이 일어날까? 규소와 산소의 결합이 드넓은 그물망으로 연결되어 거대한 격자가 만들어진다. 이 격자는 여러분에게 매우 친숙할 것이다. 바로 유리, 광물, 암석의 재료인 규산염의 구조이다. 안타깝게도 규산염은 여느 규화물과 달리 매우 안정적이어서 일단 규소가 이 구조에 고정되면 더는 꼼짝하지 않으려 든다. 암석은 규소 기반 생명의 가능성이 희박한 이유를 가장 분명히 보여 준다.

규산염 암석은 종류가 엄청나게 다양하다.[11] 탄화물의 거대한 보물 상자를 투박하게나마 재현하는 셈이다. 하지만 규산염은 암석의 재료이지 생화학의 재료가 아니다. 규산염 그물망은 반응성을 낮추는데, 지구 대기에 진입하는 우주선을 보호하는 열 차폐막으로 규산염 세라믹을 쓸 정도이다. 섭씨 1,000도를 훌쩍 넘는 고온조차도 규산염 구조를 구슬려 뭔가 흥미로운 현상을 나타내게 하지는 못한다.

지구의 규소가 대부분 반응성이 낮은 규산염에 갇혀 있기는 하지만 생명에 규소가 전무한 것은 결코 아니다. 바다와 민물 강, 호수, 연못에 서식하는 조류(藻類)인 규조류는 실리카(이산화규소)로 이루어진 화려한 껍데기인 규조각으로 몸을 보호한다. 규조류는 광합성 미생물로, 별 모양, 통 모양, 배 모양 등 형태가 다양하며 무척 아름답다.[12] 식물도 실리카를 수집하여 이용한다.[13] 실리카의 양이 총 질량의 10분의 1에 이르는 식물도 있다! 규소는 규산의 형태로 토양에서 쉽게 흡수되며 생장, 기계적 강도, 균류성 질병에 대한 저항력에 관여하는 것으로 생각된다. 세포 안에 형성되어 식물이 중력을 거슬러 위로 생장하도록 강성을 부여하는 실리카 구조인 식물 규소체[14]가 이를 잘 보여 준다. 실리카 구조는 스피큘 spicule이라 불리는데, 지구상에서 가장 오래된 다세포 유기체 중 하나인 해면 중 일부의 원시 골격으로 쓰이기도 한다.

제정신이 박힌 과학자라면 규소를 생명의 토대 후보에서 빠뜨리지 않을 것이다. 규산염이 지각의 90퍼센트를 차지하는 지구에서도 규소가 규산염에서 산소와만 결합해야 하는 것은 아니다. 규소와 탄소의 화합물인 탄화규소(SiC)는 자연적으로 생성된다.[15] 성간 매질에서는 SiN(질화규소), SiCN(시안화규소), SiS(황화규소) 같은 여러 규화물이 관찰되었으며, 이는 규소가 우주 규모에서 특이한 화합물을 만들 수 있음을 보여 준다. 우리가 가진 편견 중에는 규소의 화학 작용보다 탄소의 화학 작용에 대해 훨씬 많이 알기 때문에 생긴 것도 있다. 규소의 화학 작용을 더 파고들면 놀라운 사실을 만나게 된다. 규소는 탄소와 어우러져 다채로운 화합물을 형성하는 듯하다.[16] 이런 유기 규소organosilicon 화합물 중에는 사슬 구조를 이루는 것도 있다. 규소와 탄소를 흑백 논리로 바라보면 탄소-규소 기반 혼종 생명체의 가능성을 놓칠지도 모른다.[17]

기회를 준다면 규소는 더 유망한 산물을 내놓을 수도 있다. 규소의 구조 중에는 우리처럼 생긴 모양과 혀 꼬이는 발음의 분자 실세스퀴옥산silsesquioxane이 있다. 이 분자는 핵심에 온갖 종류의 구조를 덧붙여 오만 가지 분자를 만들 수 있다. 적절한 실험실 조건에서 (생명체의 분자를 이루는 기다란 사슬 화합물처럼) 20여 개의 원자가 늘어선 규소 사슬을 형성하도록 할 수 있는 규화물도 있다.

규소의 화학적 성질을 들여다보면 놀랍도록 다양한 복합 규화물이 있음을 알 수 있지만, 생명도 손 놓고 있지는 않았다. 생명은 진화 과정에서 규소를 여러 기능에 쓸 수 있는지 실험했으나, 우리가 알기로 아직까지는 규소를 이용하여 생명의 주요 분자를 본격적으로 — 규소 기반 유기체라고 할 수 있을 만큼 — 만들지는 못했다. 규소로 가득 찬 식물도 세포는 여전히 탄소 기반의 화학적 재료인 당, 단백질, 지질로 이루어져 있다. 의미심장하게도, 생명이 규소를 채택하면 암석으로 할 수 있는 일을 세포도 할 수 있게 된다. 식물 규소체와 스피큘 같은 규질 구조 토대를 만들 수 있는 것이다. 생명이 규소를 구조체로 이용하는 것은 지구 생명이 결국 탄소를 선택하면서 남긴 진화의 흔적이지만, 여러 화합물에서 규소를 이용하는 것이 생존 가능성을 높이는 데 이롭다는 사실을 유기체가 알아냈다면 그들은 규소를 이용했을 것이다. 지구의 진화 실험을 보면 지구의 조건에서 탄소가 거의 모든 생화학 작용에서 규소보다 뛰어나다는 것을 알 수 있다.

탄소와 규소가 속한 14족의 나머지 원소들은 원자 크기가 커짐에 따라 문제를 겪는다. 게르마늄이 다음 원소이지만 게르마늄 생명체는 한 번도 등장한 적이 없다.[18] 우리가 아는 한 게르마늄은 생명계를 빚어내는 데 유용한 범위의 화합물을 만들어 내지도 못한다. 14족에서 아래로 더 내려가면 주석이나 납으로 만들어진 호타가 자신의 존재를 뒷받침할 화학적 증거는 더 희박해진다.

주기율표에서 생명을 빚을 가능성이 있는 원소를 찾기 위해 아무리 애를 써도 탄소는 여전히 결합 가능성의 측면에서 가장 방대하고 다양한 원소로서 독보적이다. 그렇다면 우주

다른 곳의 생명 과정에서 쓰이는 생명의 기본 구성 요소도 탄소로 수렴할 가능성이 크다. 앞에서 설명했듯, 양자 수준에서 작용하면서 전자가 원자 안에서 쌓이는 규칙을 정하는 보편 원리인 파울리의 배타 원리 때문에라도 탄소는 최적의 선택지이다.

하지만 건전한 회의주의를 품은 사람들은 아직도 반신반의할 것이다. 다른 생명체는 우리가 쓰는 핵심 원자뿐 아니라 생명의 작용 무대인 용매도 변형할 수 있지 않을까? 어쩌면 우리는 탄소의 화학 작용이 물과 관계가 있다고 가정한 탓에 대안을 충분히 상상하지 못하는지도 모른다. 생명의 중추적 원소들이 다른 액체와 결합할 가능성은 없을까? 매우 이질적이긴 하지만 기발한 발상은 규소 기반 생명이 액체 질소에서 기원하고 진화할 수 있다는 것이다.[19] 액체 질소의 차가운 온도에서는 실란과 실라놀처럼 평상시에는 대체로 불안정한 복합 규화물이 안정적으로 존재할 수 있다.[20] 실라놀은 우리 세상으로 치자면 알코올과 비슷하다.

이런 상황에서는 특이한 지질학적 순환이 저절로 생겨날 수 있다. 핵의 암석에 들어 있는 실리카가 이산화탄소와 암모니아 같은 화합물과 반응하면 실란과 실라놀이 생성된다. 이 것들은 결국 액체 질소 바다로 운반되어 또 다른 화학 작용을 거치며 실리콘 기반 생명의 토대가 될 수 있다. 이런 신기한 생물학 현상이 일어날 수 있는 장소로는 해왕성의 위성 트리톤이 지목되었다. 트리톤은 얼음으로 덮여 있으며 표면에서 질소를 뿜어내는데, 이것은 표면 바로 아래 묻혀 있는 깊고 차가운 액체 질소에서 분출되는 것인지도 모른다. 하지만 암석과 액체 질소가 있는 곳이면 어디든 이 괴상한 생명계가 존재할 수 있다.

기이한 화학 작용과 용매가 이런 식으로 결합한 것은 단순히 원자 하나를 바꾸는 것에 비해 이해하기가 훨씬 힘들다. 우리가 거의 알지 못하는 화학의 영역에 속하기 때문이다. 액체 질소에서 규소가 나타내는 화학 작용의 전모는 거의 밝혀지지 않았으며, 우리의 화학 지식만을 바탕으로 이런 상황에서 생명이 존재할 가능성을 배제할 수는 없다.

하지만 이렇게 흥미로운 대안들을 염두에 두더라도 탄소를 긍정적인 보편적 관점에서 볼 만한 이유는 충분할 것이다. 탄소는 복잡한 생명 형태를 구성할 가능성이 큰 원자물리학적 성질이 있을 뿐 아니라 다양한 분자를 형성하는 성향 덕분에 우주에 풍부하게 존재하므로 다른 진화 사례가 — 만일 그런 것이 존재한다면 — 최초 단계에서 탄소 분자를 가장 손쉬운 복잡성의 저장고로 삼을 가능성이 있다.

맑은 날 밤에 하늘을 올려다보라. 그것은 우리 문명의 시작 이래로 수십억 쌍의 눈이 쳐다본 바로 그 우주이다. 검은 캔버스에는 반짝이는 흰색 천체들이 점점이 박혀 있다. 이따금 혜성이나 밝은 빛의 초신성, 우주의 부스러기가 대기를 통과하면서 불타 밤하늘에 줄무늬를 그리는 유성 등이 하늘을 어지럽히기도 하지만, 그것을 제외하면 밤하늘은 인간의 일생 동안 불변하는 것처럼 보인다.

우주를 끝없는 공허의 풍경으로 여기는 이런 관점이 부정확한 것은 아니다. 적어도 우리의 작은 세계를 채우는 다채로운 물질과 비교하면 그렇게 볼 법도 하다. 광대한 우주가 황량하다고 믿는 이 관점은 빛의 점들이 별이고 그 사이의 암흑이 우주의 나머지 진공임을 우리가 처음 알아차린 뒤로 우리의 집단적 의식을 지배했다. 하지만 그 믿음은 겉보기에 공허해 보이는 이 공간에서 놀랍도록 복잡한 화학 작용이 벌어지고 있음을 간과한 것이다.

빅뱅이 우주의 처음을 선포한 태초에는 상황이 더 단순했다. 온도가 낮아지면서 화학 작용은 수소, 헬륨, 리튬, 그리고 그 이온들 사이의 몇 가지 반응에 국한되었으며 몇몇 전자와 방사선이 덤으로 끼어들었다. 이곳은 원소가 재배열되는 기본적 운동장이었다. 그러다 최초의 기체 소용돌이가 중력에 의해 충분한 밀도로 붕괴하여 별의 핵융합 반응을 일으켰다. 이 빛나는 구 내부에서는 수소 원자가 결합하여 탄소를 비롯한 더 무거운 원소로 바뀔 수 있었다.

소질량 별이라고 불리는 몇몇 별은 연료를 전부 태우고 나서 백색 왜성으로 붕괴하여 은퇴 항성으로서 조용한 말년을 보냈다. 하지만 질량이 더 크고 그 속에서 원소들이 더 정교한 양파 껍질을 이룬 몇몇 별은 거세게 불타오르며 붕괴했다. 중력이 기체의 압력을 파국적으로 짓이기고 열에너지가 바깥으로 힘을 가하자 물질이 발작적으로 떨어져 나왔다. 이 거대한 폭발로 초신성에서 새롭고 무거운 원소들, 즉 주기율표에서 철 뒤에 있는 원소들이 생겨나 우주에 흩뿌려졌다.

19세기와 20세기 천문학자들의 초기 연구를 통해 생명에 필요한 원소들이 어디서 왔는지에 대한 이해가 증진되었다. 탄소를 비롯한 여러 가벼운 원소는 주로 저질량 별과 고질량 별의 핵에서 생성된 반면에 일부 생명체에 필요한 그 밖의 여러 무거운 원소 — 이를테면 몰리브덴과 바나듐 — 는 초신성 내부에서 합성되었다.

원소들이 어떻게 형성되었는지 이해하면서 생명이 이 우주적 맥락에 어떻게 맞아떨어지는지에 대한 우리의 시각이 놀랍도록 발전했다. 이 천문학적 통찰을 통해 우리는 생명의 원소가 어디서 기원했는지 알 수 있었으며, 그리하여 우주의 물리학을 생명의 원자 구조와 연관시킬 수 있었다. 이렇듯 윤곽이 분명해지면서 우리의 진정한 우주적 기원에 대해 기이하게도 거북하고 심각한 무언가가 드러났다. 우리가 모두 별의 먼지라는 말은 진부한 표현이 되었지만, 그 진부함은 우주론과 천문학에 대한 현대적 지식을 우리가 얼마나 당연히 여기는가를 보여 줄 뿐인지도 모른다. 고대인들은 그런 발언이 당혹스럽고 난해하다고 생각했을 것이다.

생명이 공허 너머와 어떤 관계인지에 대한 우리의 시각을 이렇게 평가하는 것은 우리의 기원을 진정 우주생물학적으로 이해하기 위한 첫 단계였을지도 모른다. 그러다 20세기 후반에서 현대에 이르는 시기에 또 다른 국면이 열렸으니, 생명의 원자들이 전반적으로 보편적이라는 사실뿐 아니라 구체적으로 탄소의 화학적 성질 자체가 보편적임을 이해하게 된 것이다.

우리는 저 검은 허공에 망원경을 들이댈 수는 있지만 우리에게 보이는 것은 여러분과 내게 친숙한 스펙트럼 범위(가시영역)가 아니라 적외선 범위이다. 센서를 이용하여 적외선 데이터를 여러분과 내가 볼 수 있는 무언가로 바꾸는 것이다. 적외선 데이터를 연구하면 우리는 암흑이 아니라 기체의 소용돌이와 끝 모를 아름다운 보풀과 회오리가 거대한 구름처럼 드넓은 밤하늘을 수놓은 것을 관찰하게 된다. 암흑이 있던 곳에서 물질을 관찰하는 것이다.

이제 우리 눈에 보이게 된 이 물질의 상당수는 〈확산 성간 구름diffuse interstellar cloud〉(산광 성간운)이다. 이런 이름이 붙은 것은 내부의 기체 밀도가 세제곱미터당 약 10^8개의 분자 또는 이온까지 내려갈 수 있기 때문이다. 이것만 해도 꽤 많은 것처럼 들릴지도 모르겠지만, 지금 주위에서는 세제곱미터당 약 2.5×10^{25}개의 기체 분자가 여러분이 숨 쉬는 공기를 이루고 있다. 확산 성간 구름에 들어 있는 물질의 양은 지구의 실험실에서 인위적으로 만들 수 있는 진공보다도 적다. 그럼에도 이 구름 속에 들어 있는 물질의 양은 경이로운 화학 작용이 일어나기에 충분하다.[21]

화학 수업 시간에 배운 것을 떠올려 보면, 화학 반응이 일어나기 위해서는 반응 물질의 농도가 높아야 한다는 것이 기억날 것이다. 황산을 매우 묽게 희석하여 설탕에 부으면 아무일도 일어나지 않는다. 흥미로운 일이 벌어지는 것은 여러분이 교실에 들어갔는데 화학 교사의 책상 위에 끈적끈적하고 누르스름한 농축 황산이 놓여 있을 때이다. 교사가 짓궂은 미소를 지으며 설탕 접시에 황산을 부으면 시커먼 화산이 솟아오르고 학생들이 환호성을 지른다. 설탕 분자가 격렬히 분해되면서 매캐한 연기가 피어오르고 나면 보건 담당 교사는 골머리깨나 썩일 것이다. 그렇다면 여러분은 이런 의문이 들 것이다. 일반적인 실험실 진공보다 더 희박한 우주 구름에서 흥미로운 현상이 어떻게 하나라도 일어날 수 있을까?

우주에서는 대량으로 일어나지만 교실에서는 쉽게 볼 수 없는 현상이 하나 있으니 그것은 바로 복사radiation이다. 양성자, 전자, 감마선, 자외선, 그리고 철 이온이나 규소 이온 같은 여러 중이온은 우리의 구름을 비롯한 성간 공간에 침투한다.[22] 이 복사는 이온과 분자의 빈약한 집단에 에너지를 전달하지만, 그럼에도 이온과 분자를 분리하고 에너지를 공급하고 다른 종류들 사이에서 반응을 일으켜 새로운 화합물을 만들어 내기에는 충분하다. 이 구름은 약 −180도의 극저온이지만 복사는 이온과 분자를 맹폭하여 그 과정에서 화학 반응을 강제로 일으킬 수 있다.

천문학자들이 성간 화학 작용의 산물을 관찰할 수 있는 것은 분광법 덕분이다. 빛이 확산 성간 구름을 통과하면 화합물이 빛의 일부를 흡수한다. 더 정확히 말하자면 전자는 에너지를 흡수하여 에너지 준위를 도약하는데, 이것은 사실상 빛의 스펙트럼에서 특정 파장을 빼앗아 유령 같은 공백을 만들어 낸다. 성간 구름을 통과하여 지구나 우주의 망원경에 도달하는 스펙트럼을 분석하는 흡수 분광법을 통해 과학자들은 이 구름 속에 무엇이 있는지 알아낼 수 있다. 한편 전자가 빛으로부터 에너지를 흡수하여 재복사하면 (아마도 파장이 다른) 빛을 방출하게 되는데, 이 또한 특정 화합물의 흔적인 셈이다. 우리는 이 두 가지 분광법을 통해 구름을 구성하는 화합물의 가족사진을 찍을 수 있다. 하지만 이 정교한 접근법의 결과에 대한 우리의 이해는 아직 유아 수준에 머물러 있다. 구름 속에서는 무수한 흡광과 방사가 일어나지만, 그 기원이 무엇인지에 대해 우리는 전혀 또는 거의 알지 못한다. 구름 속 스펙트럼에서 발견되는 흡광도의 분포를 일컫는 〈확산 성간대diffuse interstellar band〉에는 아직도 설명되지 못한 여러 흔적이 있다.[23]

이 구름 속에는 많은 신비가 숨어 있지만, CO, OH, CH, CN, CH⁺ 이온을 비롯하여 엄청나게 다양한 단순 화합물의 존재가 밝혀졌다. 이 짧은 목록에서는 — 화합물은 이 밖에도 많다 — 한 가지가 두드러져 보인다. 그것은 대부분이 탄소 함유 화합물이라는 사실이다. 탄소는 저질량 별과 고질량 별에서 핵융합으로 생성되어 우주로 날아갔다가 구름에서 합쳐지는데, 이 탄소가 여러 원소와 반응하여 만들어진 단순 화합물에는 유기 탄화물의 초기 구조가 들어 있다.[24]

우주의 다른 천체들에 눈길을 돌리면 더 흥미로운 일이 벌어지기 시작한다. 더 크고 힘센 구름들이 우주의 영토에 스며 있기 때문이다. 여기저기에서 우리는 〈거대 분자 구름giant molecular cloud〉을 관찰할 수 있다. 이 천체는 너비가 약 150광년으로 어마어마하게 크다. 그 속에 담긴 질량은 우리 태양의 1,000~1000만 배에 이르기도 한다. 거대 분자 구름은 새로운 별이 생겨나는 양묘장으로, 기체 밀도가 충분히 높아서 회오리와 소용돌이가 뭉쳐 원시 구(球)의 핵융합 연소가 시작될 수 있다. 이곳의 물질 밀도는 확산 성간 구름보다 훨씬 높아서 세제곱미터당 약 1조 개의 이온 또는 분자가 있는데, 그래도 여러분이 숨 쉬는 공기보다는 훨씬 희박하지만 더욱더 흥미로운 화학 작용이 일어나기에는 충분하다.

이 구름에 들어 있는 물질은 이제 새로운 별을 비롯한 천체물리적 물체에서 방출되는 자외선의 상당 부분을 막아 낼 만큼 촘촘하다. 화학 작용을 이끌어 낼 복사는 줄었을지 몰라도 여기서 생성되는 화합물이 복사 때문에 붕괴할 가능성은 줄어들었다. 거대 분자 구름에는 $HCOOH$, C_3O, C_2H_5CN, CN, CH_3SH, C_3S, NH_2CN을 비롯한 100여 가지의 화합물이 들어 있다. 이제 더 뚜렷한 그림이 눈에 들어올 것이다. 이 우주적 양묘장 안에서 우리는 원자 한두 개를 포함하는 매우 단순한 분자에서 더 일상적인 구조로 나아간다. 확산 성간 구름에서 관찰된 놀라운 현상이 증폭되어 탄소 화학 작용의 복잡성이 증가한다. 거대 분자 구름은 탄소 기반 화학 작용으로 가득하다!

구름이 담을 수 있는 복잡성은 어마어마하며 단지 원자 몇 개로 이루어진 화합물이 아니라 더 경이로운 구조가 모습을 드러낸다. 벤젠을 비롯하여 원자 여섯 개로 이루어진 탄소 고리는 서로 달라붙어 〈다환 방향족 탄화수소polycyclic aromatic hydrocarbon〉라는 부류의 분자를 이룰 수 있다.[25] 흥미롭게도, 원자 여섯 개로 이루어진 탄소 고리를 실험실에서 반응시키면 퀴논을 생성할 수 있는데, 이 분자는 생명체 내에서 주변으로부터 에너지를 얻어 전자를 운반하는 데 관여한다. 실험실에서 이루어지는 이런 반응은 성간 매질 속 분자들이 생명체의 에너지 생산 및 대사 경로에 대한 유용한 전구체에 이르는 과정에 이미 들어섰음을 시사한다.

이렇게 합쳐진 탄소 판은 더욱 특이한 분자를 만드는 것으로 생각된다. 탄소 고리를 3차원으로 조립하면 탄소 원자 60개로 이루어진 버키볼buckyball 같은 탄소 공을 만들 수 있다. 탄소 원자의 육각형 20개와 오각형 12개를 연결하여 축구공 모양으로 만든 이 화합물 C_{60}은 스스로 뭉쳐 양파 껍질 같은 겹겹의 탄소 구조를 이룰 수 있다. 버키볼은 탄소 원자가 튜브와 격자 모양으로 서로 연결되어 수많은 조합의 가능성을 탐색한다.[26]

이런 관찰을 통해 화학 작용이 어떻게 일어나고 우주적 규모에서 어떤 산물이 생성되는지에 대한 이해가 혁신적으로 증가했지만, 이렇게 다양한 화합물이 어떻게 생성되었는지는 여전히 오리무중이다. 그중에서도 과학자들을 특히 혼란에 빠뜨린 두 가지 중요한 문제가 있다. 우선 화합물이 반응하려면 서로 가까이에 있어야 한다. 이것은 앞에서 언급한 황산의 사례에서도 알 수 있다. 황산을 물에 섞으면 황산 분자가 아주 묽게 희석되어 흥미로운 화학 작용을 거의 일으키지 않는다. 이렇게 희석된 황산을 설탕에 부으면 설탕이 약간 녹긴 하겠지만 화학 수업에서 보던 흥미진진한 드라마가 펼쳐지지는 않을 것이다. 그렇다면 공기에 비해서도 매우 희박한 분자 구름에서 어떻게 화학 반응이 일어날 수 있을까? 게다가 이것은 약과이다. 분자 구름은 엄청나게 차갑다. 우리가 화학 수업에서 배운 또 다른 사실은 가열이 반응을 일으키는 좋은 방법이라는 것이다. 소량의 마그네슘을 실험실 작업대에 올려 두면 아무 일도 일어나지 않지만, 분젠 버너의 불꽃 속에 넣으면 온도가 473도 이상 올라갔을 때 점화하여 흰색으로 밝게 빛난다. 하지만 분자 구름은 온도가 −260~−230도여서 화학 물질을 — 또는 화학자를 — 흥분시킬 가능성은 매우 희박하다.

그래도 화학 반응은 일어난다. 그것도 뜻밖의 장소에서. 분자 구름 여기저기에는 입자들이 흩어져 있는데, 이 성간진(星間塵) 알갱이에는 규소나 탄소가 풍부한 물질의 핵이 얼음에 둘러싸여 있다. 구름 속의 이온과 분자는 이 알갱이에 달라붙어 뭉칠 수 있다. 이제 우리에게는 이것들을 합칠 메커니즘이 있다. 그러지 않으면 이 이온과 분자는 성간 공간을 정처 없이 떠다닐 것이다. 우주화학자들은 분자 구름의 화학 작용 중 상당수가 이 알갱이에서 일어난다고 생각한다.[27] 각 알갱이는 일종의 공장이며, 더 흥미롭게는 유기 화합물을 만드는 초소형 반응로라고 말할 수 있다.

탄소는 우주에 매우 풍부하기 때문에 별 중에는 탄소로 성격이 규정되는 것들도 있다. 이런 〈탄소별〉의 가장자리에서는 무수한 반응로가 탄소를 생성하고 파괴하고 뒤섞으면서 우리가 알지 못하는 수준의 복잡하고 다양한 유기화학 반응을 일으킨다. 고작 390~490광년 떨어진 곳에는 무리halo가 보이는 별이 있는데, 이것은 물질의 덮개가 초속 50킬로미터 이상으로 팽창하는 흔적이다.[28] 이 덮개 안에서 60여 종의 분자가 검출되었는데, 그중에는 선형과 원통형의 탄소 분자도 있었다. 그야말로 유기화학이 우주로 퍼져 나간 셈이다. 별에서 빛이 방출되는 부위인 광구(光球)에서는 CO(일산화탄소)와 HCN(시안화수소) 같은 단순 화합물이 검출되었다.[29]

이렇게 대충 살펴보기만 해도 몇 가지 요점을 분명히 하기에는 충분하다. 우주는 별들이 은하 중심 주위를 무심히 회전하며 그저 주기율표의 기본 원소들을 생성하여 퍼뜨리는 춥고 화학적으로 불모인 장소가 아니다. 생명의 기원과 (그 결과인) 생명체가 불가해하고 모호한 메커니즘을 통해 이 원소들을 조립하여 번식하고 진화하는 존재의 유기적 구성 요소를 만들어 낸 것이 아니다. 우주 어디에서나, 심지어 가장 희박한 기체 구름 속에서도 복잡한 화학 작용이 일어나고 있으며, 이 화학 작용 중에는 다채로운 유기화학 반응이 있어서 탄소와 여러 원소를 온갖 형태로 결합한다.

새롭게 등장한 이 관점에서는 복잡한 탄소 화학 작용의 생성에서 신기한 필연성을 볼 수 있다. 탄소가 다른 원소와 결합하여 다종다양한 분자를 만들어 내는 온갖 방법은 지구의 온도와 압력 조건에서 탄생한 특이한 산물이 아니다. 탄소가 복잡성의 세계에서 중심 무대를 차지하고 생명을 만들 수 있는 특수한 행성 환경에 국한된 경우가 아닌 것이다. 우주에서 가장 추운 곳에서도 탄소는 자신의 임무를 다한다. 자신을 비롯한 주기율표의 원소들과 결합하여, 지구의 생명을 구성하는 유기화학 분자의 다채로운 젤라토 아이스크림 가게를 만들어 내는 것이다. 탄소 기반 화학 작용의 구성 요소를 만드는 경로는 보편적인 듯하다.

우리의 관점에서 가장 흥미로운 것은 이 화학 작용이 생명 분자의 전구체를 조합하는 과제를 얼마나 진척시킬 수 있는가이다. 아미노산, 당, 그리고 단백질, 탄수화물, 유전 부호를 구성하는 핵 염기에 이르기까지 생명을 이루는 기본 단위체를 찾으려는 시도들은 상반된 결과를 낳았다. 코펜하겐 대학교 연구진은 새로 형성되는 별 근처의 성간 매질에서 글리콜알데히드glycolaldehyde를 발견했다. 이 분자는 포르모스formose 반응에 관여할 수 있는데, 이 화학적 합성 반응은 궁극적으로 당을 생산할 수 있다.[30] 아미노산 전구체가 될 수 있는 화합물인 시안화이소프로필isopropyl cyanide도 성간 매질에서 발견되었다.[31] 포름알데히드(CH_2O)도 성간 매질에 존재하는 것으로 알려져 있는데, 이 화합물은 아미노산 같은 화합물을 생산하는 반응에 관여할 수 있다.

복합 분자는 HCN 같은 단순 화합물에 비해 더 희귀하고 성간 구름에서 발견하기가 더 힘들지도 모른다. 관찰 기법이 개량되면 거의 틀림없이 이런 복합 분자를 더 많이 찾아낼 수 있을 테지만, 전체적 결론은 분명하다. 성간 매질에는 생명체를 만드는 화학적 합성의 전구체와 매개체로 작용할 수 있는 탄소 기반 분자가 듬뿍 들어 있다.

생명의 기본 성분이 우주에서 만들어질 수 있다는 증거 중에서 이에 못지않게 특이하고 그럴듯한 것은 우리와 더 가까이 있는 운석에서 찾을 수 있다.[32] 다양한 탄소질 운석에서 발견되는 70여 종의 아미노산은 농도는 낮지만(약 10~60피피엠), 이런 화합물이 존재한다는 사실은 우리 태양의 재료인 원시 행성 성운이 탄소 화학 작용에 유리한 장소였음을 보여 준다.[33]

이 아미노산들이 결합하여 간단한 단백질 사슬을 형성했다는 증거는 아직 없다. 초기 태양계의 조건은 아미노산의 형성에 알맞았던 것으로 보이지만, 복잡성은 거기까지였다. 이 구성 요소가 생명 하면 떠오르는 사슬 모양의 복합 분자가 되려면 행성 표면의 수생 환경이라는 더 유리한 조건이 필요했다.

운석의 아미노산은 〈왜 성간 공간에 흩뿌려진 아미노산이 보이지 않는가?〉라는 명백한 질문을 제기한다. 왜 이런 차이가 발생할까?[34] 어쩌면 농도가 낮기 때문일 수도 있다. 그렇다면 실험실의 암석 덩어리에서는 쉽게 검출할 수 있어도 성간 매질에 확산했을 때는 그 밖의 온갖 화학적 신호 때문에 검출하기 힘들 것이다. 아니면 초기 태양계의 원반이 이런 화합물의 형성에 특별히 유리한 장소였는지도 모른다. 근처의 풍부한 표면, 온도 기울기, 물과 같은 휘발성 물질 덕분에 원시 행성 원반은 일부 흥미로운 반응이 생명의 요소들을 탄생시킬 좋은 발상지일 수 있다.

우리에게 생명의 비밀을 알려 주는 운석의 창고에는 아미노산 말고도 수많은 물질이 들어 있다. 탄수화물의 구성 성분인 당과 유전 부호의 글자인 핵 염기가 황산과 인산 같은 화합물과 혼합된 채 발견되었다.[35] 생물 분자의 네 가지 주요 부류이자 생명을 구성하는 화합물 사슬인 단백질, 탄수화물, 핵산, 막 지질 각각에 대해 단위체, 즉 기본 구성 요소를 운석에서 찾을 수 있다.

중요한 사실은 운석에서 규소 기반 복합 화합물을 찾아볼 수 없다는 것이다. 이런 규화물이 있었다면 탄소와 규소가 땅에 내려앉았을 때 탄소 기반 생명의 가능성과 규소 기반 생명의 가능성이 경쟁을 벌이지 않았을지 의문을 품을 수도 있었을 텐데 말이다. 운석의 규화물은 대부분 반응성이 낮은 규산염 화합물이다. 운석은 복잡한 탄소 화학 작용이야말로 보편적 현상임을 우리에게 보여 준다.

운석은 소행성과 태양계 생성의 잔존물에서 왔지만, 운석

못지않게 중요한 천체인 혜성은 약 2만~10만 천문단위(AU) 떨어진 위치에 천체들이 구형으로 모여 있는 오르트 구름을 보금자리로 삼는다.[36] 해왕성 궤도 바로 바깥인 카이퍼 벨트에는 이 차가운 천체들의 또 다른 띠를 볼 수 있다. 혜성은 소행성과 마찬가지로 태양계가 형성되고 남은 부스러기이다. 혜성은 암석과 얼음의 혼합물로 이루어졌으며 핵의 짙은 색깔 중 일부는 유기 화합물에서 비롯했으리라 생각된다. 또한 혜성에서도 탄소 화학 작용의 놀라운 이야기를 들을 수 있다.

지금까지 우리는 지구와 우주에서 망원경을 들여다보고 우주선을 보내어 혜성의 작은 얼음 세계를 관찰할 기회를 여러 번 가질 수 있었다. 혜성은 한낱 얼음덩어리가 아니라 일산화탄소, 이산화탄소, 그리고 이를 바탕으로 메탄, 에탄, 아세틸렌, 포름알데히드, 포름산, 이소시안산, 마지막으로 우주 탐사선 로제타호가 67P 혜성에서 검출한 아미노산 글리신 같은 복잡한 화합물을 함유하고 있음이 밝혀졌다.[37] 글리신의 존재는 그 밖의 아미노산과 생명에 필요한 다른 부류의 분자들이 혜성에 존재하는지에 대해 근본적 질문을 제기한다.

이 과정이 우리 태양계에서 일어났다면, 그리고 우리가 있는 위치에 그다지 특별한 것이 없다면 — 달리 생각할 이유는 전혀 없다 — 같은 과정이 어디에서나 일어나고 있어야 마땅하다. 우리 은하의 반대편에서, 안드로메다은하에서, 여기서 수백만 광년 떨어진 곳에서 아미노산, 당, 핵 염기, 지방산이 행성에 비 오듯 쏟아지고 있다. 유기 탄소 화학 작용은

보편적이며, 그렇기에 만일 다른 곳에서도 생명이 탄생했다면 그 생명은 탄소 기반일 가능성이 높다.[38]

그렇다고 해서 우주에서의 이 놀라운 발견 때문에 생명의 화합물 중 일부가 우리의 세상이라는 냄비에서 합성되었을 가능성을 간과해서는 안 된다. 에너지가 많은 환경에서 복합 탄화물이 생성되는 경향이 있음은 1950년대에 스탠리 밀러Stanley Miller와 해럴드 유리Harold Urey에 의해 근사하게 입증되었다.[39] 우주와 운석에 탄화물이 많다는 사실을 과학자들이 아직 모르던 시절에, 두 연구자는 화학 작용이 어떻게 전생물적(前生物的) 수프에서 자기복제 형태로의 결정적 전환을 해냈는지 이해하고자 했다. 두 사람은 실험실에서 기발하고 간단한 실험을 진행했다. 메탄, 암모니아, 수소 등의 기체가 든 용기 안에서 수증기를 순환시킨 것이다. 여기에다 초기 지구의 번개를 흉내 내어 전극 두 개로 방전을 일으켰다. 그야말로 프랑켄슈타인적 시도였다. 기체에 에너지를 공급하고 축축한 초기 지구를 모방하여 물을 첨가하자 그 속에서 탄생한 것은 괴물이 아니라 아미노산을 함유한 갈색 곤죽이었다. 글리신, 알라닌, 아스파르트산을 비롯한 많은 화합물이 합성되었다. 하지만 두 사람이 실험에서 쓴 기체는 초기 지구의 대기에 풍부하지 않았을 것이다. 최초 기체의 구성을 바꾸면 아미노산 및 기타 산물의 양과 종류가 달라진다. 그럼에도 에너지와 몇 가지 단순한 최초의 기체, 약간의 물만 있으면 아미노산이 생겨날 수 있다는 발상은 생명의 유기화학이 결코 기적이 아니라는 생각이 자리 잡는 데 결정적 역할을 했다. 실제로 탄소 원자가 들어 있는 기체 혼합물에 에너지를 가했을 때 복합 유기 분자가 전혀 생기지 않도록 하려면 오히려 꽤 많은 일이 필요하다.

밀러-유리 실험은 우주에서뿐 아니라 젊은 행성의 표면에서도 유기 화합물이 형성될 수 있음을 확실히 보여 주었다. 드디어 성간 공간과 행성 표면에서 유기 분자가 형성된 것이다. 젊은 행성은 위아래에서 생성되는 어마어마하게 다양한 유기 화합물이 모여 생명에 알맞게 바뀌는 용광로이다.[40]

약간의 에너지와 기초적 성분이 있는 곳에서 복잡한 유기화학 작용이 일어나는 경향이 있음은 타이탄에서 일어나는 온갖 유기화학 작용에서 두드러지게 드러난다. 타이탄의 메탄 호수는 유기 분자의 우주적 공장에 원료를 대는 공급원이다.[41] 그곳 대기의 갈색 연무는 대기 중 메탄의 산물이다.[42] 메탄이 고농도의 대기 중 자외선과 반응하여 분해되면서 라디칼이 되고, 이 라디칼은 에탄과 복잡한 유기 분자 사슬로 바뀌고 그중 일부가 대기 상층부를 떠다니며 특이한 색을 띠는 것이다.

이 재료는 대부분 타이탄의 지표면에 내려와 유기 화합물의 거대한 사막을 만들어 낸다. 일부 지역에서는 복합 탄화물로 이루어진 언덕이 지표면 수백 킬로미터에 걸쳐 100미터 높이의 이랑을 형성하기도 한다. 타이탄 표면에서 일어나고 있는 일이 태양계 탄생 이후로 줄곧 일어났다면 이론상 C_2H_6

구조의 탄소 분자이자 더 복잡하고 흥미로운 수많은 분자의 전구체인 에탄 층이 약 600미터 두께로 쌓여 있을 것이다!

타이탄에는 생명의 구성 요소가 이 모든 유기 물질과 섞인 채 존재하고 있을까? 지금은 알 수 없다. 훗날 로봇 탐사선을 타이탄에 보내면 이 질문에 답할 수 있을지도 모르지만, 일정량의 메탄과 복사가 있는 위성에서 거대한 언덕과 호수, 대기 중의 유기물의 연무가 형성되고 있다는 단순한 가설은 달라지지 않는다.[43] 복잡한 탄소 화학 작용은 행성의 일상이다.

어떤 사람들은 지구의 조건이 탄소 화학 작용으로 생명이 탄생하기에 안성맞춤이라는 사실이 신기하다고 생각한다. 하지만 우리가 본 것은 정확히 그 반대이다. 어디에서나, 지구와 사뭇 다른 조건에서도 탄소는 다목적의 반응성 화합물을 엄청나게 생성한다. 우리는 온도, 압력, 복사 조건이 천차만별인 곳에서 주기율표의 모든 원소 중에 탄소가 가장 다양한 분자를 만들어 내는 것을 발견한다. 물론 딴 화합물도 존재하는 것은 사실이다. 심지어 성간 공간에서 검출된 규소-탄소 결합과 규소-질소 결합은 지구에 희귀한 원소들이 외계 조건에서 만나 기이하고 흥미로운 조합을 이룰 수 있음을 보여 준다. 그럴 때면 우리의 화학 지식에 한계가 있지 않은지 돌아보게 된다. 하지만 이 모든 데이터에서 꿋꿋이 빛나는 것은 갖가지 탄화물이다. 이것은 지구의 다양한 탄소 구조가 이례적인 것이 아님을 암시한다. 지구가 제공한 것은 이 화합물들이 긴 사슬을 형성하여 자기복제 개체로 진화할 수 있는 환경일 것이다. 그 단계는 특수한 조건이 필요할 텐데, 기체 구름과 얼어붙은 언덕에서는 쉽지 않은 일이다. 하지만 탄화물이 흔한 지구에서는 그 사건이 일어났다.

탄소 너머로 시야를 넓혀 생명에 두루 퍼져 있는 것으로 알려진 나머지 원소들을 생각해 보면 더 매혹적인 이야기가 펼쳐진다. 생명체를 구성하려면 탄소 원자 말고도 많은 것이 필요하다. 이용할 수 있는 모든 원자 중에서 탄소에 쉽게 달라붙어 더 복잡한 배열을 이루는 다섯 가지는 수소, 질소, 산소, 인, 황이다.[44] 이 화학 물질은 탄소와 더불어 추놉스CHNOPS라 불리기도 한다. 왜 이 원자들일까? 이 원자들이 생명에 반드시 들어 있는 것 또한 단순한 물리적 현상 때문일까?

이 원소들은 탄소와 마찬가지로 파울리의 배타 원리에 따라 행동한다. 수소는 언제나 다른 원자와 결합할 준비가 되어 있는데, 다른 원자로부터 전자 한 개만 얻어도 완전한 쌍을 이뤄 자신의 유일한 전자껍질을 채울 수 있다. 생명을 통틀어 어디에서나 우리는 수소와 탄소가 결합한 것을 본다. 간단히 말해서 수소는 남는 단일 전자들을 치우는 뒤치다꺼리를 하는 셈이다. 생명이 있는 모든 것에서 수소를 볼 수 있는 것은 이 때문이다.

나머지 네 원소는 너트와 볼트처럼 탄소 연결망을 통해 생명체를 지탱한다. 질소, 산소, 인, 황은 흥미롭게도 주기율표에서 작은 사각형을 이루며 탄소 가까이에 모여 있다. 거대한 화학적 규모에서 우리는 이 이례적인 친화성을 해석할 수 있다. 네 원소 모두 불완전한 전자 오비탈이 있어서 이를 채우려고 다른 원소와 결합한다. 주기율표에서 이 원소들이 차지한 자리를 보면 원자 크기가 딱 알맞다는 것을 알 수 있다. 이 원소들의 전자는 분리 과정에 에너지가 많이 필요하지 않은 결합을 형성할 수 있으므로 이 원소들은 끊임없이 조립되고 해체되는 작업에 요긴하다. 생명체의 형성과 생장이 바로 이런 특징을 지닌다. 그럼에도 이 원자들 속의 전자는 연결을 대체로 안정적으로 유지할 만큼 단단히 달라붙어 있다. 뭉뚱그려 말하자면 이 네 가지 원소는 다재다능한 성질을 가진 다양한 화합물을 형성하는 데 제격이다. 이 원소들은 탄소와 결합을 이루게 되면 생명체가 성공적으로 번식하고 진화하는 데 필요한 여러 화학 반응을 일으키는 데 한몫한다.

겉보기에 질소는 생명의 원소로서 별로 유망해 보이지 않는다. 다른 질소 원자와 엄청나게 단단한 삼중 결합을 형성하여 질소 기체 N_2가 되는데, 이 질소 기체는 지구 대기의 무려 78.1퍼센트를 차지한다. 하지만 이른바 질소 고정 미생물의 촉매 작용이나 번개 같은 비생물학적 과정을 통해 이 화학적 감옥에서 벗어나면 질소는 탄소와 여러 유용한 결합을 형성할 수 있다. 그런 안정적 구성 중 하나는 탄소 원자 두 개 사이에서 펩티드 결합의 핵심을 이루는 것이다(펩티드 결합은 개개의 아미노산을 연결하여 단백질을 이루는 것을 말한다). 모든 아미노산에는 질소가 들어 있는데, 그 덕분에 이런 식으로 엮일 수 있다. 질소는 탄소 원자 사이에서 고리를 만드는

데도 솜씨가 뛰어나 DNA 염기쌍을 비롯한 생명의 주요한 고리 모양 분자 상당수에서 발견된다. 이 핵산 속 질소는 뼈대의 당에 결합하여 유전 부호의 전체 구조를 떠받치는 지지대 역할을 한다.

이제 주기율표에서 살짝 오른쪽으로 가서 산소를 살펴보자. 동물에게 꼭 필요한 이 흔하디흔한 기체는 주기율표에서 질소 바로 옆자리에 앉아 있다. 산소 원자의 역할은 질소와 다소 비슷한데, 탄소 원자를 고리 모양으로 연결하여 당 같은 탄소 함유 분자들을 엮어서 당 분자의 긴 사슬, 즉 탄수화물을 형성한다. 산소 함유 당은 생명의 필수 성분인 핵산의 뼈대를 이룬다. 카르복시산 같은 여러 유기 분자에도 산소가 들어 있는데, 이때 산소는 단백질 같은 더 복잡한 분자의 합성에 관여한다.

우리 사총사의 나머지 두 분자인 인과 황은 각각 질소와 산소 밑에 자리 잡고 있는데, 그 덕에 여분의 전자가 있어서 덩치가 더 크다.

성냥의 인화 물질로 우리에게 친숙한 인은 생명의 여러 핵심 분자에 몸을 들이밀었다.[45] 덩치가 나머지 CHNOPS 원소보다 크고 바깥쪽 전자들이 더 쉽게 결합을 형성하고 해체하기 때문에 인은 에너지가 필요한 여러 생명 반응의 핵심 성분이다. 인에 산소를 붙이면 필요시에 분리되면서 가수 분해 반응으로 재빨리 에너지를 방출한다. 산소 원자 사이에 인 원자세 개가 엮인 ATP 분자는 지구상의 모든 생명에서 마치 생명

의 미니어처 배터리 같은 기본적 에너지 저장 분자 중 하나가 되었다.[46]

인의 팔방미인 같은 성격은 세포 자체의 구조로도 확장된다. 인 원자는 세포막을 연결하는 긴 탄화물 사슬인 지질의 끝에서 찾아볼 수 있다. 심지어 유전 부호에도 인이 넉넉하게 들어 있다. 인 원자는 DNA의 뼈대에 엮인 채 당과 당을 연결하여 구조를 떠받치고 장수에 일조한다.[47] 음전하를 띤 채 인에 매달린 산소 원자는 DNA에 음전하를 전달하는데, 그러면 DNA 분자는 지질 막 내부에 있는 음전하의 반발력 때문에 세포를 벗어나지 못한다. 이 음전하에는 두 번째 역할이 있으니, DNA가 가수 분해 되지 않도록 하여 분자의 안정성을 부쩍 높이는 것이다.

인 오른쪽에는 황이 있는데, 성경에 나오는 〈유황불〉인 이 노란색 성분은 활화산의 분화구와 칼데라를 장식한다. 인과 마찬가지로 불과 폭력을 떠올리게 하지만 실은 생명에 유익하다. 황은 단백질에서 발견된다. 단백질을 구성하는 아미노산의 긴 사슬 여기저기에서 황 함유 아미노산 두 개가 합쳐져 이황화 결합을 이룬다. 즉, 황 원자 두 개가 나란히 연결되는 것이다.[48] 이 결합은 단백질의 3차원 구조를 떠받치는데, 단백질 사슬의 여러 부위를 올바른 형태로 연결하여 세포 안에서 촉매 반응을 일으킬 수 있게 한다.

생명에 필요한 여섯 개의 CHNOPS 원소 중 네 개의 쓰임새는 이 밖에도 많지만, 이것만 봐도 이 원자들과 각각의 특징이 세포 안에서 생명 기계의 부품으로 쓰임새가 있음을 알 수 있다. 긴 사슬 복합 분자 중 상당수에 이 원소들이 들어 있다는 것은 이들이 얼마나 유용한지를 잘 보여 준다.

질소, 산소, 인, 황은 생명에서 중요하고 유용한 역할을 하는 듯하다. 진화는 이 원소들을 즐겨 이용했으며, 이 원소들이 생명에 보편적이고 CHNOPS 원소로 승격된 것은 이 때문이다. 하지만 다른 원소들은 어떨까? 배제해 버려도 괜찮을까?

우리의 화학적 사총사 오른쪽으로 산소 바로 옆에는 불소가 있다. 불소는 제2차 세계 대전 이후에 수돗물에 소량의 불소를 첨가하여 충치를 줄이려고 시도한 불소화 사업으로 명성을 얻었다. 하지만 인간 사회의 무대에 이처럼 살그머니 들어선 것을 제외하면 불소는 일반적으로 생명에 널리 쓰이지는 않는다. 불소의 전자껍질은 거의 차 있어서 ─ 바깥쪽 전자 궤도에 전자 일곱 개가 있다 ─ 여덟 개로 네 쌍을 만들고 싶어 한다. 이 일곱 개는 핵에 단단히 결합해 있으며, 불소 원자는 그 마지막 원자를 매우 얻고 싶어 한다. 어린아이가 여러 색깔 장난감 세트의 마지막 색깔을 얻고 싶어서 눈에 불을 켜고 찾아다니는 것처럼 말이다. 이 성질 때문에 불소는 반응성이 커서 다른 원자와 일단 결합하면 좀처럼 놔주지 않는다. 탄소-불소 결합은 유기화학을 통틀어 두 번째로 강력한 결합이다.[49] 탄소-불소 결합은 불활성이 너무 크고 강력하기에 생명에서는 쓰임새를 찾기 힘들다.

하지만 불소 원자는 생물학적 불가촉천민이다. 열대 지방에서는 수많은 식물과 미생물이 불화물을 독소로 이용하여 포식자를 퇴치한다.[50] 주기율표에 있는 나머지 모든 비(非)CHNOPS 원소에서와 마찬가지로 어떤 원소를 함유한 화합물의 특정한 화학적 성질이 생존 투쟁에서 쓰임새를 발견하면 생명은 이를 활용하도록 진화할 것이다. 요점은 전자 구조로 인한 불소의 화학적 성질이 그 쓰임새를 제약한다는 것이다. 불소는 생명에서 보편적으로 이용되는 원자일 수 없다.

불소 밑에 있는 염소도 비슷한 문제를 겪는다. 전자 개수가 더 많아서 원자가 더 크고 마지막 전자를 그렇게 갈망하지는 않지만, 여전히 마지막 전자를 채우고 싶어 하기는 한다. 이 성향으로 인한 반응성 덕분에 여러분의 욕실에서 달갑잖은 미생물을 죽이는 염소계 표백제로 선반의 한 자리를 차지하고 있는 것이다. 그렇다고 해서 염소가 생명에게 버림받은 것은 아니다. 염소는 세포에서 찾아볼 수 있으며 여러 이온의 농도 사이에 균형을 맞추는 역할을 한다.[51] 하지만 화학적 성질 때문에 쓰임새의 범위에 한계가 있다.

그렇다면 질소, 산소, 인, 황 아래에 있는 원소들은 어떨까? 우리의 사총사 밑에 흥미로운 원소 두 개가 보이는데, 인 밑에는 비소가 있고 황 밑에는 셀레늄이 있다. 둘 다 생명체에서 널리 발견되며 생명이 어떤 원소도 천덕꾸러기 취급하지 않음을 다시 한번 보여 준다. 그렇긴 하지만 비소와 셀레늄 원자는 CHNOPS에 비해 크기가 커서 전자가 덜 단단하게 매여 있기에 다른 원자와의 결합이 더 쉽게 끊어진다. 그럼에도 이 헐거운 성질 때문에 대안적 생명체에서의 역할 가능성에 대한 관심이 사그라들지는 않았다.

주기율표에서 인을 빼고 그 아래의 비소로 대체하면 주요 분자에 비소가 들어 있는, 기이하고 외계 생명체 같은 미생물이 된다. 2010년 학술지『사이언스*Science*』에 발표된 한 논문에서 놀라운 주장이 제기되었다.[52] 캘리포니아 모노 호수의 물은 비소가 함유된 염기성인데 여기서 분리한 세균의 DNA에서는 인이 비소로 대체되었다. 대소동이 벌어지고 기자 회견이 이어지고 사람들은 생명의 생화학이 새로운 전환점을 맞은 것에 열광했다. 하지만 며칠 지나지 않아 온라인과 언론을 통해 학계의 불신이 표출되었다. 왜 그랬을까? 비화물은 원자가 크기 때문에 빠르게 가수 분해 되는, 즉 물에서 분해되는 성질이 있어서 DNA 분자를 붙들어 두기 힘들다. 더 면밀히 조사했더니 그 미생물은 DNA에 인을 쓰는 세균으로, 우리가 알고 사랑하는 생명의 계통수에 속한 일원임이 드러났다.[53]

어떤 사람들은 이것이 과학의 작동 방식이라고 말하고 싶어 할지도 모른다. 데이터를 수집하고 주장을 내놓고 이따금 반박당하는 것 말이다. 과학적 방법은 이런 식으로 지식의 수준을 발전시킨다. 때로는 그 과정이 무척 불쾌할 수도 있지만 말이다. 하지만 이 논문은 발표된 직후부터 그 신빙성이 의심을 사면서 금세 반론이 제기되었다. 비소 이온이 함유된 DNA 결합의 추정 반감기는 약 0.06초이다.[54] 비소를 인으로 대체하면 반감기는 약 3000만 년으로 훌쩍 증가한다.[55] 인 원자가 비소로 대체된 DNA의 생화학 작용을 미생물이 유지하기 위해서는 매우 특수한 상황이나 막대한 에너지가 필요할 것이다. 이것은 인이 함유된 그 밖의 수많은 분자도 마찬가지다. 비소를 이용하는 세균은 처음부터 가능성이 희박했다.

이 일화를 긍정적으로 해석하자면, CHNOPS 근처에 있는 원소들이 화학적 성질이 매우 비슷하기에 특정 조건에서는 서로 대체될 수 있음을 보여 준다고 말할 수 있다. 이 가정이 어찌나 그럴듯한지 미생물이 DNA의 인을 비소로 바꿀 수 있다고 과학자들이 믿을 수 있을 정도였다. 어느 연구나 그렇지만 이번 사건은 생명에 쓰이는 비소에 대한 연구를 자극했다. 모든 과학적 주장에는 언제나 발전의 가능성이 있다.

이번 실패에도 불구하고 우리는 생명이 비소를 함유할 수 있음을 안다. 그 쓰임새는 수수께끼이지만 비소를 함유한 당이 일부 해조에서 발견되었으며, 비소 함유 분자인 비소베타인arsenobetaine은 일부 어류와 조류(藻類), 심지어 바닷가재에서도 발견된다.[56] 하지만 전반적으로 볼 때 비소는 생명에 유독하다. 전자를 공유하려는 성질이 커서 다른 분자를 방해하고 반응하여 대사를 교란한다. 많은 생명체는 비소의 독성 효과를 줄이거나 없애는 경로를 가지고 있다.

비소의 오른쪽 이웃인 셀레늄은 바로 위의 원소 황을 대체할 수 있으리라 생각된다. 이 예측은 생명을 근거로 삼는다. 셀레늄은 생명의 신기한 아미노산 중 하나에서 발견된다. 이른바 스물한 번째 생명의 아미노산인 셀레노시스테인은 일부 단백질에 꼬박꼬박 포함된다. 유전 부호에 이 아미노산을 포함하는 데 드는 에너지 비용과 변경 사항은 이것이 황과 셀레늄을 교환하는 단순한 요행의 산물이 아님을 뜻한다.[57] 셀레늄은 필수 임무를 띠고 있음에 틀림없다. 글루타티온 환원효소glutathione reductase를 비롯하여 셀레늄이 들어 있는 일부 단백질은 산소 라디칼에 의한 손상을 예방한다(산소 라디칼은 반응성이 크며 생물학적 손상을 일으킬 수 있는 산소 원자의 상태를 일컫는다). 셀레늄은 황보다 큰 원자이기 때문에 전자를 더 쉽게 내줄 수 있다. 이 성질은 산소 라디칼에 들어 있는 해로운 자유 전자를 중성화하는 데 한몫한다. 셀레늄 원자는 이 중요한 역할을 수행한 뒤에 더 쉽게 원래 상태로 돌아가 다시 비슷한 반응을 일으킨다. 셀레늄이 유용한 것은 이 가역성 덕분이다(이 또한 셀레늄이 황보다 더 쉽게 전자를 얻고 잃을 수 있기 때문이다). 게다가 셀레늄이 들어 있는 단백질은 다양한 화학적 공격으로 전자를 잃는 과정인 산화에 대해 저항력을 키워 줄 수 있다.

이번에도 똑같은 패턴이 보인다. 비소와 셀레늄은 생명에 의해 완전히 배척당하지는 않지만 크기와 전자의 행동 때문에 많은 상황에서 유용하게 쓰이지 못한다. 그 대신 몇몇 상황에서 특수한 쓰임새를 발휘한다.

CHNOPS 원소들의 가장자리를 둘러보는 여행을 마무리하면서 주기율표에서 탄소 근처에 있는 원소 하나를 살펴보

자. 그것은 우리가 지금까지 간과했던 원소이다. 바깥 오비탈에 전자가 세 개 있는 작고 흥미로운 원자 붕소boron는 이 전자들을 다른 원소와 공유할 수 있다. 질소와도 결합할 수 있는데, 이를 통해 고리 모양 탄화물 벤젠과 비슷한 보라진borazine이라는 화합물을 생성한다. 붕소는 카본만큼 화학적으로 다재다능하지는 않지만, 주기율표에서 CHNOPS를 둘러싼 여느 원소와 마찬가지로 생물학적 쓰임새가 있다. 붕소는 많은 식물, 미생물, 동물에서 필수적인 미량 원소이며 세포막을 안정시키고 당을 운반하는 것으로 생각된다.[58] 이것은 결코 사소한 역할이 아니다. 붕소 결핍증은 농업에 심각한 피해를 입히는 미량 원소 결핍증 중 하나로, 사과에서 양배추에 이르는 작물의 흉작을 가져온다. 붕소가 생명에서 수행하는 다양한 역할에 대해 우리가 아는 것은 아직 유아기에 머물러 있다.

마지막으로, 파울리의 배타 원리가 생명 형성에 어떤 역할을 하는지 전체적으로 살펴볼 차례이다. 안정적 결합을 형성하기에 알맞은 전자 구조를 가졌으면서도 쉽게 분해되어 생명에 유용한 다양한 화합물을 생성할 수 있는 핵심 원소들이 있다. 탄소, 질소, 산소, 인, 황의 이 핵심 원소들은 주기율표에서 한데 모여 있는데, 여분의 전자가 있는 곳이면 어디에나 작은 수소가 매달려 있다. 이 원소들은 서로 또는 다른 원소와 결합하여 분자 수프가 되고 자기복제계를 만들기에 딱 알맞은 원자 크기와 잉여 전자의 개수를 가지고 있다.

오형제 주위에는 화학적 성질이 비슷한 원소들이 있지만, 원자 크기와 전자 개수 때문에 다소 불안정하거나 반응성이 커서 생명의 분자가 되기 위한 안정성과 반응성의 섬세한 균형을 맞추기에 미흡하다. 이 원소들은 다양한 임무를 맡기에 이상적이지는 않지만 자신의 특징으로 인해 특정한 목적에 알맞은 화학 작용을 할 수 있을 때는 쓰임새를 발휘한다.

주기율표의 나머지 부분에 흩어진 원소들은 전자가 유용한 임무를 수행할 수 있는 많은 장소에서 쓰임새를 찾는다. 철은 전자를 운반하면서 생명의 에너지를 모으기 위한 안무의 중심 무대를 차지한 채 생명이 생장하고 번식할 수 있도록 주위 환경에서 에너지를 낚아채는 핵심 과정을 담당한다. 바나듐과 몰리브덴 같은 원소들은 재간둥이 전자와 더불어 여기저기에 나타나며 반응을 가속화하는 단백질 보조 인자 등의 역할을 한다.[59]

나트륨에서 아연에 이르기까지 CHNOPS에 속하지 않으며 무엇보다 금속인 여러 원소는 염화나트륨, 즉 소금과 같은 염분을 형성하는 솜씨가 뛰어나다. 이 원자들은 (커다란 소금 덩어리를 보면 알 수 있듯) 거대한 거시 구조를 형성할 수 있지만 원자 단위가 규칙적이고 단조롭게 반복되는 것에 불과하기에 생명체를 만들어 내는 일에는 젬병이다. 염분을 만드는 성질을 감안하면 땜납으로 된 호타는 상상하기 힘들다. 상상력이 풍부한 사람들은 거만하게 손을 들고는 소금 결정에 오류*를 더하고 몇 가지 다른 원소를 넉넉히 넣으면 생명

에 알맞은 복잡성, 즉 진화하는 자기복제 결정을 얻을 수 있지 않겠느냐고 물을지도 모른다.[60]

지구의 조건은 결정과 염분이 대량으로 모이기에 안성맞춤이다. 하지만 45억 년간 화학 실험을 했는데도 진화하는 자기복제 결정은 보고된 바 없다. 훌륭한 과학자라면 누구라도 이 증거를 내세워 저 현상이 불가능하다고 결론 내리지 않을 것이다. 초기 생명체가 조합되기 위한 장소로서의 광물질 표면은 최초의 자기복제 유기 화합물의 생성에 대한 논의에서 중요한 역할을 했지만, 주기율표의 많은 원소들은 자연 상태에서 평범한 소금을 형성하는 데 더 알맞은 것으로 보인다.[61] 생명은 전자 교환과 운반을 위해 이 원소들을 이용하도록 진화하지만, 정작 생명 내부에서는 그 결합 패턴이 유연하지 않아서 생명계를 만드는 데 필요한 복합 분자를 풍부하게 만들어 내지 못하는 듯하다.

진화 과정은 주기율표를 뒤지며 원소를 조사하여, 화학 반응을 촉진하는 전자 배열을 가진 원소를 선택한다. 그래야 유기체가 더 훌륭히 생존하고 번식할 수 있기 때문이다.

하지만 아직 질문 하나가 남았다. 생명이 탄소를 기반으로 하지 않을 수도 있을까? 생명의 화학 구조는 보편적일까? 나는 이 질문이 불공평하다고 생각한다. 탄소가 분자 조합에서 얼마나 지배적 원소인가에 따라 생명을 분류하려 들면 지구의 생명이 탄소 기반이라고 말할 수 있다. 하지만 생명이 주기

• 즉 정보를 말한다.

율표를 기반으로 한다는 것은 명백하다. 어떤 환경에서는 유기체가 셀레늄을 더 많이 쓰고, 다른 상황에서는 (딴 곳에서는 전혀 등장하지 않는) 불소가 생명에서 발견되기도 한다. 생명은 탄소에 고정된 것이 아니다. 살아 있는 세포는 자신이 이용할 수 있는 것을 이용할 뿐이다. 여기서 작용하는 유일한 원리는 복제하고 진화하는 계를 구성하는 데 쓰이는 원소의 전자 배열이 생명계가 통일성과 지속성을 가질 수 있도록 하는 화학 반응과 결합을 만들어 내야 한다는 것이다. 지구를 비롯하여 (알려진 우주의) 많은 환경에서 발견되는 조건에서, 수소, 질소, 산소, 인, 황과 결합하는 성질을 가진 탄소는 복제하고 진화하는 계의 기본 뼈대를 조합할 수 있다. 다른 원소들은 그 계가 더 수월하게 작동하도록 하는 미세 조정에 관여하며, 이렇게 해서 다양한 분자의 꾸러미가 완성된다. 원소로 이루어진 풍성한 포푸리potpourri는 자연 선택 과정에 의해 끊임없이 그 쓰임새를 검증받았고 지금도 검증받고 있지만, 알려진 어느 세포도 탄소 분자의 대부분을 다른 분자로 대체하려는 강한 선택적 편향을 나타내지 않았다.

저온과 고온에서, 여러 산성도와 압력에서, 그 밖의 극단적 조건에서 여러 원소가 어떻게 행동하는지에 대한 우리의 지식으로 보건대, 물리적 조건이 달라진다고 해서 다른 원소가 탄소의 자리를 빼앗아 생명체에 유용한 화학 작용의 조합이라는 임무를 대신할 것 같지는 않다.

결론적으로 어떤 물리적 조건도, 적어도 주기율표의 원자가 안정된 조건에서라면 원자의 기본적 전자 구성을 바꾸지 않을 것이다. 물론 원자들이 반응을 겪는 속도와 다른 원자와 상호 작용을 하는 방법은 환경에 따라 달라질 수 있다. 하지만 파울리의 배타 원리와 그에 따른 전자 배열로 인한 핵심적 특징은 불변한다. 주기율표에서 이용할 수 있는 원소의 범위가 제한적임을 감안하면 우주의 어느 행성에서든 생명이 지구에서와 똑같이 주기율표를 훑으며 맹목적 진화 과정을 진행하더라도 결국 똑같은 원소들을 고를 것이다. 물론 원소의 쓰임 여부, 쓰임새, 생명계에서의 양은 지구에서와 마찬가지로 천차만별이겠지만, 생명의 주요 원소들이 행하는 기본적 역할은 우주의 어느 은하에서나 똑같을 가능성이 크다.

탄소가 생명 구성의 중심 원자이고 물이 생명 활동의 무대라는 사실을 물리적 원리로 설명할 수 있다는 생명은 자연스럽게 마지막 요점으로 이어진다. 탄소 및 물 기반 생명이 보편적이며 물리적 원리가 생명에 가능한 화학적 구조를 제약한다는 우리의 확신은 두 가지 방향으로 발전할 수 있다. 첫 번째는 온건한 관점이라고 부를 것이다. 이 관점에서는 외계 생화학 작용이 — 액체 질소의 실리콘 기반 생명체이든 황산 구름의 내산성 생명체이든 — 가능하기는 하지만 드물다. 이 외계 생명체가 특이한 조건을 필요로 하고 탄화물과 물이 우주에 비교적 풍부하므로 이런 생명체는 가능성이 희박하다. 이 관점을 풍부함 기반의 탄소-물 편향 관점이라고 부를 수 있으리라.

두 번째 관점은 강경한 관점으로, 화학 기반의 탄소-물 편향 관점이라고 부를 수 있을 것이다. 이 관점에 따르면 다른 어떤 생명체도 가능하지 않으며 규소 같은 원소와 암모니아 같은 대안적 용매의 화학적 성질은 우주에 얼마나 풍부한가와 무관하게 다양성이 부족하여 생명의 형성을 추동하지 못한다.

생명에 대한 나의 견해는 온건한 관점을 최소한으로 유지하면서 강경한 관점 쪽으로 심하게 기울어 있다. 탄화물과 물이 풍부하기에 다른 곳의 생명은, 만일 존재한다면, 탄소와 물을 기반으로 할 가능성이 크다. 앞에서 보았듯 탄화물과 물이 우주에 널리 분포한다는 사실과 이 두 가지 물질이 온갖 종류의 행성체에서 모이는 성질을 보면 생명의 가장 유력한 성분이라고 할 만하다.

하지만 탄소 및 물 기반 생명체가 유일한 가능성이라는 강경한 관점에 내가 단지 〈심하게 기울어 있는〉 이유는 무엇일까? 그것은 독단이 과학의 수준을 떨어뜨리기 때문이다.

외계 행성계 어딘가에서 암모니아가 유난히 풍부하여 암모니아 바다가 형성되고 행성화학적 조건 덕에 단순한 자기복제 유기체가 등장했을 가능성을 배제할 수 있을까? 외계 행성의 지각 어딘가에서 산소나 물리적·화학적 조건이 풍족하지 않아서 규산염 형성이 억제되고 일부 광맥에서 규화물로 이루어진 자기복제 군체가 생겨났을 가능성을 배제할 수 있을까?

강경한 탄소-물 편향을 독단적으로 옹호하는 것이 수사적으로 매력적일지는 몰라도, 원소들의 화학 작용에 대한 지식이 미흡한 상황에서 다른 가능성을 배제하는 것은 어리석은 짓일 것이다. 행성계가 형성되는 조건의 화학적 성질과 온전한 다양성에 대한 우리의 이해는 아직 불충분하기에 우리는 여전히 열린 마음을 가져야 한다. 그럼에도 온건한 탄소-물 편향조차도 지구의 생명에 보편성이 있다는 입장에 선다. 그것은 바로 생명체의 원자 구조에 영향을 미치고 제약을 가하는 단순한 물리적 원리이다.

11장
보편 생물학이 가능할까?

탄소 기반 화합물과 물이 우주에 풍부한 것을 보면서 생명의 구조에 대해, 또한 다른 곳에서도 원자 구조가 비슷할 가능성에 대해 확고한 결론을 내리고 싶을 수도 있겠지만, 우리가 벗어날 수 없는 사실이 하나 남아 있다. 그것은 지금의 지식이 가진 불가피한 한계이다. 우리는 아직 하나의 행성을 근거로 결론을 내릴 수밖에 없다. 생명에 작용하는 보편적인 물리적 원리가 다른 곳의 생명에도 비슷하거나 똑같은 결과를 가져올 것인지에 대해 추론할 때 지구상의 생명만을 이용한다면 한계에 갇힐 수밖에 없다. 이 상황은 $N = 1$ 문제로 불리기도 한다.[1] 아무리 자존감이 낮은 과학자라도 크기가 1인 표본에서 결론을 이끌어 내는 것은 꺼림칙할 것이다. 이런 이유로 많은 사람들은 생명의 특징이 어디까지 보편적이고 필연적인지에 대한 논의가 시작부터 잘못되었다고 생각한다.

지구상에서나 (가설적으로) 다른 곳에서 모든 생명에 공통된 성질을 찾으려는 시도는 이따금 보편 생물학이 존재하는지 알아내려는 시도로 불린다. 생물학이 자율적인지 물리학 특유의 법칙이 있는지는 뜨거운 논쟁거리이지만, 여기에 붙은 이름은 심심하기 그지없다.[2] 〈보편 생물학〉이라는 용어는 〈환경에 대응하여 진화하는 자기복제적 물질 덩어리의 어떤 측면이 그런 물질의 모든 표본에 공통되는가?〉라는 질문을 압축한 표현에 불과하다. 이 책에서 내가 가정한 바에 따르면 진화하는 자기복제적 물질을 잠정적으로 정의하는 일반적 용어가 바로 〈생명〉이다.

〈생물학〉과 〈물리학〉을 별개의 두 분야로 엄격히 규정하는 것은 말썽을 자초하는 격이다. 그러면 우리가 인간 언어에 정신적으로 종속된 탓에, 일부 〈생물학 법칙〉이 보편적인가라는 무의미한 질문을 던지기 시작하게 되기 때문이다. 사실, 생물학 법칙은 하나도 존재하지 않는다. 물리학도 마찬가지다. 우주가 어떻게 작동하는가를 결정하는 법칙만이 있을 뿐이다. 이 법칙들은 모든 물질 형태에 어김없이 작용한다. 자신을 물리학자나 생물학자라고 부르는 것은 애석하게도 편협한 태도이다. 생물학자들은 흥미로운 작용을 하는 특수한 물질 덩어리에 우연히 연구 노력을 집중하고 우리는 그 물질을 종종 〈생명〉이라고 부르지만, 생물학자와 물리학자에게 공통의 관심사인 이 물질은 같은 우주에 있으며 그렇기에 이 우주의 질서에 대해 이끌어 낼 수 있는 보편적 원리를 따를 가능성이 있다.

많은 사람들은 $N = 1$ 문제 때문에 생물학의 특징이 무엇이

냐는 질문에 답할 수 없다고 생각하지만, 우리가 디디고 선 땅은 생각만큼 불안정하지 않을지도 모른다.[3] 이 책에서 들여다본 생명의 여러 특징들은 추론컨대 모든 곳의 모든 생명에 적용되는 물리 법칙을 따르는 듯하다.

우리는 탄소가 생명의 주요 원소인 이유를 살펴보았고 탄소의 복잡한 화학 작용이 우주를 통틀어 다른 원소보다 우위에 있음을 확인했다. 물리적 성질과 우주에 풍부하다는 사실에 비추어 볼 때 물은 보편적 생물학 용매의 후보로 적격이다. 하지만 우리는 생명의 보편적 특징을 놓고 다투는 다른 경쟁자들도 살펴보았다. 단백질 사슬은 가장 낮은 에너지 상태를 향해 접히는 경향이 있어서 예측 가능한 몇 가지 형태에 국한된다. 이 관찰을 통해 생명체를 이루는 모든 화합물 사슬은 보편적 열역학 법칙이 적어도 부분적으로 작용하는 제한된 방식으로 접힐 것이라 예측할 수 있다. 환경은 자연적으로 확산하는 경향이 있는데, 이에 반해 집중하는 물리적 과정을 일컫는 세포성은 물질의 자기복제계가 지닌 보편적 특징의 후보로 손색이 없다.

하나의 유기체 전체 규모에서 진화는 단 하나가 아니라 오만 가지 형태를 실험했다. 수렴 진화 덕분에 무수히 많은 동물이 우리의 친구 두더지처럼 모양과 구조 면에서 물리적 원리에 의해 서로 독자적으로 비슷한 형태를 가지게 되었다. 고양이에서 고래에 이르는 다양한 동물에서 대사율과 수명 같은 다양한 성질과 크기와의 연관성을 규정하는 비례 법칙은 모든 유형의 생명에 원리가 적용될 수 있음을 시사한다.[4] 이 관찰에서는 우리의 생물권 하나에서만도 진화가 온갖 실험을 통해 물리적 원리가 다양한 규모에서 공통의 생명 형태를 어떻게 빚어내는지 탐구한다는 사실을 알 수 있다. 생물권이 하나라고 해서 진화의 산물이 어떻게 물리 법칙에 의해 빚어지는가에 대한 일반 원리를 이해하지 못하라는 법은 없다. 그렇다면 우리는 이 원리를 이용하여 다른 곳의 생명이 어떤 성격일지 예측할 수도 있을 것이다. 지구상의 모든 생명이 이른바 〈최후의 보편 공통 조상〉으로부터 공통의 유산을 공유하기에 보편 생물학에 대한 논의에는 결함이 있을 수밖에 없다는 주장에 따르면, 공통의 생화학적·발달적 유산에 의한 유사성을 일반 원리에 의한 유사성으로 착각하지 않도록 주의해야 한다. 하지만 이 사실을 유념하더라도 우리의 특정한 진화 실험으로 이어진 생명의 성공적 기원이 왜 특정한 원자 구조를 가지는가는 여전히 문제 삼을 수 있다. 특정한 유전적 유사성과 발달생물학적 경로를 감안하더라도 우리는 여전히 유기체들이 물리적 원리를 반영하는 형태로 수렴하는 것을 볼 수 있다.

하지만 우연성이 어디에서 중대한 역할을 할 것인지 알아내는 것은 종종 쉬운 일이 아니다. 유전 부호를 염두에 둘 수도 있을 것이다. 유전 부호가 특정 염기를 채택하고 네 개에 최적화되었다는 사실은 우리에게 친숙한 부류의 분자들을 이용한다는 사실에서 예측할 수 있는 결과이다. 우리의 유전 부호는 한때 생각했던 것보다는 훨씬 덜 별난 사건으로 보이지만, 극단적으로 다른 화학적 유전 정보 체계가 생명체에 얼마나 많이 존재할 수 있는가라는 질문은 여전히 남아 있다. 0개일까, 10개, 100개, 아니면 그 이상일까? 우리의 유전 부호에 대한 질문은 이것만이 아니다. 유전 부호와 기능적 분자 사이에는 매개자, 즉 RNA 같은 전령이 필요할까?

보편적인 분자 조합을 정의할 수는 없더라도, 그런 조합의 일반적 화학 작용에서 예상되는 보편적 특징에 대해서는 무언가 할 이야기가 있을지도 모르겠다. 어쩌면 DNA에 음전하를 띤 인 뼈대가 있는 것처럼 다른 생명의 분자 요소 또한 음전하나 양전하가 길이를 따라 반복되는 긴 사슬로 이루어졌으리라 예측할 수 있다.[5] 합성생물학과 꾸준한 화학 탐구를 통해 언젠가 우리는 이 질문에 답하고 궁극적으로 생명의 보편적인 특징에 대해 더 자세히 서술할 수 있을지도 모른다.

아마도 생명의 특정 구조에 치중하는 것은 잘못인지도 모르겠다. 그렇다면 우리는 필수적인 물리적 원리에 불가결하게 연결되었음을 밝힐 수 있는 생명 과정이나 산물에 주목해야 한다. 이러한 과정과 산물이야말로 무엇이 생명에 보편적인지 발견하는 길일 가능성이 더 클지도 모른다.

생명체가 번식하고 진화하여 지구상에서 관찰되는 다채로운 생명을 만들어 내려면 한 세대에서 다음 세대로 전달되는 부호를 담아야 하며, 그 안에 새로운 생명체를 생산하는 데 필요한 정보를 담아야 한다. 그 부호는 완벽하게 재생산되어서는 안 된다. 변이가 생겨나지 않으면 환경이 달라졌을 때 새로운 형태가 만들어질 수 없기 때문이다. 하지만 유전 부호의 재생산이 너무 불완전해도 안 된다. 세대마다 오류가 너무 많으면 생명이 〈오류 파국error catastrophe〉에 의해 무정형의 유기물 뒤범벅으로 퇴화할 것이다. 생명을 진화 과정과 불가분의 관계로 연결하는 이 특징은 아마도 보편적일 것이다. 〈완벽함과 오류 파국 사이에서 재생산되는 부호가 담긴 물질 재생산 체계〉라는 생명의 정의는 생명을 구성하는 물질의 보편적인 물리적 성질의 후보가 될 수 있을지도 모른다. 그렇다면 여기서 우리가 생명의 보편성을 찾는 방법은 물질이 진화를 겪기 위해 필요한 특징을 알아내는 것인지도 모르겠다. 그것은 우리가 생명이라고 부르는 물질을 제약한다고 판단되는 특징들 중 하나이다.

생명이 에너지를 소산하고 이를 이용하여 번식하고 진화하는 물질계라고 생각한다면 보편적 성격을 정의할 근거로 생명의 에너지 순환과 열역학에 눈길을 돌리게 된다. 이를테면 전자 전달이 에너지를 얻는 보편적 방법일지도 모른다고 생각한다면 모든 생명체가 에너지를 얻는 데 쓸 수 있는 몇 가지 원소나 분자를 가려낼 수도 있을 것이다. 우리는 알맞은 생화학적 메커니즘이 존재한다면 우주 어디에서나 생명이 수소와 이산화탄소를 에너지원으로 이용할 수 있음을, 그리고 그 과정에서 메탄을 생성할 수 있음을 안다. 이 두 가지 화합물은 많은 환경에서 열역학적으로 바람직한 에너지 산출 반응을 일으키기 때문이다. 이것은 우연한 진화가 아니라 물리 법칙에 의해 정해진 사실이다. 그렇다면 생명이 환경에서 자유 에너지를 얻기 위해 이용할 수 있는 보편적 전자 공여체와 수용체를 정리하는 것은 매우 간단한 문제가 되며, 이를 통해 생명의 에너지 잠재력에 대한 보편적 주장을 이끌어 낼 수 있다.

에너지를 고려함으로써 다른 예측을 도출할 수 있을지도 모른다. 외계 생명체가 서로 잡아먹는다면, 우리는 지구의 생명과 마찬가지로 먹이 사슬에서 에너지가 제한되는 꼭대기의 포식자는 수가 적고 몸집이 큰 반면에 먹이 사슬의 아래쪽에 있는 생물은 수가 많고 몸집이 작을 거라 예측할 수 있다. 아원자 규모의 전자 전달계에서 개체군 규모의 먹이 그물에 이르는 이 생명의 양상들을 지휘하는 것은 열역학이다. 게다가 열역학의 기본 법칙들처럼 에너지의 이동을 나타내는 법칙들의 생물학적 결과를 탐구하면 생명의 보편적 형태를 정의할 수 있을지도 모른다.

생명체의 형태를 예측하기 위해서는 $P = F/A$ 같은 불변의 방정식을 들여다보고 이 방정식을 유기체, 즉 두더지와 벌레 같은 하나의 유기체 전체 규모의 대상에 적용했을 때 나타날 수 있는 보편적 결과를 탐구할 수 있을 것이다. 이 책에서 살펴본 많은 방정식은 언제나 예외 없이 보편적으로 적용되므로 생명체의 구조에서 가능한 조합 방식과 일반적 수렴 현상을 예측하는 틀이 될 수 있다.

잠재적으로 보편적인 생명의 과정과 구조의 탐구에 있어

서 진전을 거둘 희망이 보이는 가운데, 물리학이 지구의 생명을 어떻게 제약하는가와 관련하여 우연의 범위를 탐구하는 가장 믿을 만한 방법이 또 다른 생명의 사례를 연구하는 것임은 당연한 말이겠지만 그래도 언급할 만한 가치는 있을 것이다. 우리가 지구 밖에서 또 다른 생명의 사례를 발견할 가능성은 얼마나 될까?

우리는 진정 독립적으로 발생한 생명, 즉 백지에서 시작되는 진화 실험을 지구 바깥에서 발견할 수 있을지 알지 못한다. 우리 태양계에서는 고대 화성의 지형처럼 예전에 생명체를 지탱할 수 있었고 생명체가 서식할 수도 있었을 수생 환경이 무수히 발견되었다.[6] 어쩌면 오늘날 그 행성 표면 아래에 생명이 있을지도 모른다. 목성의 위성 에우로파와 토성의 위성 엔켈라두스와 타이탄을 비롯한 외행성의 차가운 위성들에는 액체 상태의 물이 바다를 이루고 있다.[7] 이런 환경은 독자적 진화 실험의 무대가 될 수 있을까? 설령 그렇더라도 만에 하나 그곳의 생물상이 지구의 생명과 친척뻘이라면 문제가 복잡해진다.[8] 초기 원시 행성 원반에서 행성들이 처음으로 뭉친 이후로 암석과 (그곳에 더부살이할지도 모르는) 생명이 운석의 형태로 행성 간에 자유롭게 공유되면서 우리 태양계 안에 존재했을지도 모르는 것이다. 그럼에도 우리 태양계에서 생명을 탐색하는 것은 과학의 목표로서 가치 있는 일이다. 지구와 독립적으로 진화한 생명을 찾게 된다면 생물학의 보편성에 대해 판단을 내릴 수 있기 때문이다. 우리가 찾은 생명체가 지구 생물상과 친척뻘이거나 어떤 생명체도 찾지 못하면 우리가 생물학에 대해 배우는 것은 별로 없겠지만, 적어도 생명의 분포에 대해, 또한 생명이 태양계 내에서 기원하거나 전달되는 능력 또는 능력의 결여에 대해 무언가를 배울 수는 있을 것이다.

태양계 로봇 탐사의 인상적인 발전 이외에 다른 항성 주위에서 지구형 천체를 찾는 계획에서도 눈부신 진전이 이루어졌다. 이 혁신들을 통해 생명의 어떤 특징들이 보편적인지에 대한 우리의 질문에 답할 가망이 생길까? 먼 항성 궤도를 도는 외계 행성을 방문하거나 그곳의 생물권 표본을 얻기까지는 오랜 시간이 걸릴 것이다. 설령 가능하더라도 몇 광년에서 몇십 광년 떨어진 행성에 가는 것조차 우리의 현재 기술로 상상할 수 있는 최상의 추진 시스템으로도 여러 세대에 걸친 임무가 될 것이다. 외계 행성 발견이 생물권 집합을 확장하여 생명의 보편성을 탐구할 실제 가능성을 열어 주리라고 말하는 것은 시기상조이다.[9]

그럼에도 다른 생물권을 발견하여 이 책에서 제시된 주장들을 검증한다는 거창한 야심은 차치하고 — 하지만 언젠가 그럴 수도 있으리라는 희망은 간직한 채 — 이 놀라운 외계 행성 발견에 대해서는 뭔가 논의할 이야깃거리가 있다. 관심의 범위를 좁히면 적어도 약간 다른 질문들을 던질 수 있을 것이다. 이 외계 행성들은 얼마나 이질적일까? 우리가 아는 지구 생명을 가설적 출발점으로 삼더라도 이 행성들의 환경에서 진화가 다른 방식으로 진행되리라 예상할 수 있지 않을까?

풍부한 데이터를 기반으로 한 앞선 지적 유희에 비하면 조금 사변적으로 보일지도 모르겠지만, 이따금 이런 생각은 우리 자신의 세계에 대한 관점에 빛을 비춰 지구에서의 진화 산물을 빚어내는 힘들에 대해 참신한 질문을 던지도록 자극할 수 있다. 다른 행성을 이용하여 지구를 새로운 시각에서 바라보는 것은 종종 인간 정신의 벽을 허무는 효과적 방법이다. 따라서 생명의 구조가 보편적인가라는 질문에 온전하게 마음을 열기 위해서라도 외계의 이 새로운 지평을 잠깐 들여다보고 모종의 진화적 사유에 빠져 보자.

열성적 과학자들은 행성을 찾으려고 먼 항성에 시선을 돌리면서 우리와 매우 비슷한 행성계에서 우리의 상상력을 자극하는 세계를 찾을 수 있으리라 기대했다. 항성을 넘어선 외부 영역에서는 목성과 토성 같은 거대 기체 행성이 궤도를 돌 것이며 (우리 태양계에서처럼) 태양계 여명기의 쌀쌀한 온도는 (항성 근처의 내부 영역에서 우주 공간으로 기화하는 경향이 있는) 수소와 헬륨 같은 가벼운 기체의 응결에 유리할 것이다. 항성 가까이 갈수록 그런 기체가 사라지고 암석질 잔해가 남는다. 이른바 지구형 행성인 금성, 수성, 화성과 우리의 특별한 보금자리 지구를 형성한 물질의 조각들이 부딪히고 엉겨 만들어진 것들이다. 작은 암석 조각은 항성 가까이에, 큰 기체 덩어리는 멀리. 이 원리는 훌륭히 실현되는 듯하다.

그렇기에 먼 항성의 궤도를 도는 또 다른 천체가 처음으로 발견되었을 때 이 거대한 천체의 공전 주기가 닷새밖에 안 된다는 사실을 알고서 천문학자들은 경악을 금치 못했다! 이 행성이 자신의 항성에 하도 가까이 접근해 있어서 천문학자들은 이 새로운 천체를 뜨거운 목성이라고 부르는 수밖에 없었다. 1990년 지구에서 50.9광년 떨어진 곳에서 SF에 나올 법한 이름인 페가수스자리 51 항성의 주위를 도는 최초의 이른바 외계 행성이 발견되자 천문학자들은 혼란에 빠졌다.[10] 어떻게 이렇게 가까운 궤도를 돌 수 있지? 이렇게 큰 기체 천체는 기화해야 마땅하지 않나? 이 발견으로 인해 천문학자들은 먼 행성을 탐색하던 초창기에 태양계 생성에 대한 모형을 수정해야 했다. 이 거대한 천체가 부모 별에 꼭 달라붙어 있는 현상을 제대로 설명할 수 있는 이론은 하나뿐이었다. 이 행성들은 자신의 태양계 외부에서 이주하여 작은 암석형 천체들만 있는 것으로 생각되는 영역에 자리를 잡은 것이다. 이 발견은 우리 태양계가 전형적이지 않을지도 모른다는 최초의 암시였다.

페가수스자리 51b 행성 이후로 새로운 발견이 축적되면서 SF에 나올 법한 독특한 유형과 궤도의 행성들이 물밀 듯 쏟아졌다. 첫 관측으로부터 약 20년 뒤에도 놀랄 일은 그치지 않았지만, 몇 가지 사실은 분명해졌다. 이 사실들은 앞으로도 오랫동안 건재할 것이다. 우리 태양계의 구조는 전형적이지 않다. 다른 태양계에서는 행성들이 다양한 형태로 엮이는데, 이주한 행성들이 궤도를 교란하여 크고 작은 행성들을 중력에 따라 저마다 다른 위치에 놓이도록 한다. 많은 행성은 우리 태양계의 주요 행성들과 달리 원에 가까운 궤도를 돌지 않는다.[11] 행성들은 길쭉한 타원 궤도를 돌기도 하는데, 마치 우리에게 친숙한 혜성처럼 항성에서 멀리 호를 그리다가 휙 다가와 옆을 스치는 것이다. 이 극단적 궤도들은 새 행성이 형성되고 다른 행성들이 진입하던 초기에 이 행성계를 빚어낸 섭동과 상호 작용의 결과이다. 일부 궤도는 하도 극단적이어서 행성들이 자신의 태양계 바깥으로 완전히 뛰쳐나가 무한의 심연으로 추방되는 것처럼 보일 정도이다.

전 세계 외계 행성 사냥꾼들이 찾아낸 것은 그야말로 기이하고 놀라운 장소들의 진수성찬이었다. 천문학자들은 뜨거운 목성들뿐 아니라 뜨거운 해왕성들도 찾아냈다.[12] 이 천체들은 천왕성이나 해왕성만 한 크기의 작은 기체 천체이다.

신기한 발견은 이것만이 아니다. 어떤 기체 거대 행성은 항성 주위를 어찌나 가까이 도는지 항성의 뜨거운 열 때문에 기체가 거대하게 팽창하여 대기가 부풀기도 한다. 이렇게 생긴 〈보송보송 행성puffy planet〉은 밀도가 매우 낮다. 이를테면 HAT-P-1b는 크기가 목성보다 약간 크고 453광년 떨어진 곳에서 4.47일에 한 번씩 항성 주위를 돈다. 이 행성의 밀도는 액체 물의 4분의 1에 불과하다.[13] 이렇게 부푼 공 모양의 천체는 몇십 년 전만 해도 천문학자들에게는 상상할 수도 없는 것이었다.[14]

더 흥미로운 것은 생명의 조건이 존재할지도 모르는 천체들이다. 외계 천체 검출 기법이 개선되면서 점점 작은 크기의 행성을 검출할 수 있게 되었다. 지구 질량과 해왕성 비슷한 천체의 사이 어디엔가 행성이 거대 기체 천체에서 작은 암석형 천체로 바뀌는 회색 지대가 있다. 이 두 극단 사이에 있는 행성은 〈슈퍼 지구super-Earth〉라고 불리기도 한다. 이 용어는 다소 오해의 소지가 있는데, 이 천체들이 반드시 지구를 닮은 것은 아니기 때문이다. 상당수는 생명이 살 수 없거나 지구와 전혀 다른 조건에서 출발한 것으로 보인다.[15] 일부는 질량의 상당 부분이 물인 바다 천체일 것이다.[16]

진정한 지구형 행성을 찾는 탐사에서 중요한 것은 항성 주위에서 생명체 거주 가능 영역habitable zone, 즉 태양 복사가 적당해서 액체 물이 지표면에 머물 수 있는 행성을 발견하는 것이다.[17] 항성에 너무 가까이 가면 금성처럼 바닷물이 끓어오르는 데다, 대기 중 이산화탄소 농도가 높아 지독한 온실 효과가 발생하는 탓에 물이 죄다 증발한다. 반면에 항성에서 너무 멀면 얼어붙은 겨울 왕국 신세를 벗어나지 못한다. 생명체 거주 가능 영역은 〈골디락스 지대Goldilocks zone〉라고 불리기도 하는데, 온도가 딱 알맞은 지대를 일컫는다. 우리의 진화 실험이 자신의 능력을 탐구한 것도 골디락스 지대에서였다.

완전한 지구형 행성의 칭호를 처음으로 얻은 행성은 약 1,400광년 떨어진 케플러-452 궤도를 도는 행성이었다. 지름이 지구의 약 160퍼센트로 크기는 약간 더 크지만, 태양형 항성 주위를 돌고 생명체 거주 가능 영역이 있는 최초의 행성

이었다. 나이는 지구보다 좀 많은 약 60억 년이다.[18]

케플러 천체 망원경 같은 장비로 수집한 막대한 데이터에 따르면 우리 은하 내 태양형 항성의 약 5~7퍼센트에서 지구형 행성이 생명체 거주 가능 영역에 존재하는 것으로 추정된다.[19] 이를 전체 은하로 확대하면 어마어마한 숫자가 된다. 생명체가 살 수 있는 지구 크기의 천체가 은하수에 80억 개 있다고 상상해 보라! 물론 50억인지 100억인지는 논란의 여지가 있지만, 이것은 지엽적 문제이다. 외계 행성의 발견으로 소형 암석형 천체가 무척 흔하다는 사실이 밝혀졌다.

천문학자들은 이 행성들을 어떻게 발견했을까? 외계 행성을 발견한 사연을 읊자면 책 한 권으로도 모자랄 것이다. 이 이야기가 생명과 물리적 원리라는 우리의 주제에서 약간 벗어나기는 하지만 잠깐 옆길로 샐 만한 가치는 있다. 외계 행성 발견은 물리과학에 종사하는 연구자와 생명과학에 종사하는 연구자 사이에 매혹적인 교류가 이루어지고 있음을 보여 준다. 두 집단의 동기는 다른 행성의 물리적 조건, 모든 생명에 영향을 미칠 것이라 가정되는 조건을 이해하려는 관심이다.

20년 전만 해도 천문학자와 생물학자는 평범한 잡담 말고는 서로 할 이야기가 거의 없었다. 하지만 천문학자들이 외계 행성을 탐색하여 질량이 지구와 비슷한 행성을 찾아내면 결국 생물학자들이 생명의 흔적을 살펴봐야 한다. 이를 통해 물리과학과 생명과학이 협력하게 되었으며, 이렇게 협력함으로써 행성의 형성, 행성 표면의 특징, (따라서) 생명이 탄생할 수 있는 잠재적인 물리적 환경 등의 조건이 어떻게 우주물리적·물리적 원리에 의해 생겨나는지에 대해 풍성한 아이디어를 거둘 수 있다. 이것은 우주생물학에서 가장 흥미진진한 신생 분야 중 하나이다.

활활 타는 항성 주위에서 행성을 찾아내기란 간단한 일이 아니다. 가장 거대한 목성만 한 천체에서 반사되는 빛조차도 항성의 어마어마한 핵융합로에서 발생하는 빛에 비하면 수십억 분의 1밖에 안 된다. 이 한계를 극복하려면 기발한 아이디어가 필요한데, 기발함은 천문학자들에게 결코 모자라지 않는 덕목이다.[20]

여러분이 망원경으로 먼 태양계를 원궤도가 보이는 게 아니라 행성이 좌우로 왔다 갔다 하는 것처럼 보이는 각도에서 관측한다고 상상해 보라. 망원경 렌즈에 맺히는 것은 태양계 중심의 밝은 항성이지만, 항성은 이내 어두워진다. 그 앞으로 우아하게 지나가는 것은 궤도를 도는 행성이다. 행성이 태양 앞을 지나는 동안 그 불투명한 형체가 태양 빛을 일부 차단한다. 차단 정도는 1퍼센트 정도로 그다지 크지 않지만, 좋은 망원경과 광량 측정 장비가 있으면 행성이 지나갈 때 광량이 일시적으로 감소하는 것을 알아차릴 수 있다. 통과 측광법transit method이라고 불리는 이 방법에는 한계가 있는데, 그것은 태양계를 모로 관측할 수 있어야 한다는 것이다. 이런 행성계를 정면으로 관측하는 것은 소용이 없다. 행성이 원궤도를 그리므로 항성의 빛을 가리는 일이 없기 때문이다. 그럼에도 통과 측광법은 남다른 성공을 거뒀다. 행성의 궤도를 정의하는 법칙을 처음으로 확립한 17세기 천문학자 요하네스 케플러의 이름을 딴 케플러 천체 망원경은 이 방법으로 1,000여 개의 행성을 발견했다. 태양계가 우리에게 모로 보여야 한다는 한계에도 불구하고 수많은 행성을 찾아낸 것이다.

천문학자들이 행성을 발견하기 위해 고안한 기발한 방법은 이뿐만이 아니다. 행성으로 인해 중심 항성에서 일어나는 흔들림wobble을 관측하는 방법도 있다. 결혼식 피로연장에서 신랑 신부가 춤추는 광경을 상상하거나 떠올려 보라. 둘이 서로 손을 잡고 힘차게 회전한다. 두 사람은 공통의 무게 중심, 즉 둘 사이의 어딘가에 있는 상상의 점 주위를 회전하다가 결국 둘 다 흐릿해진다. 두 사람의 춤이 끝나자 불운한 젊은 신부의 덩치 큰 큰아버지가 춤을 청한다. 가녀린 여인은 큰아버지의 손을 꽉 붙잡지만, 이번에는 상대방의 질량이 너무 커서 그녀는 그의 주위를 날고 그는 바닥에 붙박여 있다. 하지만 그가 완전히 고정되어 있는 것은 아니다. 둘의 공통 무게 중심은 거인 큰아버지의 가장자리쯤이나 심지어 그의 내부에 있는 가상의 점이다. 그도 흔들리며 공통 무게 중심 주위를 회전하지만 자신의 주위를 도는 작고 가벼운 신부보다는 회전 반경이 작다. 춤이 끝나면 신부는 현기증이 나고 큰아버지도 비틀비틀 자기 자리로 돌아가 털썩 주저앉는다.

우주물리학의 세계도 마찬가지다. 행성은 항성 주위를 한 치의 오차 없이 회전하는 것이 아니다. 두 천체는 공통의 무게 중심 주위를 회전한다. 하지만 항성이 하도 무거워서 공통의 중력 중심은 사실상 항성에 파묻혀 있다. 작은 행성이 항성 주위를 도는 동안 항성은 무언가가 자기를 잡아당기고 있다는 사실을 알아차리지 못한다. 하지만 그 효과는 작긴 해도 엄연히 존재하며, 항성은 약간 비틀거리는 우리의 큰아버지처럼 미세하게 흔들린다. 행성의 질량이 회전에 영향을 미치는 것이다. 궤도를 도는 행성이 많으면 움직임이 더 복잡해지기에 흔들림의 속도와 패턴에서 많은 천체의 존재를 밝혀낼 수 있다.

거의 감지할 수도 없는 이 변화를 수백에서 수천 광년 떨어진 우리가 어떻게 볼 수 있을까? 희소식은 여기서 아이스크림이 무대 중앙에 등장한다는 것이다. 여러분은 해마다 여름이 되면 아이스크림 트럭의 음악 소리를 듣고서 기쁨에 겨워 길거리로 뛰쳐나간 기억이 있을 것이다. 그런데 트럭이 가까워지면 노랫가락의 음높이가 높아지지만, 트럭이 여러분을 지나쳐 가면 음높이가 낮아진다(트럭을 세우지 못해 속상한 기분을 달랠 수 있는 것은 물리학의 매력뿐이다). 더 불길하기는 하지만 구급차 소리에서도 같은 효과를 관찰할 수 있다.

1842년에 그 원리를 제시한 오스트리아의 물리학자 크리스티안 도플러Christian Doppler의 이름을 딴 도플러 효과가 이 음높이의 원인이다. 도플러 효과는 쉽게 이해할 수 있다. 아이스크림 트럭은 여러분에게 접근하면서 소리를 내지만 계속 움직이고 있어서 음파를 낼 때마다 매번 직전 음파보다 여러분과의 거리가 가까워지기 때문에 파장 사이의 시간이 줄어든다(이 때문에 진동수가 높아지는데, 이것이 여러분의 귀에는 음높이가 높아진 것으로 들리는 것이다). 못된 운전사가 멀리 사라지면 트럭에서 나오는 일련의 음파는 점점 멀어진다. 트럭과의 거리가 멀어질수록 음파의 진동수가 낮아지는데, 이것은 사실 음파가 늘어나는 셈이다.

그런데 아이스크림이 외계 행성과 무슨 관계일까? 관건은 도플러 효과가 빛에도 영향을 미친다는 것이다. 소리와 마찬가지로 빛도 파동으로 이동하기 때문이다. 항성 같은 빛나는 천체가 여러분에게 접근하면 항성이 정지해 있을 때보다 빛이 약간 파랗게 바뀔 것이다. 항성이 여러분 쪽으로 오면서 빛의 파장이 살짝 짧아져 스펙트럼의 파란색 쪽으로 이동하기 때문이다. 마찬가지로 항성이 여러분에게서 멀어지면 빛은 약간 빨갛게 바뀐다. 빛을 늘이면 파장이 길어지기 때문이다.

거대 항성은 자신의 주위를 도는 행성과의 공통 무게 중심 주위로 흔들리므로, 지구에서 모로 보면 항성은 아주 조금 다가왔다가 물러나는 것처럼 보인다. 이 흔들림 때문에 빛의 스펙트럼에 미묘한 변화가 일어난다. 항성이 여러분에게 가까워지면 빛은 파래지고, 여러분에게서 멀어지면 빨개진다. 빛의 스펙트럼 변화를 정확히 관측하면 외계 행성을 검출하는 이 도플러 편이 기법을 통해 궤도를 도는 행성의 질량을 확인할 수 있다. 이 기법을 〈시선 속도법 radial velocity method〉이라고 부르기도 한다. 이 데이터를 통과 측광법에서 얻은 정보와 결합하면 — 통과 측광법으로는 행성의 크기도 알 수 있다 — 행성의 밀도를 알아낼 수 있는데, 이는 행성의 화학 조성을 확정하는 데 중요한 정보이다.

이 모든 기이한 신세계를 접하다 보면 규소 생물이 액체 철 바다의 해변을 걷는 웰스의 사변으로 돌아가기 쉽다.[21] 세계의 형태와 크기에 끝없는 변이가 있음을 알았으므로 생물학에도 같은 가능성을 열어 두어야 한다고 말할 수 있을 테니 말이다. 하지만 이 행성들에서 온갖 물리적 성질을 관측할 수 있다고 해도 — 이런 성질은 외계 생명이 특이한 환경에서 살아가고 있음을 시사할지도 모른다 — 물리적 원리가 그런 행성에서 모든 생명을 어떻게 빚어내는지 탐구한다는 이 책의 논의는 달라지지 않는다.

우리는 빛의 스펙트럼을 관측하여 모든 외계 행성이 주기율표의 같은 원소들로 이루어졌음을 안다. 외계 행성이 같은 주기율표로 이루어졌음을 알면 — 이것은 지극히 당연한 사실이다(그러지 않으리라 예상한 사람은 아무도 없었으므로) — 이는 여러 간단하고 직접적인 논점으로 이어진다. 우리가 성간 매질 속과 지구 위와 생명체 내에서 관찰하는 모든 복합 분자에 대해 탄소가 더 나은 후보인 바로 그 제약은 외계 행성에도 적용된다. 어느 암석형 천체에서든 우리는 규소가 주된 광물이라고 예상할 것이며, 진화하는 자기복제적 개체를 만드는 데 탄소가 선호되리라 예상할 것이다. 그러므로 원자 규모에서는 다른 행성에서 생명이 어떤 구조일지 예측하는 것이 가능하다. 만일 생명이 존재한다면 말이다.

물이 우주에 흔한 분자라는 사실은 먼 항성 주위의 암석형 천체 표면에서 찰랑거리는 가장 일반적인 액체가 물임을 의미한다. 물은 암모니아나 (충분한 압력하에서는) 액체 이산화탄소 같은 화합물과 섞일 수도 있지만, 행성의 탄생 시점부터 그 표면에서 이루어지는 모든 생물학 실험에 관여할 만큼 풍부한 용매이다.

다른 생명체가 전자의 자유 에너지에서 얻는 에너지조차도 우리가 지구에서 관찰하는 에너지원과 같은 종류여야 한다. 주기율표에 나와 있거나 보편적 원소에서 만들어진 화합물에 들어 있는 전자 공여체와 수용체는 우주 어디에서나 동일하다. 지구의 특이한 변칙이 아니라 원소와 그 화합물의 열역학에 의한 필연적 결과인 것이다. 온도와 압력 조건에 따라 주어진 반응의 열역학적 타당성이 달라지고 어떤 화합물이 풍부한가에 따라 어떤 에너지원이 생명에 이용될 수 있는지가 달라지는 것은 지구에서 일어나는 변이와 다를 바 없다. 주어진 외계 행성의 지구화학과 지구물리학에 대해 적잖은 지식 없이는 그 행성 표면과 내부에서 어떤 종류의 에너지원이 더 바람직하거나 지배적일지 예측하지 못할 수도 있다. 하지만 주기율표의 연장통에서 만들어 낼 수 있는 반응은 똑같을 것이다.

이 제한된 범위 안에서 행성들이 만들어 내는 생물권은 지구보다 풍성할 수도 있고 빈약할 수도 있다. 어떤 성질은 지구형 행성을 생명으로 더욱 충만하게 할 것이다.[22] 캐나다 맥매스터 대학교의 르네 헬러René Heller와 유타주 웨버 주립대학교의 존 암스트롱John Armstrong은 어떤 행성의 생명체 거주 가능성이 지구보다 더 커지려면 무엇이 필요할지 추측했다. 두 사람은 〈초거주 가능superhabitable〉 행성을 우리의 푸른 오아시스보다 생명에 더 유리하도록 만들 수 있는 여러 요소를 상상했다. 지구보다 약간 큰 행성은 더 많은 생물량이나 심지어 더 많은 다양성을 감당할 수 있을 것이다. 생태학자들은 육지나 대륙붕이 클수록 더 다양한 생명체가 깃들 수 있음을 잘 안다.[23] 대륙 내륙에 수역이 더 많고 건조 지대가 더 적은 행성은 더 많은 생물량을 지탱할 수 있을지도 모른다. 항성의 자외선 복사량이 적은 행성은 방사능 손상이 생명체에게 덜 골칫거리이므로 지표면이 생명에 덜 적대적일 것이다. 우리는 행성 크기, 육지와 바다의 비율, 지표면 온도, 대기 조성 등에 따라 생명의 조건이 어떻게 달라질지 상상할 수 있다.

하지만 지구의 역사만 놓고 보더라도 다양성과 생물량에 영향을 미친 대규모 변동이 여러 번 있었다. 대륙이 이동하는가 하면 대기 조성이 달라졌고, 대륙이 더 건조해지거나 덜 건조해지기도 했다. 소행성 충돌이나 혜성 충돌 같은 천문학적 사건도 주기적으로 우리 지구를 괴롭혔다. 대멸종을 일으킬 만큼 규모가 큰 사건도 있었다. 동식물 생물량으로 따지면 오늘날 지구의 거주 가능성은 5억 년 전보다 더 크다. 하지만 행성 조건이 아무리 달라졌어도 물리학이 생명에 가하는 제약은 달라지지 않았다.

　내 말은 외계 행성의 생명이 지구와 지루할 정도로 비슷하다는 뜻일까? 꼭 그렇지는 않다. 진화 실험의 범위가 물리학에 의해 제약되어 웰스가 상상한 신기한 생명체가 배제되더라도 다른 물리적 조건이 지배적인 천체에서는 여전히 온갖 다양성이 꽃필 여지가 있다.

　다른 곳의 다양한 물리적 조건이 어떻게 생명을 빚어내면서도 매혹적인 다양성을 허용하는지 탐구하는 것은 몇 가지 가능성을 살짝 추측하기만 해도 교훈적이며 심지어 즐겁기까지 하다. 한 가지 물리적 요인은 지구 전체에서 생명에 두루 작용할 뿐 아니라 우주의 어떤 행성에서도 그럴 것이다. 다윈조차 자기 책의 마지막 단락에서 이 요인을 굳이 언급했다. 그것은 바로 중력이다. 많은 암석형 외계 행성에서는 중력이 지구에서와 다르게 작용할 것이다. 이 단일 요인은 생명에 어떤 영향을 미칠까? 중력 가속도가 행성의 질량에 비례하고 반지름의 제곱에 반비례한다는 간단한 관계를 이용하면 다음과 같이 모든 천체에서의 표면 중력 가속도(g)를 계산할 수 있다.

$$g = GM/r^2$$

여기서 G는 중력 상수($6.67 \times 10^{-11} m^3 kg^{-1} s^{-2}$)이고 M은 행성의 질량이다.

반지름이 지구의 열 배인 외계 행성을 생각해 보라. 행성의 질량은 부피에 비례하며 부피는 $(4/3)\pi r^3$으로 구한다. 따라서 질량은 반지름의 세제곱에 비례한다. 중력을 얻으려면 질량을 r^2으로 나누는데, 이는 단지 중력이 $r^3/r^2 = r$의 비례를 나타낸다는 뜻이다. 계산을 단순하게 하기 위해 행성의 부피 밀도가 지구와 같다고 가정하면, 반지름이 지구의 열 배인 행성은 중력도 지구의 열 배일 것이다.

이 머나먼 행성의 들판을 소처럼 생긴 커다란 생물이 돌아다닌다고 상상해 보자. 나머지 요인이 전부 같다면 이 생물의 무게(유기체의 질량 곱하기 중력 가속도인 mg로 구한다)는 지구의 열 배일 것이다. 동물의 무게를 지탱하는 것은 다리의 단면적이고, 무게가 열 배 증가하면 다리의 단면적이 열 배 증가하기 위해 다리의 지름이 3.2배 증가한다. 이렇게 지름이 증가하면 다리의 단면적당 아래로 가해지는 힘은 지구의 소와 같을 것이다.

외계 소는 우리에게 친숙한 소보다 다리가 굵어야 하며 이를 상쇄하기 위해 몸은 더 작을 것이다. 큰 중력에서 진화했기에 뼈나 근육이 튼튼해서 지구의 생명체와 별로 다르지 않을지 몰라도, 이 고중력 행성의 대형 생명체에는 고중력 환경의 해부학적 흔적이 새겨져 있을 것이다.

외계 물고기는 어떨까? 유체에 작용하는 힘이 $mg - \rho V g$로 주어진다는 것을 떠올려 보라. 첫 번째 항은 동물의 무게이다. 따라서 중력이 열 배인 우리의 외계 행성에 서식하는 물고기는 무게도 열 배이다. 하지만 물고기에 의해 대체된 물의 무게도 중력에 비례하므로, g가 포함된 부력 항 $\rho V g$ 또한 이 신세계에서 열 배 더 크다. 즉, 중력을 열 배 증가시켜도 물고기에게 미치는 순 영향은 전혀 없다. 어류와 고래는 지구에 살든 슈퍼 지구에 살든 달라질 게 없다.

아주 작은 생물은 중력 차이의 영향을 더욱 적게 받을 것이다. 무당벌레 규모에서는 중력은 무시해도 좋을 정도이다. 앞에서 보았듯 무당벌레의 세계를 지배하는 것은 분자력이다. 무당벌레 발 아래 얇은 수막의 인력만으로도 수직 벽에 달라붙은 녀석을 중력에 맞서 지탱하기에 충분하다. 하지만 무당벌레가 중력에서 완전히 자유로운 것은 아니다. 무당벌레가 한참 날다가 딱지날개를 접으면 사람이 벽에서 뛰어내리듯 분명히 땅에 떨어질 것이다. 하지만 이렇게 가벼운 생물은 공기 저항에 의해 낙하 속도가 훨씬 많이 감소한다.

외계의 절벽에서 또는 나무처럼 생긴 식물의 가지에서 뛰어내리는 생물에게 중력이 어떻게 작용할지 생각해 볼 수도 있다. 물체는 낙하하면서 종단 속도에 도달하는데, 이것은 그 물체가 가질 수 있는 최대 속도이다. 중력의 끌어당기는 힘과 그 물체가 더 빨라지지 못하도록 공기나 유체가 잡아당기는 힘 사이에는 트레이드오프가 있다. 우리는 방정식을 이용하여 이 최대 속도(V_t)를 구할 수 있다.

$$V_t = \sqrt{2mg / \rho A C_d}$$

여기서 m은 물체의 질량, g는 중력 가속도, ρ는 물체가 통과하는 공기나 유체의 밀도, A는 물체의 표면적, C_d는 저항이 속도를 늦추는 정도를 나타내는 항력 계수이다.

방정식에 생물의 질량이 포함된 것에 주목하라. 이것이 중요한 이유는 덩치가 클수록 종단 속도가 빨라지기 때문이다. 지구상에서 인간의 종단 속도는 시속 약 195킬로미터로, 꽤 빠르다. 여러분은 약 12초간 약 450미터를 떨어진 뒤에 이 속도에 도달한다. 일반적으로 시속 195킬로미터로 땅에 부딪히면 즉사하지만, 종단 속도에 도달하지 않아도 중상을 입을 것이다. 나무 꼭대기에서 뛰어내리기만 해도 봉변을 당할 수 있다.

하지만 추락하고도 목숨을 건진 사례들이 있다. 페루 출신 독일 생물학자 율리아네 쾨프케Juliane Koepcke는 심한 폭풍우가 몰아치던 1971년 12월 어느 날 페루 우림 상공에서 비행기가 벼락에 맞아 폭발하는 바람에 약 3킬로미터를 추락하고도 살아남았다. 그녀는 좌석에 앉아 안전벨트를 맨 채 땅에 떨어졌으며 오른팔을 베이고 빗장뼈가 부러진 것 말고는 멀쩡했다.[24] 제2차 세계 대전 때 비행기에서 눈밭으로 고공 낙하했다가 살아남은 조종사들 이야기도 있다. 하지만 이것들은 드문 예외이다.

추락에서 살아남기라는 문제를 개미와 비교해 보라. 개미는 질량이 작아서 종단 속도가 시속 약 6킬로미터로, 인간의 약 30분의 1에 불과하다. 대부분의 개미는 이 속도로 떨어져도 거의 부상을 입지 않고 살아남을 수 있다.

이제 이 방정식의 또 다른 인수인 중력이 지구의 열 배인 외계 행성으로 가 보자. 그러면 종단 속도가 똑같이 증가하는데, 대형 동물은 장애물을 뛰어넘거나 하늘에서 떨어질 때 문제가 커지지만 소형 동물은 종단 속도가 (빨라졌다고는 해도) 여전히 느려서 큰 부상을 입지 않는다. 대기 밀도가 같다고 가정하면 개미의 종단 속도는 시속 약 20킬로미터로, 여전히 지구에서 생쥐의 종단 속도보다 느리다. 개미는 종단 속도에 도달하여 착지하고서도 아무 일 없는 듯 기어 갈 것이다. 개미에서 보듯 중력이라는 힘은 작은 것들에게는 중요성이 덜하다. 머나먼 고중력 슈퍼 지구는 가장 작은 생명체들에게는 거의 영향을 끼치지 못할 것이다.

이 사례만 놓고 보면 진화의 테이프를 다른 행성에서 다시 돌렸을 때 완전히 새롭고 알아볼 수 없는 생명체가 탄생하리라 생각할 만한 이유가 전혀 없어 보인다. 우리 눈에 보이는 것은 생명이 작동하는 보편 법칙의 맥락에서 예측 가능한 방식으로 물리학의 불변하는 법칙이 생명을 빚어내는 것뿐이리라. 이 법칙들은 자질구레한 점에서는 저마다 다른 형태를 만들어 낼지도 모르지만, 여전히 소수의 제한된 해결책들에 수렴할 것이며 그중 상당수는 우리에게 친숙할 것이다.

하지만 좀 더 탐구해 보자. 중력은 하늘 나는 동물, 우리의 외계 찌르레기와 기러기에게는 어떻게 영향을 미칠까?

에든버러 공항에서 비행기가 이륙할 때든, 앞에서 보았듯 찌르레기 떼가 군무를 펼칠 때든 이 비행 기계들이 공중에 떠 있으려면 양력을 유지해야 한다. 공중에 떠 있는 데 필요한 힘은 양력 방정식으로 구할 수 있다.

$$L = (C_L A \rho v^2) / 2$$

여기서 양력(L)은 물체를 하늘에 띄워 두는 위쪽 방향 힘으로, 날개의 표면적(A)과 (물체가 통과하는) 공기의 밀도(ρ), 속도(v) 제곱의 곱이다.

방정식에는 이상한 항이 하나 더 보인다. C_L은 양력 계수이다. 이런 것을 좋게 말해 땜질 인수fudge factor라 한다. 기본 상수가 아니라 이 방정식에 넣을 수 없는 온갖 복잡한 요인을 쓸어 담은 인수인 것이다. 양력은 날개의 표면적뿐 아니라 날개폭, 공기와 날개 소재의 상호 작용, 날개 각도 즉 영각(迎角)과도 관계가 있기 때문이다. C_L은 실험을 통해 알아내야 하는데, 공기역학자가 모형 항공기를 풍동에 넣는 것은 이 때문이다. 그러면 정답을 얻기 위해 어떤 숫자를 써야 하는지 판단할 수 있다.

방정식은 우리에게 단순한 사실을 알려 준다. 대기의 밀도가 클수록 더 큰 생물을 땅에서 들어올릴 수 있다. 한편 중력이 낮을수록 아래로 잡아당겨지는 힘이 약하므로, 역시 더 큰 동물을 띄울 수 있다.

이 단순한 물리적 원리가 어떤 기이한 결과를 낳는지 가장 잘 보여 주는 곳은 타이탄이다.[25] 타이탄은 토성의 위성인데, 지름이 불과 5,152킬로미터로 지구의 40퍼센트에 불과하며 이에 따라 중력 가속도는 1초당 초속 1.34미터로 지구의 13.7퍼센트밖에 안 된다. 그러나 대기 밀도는 세제곱미터당 약 5.9킬로그램으로, 세제곱미터당 1.2킬로그램에 불과한 지구보다 농후하다.

상상력이 풍부한 사람들이 이 숫자들을 놓칠 리 없다. 사람의 몸무게가 일곱 배 넘게 줄되 대기 밀도 증가로 양력이 커진다면 인간 비행의 가능성이 번득 떠오르지 않는가?

몸무게가 70킬로그램인 표준적 인간을 생각해 보라. 타이탄에서는 이 사람의 몸무게가 약 94뉴턴이다. 하늘을 날려면 양력이 이 값과 같거나 커야 한다. 양력 방정식을 계산할 때 초속 5미터(시속 약 18킬로미터)로 한가롭게 난다고 가정해 보자. 양력 계수는 일반적인 값인 0.5로 하자. 타이탄의 대기 밀도를 대입하면 날개 표면적은 3.5제곱미터가 되어야 한다. 이 크기의 날개라면 웨어러블 슈트에 쉽게 달 수 있다. 인간은 타이탄의 절벽에서 뛰어내릴 수 있고 — 물론 우주복을 입은 채로 — 느리고 기품 있고 우아하게 새처럼 하늘로 솟구쳤다 착지할 수도 있다.

우리 지구에서도 속도만 충분하면 윙슈트를 이용하여 날 수 있다. 하지만 타이탄에서는 중력이 작고 대기 밀도가 커서 유튜브에 나오는 것 같은 소동과 사망 사고를 일으키지 않고 천천히 우아하게 활강할 수 있다.

이렇듯 조금만 생각해 보면, 물리 법칙이 비록 엄격하긴 하지만 먼 천체의 성격이 조금만 달라져도 진화적 가능성이 열리게 됨을 알 수 있다. 대기가 희박한 거대 행성에서는 비행이 아예 불가능할 수도 있다. 그런 행성의 날짐승은 지구의 날치나 날다람쥐처럼 잠깐 뛰어오르는 것이 고작일 것이다. 이에 반해 대기 밀도가 큰 소형 행성에서는 거대하고 다양한 날짐승이 하늘을 가득 메우고 있을지도 모른다.

이 차이 때문에 뭔가 극적인 것, 우리가 예상하지 못한 진화적 사건이 일어날 가능성이 있을까? 지구보다 작지만 대기 밀도가 큰 머나먼 외계 행성에서 생명이 진화했다고 상상해 보라. 그 행성에서는 인간만 한 대형 유기체가 등장했으며 그뿐 아니라 그들은 지능도 발달했다. 하지만 이 생물에게는 뭔가 다른 점이 있다. 그들은 새의 후손이다. 그들에게는 날개가 있다.

감각 능력을 가진 이 날짐승의 비행 능력은 이들의 진화사에 크나큰 영향을 미쳤다. 그들은 역사 시대가 시작되면서부터 행성을 일주하고 장거리 비행을 할 수 있었다. 회사에 출근할 때는 도로를 이용하지 않고 날아서 간다. 그래서 자동차를 발명하는 일에는 열의가 없었다. 감각 능력을 가진 여느 존재와 마찬가지로 그들에게도 공격성이 있긴 하지만, 하늘을 날고 다른 사람들과 도시를 높은 하늘 위에서 내려다볼 수 있기에 공감 능력을 기르고 파괴 성향을 가라앉힐 수 있었다. 그들은 땅덩어리를 한눈에 볼 수 있었기에 원시 시대에도 생태적·환경적 사고방식을 가지고 있었다. 그렇기에 과학적 방법이 발견된 초창기부터 행성 전체와 그 환경을 체계화하려고 시도했다. 이런 시도는 생물종에 대한 행성 규모의 동지애를 낳았다.

그들은 날 수 있었기에 인공 비행의 개념을 금세 이해했다. 십 대 초의 천재들은 지루한 수업 시간에 자신의 날개를 관찰하는 것만으로도 날개의 작동 원리를 파악하여 인공 비행의 시대를 열었다. 타고난 비행 능력이 있어도, 관광이나 사업 목적으로 수백 명이 한꺼번에 행성을 횡단하는 것 또한 쓰임새가 있기에 그들은 일찌감치 비행기를 개발했다.

그들은 일찍부터 환경에 대한 자각을 가졌기에 전반적으로 평화로운 삶을 영위했다. 하지만 이따금 전쟁이 일어나면 엄청난 참화로 이어졌다. 높은 곳에서 적에게 물체를 떨어뜨릴 수 있었으므로 초창기부터 공중전이 전투에 도입되었다.

날개가 가져다준 중요한 충동 중 하나는 우주 비행이었다. 세상을 3차원으로 보는 능력을 타고났기에 그들은 천상의 관점에서 사회를 볼 수 있어서 일찌감치 대기 밖으로 날아갈 꿈을 꾸었다. 금속 주조술과 기본적 화학 기법을 익히자마자 그들은 로켓 실험을 진행했다. 비행기를 제작하고 얼마 지나지 않아 그들은 우주여행을 시작했다.

내가 여러분을 이런 다소 기이한 여행에 데려간 것은 물리학이 생명의 형태에 큰 제약을 가한다고 해서 엄청난 다양성이 생기지 못하리라는 법은 없음을 보여 주기 위해서이다. 지성체에 대한 나의 꽤 사변적인 사례에서 보듯 물리적 원리가 어디에서나 똑같더라도 행성의 물리적 조건의 사소한 변화—여기서는 대기 밀도의 증가—가 생물학적 변화와 궤적으로 이어지고 그 과정에서 온갖 간접적 영향을 미칠 수 있다. 이것을 가장 뚜렷이 보여 주는 것이 바로 문화적 영향이다. 나는 중력의 사례를 이용하여, 내가 고른 사례에서는 다소 단순화되기는 했지만, 방정식으로 표현되는 물리적 원리가 가상의 생물상에 어떤 영향을 미칠 수 있는지 탐구하고자 했다.

외계 행성이 발견되면서 우리는 우주에 존재할 수 있는 행성의 종류가 어마어마하다는 사실을 알게 되었다. 그중에서 지구와 똑같은 행성은 하나도 없을지 모른다. 중력, 대기 밀도, 지형, 수륙 비율 등의 요인이 조금만 달라져도 모든 진화 실험의 범위와 내용이 영향을 받을 것이다. 이런 진화 실험이 존재한다면 말이다. 지구 생물권이 똑같이 재현되는 일은 결코 없을 것이다. 색깔과 모양의 작은 변화가 무한히 다채롭게 펼쳐지면서 환상적이고 혼란스러울 정도로 다양한 생물이 탄생할 것이다. 하지만 작은 규모에서 이 생물권을 관통하는 것은 같은 구조, 복합 탄소 분자라는 같은 구성, 주요 분자에서 반복되는 같은 모티프, 같은 구획화일 것이다. 큰 규모에서는 중력에 맞서고 하늘을 날고 바다를 헤엄치기 위해 같은 해결책을 동원할 것이다. 생명의 방정식은 지구와 놀랍도록 비슷한 구조 안에서 다양성과 우연성을 허용하며, 다른 곳에 생명이 존재하더라도 마찬가지다.

당분간은 머나먼 외계 행성 생물권의 생명체를 직접 연구함으로써 우리가 분석할 수 있는 진화 실험의 표본 크기를 2 이상으로 확장할 전망은 전무하다. 가까운 장래에 그런 전망을 내놓을 수 있는 것은 우리 태양계의 생명뿐이다. 우리가 탐구할 독자적 진화 실험을 발견하는 데 얼마나 성공하든 또는 실패하든, 외계 행성과 그곳 환경의 특징을 발견하면 암석형 천체의 물리적 조건이 얼마나 다양한지에 대한 우리의 실증적 지식이 부쩍 증가할 것이다. 이 새로운 파노라마는 우리 자신의 진화 실험이 이 머나먼 천체들에서 진행되었다면 어떤 다른 특징들을 나타냈을까에 대한 우리의 생각을 풍요롭게 하고 근거를 제시할 것이다. 이런 관점을 취한다면 우리는 지구의 물리적 조건이 이곳에서 진화한 생명체를 어떻게 빚어냈는지 더 잘 이해할 수 있을 것이다. 이렇게 새로운 지평이 열리면 생명에서 무엇이 보편적인지에 대한 우리의 통찰도 깊어질 것이다.

12장
생명의 법칙: 진화와 물리학의 통합

물리 법칙과 생명 법칙이 같다는 사실은 결코 놀랄 일이 아니다.[1] 우주에서 에너지가 소산하여 평형을 이루는 것은 무지막지한 과정이며, 생명은 여기서 국지적으로 허용되는 복잡성의 일부일 뿐이다. 하지만 분자 다양성의 이 오아시스에 들어 있는 물질과 이것들이 깃든 행성조차 궁극적으로는 싸늘한 심연으로 소산할 수밖에 없다.[2] 가장 거대한 규모에서 보면 생명은 빛이 한 번 깜박거리는 것에 불과하며, 우주에서 가장 집요한 물리 법칙 중 하나인 열역학 제2 법칙에 의해 언젠가는 꺼질 운명이다.

물리학이 생명의 다양성과 색채에 기어드는 것을 우리가 꺼리는 이유는 쉽게 이해할 수 있다. 물리학은 많은 사람들을 끔찍한 환원주의 — 지구의 풍성한 생명 사파리를 바라보는 물리학자의 차갑고 계산적인 시각 — 로 인도할 뿐 아니라 생물이 무생물과 다르다는 전통적 관점을 훼손하니 말이다.

(생명에 에너지와 예측 불가능성이라는 특징을 부여하는

힘이나 물질을 일컫는) 생기가 생명에 담겨 있다는 생각은 여러 세기 동안 물리적 세계와 생명의 세계를 장벽으로 분리하는 기본적 방법이었다. 이 장벽이 없으면 생명체와 (따라서 위태롭게도) 사람들은 무정물과의 회색 교차점에 내동댕이 쳐질지도 모른다. 진화 실험을 물리적 원리의 맥락에서 이해하려는 시도가 지지부진했던 데는 이러한 분리가 한몫했다. 나는 이 책을 통틀어 이 원리들이 생명의 모든 계층 수준에서 어떻게 생명을 다양하게 제약하는지 탐구했다. 물리적 원리가 생명에 영향을 미친다는 것은 결코 놀라운 사실이 아니다. 하지만 생명에 대한 역사적 관점과 물리학에 대한 이해의 이분법이 거쳐 온 역사를 짧게나마 들여다보면 생명을 (무정물을 지배하는) 확고하고 단단히 얽매인 과정으로 이해하는 데 왜 이렇게 오랜 시간이 걸렸는지 납득할 수 있을 것이다.

자연 발생설은 수 세기 동안 무정물과 유정물 구분의 핵심에 놓여 있었다. 무생물에서 생물로 넘어가려면 모종의 알쏭달쏭한 힘이 모종의 방식으로 물질을 변화시켜야 한다. 동료평가, 학계, 전반적인 과학적 담론 분위기가 도입되기 이전 시대에는 괴이한 방법들이 끝없이 등장했다. 이를테면 얀 밥티스타 판 헬몬트 Jan Baptista van Helmont는 1620년에 생쥐를 만드는 일종의 요리법을 제시했다.[3]

만일 당신이 땀과 흙이 범벅이 된 내의를 밀과 함께 항아리에 넣고 열어 놓으면, 약 21일 후에 냄새가 바뀌며 발효가 되고, 밀은 겉껍질을 뚫고 나오며, 밀은 쥐로 변한다. 쥐는 암수가 생겨서 자연스럽게 새끼가 생겨 나온다. 특이한 사실은 의복과 밀을 뚫고 나온 것이 조그만 쥐가 아니라, 축소판 성체나 유산된 쥐도 아니라, 다 자란 성체라는 것이다.

많은 사람들은 자연 발생설을 반박하려 시도했다. 동물 실험은 수월했다. 17세기에 이탈리아의 의사 프란체스코 레디 Francesco Redi는 고기에 거즈를 덮어 두어 생기가 통하도록 했는데도 통념과 달리 구더기가 자연 발생 하지 않는 것을 보여 주었다.[4] 당연히 다음 차례는 파리가 있어야 구더기가 생긴다는 것을 입증하는 것이었다.

하지만 새로 이뤄진 과학적 합의는 미생물 때문에 어려움을 겪었다. 판 레이우엔훅이 미생물을 발견하고 나서 60년이 지났을 무렵 18세기의 저명한 과학자 존 터버빌 니덤John Turberville Needham은 양고기 국물 실험을 보고했다.[5] 그는 집에서 끓인 양고기 국물을 가져와 유리병에 넣고 마개를 닫아 두었는데, 국물이 바깥세상으로부터 밀봉되었는데도 나중에 생명으로 들끓는 것을 관찰했다.[6] 그는 이로써 자연 발생설이 입증되었다고 생각했다. 영양가 있는 생기가 국물의 유기물에 주입된 탓이라고 여긴 것이다.

이제 우리는 니덤의 국물이 미생물에 오염되었을 것임을 안다. 라차로 스팔란차니Lazzaro Spallanzani는 개구리의 장기

(臟器) 재생에 대한 선구적 연구로 잘 알려져 있는데, 니덤의 양고기 국물 실험을 반복하되 좀 더 신중을 기했다. 그는 씨앗을 적셔 유리병에 넣고 밀봉한 뒤에 가열하여 그 안에 살아 있는 것을 모조리 죽였다.[7] 커다란 극미 동물은 유리병을 잠깐만 가열했는데도 죽었다. 아마도 이 유기체는 아메바였을 것이다. 더 작은 극미 동물은, 아마도 세균이었을 것으로, 몇 분동안 가열해도 단지 움직이지만 않을 뿐 죽지 않았다. 그래서 이번에는 충분히 오래 가열하여 유리병을 〈완전한 사막〉으로 바꿀 수 있었다.[8] 이렇게 해서 그는 살균 개념을 입증했다.

이쯤 되면 여러분은 일련의 선구적 실험을 통해 자연 발생설이 완전히 반박되었으리라 생각하겠지만, 그렇게 되지는 않았다. 자연 발생설 옹호자들은 생명이 발생하지 못한 것은 유리병 속 물질이 공기와 접촉하지 못했기 때문이라고 주장했다. 스팔란차니가 유리병을 밀봉한 탓에 유기물이 생기를 얻지 못했다는 것이다.

이런 역사적 사건들을 배경으로 이제는 전설이 된 프랑스인 루이 파스퇴르가 무대에 등장했다. 그는 실험 설계에 있어서는 놀랍도록 명료한 정신의 소유자였다. 그가 개척한 저온 살균법으로 우유를 빠르게 잠깐 가열하면 맛이 변질되지 않으면서도 미생물을 죽여 오래 보존할 수 있었다. 수백 년 묵은 자연 발생설 문제에 대한 그의 답은 단순하기 그지없는 기발한 실험이었다. 그는 거위 목처럼 구부러진 플라스크를 만들었는데, 잘록한 끝부분을 구불구불한 S 모양으로 멋지게 구부려 미생물은 죽에 직접 들어가지 못하지만 산소는 공급되도록 했다. 파스퇴르는 19세기 말에 자연 발생설의 숨통을 끊은 것과 더불어 액체를 살균하여 보존하는 방법을 입증했다.

이 역사에는 생명에 뭔가 다른 게 있다는 깊고 열정적인 확신이 담겨 있다. 자연 발생설이 과학적 발전의 폭풍에 산산이 흩어진 뒤에도, 생물학이 물리적 과정에 의해 모양과 형체가 빚어지는 무언가로 환원되어서는 결코 안 된다는 느낌은 여전히 끈질기게 남아 있다. 코페르니쿠스 혁명으로 우리 태양계 예외주의가 논파당한 뒤에도 인간이 유인원에서 생겨났음을 받아들이는 것은 힘든 일이었지만, 적어도 유인원은 생물학에서 우리와 함께 있지 무생물 영역에 속하지 않는다. 다윈의 진화론은 조물주의 손이 진화를 연장 삼아 궁극적 목적을 이룬다는 식으로 해석할 수 있었다. 진화는 창조 배후의 메커니즘이면서도 여전히 특별한 것으로 취급받았다.

생물학과 물리학의 성공적 결합을 오랫동안 방해한 것은 생명의 안락하고 특별한 보금자리를 찾는 오랜 역사와 더불어 두 학문 내에서의 문화와 접근법 차이였다. 내가 생명과학자들 사이에서 경력의 대부분을 보내고서 물리학과에 합류했을 때가 기억난다. 나는 놀라운 사실을 깨달았다. 생물학자와 마주 앉아 공동 연구에 대해 이야기해 보면 그들이 맨 처음 하는 일은 맨 꼭대기에서 시작하는 것이다. 그것은 아마도 미생물에 대한 이야기일 것이다. 그런 다음 여러분이 무슨 질문을 던지느냐에 따라 정답을 찾을 때까지 점점 낮은 단계로 내려간다. 이런 관행은 생태계와 생명체 일반의 어마어마한 복잡성에서 비롯했을 것이다. 두더지의 생물학을 아원자 입자 구성 성분으로 설명하려 드는 것은 공연한 헛수고일 것이다. 그보다는 두더지에서 출발하여 다음 단계로 내려가 기본 구조와 사지에 대한 질문에 답하는 것이 낫다. 생물학자에게 하향식으로 연구하려는 성향이 있음은 납득할 만하다.

그런데 차 한잔 손에 들고서 물리학자와 논의를 시작하면 종종 정반대 현상을 보게 된다. 그들의 본능은 맨 아래에서 출발하여 해당 과정을 (아마도 방정식으로 표현되는) 단순한 모형으로 만드는 것이다. 구형 소spherical cow•가 떠오른다. 이 관행도 납득할 만하다. 주변 세상의 물리적 토대를 조사하고 그 특징들을 수학적 관계로 표현해 온 역사가 있는 분야는 마치 집을 짓듯 기본 원리에서 출발하여 위쪽으로 지식 체계를 지으려 한다.

어느 접근법도 틀렸다고 말할 수 없다. 사실 두 접근법은 각자의 연구 주제에 꼭 들어맞는 듯하다. 물리학자들은 물질의 행동을 방정식으로 표현할 수 있는 계층 수준까지 올라감으로써 명확성을 추구하는 반면에, 생물학자들은 사물을 더 쉽게 분리할 수 있도록 환원주의적으로 내려감으로써 생물권의 유별난 다양성과 복잡성 앞에서 확실성을 추구한다. 하지만 이 두 접근법에 두 가지 전혀 다른 물질 집합들이 관여한다는 증거를 찾아볼 수 있다. 두 분야는 서로 대척점에 서 있

• 현실의 복잡한 현상을 지나치게 단순화한 과학적 모형을 풍자한 비유.

는 것처럼 보인다. 이렇게 이분법적으로 보이는 문화가 어떻게 생겨났는지 제대로 이해하려면 양쪽 진영의 과학자들이 어떤 물질을 가지고 씨름하는지 간략히 들여다보아야 한다.

물질의 계층에서 맨 아래를 뒤지면 그곳에서는 물리적 성질들이 구분되지 않는다. 하이젠베르크가 밝혔듯 작은 물체는 미꾸라지 같은 고객과 비슷하다. 아원자 입자의 위치를 측정하면 운동량을 알 수 없고 운동량을 측정하면 위치가 애매해진다. 〈하이젠베르크의 불확정성 원리〉라 불리는 입자의 이 기본적인 성질은 미시 세계인 양자 세계에서 관찰되는 행동이다. 물질의 입자, 특히 아원자 입자는 탁자나 의자처럼 특정한 위치에 존재하는 개별적 대상이 아니다. 이 미시적 규모에서는 입자가 빛처럼 파동의 성질을 가지며, 이런 성질 때문에 어디에 있든 그 위치가 정확한 값이 아니라 확률로 표현된다.[9] 양자 세계의 신기한 성질들은 우리의 일상적 경험에 비해 매우 이질적이고 낯설게 보인다.

하지만 거시적 규모에서는 저마다 다른 수많은 입자, 이를테면 기체 원자의 변이가 평균으로 수렴되며 우리는 물체에 대해, 즉 여러분과 내게 친숙한 우주의 규모에 대해 실제로 알 수 있다. 이 거시적 관점에서는 불확실성이 무수한 입자 속으로 사라진다. 우리는 이상 기체 법칙 같은 단순한 방정식을 작성하여 기체의 압력, 부피, 온도 사이의 관계를 예측할 수 있다.[10]

$$PV = nRT$$

여기서 기체의 압력(P)과 부피(V)는 기체의 몰수(n), 온도(T), 보편 기체 상수(R)에 비례한다.

불확실성이 아무리 기체 원자 하나하나 주위를 맴돌아도 방정식은 우리에게 확실성을 선사한다. 물리학은 가장 작은 규모에서는 구분이 되지 않지만, 사물을 더 높은 계층 수준에서 들여다볼수록 윤곽이 뚜렷해진다. 물리학자들이 현상을 서술할 때 물질의 일반적 행동을 방정식으로 포착할 수 있는 계층 수준으로 올라가려 하는 데는 이런 까닭도 있다(양자 세계를 이해하는 게 임무인 물리학자는 예외이다).

이제 이 접근법을 생물학자들이 생명체를 들여다볼 때의 접근법과 비교해 보자. 작은 규모에서 관찰되는 생명체의 구조는 주변의 큰 규모에서 관찰되는 생명의 동물원보다 훨씬 단순해 보인다. 세포의 기계 안에는 예측 가능성이 있다.[11] 분자는 열역학 원리에 따라 접히고, 단순한 화학 법칙에 의해 분명히 예측 가능한 방식으로 유전 부호 내에서 염기쌍 사이에 결합이 이루어지며, 오래전에 형성된 에너지 경로는 열역학으로 설명할 수 있다. 하지만 이 모든 현상은 너무나 현실과 동떨어져 보이며, 하나의 유기체 전체의 세계에서 우리가 보는 다양성과 무한한 형태에 비하면 지나치게 빈약한 듯하다. 이 큰 규모에서는 생물학이 예측 불가능해 보인다. 진화적 피조물의 거대한 집합은 생물권을 구성하며 끝없는 다채로움으로 관찰자를 매혹한다. 이것은 창조의 다양한 역사와 우연한 세부 사항이 빚어낸 결과이다.

이것을 염두에 두면 생물학자들이 생명 구조의 한두 수준 아래에서 작용하는 더 손쉬운 원리를 공략하여 이런 정보의 홍수를 피하려 드는 것이 놀랍지 않다. 그렇다면 생물학이 작은 규모에서는 예측 가능하지만 유기체 전체의 규모에서는 변덕스럽고 예측 불가능하게 바뀐다고 결론 내려도 무방할 것이다. 이에 반해 물리학은 작은 규모에서는 구분되지 않지만 하이젠베르크의 불확정성 원리와 양자의 특이한 행동이 무대 뒤로 물러나는 거시적 규모에서는 예측 가능성이 커진다. 생물학은 물리학과 완전히 거꾸로이다.

이 관점에도 장점이 있긴 하지만, 내가 보기엔 이에 못지않게 설득력 있는 대안이 있다. 그것은 두 분야의 통합과 두 분야의 연구 주제인 물질의 유사성을 강조하는 관점이다.

작은 규모에서 생물학은 물리학과 마찬가지로 불확실성이 있다. 유전 부호와 이를 번역한 단백질이 한때 생각한 것보다 예측 가능성이 더 크고 우연성이 더 적어 보이긴 하지만, 작은 규모에서 생물학은 한 가지 중요한 측면에서 구분이 잘 되지 않는다. 세대에서 세대로 충실히 정보를 재생산하는 유전 부호가 변화, 즉 돌연변이를 겪는 것이다.

자연 방사능을 비롯한 전리 방사선이 이런 변화의 원인 중 하나이다. 태양의 자외선은 DNA를 손상시킬 수 있다. 자외선이 유전 부호에 가하는 에너지는 아데닌 염기가 결합하여 피리미딘 이합체pyrimidine dimer라는 쌍둥이를 형성하도록 할 수 있다. 유전자 복제 기계는 이런 쌍둥이 염기를 만나면 부호를 오독하여 오류를 일으킨다.

담배의 발암 물질을 비롯한 화학 물질도 DNA를 손상시킬 수 있다. 더 놀라운 사실은 방사능이나 유해 화학 물질 없이도 DNA에서 돌연변이가 일어날 수 있다는 것이다. 돌연변이는 저절로 일어날 수 있다. 일부 염기(아데닌과 구아닌)는 이중 나선에서 떨어져 나갈 수 있다.[12] 복제 시기가 되면 유전 부호의 이 구멍 때문에 새 DNA 가닥에 오류가 생긴다.

이 모든 현상은 DNA가 여느 기계와 마찬가지로 완벽하지 않다는 당연한 사실을 보여 준다. DNA가 환경의 변동, 자연의 화학 작용, 불완전한 복제 등을 겪으면 유전 부호에 오류가 생긴다. 유전 부호의 어느 부위에서 이런 돌연변이가 생길지 정확히 예측할 수 없기에 — 각각의 손상에 대한 분자들의 감수성을 정의할 수는 있지만 — 원자와 분자 수준에서 유전 부호가 시간이 지남에 따라 어떻게 달라지는가에는 예측 불가능성이 내재한다. 이런 불확실성은 대부분 앞에서 언급한 양자 세계의 불확실성과는 조금 다르다. 화학 물질, 방사능, 내재적 결함으로 인한 뜻밖의 간섭으로 가득한 자연환경에서 유전 기계가 불완전하게 작동하기 때문에 생기는 불규칙한 변화이다.

하지만 이따금 물리학자와 생물학자에게 친숙한 불확실성

이 똑같은 원인에서 비롯하여 두 분야를 완전히 겹치게 하기도 한다. DNA의 일부 돌연변이가 양자 효과에 의해 유발될지도 모른다고 주장한 사람은 스웨덴의 과학자 페르-올로브 뢰브딘Per-Olov Löwdin이다.[13]

DNA 이중 나선 한가운데에서 염기쌍이 결합하려면 한쪽 염기의 수소(양성자)가 맞은편 DNA 가닥에서 이웃한 산소 또는 질소 원자와 결합해야 한다. 이 수소 결합은 DNA 이중 나선의 마주 보는 두 가닥을 지탱한다. 그런데 세포가 분열하는 동안 분자를 복제하기 위해서나 분자를 단백질로 번역하기 위해서 세포가 DNA를 반으로 가를 때는 이 결합이 분리되어야 한다.

그런데 (이를테면) 아데닌에서 수소 결합에 관여하는 양성자가 짝을 바꿔 맞은편 DNA 가닥에 있는 티민으로 도약하는 경우가 있다.[14] 이런 양성자 교환이 문제인 이유는 양성자가 새 분자에 자리 잡으면 DNA 복제 기계가 혼동을 겪을 수 있기 때문이다. 변형된 아데닌을 만나면 새로 합성된 DNA 가닥에서 티민을 부착하는 게 아니라 엉뚱하게도 시토신을 결합시킬 수 있는 것이다. 이렇게 해서 돌연변이가 일어나고 유전 부호가 손상된다.

뢰브딘의 주장에서 흥미로운 점은 이런 일이 일어날 수 있는 메커니즘이다. 양성자가 DNA 이중 나선 한가운데를 뛰어넘어 한 염기에서 다른 염기로 이동하는 것은 결코 쉬운 일이 아니다. 고개 너머로 차를 몰아 슈퍼마켓에 갈 때처럼 에너지를 투입해야 한다. 차를 건너편으로 몰려면 주유소에 들러야 한다. 화학 반응에서도 마찬가지다. 양성자도 비유적으로 고개를 넘어야 하는데, 이것은 화학적 변화를 일으키는 데 필요한 에너지를 나타낸다. 에너지가 있어야 고개를 넘을 수 있다. 하지만 돈 많고 인정 많은 이웃이 고개를 관통하는 터널을 뚫었다고 상상해 보라. 이제 고개를 오르느라 연료를 소모하지 않고 터널을 통해 쉽게 건너편으로 갈 수 있다.

아원자 입자가 머무는 신기하고 이상한 양자 세계에서는 바로 이런 양자 지름길 현상이 일어날 수 있다. 우리의 떠돌이 양성자는 에너지 집약적 고개를 뛰어넘는 것이 아니라 양자 터널을 통해 한 염기에서 다른 염기로 손쉽게 이동할 수 있다. 뢰브딘은 일부 돌연변이의 핵심에 양자 효과가 있을지도 모른다는 가설을 제시했다. 그의 개념은 여러 모형화 시도로 이어졌으며 여전히 호기심을 끌고 있다. 하지만 양자 터널 효과가 실제로 일어나더라도 이것이 흔하거나 심지어 중요한 현상인가는 별개 문제이다. 어쨌거나 내가 이 문제를 제기한 이유는 작은 규모에서 생물학의 불확실성과 물리학의 불확실성이 양자라는 공통의 원인에서 비롯할 수 있음을 보여 주기 때문이다.[15] 실제로, 기체이든 기러기이든 모든 물질에서 가장 작은 구성 요소들의 행동을 아우르는 물리적 불확실성을 탐구하는 분야가 바로 양자생물학이다.

물리학에서와 마찬가지로 이 모든 예측 불가능한 돌연변이에서 줌 아웃을 하면 그림이 달라지고 우리는 더 높은 조직화 수준에서도 공통된 테마를 볼 수 있다. 큰 규모에서는 이 모든 변덕스러운 돌연변이가 마치 기체 용기에 든 원자들의 무수한 위치와 운동처럼 평균으로 수렴한다. 이 수준에서 우리가 만나는 유기체는 원자나 분자 수준에서 무슨 일이 일어나는가와 무관하게 대규모 법칙을 따른다. 두더지는 $P = F/A$를 따르며, 땅굴을 파 땅속을 뚫고 들어가는 데 드는 힘을 최적화하도록 설계된 뾰족한 원통형 모양은 수렴 진화로 이어진다. 저마다 다른 두더지가 가진 유전 부호의 어느 염기에서 얼마나 많은 예측 불가능한 돌연변이가 일어났든 그 변화가 치명적이지만 않다면, 두더지가 큰 규모에서 자신의 땅속 생활을 지배하는 법칙을 예측 가능하게 따라야 한다는 사실은 달라지지 않는다.

진화생물학과 물리학 할 것 없이 연구 대상 물질에는 원자 규모에서 불확실성이 있는데, 큰 규모에서는 이 불확실성이 평균으로 수렴하기 때문에 이러한 물질의 계는 대략적으로 예측할 수 있는 형태를 띤다. 그리하여 두 분야가 통합된다.

하지만 생물학과 물리학 사이에, 생명체와 무정물 사이에 한 가지 구분이 실제로 존재한다는 사실은 인정할 수밖에 없다. 생물과 무생물의 중대한 차이점 한 가지는 원자와 분자 규모에서의 이 모든 불확실성이 더 큰 규모에서 어떻게 달라지는가이다. 자크 모노Jacques Monod가 근사하게 지적했듯 작은 규모에서는 대다수 물질의 변이가 결국은 퇴화와 파멸의 원인이 된다.[16] 결정(結晶)은 작은 흠만 생겨도 바스라질 수 있다. 교량을 건축하는 사람은 누구나 알듯 금속에서 원자의 위치가 바뀌면 강도가 약해져 결국 구조 붕괴로 이어지기도 한다.[17] 결정은 결함을 발달시킬 수 있지만, 여기에는 문제가 있다. 그 결함을 후대의 결정에게 어김없이 전달함으로써 특정 조건하에서 그 결정의 구조가 결함 없는 다른 결정보다 오래 지속될 수 있는 방법이 있을지 찾아내는 것은 일반적으로 불가능하다.[18] 무생물은 번식하지 않기 때문에 이 결정의 작은 조각을 물리적·화학적 조건이 다른 먼 곳의 환경에 흩뿌려 어느 장소에서 이 결함이 장점으로 작용하여 이후의 결정에 나머지 많은 결정처럼 바스라지지 않고 전달될지 쉽게 알아낼 방법은 없다.

하지만 생명에서는 DNA에서 일어나는 분자 수준의 작은 돌연변이가 변이의 원천이 될 수 있다. 유전 부호에 이러한 변경이 일어나면, 즉 말썽꾼 고에너지 입자의 못된 짓 때문에 DNA 염기쌍이 우연히 변형되면 변이 부호가 생겨난다. 생명 속의 유전 부호는 끊임없이 생명에 목적을 부여하는 듯하다. 〈생명은 길을 찾을 것이다.〉* 하지만 이런 목적의식은 착각이다. 생명이 지속되는 것은 유전 부호의 차이들이 세대마다 각각의 수많은 개성을 지닌 개체를 만들어 내기 때문이다. 변이가 어찌나 많은지, 어떤 환경에서는 이 중 몇몇이 그곳의 자원을 이용할 수 있는 한 생존하고 번성하여 꿋꿋이 복제하

* 사랑으로 역경을 극복할 수 있다는 뜻의 〈사랑은 길을 찾을 것이다Love will find a way〉에 빗댄 표현.

여 환경을 채우는 반면에 다른 곳에서는 일가친척이 전멸하기도 한다. 이 선택 과정을 보면 생명에 일종의 목적이나 고집, 즉 생명체를 움직이게 하는 결단력이 있는 듯한 착각이 든다. 생명의 이런 성격은 유전 부호에서 생겨나는 행동으로, 생명에 특별한 성질을 부여하지만 생명을 물리학과 절대적으로 분리하지는 않는다. 생명을 물리적 과정의 특수한 구현, 일종의 부호화된 과정으로 만들 뿐이다.

사람들은 생명과 무생물의 이러한 간극을 일종의 신비주의적 불가해성으로 채우고 싶어 한다. 생명의 행동이 나머지 우주와 동떨어진 현상을 보면 어떤 사람은 생기론을 향한 유서 깊은 욕망에 다시 불을 지필 기회를 볼 것이다. 어떤 사람은 생명이 유기화학의 한낱 흥미로운 분야로, 매혹적이기는 하지만 분자의 특수한 조합으로 표현되는 특정 물리적 원리들의 집합에 불과하다는 고약한 결론을 피하고 싶어 할지도 모른다. 하지만 분리를 꿈꾸는 사람들에게는 애석하게도 그 차이는 별로 대단하지 않다.

우리가 생물학과 물리학에서 할 수 있는 가장 매혹적인 일 중 하나는 — 실은 이 책에서 했던 일이기도 한데 — 개미집의 사회생물학에서 출발하여 생명을 구성하는 원자까지 여행을 떠나는 것이다. 계층의 각 수준에는 저마다 다른 집단의 사람들이 살고 있다고 말해도 무방하다(이 책 뒤에 소개된 문헌을 정독하면 여러분 스스로 확인할 수 있으리라). 그러나 이 문헌들을 들여다보면 한 가지 공통된 주제가 흐르고 있음을 알 수 있다. 여러 집단들이 독자적으로 계속해서 똑같은 개념으로 돌아가고 있는 것이다. 생명이 아미노산을 선택하는 과정을 보면 이것의 뿌리가 아미노산 분자의 물리적 성질임을 알 수 있다. 단백질이 접히는 과정을 관찰하면 무한에 가까운 아미노산 사슬의 가능성이 단 몇 가지 형태로 압축되는 것을 볼 수 있다. 생명의 구조를 들여다보면 세포가 보편적임을 알 수 있다. 동식물의 형태를 조사하면 단순한 관계들이 대갈못처럼 형태를 제약한다는 것을 알 수 있다. 새, 개미, 물고기의 협동에 경탄하다 보면 갈피를 잡을 수 없는 무리 속에서 간단한 규칙이 작용하고 있음을 알 수 있다. 생명의 가장 미세한 부분에서 개체군 전체에 이르기까지 물리적 원리가 생명을 옭아매고 소수의 가능성 속으로 몰아넣는다는 사실이 밝혀졌다. 지난 수십 년간 생물학이 거둔 빛나는 승리는 어마어마한 복잡성과 헤아릴 수 없는 다양성을 분명한 단순성으로 축소한 것이며, 여기에는 생물학자와 물리학자 사이에 새로이 형성된 수렴도 한몫했다.

이 과학자 집단은 마치 고층 건물의 각 층에 들어선 수많은 실험실들이 생명의 구조에서 저마다 다른 수준을 맡아 연구하듯 같은 결론을 향하고 있는 듯하다. 생명은 놀랍도록, 어쩌면 경악스럽도록 협소한 규칙에 국한되어 있다. 이 규칙들이 생명계를 어떻게 지배하는지에 대한 이해가 커진다면 우리는 생명의 기둥과 대들보를 세세하게는 아닐지라도 적어도 대략적으로는 예측할 수도 있을 것이다. 합성생물학자들은 자신이 설계한 유전 부호에서 어떤 형태의 생명이 탄생할지 예측하고 심지어 이 새로운 형태를 창조하는 단계에 첫발을 내디뎠다.

생물학과 물리학이 이렇게 통일되면 이 모든 현상에 우연성의 여지가 있을까? 역사의 변칙과 변덕, 예전의 형태에서 생물학의 새로운 영토로 진입하는 진화의 예측 불가능한 도약이 일어날 수 있을까? 나는 이런 기회들이 매우 제한적이라고 주장했지만, 사뭇 다른 견해를 제시한 사람들도 있다.

스티븐 제이 굴드Stephen Jay Gould는 우연의 편에 선 것으로 유명하다. 적어도 하나의 유기체 전체의 규모에서는 그렇다.[19] 그에게는 진화의 모든 것이 우연이었다. 그는 물리학의 기본 법칙이 진화의 배후에 있음을 인정했지만, 이 법칙들이 배경에서 작용하더라도 진화의 모든 흥미로운 일들은 궁극적으로 우연, 특정한 동물 체제, 포유류의 번성, 지능의 탄생 등이 낳은 결과라고 철석같이 믿었다.[20] 주사위가 다르게 굴렀다면 결과가 달라졌으리라는 것이다. 그는 캐나다 로키산맥 비탈에 매장된 5억 8000만 년 전 화석 퇴적층인 버제스 엽암Burgess Shale•을 접하고서 이런 견해를 가지게 되었다. 그는 『원더풀 라이프Wonderful Life』에서 자신의 관점을 자세히 서술했다.[21] 이 얇은 돌판은 최초의 동물들의 자국이 남아 있으며 복잡한 다세포 생명체의 초기 실험 중에서 가장 온전하

• 영어 〈shale〉은 대개 〈혈암頁巖〉으로 번역되지만, 여기서는 책장처럼 잘 벗겨진다는 뜻이므로 〈頁〉을 〈머리 혈〉이 아니라 〈책면 엽〉으로 읽어야 한다.

게 보존된 것으로 손꼽힌다. 전 세계 비슷한 시대 지층에서 발견되는 이 화석들은 생명이 미생물에 머물러 있던 과거 30억 년을 넘어서 풍성한 발걸음을 내디뎠다는 증거이다. 이 동물들의 체절, 다리, 촉수, 기타 부속지의 기묘한 생김새를 보면 생물학적 풍경은 우연성으로 가득한 듯하다. 굴드는 이 낯선 형태들을 근거 삼아 인류가 생존한 것은 우연한 동전 던지기요, 요행의 결과라고 주장했다.

이 화석들을 해부학적으로 꼼꼼히 분석해 본 과학자라면 여기에는 갈라진 촉수가 있고 저기에는 신기한 위치에 붙은 체절이 있고 또 저기에는 이상한 기능을 하는 다리가 달린 등의 온갖 다양성을 보고서 놀라움을 금치 못하고 이를 우연성의 사례로 여길 것임에 틀림없다. 하지만 무척추동물의 복잡한 구조를 연구한 적이 없어서 거기에 현혹되지 않고 나흘간 도서관에서 버제스 엽암 괴물들의 재구성에 대해 골똘히 생각한 외부인으로서 내게 충격적이었던 것은 거대한 잠재력이 아니라 남다른 획일성이었다. 생물의 역사에서 바로 그 순간 무제한의 실험을 위한 가능성이 열렸다. 새로 등장한 이 동물들이 탐색하고 이용할, 말 그대로 드넓은 바다가 펼쳐졌다. 그러나 이 형태들은 진부한 유사성을 공유한다. 대부분은 여러분과 나처럼 좌우 대칭이다. 대부분은 앞쪽에 입이 있고 뒤쪽에 항문이 있다.[22] 이 동물들은 세부적인 측면에서는 제각각 다르고 모양도 기괴하게 일그러졌지만 요모조모 뜯어보면 전체적으로는 비슷하다. 이 실험은 속박을 떨쳐 버리려고 안

간힘을 썼지만 유체역학 법칙, 확산, 그 밖의 요건을 맞닥뜨렸을 때는 결국 상상력의 한계를 드러낼 수밖에 없다. 우연성이 있는 것은 사실이지만, 이것은 결코 놀라운 일이 아니다.[23] 고삐 풀린 기회의 이 유일무이한 순간이 낳는 산물이 비슷하다는 사실이야말로 생물학적 형태에서의 어떤 대담한 탐색보다도 훨씬 놀라운 일이었다. 사실 굴드가 우연성을 찬미한 뒤로 과학자들은 버제스 엽암의 동물 중 전부는 아닐지라도 상당수가 현생 동물군과 관계가 있음을 알게 되었다.[24]

우리가 서술에 신중을 기해야 하는 것이 두 가지 있다. 세포를 둘러싸는 막의 개수, 나방 날개의 무늬, 공룡 턱의 곡선 등 생명체의 세부 사항에는 우연성이 존재한다. 일부 미묘한 측면에서는 선택압이 생식 연령 도달의 성공과 실패를 엄격히 좌우하지 않을 경우에 우연성이 역사와 어우러져 나름의 역할을 할 수도 있다.[25] 지구상의 생명이 엄청나게 다양한 변이를 낳은 것은 바로 이 사실 때문이다.

나는 세부 사항, 다양성, 생명의 색채를 좋아하는 사람들을 만나면 우연성이 전부라고 인정한다. 역사적 뉘앙스와 앞선 형태의 발달적 제약 때문에 많은 특징에서는 진화의 정확한 결과를 예측하는 것이 허용되지 않을 수도 있다.[26] 하지만 더 깊은 생물학적 수준으로 들어가면 세포막, 동물 날개를 특정 형태로 수렴시키는 공기역학, 먹이를 으깨기 위한 턱의 구조 등에서 보듯 이 우연성은 생명을 제약하는 기본적 물리학에 비하면 사소한 문제이다.

우연성이 모종의 역할을 하는 또 다른 영역이 있는데, 그것은 지구상에서 대규모의 진화적 전환이 일어날 때 생명의 능력에 질적 차이를 가져오는 결정적 변화이다. 이런 전환은 단순한 세부 사항에 국한되지 않으며 오히려 생명의 체계를 빚어냈다.

어떤 전환에서는 필연성의 흔적을 찾아볼 수 있다. 생화학 작용이 안락한 방으로 자신을 감싼 채 넓은 세상으로 퍼져 나가려면 세포성이 출현해야 했다. 이 단계가 없었다면 생명은 암석에서 국지적으로 자기복제하는 분자 몇 가지에 머물거나 열수구 굴뚝을 떠나지 못하는 신세였을 것이다.

또한 전환의 필연성이 입증될 수 있더라도 시기는 불확실할 수 있다. 6600만 년 전 소행성이 공룡의 운명에 치명타를 가한 뒤로 포유류는 땃쥐에서 전파 망원경을 제작하는 영장류로 돌연변이를 일으켰다. 그러나 동물이 육지, 바다, 하늘을 지배한 지 약 1억 6500만 년이 지나도록 공룡은 파충류의 지능에서 조금도 발전하지 못했다. 우주 탐사 계획은 꿈도 꿀 수 없었다. 설령 이 동물들이 공룡 우주 탐사 기구를 설립했더라도 진화의 거대 사건인 지능의 출현에는 우연이, 즉 인지를 발달시킬 적절한 선택압이 작용했을 것이다.

버제스 엽암의 동물들과 그들의 화석 조상에서 굴드가 목격한 것은 이런 전환 규모에서의 우연성이 작용한 특별한 순간이었다. 그가 보기에, 버제스 엽암을 처음으로 조사한 고생물학자들을 혼란시킨 새로운 형태의 동물들은 어마어마하게 다양한 궤적으로 분화할 잠재력을 가지고 있었다. 하지만 시간을 조금만 거슬러 올라가면 우리는 에디아카라기에 도달한다. 이 이름은 호주 남부의 아름다운 지역에서 딴 것이다. 이곳 에디아카라 구릉지대에 우리가 아는 최초의 동물들의 잔해가 보전되어 있다. 이곳의 동물은 모두 몸이 연했으며 대부분은 납작하거나 끝이 갈라졌거나 누덕누덕하거나 빈대떡 모양이었다. 버제스 셰일에 보존된 다양한 형태를 낳은 〈캄브리아기 대폭발〉은 이 동물들 이후에 일어났다.

이 동물들은 왜 납작했을까? 세포와 마찬가지로 동물도 영양소와 먹이를 흡수하고 기체를 교환하려면 넓은 표면적이 필요하다. 동물의 내장이 이를 잘 보여 준다. 허파와 창자는 동물의 유효 표면적을 넓히는 효과가 있다. 여러분의 허파는 작고 정교한 관의 다발로 이루어졌으며 면적이 약 75제곱미터에 이른다. 여러분의 창자는 구불구불 꼬여 있어서 무려 테니스장만 한 250제곱미터의 면적을 통해 음식을 흡수한다. 그러나 에디아카라기에는 물리 법칙이 같았고 먹이와 기체를 흡수하고 배출해야 하는 것은 똑같았음에도 해결책은 달랐다. 이 동물들은 자신의 어느 부위도 표면으로부터 멀어지지 않도록 납작한 형태를 취했다. 굴드는 이 에디아카라 동물군이 지구를 물려받았다면, 이들의 해결책이 몸집을 키우고 내장을 이용하여 생명의 물질을 몸에 받아들이는 해결책보다 뛰어났다면, 버제스 셰일의 회색 박편에 드러난 동물의 제국은 납작한 형태의 판당고*에 불과했을 거라고 단언했다.

진화 과정이 갈림길을 만났을 때 다른 체제를 선택하는 우연한 도약이 일어났다면 이런 우연성이 전혀 다른 세상으로 이어졌을지도 모른다는 것이다.

그런데 에디아카라기의 해결책이 계속해서 승승장구했다면 과연 그 뒤로 동물들이 전혀 발달하지 못했으리라고 말할 수 있을까? 이 실험에서 탄생한 여러 계통 중 하나가 조만간 먹이와 산소를 더 많이 흡수할 수 있는 내장을 몸속에서 발달시키지 않았을까? 이런 형태는 표면적 증가 덕에 우위를 차지하지 않았을까?[27] 이를 통해 더 복잡하고 경쟁력이 뛰어난 동물이 등장하지 않았을까?

추측은 즐거운 일이지만, 이 실험을 새로 진행할 수는 없다. 꼴사나운 빈대떡에게 생물권 전체를 영영 넘겨주는 그런 우연과 역사적 사건이 존재하는가는 정답이 없는 문제이다.[28]

진화발생생물학을 보건대, 또한 생명이 계층적 모듈로 이루어지고 발달이 매우 급격한 변화를 만들어 낼 수 있음을 보건대 거대한 전환은 (적어도 하나의 유기체 전체에서) 일어날 수 있는 듯하다. 고래의 골반은 육지 생활 실험을 포기하고 바다로 돌아가기로 한 결단의 흔적인데, 이는 생명이 바다와 육지를 오가며 생명의 방정식을 활용하고 이에 적응하기 위해 이동하고 변화하는 탁월한 능력이 있음을 보여 주는 증거이기도 하다. 어쩌면 빈대떡이 결국 부풀어 다리가 돋아났을지도 모를 일이다.

- 스페인의 구애 춤.

최초의 자기복제 분자로부터 우주선을 제작하고 복잡한 진화 실험을 중단시킬 힘을 가진 문명에 이르는 과정에서는 또 다른 우연이 작용했을까? 고래의 결정 번복처럼 유전 부호와 대사 경로도 가변적인 듯하다.[29] 점점 늘어 가는 증거로 보건대 생명은 그 핵심 과정에 유연성이 내재한 덕에 얼어붙은 사건에서 벗어나 새 가능성을 탐색하고 그런 선택하에서 최적화하고 개량할 수 있는 것으로 보인다. 비록 괴상한 흔적 기관이 여기저기 남아 있기는 하지만 말이다.[30] 하지만 다세포성이나 복잡한 생명의 등장은 어떻게 보아야 할까?[31]

생물권의 두 버전 — 아마도 한 세계가 다른 세계보다 덜 복잡할 것이다 — 을 연결했을 우발적 사건이 생명의 이야기에 존재함을 우리가 입증할 수 있더라도 내가 보기에 이것은 흥미롭고 심지어 놀라운 순간이다. 그렇더라도 이 사건들은 일회성에 불과하다. 물리 법칙이라는 교향곡에 들어 있는 단 한 번의 변주에 지나지 않는다. 이 우연적 순간들의 중요성은 두 진화 경로, 즉 둘 중 하나는 복잡한 다세포 생명으로 이어져 결국 지능을 낳고 다른 하나는 그러지 못할 때 그중 하나를 선택함으로써 우주에 지능이 희귀한지를 결정할 수 있다는 데 있다. 생명이 얼마나 빨리 미생물 단계를 넘어서는지, 이 한계를 넘어설 수나 있는지를 결정하는 우연의 순간들은 우주 전체에서 생물권과 그에 따르는 생명 형태에 저마다 다른 복잡성 수준을 분배하는 일에 중요할지도 모른다. 만일 다른 곳에서 생명이 존재한다면 말이다. 하지만 이 대안적 세계들은 지능에 가치를 두는 지성체 관찰자, 즉 이 차이가 중요하다고 여기는 종에게만 의미가 있다.

우연한 사건들에 의해 생물권의 복잡성이, 심지어 지능의 소유 여부가 달라지는 것은 나비 날개의 다양성과 마찬가지로 치부할 수 있다. 지구상의, 또한 아마도 다른 곳의 생명이 지닌 무한한 가능성은 진화, 즉 생명 현상의 거대한 실험을 나타낸다. 생명이라는 집합적 물질에서 특별한 것 — 이 책에서 살펴본 개념들 — 은 그 안에 담긴 우연성이 아니다. 우리가 경탄하는 것은 알려진 우주에서 발견되는 물리적·화학적 조건의 작은 거품 속에 들어 있는 다양성과 온갖 능력이 어떻게 그토록 제약될 수 있는가이다.

생명의 이모저모를 꼼꼼히 들여다보는 일은 신나고 즐겁지만, 생명을 궁극적으로 가두는 통로가 좁다는 사실을 이해하는 것이야말로 생명에 대한 수많은 질문을 둘러싼 문제이다. 탄소 기반 화합물과 물이라는 용매가 생명체에게 유일한 선택지일까? 대사 경로와 유전 부호가 지금의 모습인 것은 무엇 때문일까? 다른 모습일 수는 없었을까? 세포는 왜 이렇게 생겼을까? 생명은 새로운 환경에 어떻게 적응할까? 적응에는 어떤 한계가 있을까? 동물은 왜 이 해결책이 아니라 저 해결책을, 이를테면 바퀴가 아니라 다리를 선택할까? 물리적 한계는 생물권 자체의 범위를 어떻게 정할까? 지구 너머의 다른 생명은, 그런 생명이 존재한다면, 지상의 생명을 닮았을까? 질문에는 끝이 없다.

이 방면의 질문들에는 우연성의 역할이 과연 존재하는가에 대한 의문이 함축되어 있다. 진화를 되풀이하면서 우연성이 작용하는지 관찰하는 일이 쉽지는 않지만, 과학적 관찰과 실험을 이용하여 어떤 요인이 생명을 빚어내는지 연구할 수는 있다.[32] 심지어 오늘날에는 유전 부호를 변경하면서 대안을 탐구할 수도 있다. 아마도 언젠가는 머나먼 천체를 탐사하여 또 다른 진화 실험을 관찰하면서 생물학의 보편성에 대해 더욱 확고한 근거를 이끌어 낼 수 있을 것이다. 생명의 예측 가능성, 생명의 공통된 특징, 그 한계와 범위야말로 우리를 매혹하는 것이다.

물리학이 생명을 얼마나 제약하고 우연이 어디에서 제 역할을 하는지, 생명의 특수한 분야에서뿐 아니라 계층 전체를 통틀어 더 종합적으로, 더 확고하게 이해하려는 연구는 생물학과 물리학의 융합을 탄탄하게 다질 엄청난 잠재력이 있다. 우리는 유전 부호에서 하나의 유기체 전체로 계층을 따라 정보가 흘러 올라갈 때 작용하는 물리적 원리를 살펴볼 수 있다. 우리는 환경의 영향이 아래로 향할 때 작용하는, 특히 유기체의 삶에 작용함으로써 미래 세대에 전달되는 유전 부호에 작용하는 선택압의 형태로 원리를 더욱 철저히 들여다봄으로써 진화를 더욱 깊이 있게 서술할 수 있다.[33]

생물학적 계층의 여러 수준들이 반드시 서로 연결되어야 하는 것은 아니다. 생명에서 무엇이 예측 가능한가를 더 정확히 파악하려면 주어진 규모에서 다른 규모의 성질과 독립적으로 생명에 작용하는 물리적 원리를 정의해야 한다. 이를테면 카누처럼 날렵한 돌고래의 몸매는 하나의 유기체 전체에 대한 자연 선택에 유체역학이 작용하여 빚어진 결과이다.[34] 이 선택압은 그 유기체가 아래의 세포 수준에서 조합되는 방식에 궁극적으로는 총체적으로, 하지만 대체로는 독립적으로 작용한다. 마찬가지로 땅파기에 적합하게 생긴 외계의 두더지 같은 생물은 설령 규소 기반 화학 작용으로 생겨났다고 상상해 봐도 우리 모두에게 친숙한 땅파기 생물을 닮았을 것이다. 규모에 따라 수많은 우연성과 필연성이 있지만 이것들은 다른 조직화 구조에 개입하지 않는다. 이것을 이해하면 생명체의 여러 부위에서 작용하는 물리적 원리를 예측하거나 적어도 알아내는 일이 훨씬 간단해질지도 모른다.[35]

생명체의 물리적 원리를 방정식으로 표현하면 진화 과정의 구조와 결과를 예측하는 능력을 더 확고하게 파고들 수 있는 가슴 벅찬 가능성이 열린다. 더욱 넓은 범위의 생물학 과정으로 이 활동을 확장하려는 노력을 강화하면 진화하고 자기복제하는 물질계의 성격을 규정하는 물리적 윤곽도 더 확고해지고 모형화와 연구에도 더 적합해질 것이다.

물리적 원리에 이렇게 매혹되는 것은 무미건조한 환원주의가 아니다. 수렴 진화에 대한 기념비적 저서[36]의 대단원에서 사이먼 콘웨이 모리스Simon Conway Morris는 생물학의 복잡한 구조를 유전자 결정론으로 끊임없이 단순화하려 드는 사람들의 〈삭막한 환원주의〉[37]를 개탄한다.

하지만 환원주의가 삭막해야만 하는 것은 아니다. 물리적 단순성에는 아름다움이 있다. 생명체에 구현된 물리학 방정식에는 놀라운 우아함과 (어쩌면) 심지어 매력이 있지 않은가? $P = F/A$처럼 무심하고 기본적인 방정식이 두더지의 씰룩거리는 주둥이와 분주한 발놀림으로 표현되고, 냉혹한 부력 법칙 $B = \rho V g$가 물고기의 가느다란 형태와 날렵한 춤 속에 살아 있는 것을 보라.

우리 주변의 생물권은 세부 사항으로 들어가면 무한하고 놀랍지만 그 형태는 단순하기 그지없다. 다리가 세 개나 다섯 개 달린 불규칙한 형태로 기괴하게 빚어진 짐승들의 무시무시한 동물원, 혼란스럽고 오싹한 윤곽을 가진 동물들의 군집, 고삐 풀린 진화적 우연과 실험의 섬뜩한 도가니 같은 것은 찾아볼 수 없다. 생물권에는 대칭, 예측 가능한 규모와 산뜻한 비율이 있다. 생화학적 구조의 핵심으로부터 개미와 새의 군집까지를 깊숙이 관통하는 형태와 구성의 패턴이 존재한다. 그것은 바로 변치 않고 깨뜨릴 수 없는, 물리학과 생명의 결혼이다.

감사의 말

운 좋게도 나는 오랫동안 많은 과학 분야를 자유롭게 넘나들고 그 사이에서 일어나는 일종의 발효 과정을 관찰할 수 있었다. 그 시기에 이 책의 개념들을 탐구할 추진력을 공급한 여러 기관과 개인에게 빚진 바 크다. 나는 1980년대 후반 브리스틀 대학교에서 생화학 및 분자생물학 학사 학위를 받으면서 생명의 기본 구조에 대한 개념을 접했다. 당시는 이 학문들이 분자적 연구 방법이라는 새로운 연장을 가지고 거침없이 탐구하던 시절이었다. 옥스퍼드 대학교에서 분자생물물리학 박사 학위를 받으면서는 최근까지도 분리되어 있던 두 학문적 경향인 생물학과 물리학 사이에서 새로이 탄생한 연결, 생명체와 물리적 원리에 대한 이해의 종합을 목도할 수 있었다. 이 접점에서 이루어지는 연구는 생명의 조합을 이끄는 기본 원리가 펼쳐지는 마당 중에서도 유난히 흥미진진하다.

내가 미생물학으로 돌아선 것은 캘리포니아의 미국항공우주국 에임스 연구소에서 박사후 연구원으로 일하며 생명의 미시적 세계를 들여다보면서였다. 무엇보다 미국항공우주국 우주생물학연구소에서 새로운 활력을 얻기 시작한 우주생물학의 탄생을 목격할 수 있었던 것은 크나큰 행운이었다. 인류의 우주 탐사와 정착에 무척 열광하는 사람으로서 나는 생물학과 우주과학의 매력에 한꺼번에 빠져들 수 있었다. 에임스에서 나는 생명에 대한 천문학적 관점을 접할 기회를 준 여러 훌륭한 분들에게서 영향을 받았다. 이 관점은 〈지구 생물의 구조를 보편적인 것으로서 서술할 수 있는가〉라는, 내가 이 책에서 제기한 질문의 토대라고 말할 수 있다.

미생물학자로서 케임브리지의 영국 남극연구소로 자리를 옮겨 펭귄에서 물범까지 모든 것을 연구하는 과학자들과 함께 지내면서 나는 생명을 바라보는 더 생태적이고 진화론적인 관점을 길렀다. 어느 오후, 마치 외계 대륙처럼 느껴지는 남극 애들레이드섬 로테라 기지 위 언덕에서 큰도둑갈매기 South Polar skua 둥지 사이를 걷다가 새들의 유사성을 빚어내는 원칙이 무엇인지 궁금해졌다. 〈하얀 대륙〉으로 불리는 남극의 별세계적 배경은 모든 유기체가 (어떤 장소를 보금자리로 삼는가와 무관하게) 얼마나 제한적인 형태에 얽매이는지 곱씹기에 이상적인 환경이었다. 이 책은 남극에서의 생각을 발전시키고 깊이 성찰한 결과물이다. 그러고 나서 밀턴케인스의 오픈 대학교에 가서 한 행성과학 연구소에서 일하면서 행성 규모의 과정들이 생명과 어떤 관계인지에 대해 많은 것을 배웠다. 이런 환경에서는 행성의 조건이 진화의 산물을 어떻게 빚어내고 이끌어 가는지 생각하지 않을 도리가 없다. 이제는 에든버러 대학교에서 물리학자들과 천문학자들 사이에서 지내는데, 이곳은 생명에 대한 환원주의적 관점이 우세하다. 내가 거쳐 간 이 모든 장소들은 즐거운 일터이자 아이디어의 풍성한 원천이었다. (내가 직접 관찰이라는 특혜를 누린) 생명 구조의 다양한 수준에서 진행되는 연구를 책으로 쓰는 것은 말할 수 없이 즐거운 일이었다.

이 책이 어떤 반응을 얻든, 최소한 몇몇 진화생물학자와 물리학자가 진화의 놀라운 산물에 공통의 관심을 공유하도록 북돋우고 나머지 모든 사람이 절망적으로 복잡해 보이는 것에 아름다운 단순함이 있음을 보고 경탄하게 하는 것이 나의 바람이다.

이 책을 쓸 당시의 우리 연구진 로지 케인, 앤디 디킨슨, 해나 랜든마크, 클레어 루든, 타샤 니콜슨, 샘 페일러, 리엄 페레라, 페트라 슈웨드너, 애덤 스티븐스, 젠 왜즈워스의 너그러움에 감사한다. 제안이나 논문을 이메일로 보내 이 책에 표현된 생각들에 이런저런 영향을 미친 수많은 친구와 동료에게도 감사한다. 초고에 대해 상세한 논평을 해준 해리엇 존스, 해나 랜든마크, 시드니 리치, 리베카 시달에게 감사한다. 지난 5년간 나의 근사한 지적 보금자리였던 에든버러 대학교에 감사한다.

집필 과정에 조언과 방향을 제시한 저작권 대리인 앤터니 토핑에게 무척 감사한다. 편집에 대한 조언을 하고 이 책이

최종 출간되기까지 이끌어 준 베이식북스의 T. J. 켈러허와
애틀랜틱북스의 마이크 하플리에게 감사한다.

주

1장 생명의 말 없는 지휘관

1 이것은 왕실 천문관 마틴 리스가 대중 강연에서 한 말이지만, 그는 글에서도 비슷한 주장을 한 적이 있다. 〈섬세한 구조를 가진 가장 작은 곤충조차도 원자나 항성보다 훨씬 복잡하다.〉 M. Rees, "The limits of science," *New Statesman* 141 (May 2012): 35.

2 J. Lequeux, *Birth, Evolution and Death of Stars* (Paris: World Scientific, 2013).

3 M. P. Witton, D. M. Martill, R. F. Loveridge, "Clipping the wings of giant pterosaurs: Comments on wingspan estimations and diversity," *Acta Geoscientica Sinica* 31 Supp. 1 (2010): 79-81.

4 D. Edwards, J. Feehan, "Records of Cooksonia-type sporangia from late Wenlock strata in Ireland," *Nature* 287 (1980), 41-42; R. J. Garwood, J. A. Dunlop, "Fossils explained: Trigonotarbids," *Geology Today* 26 (2010), 34-37. 실제로 상당수의 초기 식물과 무척추동물의 기준 표본이 스코틀랜드에서 처음 발견되었다.

5 Pederpes: J. A. Clack, "An early tetrapod from 'Romer's Gap,'" *Nature* 418 (2002): 72-76.

6 단백질 접힘에 대해서는 M. J. Denton, C. J. Marshall, M. Legge, "The protein folds as Platonic forms: New support for the pre-Darwinian conception of evolution by natural law," *Journal of Theoretical Biology* 219 (2002): 325-342를 보라. 단백질이 어떻게 접히는가를 알아내는 것은 간단한 문제가 아니다. 이 점은 A. M. Lesk, "The unreasonable effectiveness of

mathematics in molecular biology," *Mathematical Intelligencer* 22 (2000): 28-37에서 매우 명료하게 제기되었다.

7　이 단순한 주장은 자연 선택이 생명을 빚는 중요한 역할과 양립하지만, 주된 선택 효과와 직접 연관되지 않은 채 유기체를 빚어내는 여러 요인에도 부합한다. 유기체가 진화적으로 형성되는 다양한 방식은, 예를 들어 굴드와 르원틴 등이 탐구한 바 있는데, 물리적 원리에 의해 협소하게 제한되는 바로 그 메커니즘과 완벽하게 양립한다. S. J. Gould, R. C. Lewontin, "The spandrels of San Marco and the Panglossian paradigm: A critique of the adaptationist programme," *Proceedings of the Royal Society of London, Series B, Biological Sciences* 205 (1979): 581-598을 보라. 이 요인 중 일부, 특히 많은 〈건축적〉 요인은 근본적으로 물리적 제약이다. 이를테면 굴드와 르원틴의 스팬드럴은 아치 두 개를 결합했을 때의 물리적 결과이다.

8　물리적 과정을 수학으로 서술할 때의 한계와 효과에 대한 인상적인 논의로는 E. Wigner, "The unreasonable effectiveness of mathematics in the natural sciences," *Communications in Pure and Applied Mathematics* 13 (1960): 1-14를 보라. 이 고전적 논문을 더 현대적으로 해석한 자료로는 Lesk (2000)를 보라.

9　하나의 유기체 전체의 수준에서 생명에 구현되는 물리적 원리들을 기술적으로 요약한 훌륭한 자료로는 S. Vogel, *Life's Devices: The Physical World of Animals and Plants* (Princeton, N. J.: Princeton University Press, 1988)가 있다. 스티븐 보걸은 생명의 유체역학과 그 밖의 관찰을 다루는 흥미로운 논문도 많이 썼다. 그의 문헌은 시대에 뒤떨어지기는 했지만 유기체의 물리적 측정에 대한 빼어난 논문이 몇 편 있다. 더 대중적인 (하지만 상세한 서술로 가득하고 생명을 인간의 기술과 아름답게 비교하는) 서술은 S. Vogel, *Cats' Paws and Catapults: Mechanical Worlds of Nature and People* (London: Penguin Books, Ltd., 1999)에서 찾을 수 있다.

10　K. Autumn et al., "Evidence for van der Waals adhesion in gecko setae," *Proceedings of the National Academy of Sciences* 99 (2002): 12,252-12,256.

11　B. Alberts et al., *Molecular Biology of the Cell*, 4th ed. (New York: Garland Science, 2002).

12　R. Smith, *Conquering Chemistry*, 4th ed. (Sydney: McGraw-Hill, 2004).

13　물고기가 전부 몸을 구부리는 것은 아니다. 전기어(電氣魚)는 정전기장을 발생시켜 주변을 탐지할 수 있어야 하기에 몸을 뻣뻣하게 유지해야 한다. 이

물고기들은 몸을 따라 길게 이어진 지느러미를 진화시켰다. 이 지느러미는 물결 같은 진동을 이용하여 물고기를 앞으로 밀어낸다.

14　슈뢰딩거의 고양이는 에르빈 슈뢰딩거가 1935년에 제안한 양자역학 사고 실험이다. 이 시나리오는 고양이가 살아 있는 동시에 죽었을지도 모르는 상태에 대한 것으로, 그 핵심은 양자 중첩이라는 상태이다. 이것은 고양이의 생명이 임의의 아원자적 사건에 연결되어 있는데, 이 사건이 일어날 수도 있고 일어나지 않을 수도 있기 때문이다. 베르너 카를 하이젠베르크는 독일인 이론물리학자이며 양자역학의 창시자 중 한 명이다.

15　〈적합도fitness〉 지형이라고 부르기도 한다. 시월 라이트Sewall Wright 가 처음 발전시킨 이 개념을 근사하게 상술한 자료는 G. McGhee, *The Geometry of Evolution* (Cambridge: Cambridge University Press, 2007)에서 찾을 수 있다.

16　나는 진화에서 발달 제약이 하는 역할을 부정하지 않는다. 이를테면 J. M. Smith et al., "Developmental constraints and evolution," *The Quarterly Review of Biology* 60 (1985), 263-287; 또는 F. Jacob, "Evolution and tinkering," *Science* 196 (1977), 1161-1166을 보라. 실제로 생리학과 진화 사이에서는 매우 복잡한 상호 작용이 일어날 수 있다. K. N. Laland, et al., "Cause and effect in biology revisited: Is Mayr's proximate-ultimate dichotomy still useful?" *Science* 33 (2011): 1512-1516을 보라. 그러나 이 책을 읽어 나가면 더 분명해지겠지만, 생명은 유전 부호에서든 거시적 형태에서든 이러한 이전의 역사적 변칙과 〈고정된 사건〉을 극복할 유연성이 통념에 비해 더 큰 것 같다. 그렇다고 해서 동물에서 역사의 증거를 풍부하게 발견할 수 없다는 말은 아니다(이를테면 육상 동물의 네 다리는 어류의 가슴지느러미나 배지느러미에서 왔다). 이 역사는 생명을 빚어내는 지배적인 물리적 원리 안에서 생명이 취할 수 있는 선택지를 제약할 수도 있다.

17　독자는 이것이 어느 정도 동어 반복이라고 주장할지도 모르겠다. 진화가 생명의 특징인가의 문제는 우리가 생명을 어떻게 정의하느냐의 문제를 제기한다. 우리는 생명체가 환경에 적응하고, 이 적응을 라마르크식 진화의 형태로 자신의 유전 부호에 읽어 들인다는 공상에 탐닉할 수도 있다. 이런 체계가 충분히 강력했다면, 우리가 지구 생명 계통의 계층적 성격과 연관시키는 린네식 분류 체계는 탄생하지 않았을 것이다. 하지만 R. Dawkins, "Universal biology," *Nature* 360 (1992): 25-26과 같은 맥락에서 나는 〈다윈주의적 의미의 진화는 부호를 복제하는 자연물에서 보편적이다〉라는 가정에서 출발할 것이다. 실제로 이 책에서는 다윈주의적 진화를 재생산하고 표현하는 물질계가 내 논의의 관심사임을 잠정적 가정으로 채택할 것이다. 독자들이 이 보편성을 부정하고 환경에 적응하는 재생산 체계를 전혀 다르게 서술할 수 있더라도 이 책에서 내리는 대

부분의 결론, 특히 물리적 과정이 진화를 제한하는 효과가 있다는 결론은 변하지 않을 것이다. 실제 사례로는 생명이 지구에서 처음으로 탄생했을 때 이 초기의 세포들에서 유전 정보가 더 유동적으로 전달되었으리라는 것을 들 수 있다. 이것은 N. Goldenfeld, T. Biancalani, F. Jafarpour, "Universal biology and the statistical mechanics of early life," *Philosophical Transactions A* 375 (2017): 20160341에서 논의하는 오늘날 미생물의 수평적 유전자 이동과 마찬가지다. 어떤 사람들은 유전 물질이 유사라마르크주의적 방식으로 원시 유전체에 추가된다는 점에서 이런 세포 군집에 비(非)다윈주의적 성질이 있다고 주장했다. 이 개념을 아무리 진화 과정에 대한 서술에 도입하더라도(수평적 유전자 이동의 산물도 여전히 환경적 선택을 받는다), 이 과정은 물리학의 엄격한 제약을 받는다. 도킨스는 다윈주의가 우리가 아는바 생명의 정의의 단순한 일부가 아니라 적응적 복잡성을 지닌 채 복제하는 물질의 보편적 특징이라는 설득력 있는 주장을 제시한다. R. Dawkins, "Universal Darwinism," *Evolution from Molecules to Men*, D. S. Bendall 엮음 (Cambridge: Cambridge University Press, 1983), 403-425. 조이스 인용문은 G. F. Joyce, *Origins of Life: The Central Concepts*, D. W. Deamer and G. R. Fleischaker 엮음(Boston: Jones and Bartlett, 1994), xi-xii를 보라. 조이스가 인터넷에서 비공식적으로 밝힌 바에 따르면 이 정의는 1990년대 초 미국항공우주국 외계생물학 실무 그룹Exobiology Discipline Working Group 패널 토의에서 발전했다.

18 이 문제는 C. E. Cleland, C. F. Chyba, "Defining 'life,'" *Origins of Life and Evolution of Biospheres* 32 (2002): 387-393에서 탐구한 바 있다.

19 E. Schrödinger, *What Is Life?* (Cambridge: Cambridge University Press, 1944). 한국어판은 『생명이란 무엇인가』(한울, 2020).

20 K. Baverstock, "Life as physics and chemistry: A system view of biology," *Progress in Biophysics and Molecular Biology* 111 (2013): 108-115에서 논의한다.

21 H. G. Wells, "Another basis for life," *Saturday Review* (1894): 676.

22 R. Gallant, *Atlas of Our Universe* (Washington D.C.: National Geographic Society, 1986).

23 내가 본문에서 제시하는 경고를 강조하자면, 상상력이 풍부한 사람들은 이 행성에 단순히 생명의 기원이 없었거나 생명의 기원이 매우 드물다고 주장할 수 있을 것이다. 하지만 생명이 이 행성들에서 기원했다면 우리는 바로 이런 생물들을 보게 될 것이다. 생명이 기원할 가능성이 전무하거나 생명의 기원에 필요한 조건이 확실한 상황에서는 이 입장을 반박하기 힘들다. 하지만 생명의 한계에 대한 이후의 장에서 내가 논의하듯 금성 같은 무시무시한 세계에서 생명이

등장할 가능성에는 더 근본적인 한계가 있다. 생명의 기원이 그곳에서 생겨날 수 있었든 아니면 실제로 생겨났든 상관없이 말이다.

24 C. Darwin, *On the Origin of Species by Means of Natural Selection, or the Preservation of Favoured Races in the Struggle for Life* (London: John Murray, 1859). 한국어판은 『종의 기원』(한길사, 2014).

2장 많은 것을 조직화하다

1 E. O. Wilson, *Sociobiology: The New Synthesis* (Cambridge, M.A.: Belknap Press, 1975). 한국어판은 『사회생물학』(민음사, 1992). 윌슨이 횔도블러Hölldobler와 함께 쓴 개미에 대한 책은 학술서 최초로 퓰리처상을 받았다. B. Hölldobler, E. O. Wilson, *The Ants* (Berlin: Springer, 1998).

2 개미 사회에서 일어나는 피드백 과정을 더 섬뜩하게 보여 주는 것은 개미가 개미 시체를 쌓아 더미를 만드는 광경이다. G. Theraulaz et al., "Spatial patterns in ant colonies," *Proceedings of the National Academy of Sciences* 99 (2002): 9645-9649.

3 나는 개미에서 특정한 집단행동을 유발하는 규칙에 초점을 맞췄다. 개미가 애초에 왜 함께 살며 진화의 치열한 경쟁 세계에서 어떻게 진사회성(일부 동물 집단이 재생산하는 무리와 재생산을 하지 않는 무리로 나뉘고 후자는 나머지를 돌보기만 하는 성향)이 생겨날 수 있었는가는 전혀 다른 문제이다. 이 질문은 타당한 물리적 원리와 수학 모형화로 환원될 수 있으며 M. A. Nowak, C. E. Tarnita, E. O. Wilson, "The evolution of eusociality," *Nature* 466 (2010): 1057-1062에서 논의한다.

4 J. Buhl, J. Gautrais, J. L. Deneubourg, G. Theraulaz, "Nest excavation in ants: Group size effects on the size and structure of tunnelling networks," *Naturwissenschaften* 91 (2004), 602-606; 또한 J. Buhl, J. L. Deneubourg, A. Grimal, G. Theraulaz, "Self-organised digging activity in ant colonies," *Behavioral Ecology and Sociobiology* 58 (2005), 9-17에서 측정하고 논의한다.

5 P. Willmer, *Environmental Physiology of Animals* (Chichester: Wiley-Blackwell, 2009).

6 하지만 몇몇 빼어난 논문에서는 이 법칙들의 토대를 탐구하는데, 그 자체가 대체로 물리학 모형에 토대를 둔다. 일례로 G. B. West, J. H. Brown, B. J. Enquist, "A general model of allometric scaling laws in biology," *Science* 276 (1997): 122-126에서는 생명에서의 생리학적 멱법칙 중 상당수가 물질을 선형

네트워크를 통해 유기체의 모든 부위에 공급해야 하는 필요성에 근거한다고 주장한다. 연구진은 이 가정을 이용하여 모형을 발전시키고, 개미부터 곤충과 여러 동물에 이르는 생명체의 다양한 구조적 특징을 예측한다.

7　이 개념을 훌륭히 설명하고 상대 생장률 먹법칙 및 그 물리학적 토대를 다룬 과거 문헌을 폭넓게 다룬 글로는 G. B. West, *Scale: The Universal Laws of Life and Death in Organisms, Cities and Companies* (London: Weidenfeld & Nicolson, 2017)를 적극 추천한다.

8　무질서한 행동에서 질서 있는 행동으로 전환하는 단순한 입자 운동에 대해 기본 법칙을 이용한 모형화를 제안한 고전적 논문으로는 T. Vicsek et al., "Novel type of phase transition in a system of self-driven particles," *Physical Review Letters* 75 (1995): 1226-1229가 있으며, 이는 J. Toner, Y. Tu, "Long-range order in a two-dimensional dynamical model: How birds fly together," *Physical Review Letters* 75 (1995): 4326-4329에서 생물계에 적용되었다. 이런 자기조직화 행동을 일으키는 전환을 더 정교하게 다듬은 글로는 G. Grégoire, H. Chaté, "Onset of collective and cohesive motion," *Physical Review Letters* 92 (2004): 025702가 있다. 물론 비생물계와 생물계 둘 다에 적용되는 자기조직화의 물리학을 탐구한 논문은 이 밖에도 많다.

9　자기조직화는 생물학뿐 아니라 모든 물리계에서 다양한 척도로 관찰할 수 있는데, 기후계도 그중 하나이다. G. M. Whitesides, B. Grzybowski, "Self-assembly at all scales," *Science* 295 (2002): 2418-2421. 평형과 동떨어진 계가 생물학과 어떤 관계인지를 훌륭히 요약한 글로는 S. Ornes, "How nonequilibrium thermodynamics speaks to the mystery of life," *Proceedings of the National Academy of Sciences* 114 (2017): 423-424를 보라. 그의 논문에는 생물학에서의 비평형계에 대한 그 밖의 적절한 인용도 실려 있다.

10　이 공식으로 이를테면 아르헨티나개미*Iridomyrmex humilis*의 행동을 예측할 수 있었다. J. L. Deneubourg, S. Aron, S. Goss, J. M. Pasteels, "The self-organizing exploratory pattern of the Argentine ant," *Journal of Insect Behaviour* 3 (1990): 159-168.

11　개미와 분자의 차이 및 개미 사이의 상호 작용 원리에 대한 논의로는 C. Detrain, J. L. Deneubourg, "Self-organized structures in a superorganism: Do ants 'behave' like molecules?" *Physics of Life Reviews* 3 (2006): 162-187이 있다.

12　이를테면 조류 무리나 물고기 떼에서, 기억이 뒤이은 집단행동에 어떻게 영향을 미치는지 설명하는 모형을 만들 수 있다. 동물 집단에서 대규모의 총체적 변화를 일으키는 무작위 변동도 탐구할 수 있다. 이런 속성 때문에 모형이

더 복잡해지지만, 모형은 그 핵심에서 여전히 개별 유기체가 어떻게 상호 작용을 하는가에 대한 기본 원리를 통해 구성된다. I. D. Couzin et al., "Collective memory and spatial sorting in animal groups," *Journal of Theoretical Biology* 218 (2002): 1-11.

13 이 역사와 조류 군집 행동에 대한 몇 가지 이론을 검토한 논문으로는 I. L. Bajec, F. H. Heppner, "Organized flight in birds," *Animal Behaviour* 78 (2009): 777-789가 있다.

14 이 가정들을 들여다보는 상세한 논문으로는 B. Chazella, "The convergence of bird flocking," *Journal of the ACM* 61 (2014): article 21이 있다. 또한 L. Barberis, F. Peruani, "Large-scale patterns in a minimal cognitive flocking model: Incidental leaders, nematic patterns, and aggregates," *Physical Review Letters* 117 (2016): 248001을 보라.

15 집단 내 일부 개체만이 필요 정보에 접근할 수 있는 상황에서 척추동물이 어떻게 조직을 이루고 새로운 먹이 공급원을 찾고 새 장소로 이주할 수 있는가에 대한 모형으로는 I. D. Couzin, J. Krause, N. R. Franks, S. A. Levin, "Effective leadership and decision-making in animal groups on the move," *Nature* 433 (2005): 513-516이 있다.

16 조류 군집 행동의 경우에서 조류의 집단행동을 물리적 과정으로서 탐구하는 유력한 논문으로는 A. Cavagna, I. Giardina, "Bird flocks as condensed matter," *Annual Reviews of Condensed Matter Physics* 5 (2014): 183-207이 있다(이렇게 근사한 논문 제목은 물리학자만이 생각해 낼 수 있다).

17 이 아이디어를 처음으로 정립한 것은 V. C. Wynne-Edwards, *Animal Dispersion in Relation to Social Behaviour* (Edinburgh: Oliver & Boyd, 1962)이다. 이 아이디어의 한 가지 문제는 집단의 유익을 지향하는 형식의 행동, 즉 번식 행동에 대한 일종의 자기 검열을 시사한다는 것이다. 처음에 검열에 참여했다가 나중에 다른 새들보다 많은 자식을 낳아 속임수를 쓰는 새가 개체군에 빠르게 전파되어 전체 전략에 피해를 입힐 수 있다. 게다가 한 번에 둥지에 낳는 알(알의 개수)이 군무의 조류 마릿수에 따라 조절되지 않기에 이 아이디어는 실증적으로 검증하기 힘들다.

18 H. Weimerskirch et al., "Energy saving in flight formation," *Nature* 413 (2001): 697-698.

19 S. J. Portugal et al., "Upwash exploitation and downwash avoidance by flap phasing in ibis formation flight," *Nature* 505 (2014): 399-402.

20 V. Schaller et al., "Polar patterns of driven filaments," *Nature* 467 (2010): 73-77.

21 T. Sanchez et al., "Spontaneous motion in hierarchically assembled active matter," *Nature* 491 (2012): 431–435.

22 0.000000025미터이다.

23 개미, 벌, 어류, 딱정벌레를 비롯한 다양한 유기체의 자기조직화에 대한 정보를 종합한 포괄적 자료로는 S. Camazine et al., *Self-Organization in Biological Systems* (Princeton, N.J.: Princeton University Press, 2003)가 있다. 또한 책에서는 안정적 구조의 형성을 강화하는 능력을 비롯하여 자기조직화 이면의 일반적 원인과 원리를 논의한다. 자기조직화를 다루는 다양한 연구에 대한 폭넓은 참고 문헌 목록도 실려 있다. 자기조직화에 대한 매우 포괄적인 연구서는 S. Kauffman, *The Origins of Order: Self-Organization and Selection in Evolution* (Oxford: Oxford University Press, 1993)이며, 이를 아름답게 요약한 대중 과학책으로 S. Kauffman, *At Home in the Universe: The Search for Laws of Self-Organization and Complexity* (Oxford: Oxford University Press, 1996)가 있다. 한국어판은 『혼돈의 가장자리』(사이언스북스, 2002). 또한 아오의 연구를 보라. 이를테면 P. Ao, "Laws of Darwinian evolutionary theory," *Physics of Life Reviews* 2 (2005): 117–156.

24 우리는 스스로를 〈단순한〉 자연적 과정과 별개로 여기려는 욕망이 있지만, 도시의 규모와 형태에 대한 이 매혹적인 연구 L. M. A. Bettencourt, "The origins of scaling in cities," *Science* 340 (2013): 1438–1441에서 보듯 인간 개체군도 쉽게 모형화할 수 있다.

25 나는 자기조직화의 측면들 중에서 물리적 원리의 작용을 나타내는 것에 초점을 맞췄지만, 유기체 집단의 행동을 이해하기 위해서는 그 밖에도 물리학과 수학의 여러 분야를 적용할 수 있다. 그중에서도 게임 이론을 생물학과 진화에 적용하여 유기체가 취하는 각각의 선택이 진화적으로 얼마나 유리한지 이해하려는 시도가 주효했으며, 이 분야와 관련하여 많은 문헌이 발표되었다. J. Maynard Smith, G. R. Price, "The logic of animal conflict," *Nature* 246 (1973): 15–18을 보라. 게임 이론을 생물학에 적용하는 문제를 다룬 책으로는 H. K. Reeve, L. E. Dugatkin, *Game Theory and Animal Behaviour* (Oxford: Oxford University Press, 1998)가 있다. 이 진화론적 상호 작용을 비롯하여 수학 이론을 진화에 적용하는 여러 측면을 포괄적으로 탐구하는 기술적 문헌으로는 M. A. Nowak, *Evolutionary Dynamics: Exploring the Equations of Life* (Cambridge, M.A.: Belknap Press of Harvard University Press, 2006)가 있다. 나는 이 책(『진화역학: 생명의 방정식에 대한 탐구』)을 발견하기 오래전에 내 책 제목을 지어둔 터였다. 하지만 소유권을 주장할 생각은 없다. 〈생명의 방정식〉은 방정식으로 쓸 수 있는 수학적 관계로 표현되는 물리적 원리를 통해 생명의 현실을 간명하게 포착하는 자연스러운 문구라고 생각한다. 게다가 〈생명의 방정식〉은 사이

먼 모든Simon Morden의 소설 제목이기도 하다. 이 소설은 핵전쟁으로 인한 파국을 배경으로 물리학과 진화생물학의 연관성을 파고든다(이런 연관성은 피하는 게 상책이건만).

3장 무당벌레의 물리학

1 줄리어스 슈워츠, 해미시 올슨, 대니엘 헨들리, 헤마 스탬, 로저 와트, 로라 매클라우드 등 이 장의 바탕이 된 연구를 수행한 조원들에게 감사하고 싶다. 그들은 과제를 매우 훌륭히 수행했으며 근사한 보고서를 썼다.

2 H. Cruse, V. Durr, J. Schmitz, "Insect walking is based on a decentralized architecture revealing a simple and robust controller," *Philosophical Transactions of the Royal Society A* 365 (2007): 221-250.

3 곤충 다리와 운동의 물리학과 수학은 풍성한 결실을 맺을 수 있는 연구 분야로, 그 원동력은 다리 달린 로봇이 지형을 더 효과적으로 주파할 수 있도록 하려는 목표였다. 이를테면 R. E. Ritzmann, R. D. Quinn, M. S. Fischer, "Convergent evolution and locomotion through complex terrain by insects, vertebrates and robots," *Arthropod Structure and Development* 33 (2004): 361-379를 보라.

4 일부 곤충은 발바닥에 말랑말랑한 부위가 있다.

5 이 모형이 어떻게 발전했는가는 여러 논문에서 찾아볼 수 있는데, 이를테면 Y. Zhou, A. Robinson, U. Steiner, W. Federle, "Insect adhesion on rough surfaces: Analysis of adhesive contact of smooth and hairy pads on transparent microstructured substrates," *Journal of the Royal Society Interface* 11 (2014): 20140499가 있다. 이 장에 실은 방정식은 J. H. Dirks, "Physical principles of fluid-mediated insect attachment — shouldn't insects slip?" *Beilstein Journal of Nanotechnology* 5 (2014): 1160-1166에서 인용했다.

6 라플라스 압력은 기체 영역과 액체 영역의 경계선을 이루는 곡면 안팎의 압력차이다. 이 압력차는 두 영역이 접하는 면의 표면 장력에 의해 발생한다.

7 모든 생물학적 구조, 특히 부속지는 안전율factor of safety(파괴를 유발하는 응력 대 최대 허용 응력의 비율)을 가지도록 진화한다. 그렇다고 해서 진화에 공학적 선견지명이 있다는 말은 아니지만, 안전율은 생존이 지장을 받지 않도록 파괴 가능성을 최소화할 것이다. 포괄적이고 흥미로운 논의로는 R. M. N. Alexander, "Factors of safety in the structure of animals," *Science Progress* 67 (1981): 109-130을 보라. 이 논문에서는 물리학과 생물학이 결합된 또 다른 분야인 생체역학을, 특히 하나의 유기체 전체의 수준에서 다룬다. 알렉산더는 그

밖에도 씨앗을 비롯한 여러 생물학적 구조를 들여다본다.

8 H. Peisker, J. Michels, S. N. Gorb, "Evidence for a material gradient in the adhesive tarsal setae of the ladybird beetle *Coccinella septempunctata*," *Nature Communications* 4 (2013): 1661.

9 W. Federle, "Why are so many adhesive pads hairy?" *Journal of Experimental Biology* 209 (2006): 2611-2621.

10 I do not exaggerate when I say that one of my favorite scientific papers, which explores this topic exactly, is F. W. Went, "The size of man," *American Scientist* 56 (1968): 400-413. 웬트는 크고 작은 여러 규모에서 작용하는 물리적 원리와 그 생물학적 의미에 주목하며 큰 규모에 관여하는 중력과 작은 규모를 지배하는 분자력을 논의한다. 특히 흥미로운 것은 일하러 갈 준비를 하는 개미에 대한 사고 실험이다. 개미가 왜 아내에게 작별 입맞춤을 하지 못하고 출근길에 몰래 담배를 피우지 못하는지 궁금하다면 그의 논문을 직접 읽어보시길. 같은 맥락의 앞선 논문으로는 J. B. S. Haldane, "On being the right size," *Harper's Magazine* 152 (1926): 424-427이 있다. 여기서 홀데인은 곤충에 주목하여 유기체의 크기에 따라 필요한 체계의 종류가 정해진다고 주장한다. 그는 물리적 크기를 통해 단순한 우연이 아니라 생명체가 어떻게 구성되는가를 궁극적으로 결정하는 물리적 원리가 관여하게 된다는 것을 인정한다.

11 이 책에서 〈우연성〉이라는 용어는 역사의 변칙이었던 진화적 발달, 즉 전혀 다를 수도 있었던 우연한 경로를 뜻한다. 스티븐 제이 굴드를 비롯하여 우연성이 진화의 중요한 동인이라고 믿는 과학자들은 진화의 테이프를 다시 돌리면 전혀 다른 경로가 펼쳐질 것이라는 학설을 내놓는다. 여기서 미묘한 차이를 눈여겨보아야 한다. 우연성은 비슷하거나 똑같은 두 가지 진화 실험이 그 과정에서 우연한 돌연변이에 의해 달라지는 것을 가리킬 수도 있고, 진화 실험의 출발점에서와 같은 작고 사소한 역사적 조건이 진화의 결과를 판이하게 바꾸는 것을 가리킬 수도 있다. 이 책에서는 대체로 두 가능성을 다 가리킨다.

12 D. L. Jeffries et al., "Characteristics and drivers of high-altitude ladybird flight: Insights from vertical-looking entomological radar," *PLoS One* 8 (2013): e82278.

13 나는 곤충 비행에 대한 방정식을 일부러 쓰지 않았는데, 그 이유는 나중에 소개할 양력 방정식이 곤충 공기역학의 복잡성을 담기에는 너무 단순하기 때문이다. 방정식 하나를 제시하면 구색을 맞추기 위해서라도 훨씬 많은 방정식을 들먹여야 할 것이다. 곤충 비행 현상의 자세한 내용이 궁금한 독자들은 다음 논문들을 참고하기 바란다(소개한 것 말고도 많은 문헌이 있지만). M. H. Dickinson, F.-O. Lehmann, S. P. Sane, "Wing rotation and the aerodynamic

basis of insect flight," *Science* 284 (1999), 1954-1960; S. P. Sane, "The aerodynamics of insect flight," *Journal of Experimental Biology* 206 (2003), 4191-4208; F.-O. Lehmann, "The mechanisms of lift enhancement in insect flight," *Naturwissenschaften* 91 (2004), 101-122; F.-O. Lehmann, S. P. Sane, M. Dickinson, "The aerodynamic effects of wing-wing interaction in flapping insect wings," *Journal of Experimental Biology* 208 (2005), 3075-3092.

14 V. C. Mir et al., "Direct compression properties of chitin and chitosan," *European Journal of Pharmaceutics and Biopharmaceutics* 69 (2008): 964-968.

15 H.-W. Henn, "Crash tests and the Head Injury Criterion," *Teaching Mathematics and Its Applications* 17 (1998): 162-170.

16 나비의 날개에서 보는 것과 같은 자연에서의 색깔 형성은 정교하게 발전한 물리학 분야 중 하나로, 광학과 여타 분야를 포괄한다. 이 분야의 논문을 하나만 들자면 S. Kinoshita, S. Yoshioka, J. Miyazaki, "Physics of structural colors," *Reports on Progress in Physics* 71 (2008): 076401이 있다.

17 A. M. Turing, "The chemical basis of morphogenesis," *Philosophical Transactions of the Royal Society Series B* 237 (1952): 37-72.

18 튜링 모형을 이용한 패턴의 설명과 예측에 대한 서술은 무당벌레에도 적용된 바 있다. S. S. Liaw, C. C. Yang, R. T. Liu, J. T. Hong, "Turing model for the patterns of lady beetles," *Physical Review E* 64 (2001): 041909.

19 러디어드 키플링Rudyard Kipling의 글은 튜링의 논문보다 먼저 나왔으나 키플링이 나중에 태어났다면 "How the Leopard Got His Spots"를 튜링과 함께 썼을지도 모른다. 한국어판은 『표범의 얼룩무늬는 어떻게 생겨났을까?』(재미마주, 2013).

20 이 효과를 탐구한 논문 두 편으로는 P. M. Brakefield, P. G. Willmer, "The basis of thermal melanism in the ladybird *Adalia bipunctata*: Differences in reflectance and thermal properties between the morphs," *Heredity* 54 (1985), 9-14; P. W. De Jong, S. W. S. Gussekloo, P. M. Brakefield, "Differences in thermal balance, body temperature and activity between non-melanic and melanic two-spot ladybird beetles (*Adalia bipunctata*) under controlled conditions," *Journal of Experimental Biology* 199 (1996), 2655-2666이 있다. 또한 나미브 사막의 짙은 색 딱정벌레와 옅은 색 딱정벌레를 대상으로 같은 효과를 관찰한 연구로는 E. B. Edney, "The body temperature of tenebrionid beetles in the Namib Desert of southern Africa," *Journal of Experimental Biology* 55 (1971): 69-102를 보라.

21 앞의 P. W. De Jong et al. (1996)을 보라.

22 떨림을 비롯한 곤충의 체온 조절에 대한 일반적 논문으로는 B. Heinrich, "Thermoregulation in endothermic insects," *Science* 185 (1974), 747-756; 또한 이후에 쓴 책 B. Heinrich, *The Thermal Warriors: Strategies of Insect Survival* (Cambridge, M.A.: Harvard University Press, 1996)을 보라.

23 몰랄 농도는 화학 물질의 몰수를 질량으로 나눈 값이다.

24 비행 곤충의 원리를 논한 초기 논문으로는 T. Weis-Fogh, "Respiration and tracheal ventilation in locusts and other flying insects," *Journal of Experimental Biology* 47 (1967): 561-587이 있다.

25 이를테면 W. Verbeck, D. T. Bilton, "Can oxygen set thermal limits in an insect and drive gigantism?" *PLoS One* 6 (2011): e22610을 보라. 곤충 크기에서 산소가 하는 역할에 영향을 미칠 수 있는 모든 복잡한 요인을 탐구한 매우 훌륭한 논문으로 J. F. Harrison, A. Kaiser, J. M. VandenBrooks, "Atmospheric oxygen level and the evolution of insect body size," *Proceedings of the Royal Society B* (2010), doi:10.1098/rspb.2010.0001이 있다.

26 이론상의 1킬로그램짜리 메뚜기가 맞닥뜨리는 문제를 속속들이 논의한 자료로는 K. J. Greenlee et al., "Synchrotron imaging of the grasshopper tracheal system: Morphological and physiological components of tracheal hypermetry," *American Journal of Physiology. Regulatory, Integrative and Comparative Physiology* 297 (2009): R1343-1350을 보라.

27 H. B. Barlow, "The size of ommatidia in apposition eyes," *Journal of Experimental Biology* 29 (1952): 667-674.

28 빛을 모으는 단백질 수용체 옵신의 진화는 책 한 권을 채울 수 있을 정도이다. 옵신은 분자 수준에서 수렴한다. 겹눈과 카메라눈의 진화도 마찬가지다. 안구 전체에서 그 분자 구성 성분에 이르기까지 눈의 진화는 수렴으로 가득하다. 눈의 목적은 전자기 복사를 포착하는 것이므로 물리적 원리는 매우 강력하게 수렴을 유도했다. 이를테면 Y. Shichida, T. Maysuyama, "Evolution of opsins and phototransduction," *Philosophical Transactions of the Royal Society* 364 (2009), 2881-2895; M. Yishida, K. Yura, A. Ogura , "Cephalopod eye evolution was modulated by the acquisition of Pax-6 splicing variants," *Scientific Reports* 4 (2014), 4256; G. Halder, P. Callaerts, W. J. Gehring, "New perspectives on eye evolution," *Current Opinions in Genetics and Development* 5 (1995), 602-609를 보라. 눈 진화를 세부적으로 연구한 논문은 이 밖에도 많다. 모두가 생물학과 물리학의 풍성한 관계를 탐구한다. 눈의 방정식을 본격적으로 다루는 책이 출간되면 무척 유익할 것이다.

29 T. Weihmann et al., "Fast and powerful: Biomechanics and bite forces of the mandibles in the American Cockroach *Periplaneta americana*," *PLoS One* 10 (2015): e0141226. 곤충 먹이의 물리학은 그 자체로 섭식에 필요한 곤충 구기의 물리학에 영향을 미칠 것이다. 풀의 물리학에 대한 논의로는 근사한 제목의 다음 논문이 읽어 볼 만하다. J. F. V. Vincent, "The mechanical design of grass," *Journal of Materials Science* 17 (1981): 856-860. 많은 유기체의 턱 진화 이면에서 작용하는 물리적 원리가 밝혀졌는데, 이를테면 흥미로운 멸종 큰 수달을 다룬 논문 Z. J. Tseng et al., "Feeding capability in the extinct giant *Siamogale melilutra* and comparative mandibular biomechanics of living Lutrinae," *Scientific Reports* 7 (2017): 15225가 있다.

30 A. P. Gutierrez, J. U. Baumgaertner, K. S. Hagen, "A conceptual model for growth, development, and reproduction in the ladybird beetle, *Hippodamia convergens* (Coleoptera: Coccinellidae)," *Canadian Entomologist* 113 (1981): 21-33에서 이미 부분적으로 다룬 바 있다.

31 이 주제가 물리학의 관점에서 탐구되지는 않지만, 곤충의 엄청난 복잡성과 그 남다른 능력을 생생하게 보여 주는 빼어난 책으로 R. F. Chapman, *The Insects: Structure and Function* (Cambridge: Cambridge University Press, 2012)이 있다.

32 방정식의 형태로 서술되는 물리적 원리는 궁극적으로 수학적이며, 그렇기에 생명을 단순히 수학의 표현으로 서술하더라도 완전히 방향을 잘못 잡은 것은 아닐 것이다(우주가 수학의 표현에 지나지 않는다는 생각을 매우 정교하게 상술한 자료로는 M. du Sautoy, *What We Cannot Know* [London: Fourth Estate, 2016]를 보라). 한국어판은 『우리가 절대 알 수 없는 것들에 대해』(반니, 2019). 하지만 여기서는 생명의 수학적 관계 및 방정식의 물리적 표현과 이것이 진화하는 부호를 가진 유기물의 형태와 기능에 미치는 영향을 부각하기 위해 전반적으로 물리적 원리에 초점을 맞춘다. 하지만 이 책의 현재 부분에서는 생명체에서 표현되는 방정식의 여러 항 사이의 상호 연관된 수학적 관계를 강조하기에 〈수학적〉이라는 단어가 안성맞춤인 듯하다.

33 예측에는 두 가지 형태가 있다. 하나는 환원주의적 예측으로, 이를테면 생명체가 세포로 이루어졌다는 지식을 이용하여 세포막 구조를 예측하는 능력이 이에 해당한다. 말하자면 복잡성의 높은 수준에서 가지고 있는 지식을 바탕으로 낮은 수준에서 예측하는 것이다. 다른 형태인 예측적 종합은 계층의 낮은 수준에 대한 지식을 바탕으로 복잡한 구조를 예측하는 능력이다. 대체로 후자가 전자보다 훨씬 어려운데, 그 이유는 단순한 것들이 조합되어 복잡한 구조를 이루는 과정에 대한 이해가 부족하기 때문이다. 하지만 양쪽 방향으로 예측 능력이 점차 개선되고 있다. 이런 형태의 예측에 대한 유려한 탐구로는 E. O. Wilson,

Consilience (London: Abacus, 1998), 71-104가 있다. 한국어판은『통섭』(사이언스북스, 2005).

34 발달 과정과 표현형적 특징에는 모듈성이 있기에 이 과제는 처음 생각한 것보다 수월할지도 모른다. 이 모듈성은 G. B. Müller, "Evo-devo: Extending the evolutionary synthesis," *Nature Reviews Genetics* 8 (2007): 943-949에서 검토하고 있다.

35 통계물리학을 이용하여 적응을 설명하려고 시도하는 매혹적인 논문을 독자에게 소개하고 싶다. 이 논문에서 설명하는 접근법은 묘사가 예측력을 발휘할 수 있도록 하는 데 일조할 것이다. N. Perunov, R. Marsland, J. England, "Statistical physics of adaptation," *Physical Review X* 6 (2016): 021036. 양적이고 물리적으로 제약된 측면에서의 진화적 변화와 관련하여 내가 여기서 서술하는 것은 일종의 최적성 모형으로 생각할 수 있다. 이를테면 P. Abrams, "Adaptationism, optimality models, and tests of adaptive scenarios," *Adaptationism and Optimality*, S. H. Orzack and E. Sober 엮음 (Cambridge: Cambridge University Press, 2001), 273-302를 보라. 물론 현실에서는 어떤 특질이 유기체에게 중요하고 그들에게 최적화된 성질이 무엇인지 알기가 여간 힘들지 않다. 연구가 미흡한 유기체는 말할 것도 없다. 그러므로 이 접근법들에는 한계가 있다. 그럼에도 내 제안을 통해 우리는 몇 가지 물리적 트레이드오프를 더 잘 이해하고 물리학자와 생물학자 사이에 더욱 수렴된 생각의 지대를 창출할 수 있을 것이다. 이 접근법은 무당벌레의 열평형 및 이것이 주어진 환경 조건에서 딱지날개 두께나 대사율과 어떤 관계인지에 대한 경험적 정보를 알아낼 수 있는 분야에서 특히 효과적일 것이다. 최적 조건은 알 수 없을지도 모르지만, 주어진 유기체에서 양을 측정하고 이 측정값을 이용하여 상호 작용 방정식의 모수 공간을 정의할 수는 있다. 이 모수 공간을 이용하면 환경에서의 여러 물리적 제약과 유기체의 물리적 양이 어떻게 상호 작용을 하여 적응적 특질에 영향을 미치는지 탐구할 수 있다.

36 내가 〈종종〉이라는 표현을 쓴 것은 수렴의 일부 사례가 물리적 환경보다는 생물학적 상호 작용의 영향을 더 많이 받는 듯하기 때문이다. 의태는 나비 날개에서 잔가지나 나뭇잎을 닮은 대벌레에 이르는 다양한 유기체에서 볼 수 있는 사례이다. 이 사례들의 상당수는 대체로 유기체의 기본적 구조와 역학보다는 겉모습에 대한 것이다. 하지만 여전히 물리학적 관점에서 생각할 여지는 있다. 이런 현상을 일으키는 선택이 유기체의 상호 작용에서 비롯하더라도 기본적 수준에서 보면, 잔가지를 닮도록 진화하는 애벌레는 어떤 물질 덩어리 안에 다른 물질 덩어리를 닮도록 진화하기 위한 부호가 담긴 사례이다. 이 유사성은 애벌레라고 불리며 잔가지를 닮은 물질 덩어리가 잡아먹힐 가능성이 더 적고 그에 따라 개체 수가 증가한다는 것을 의미한다. 이 과정은 단순한 물리적 관점에서

쉽게 이해할 수 있다. 유기체를 부호가 들어 있는 물질 덩어리로 생각한다면 생물학과 물리학의 구분이 덜 뚜렷해진다.

4장 크고 작은 모든 생물

1   수렴에 대한 포괄적이고도 빼어난 설명은 S. Conway-Morris, *Life's Solution: Inevitable Humans in a Lonely Universe* (Cambridge: Cambridge University Press, 2004)에서 볼 수 있다. 학술적인 검토는 G. McGhee, *Convergent Evolution: Limited Forms Most Beautiful* (Cambridge, M.A.: Massachusetts Institute of Technology, 2011)에서 읽을 수 있다. 수렴, 다른 유사성 메커니즘과의 혼동 가능성, 일부 수렴 사례가 정말로 독자적인 것이 아니라 발달적 가능성과 (특히, 근연종인 유기체에서) 계통 발생적 제약에서 비롯할지도 모른다는 질문 등에 대해서는 G. A. Wray, "Do convergent developmental mechanisms underlie convergent phenotypes?" *Brain, Behavior and Evolution* 59 (2002): 327-336을 보라.

2   E. Mayr, *What Makes Biology Unique?* (Cambridge: Cambridge University Press, 2004), 71에서는 이렇게 말한다. 한국어판은 『생물학의 고유성은 어디에 있는가?』(철학과현실사, 2005). 〈물리화학적 접근법은 진화생물학에서는 전적으로 불임이다. 생물학적 조직에 대한 역사적 측면은 물리화학적 환원주의로부터 완전히 벗어나 있다.〉 나는 우연성을 방정식으로 환원하기가 쉽지 않다는 점에서는 마이어에게 동의하지만 진화가 오로지 역사적이라는 것에는 반대한다. 수렴의 여러 사례는 물리적 제약으로 뒷받침되며, 따라서 우리는 물리화학적 설명을 진화적 종합에 확고하게 대입할 수 있다.

3   또 다른 질문은 왜 포유류와 파충류 같은 대형 동물은 다리가 네 개인데 곤충 같은 절지동물은 여섯 개(또는 그 이상)이냐는 것이다. 정통적인 답변은 여기서 마침내 수렴이 작용하는 사례가 생겨났고 다리 개수는 진화가 벗어날 수 없는 과거의 신체 디자인을 반영한다는 것이다. 절지동물은 체제가 분절되어 있어서 많은 쌍의 다리를 덧붙이거나 없앨 수 있으며, 이 덕에 다리가 여섯 개 달린 곤충에서 700개가 넘는 곤충(이를테면 일라크메 플레니페스*Illacme plenipes*, 노래기)까지 다리 개수가 다양해졌다. 척추동물에서는 가슴지느러미와 배지느러미 두 쌍이 달린 조상이 다리 네 개의 설계를 낳았다. 다리에 대한 이 수렴 이론은 실제일 수 있다. 이를테면 네 다리로 달리면서도 자유로운 두 부속지로 먹이를 잡을 수 있는 포유류 사마귀가 번성하는 광경을 상상할 수 있다. 생체역학 연구가 진전되면 다리 개수가 운동에 어느 정도로 영향을 미치는지, 우연성과 별개로 다리 개수의 선택에 작용하는 물리학적 이유가 있는지 밝히는 데 도움이 될 것이다. 하지만 R. J. Full, M. S. Tu, "Mechanics of six-legged runners," *Journal of Experimental Biology* 148 (1990): 129-146을 보라. 이 논문에서는

무게 중심을 주어진 거리만큼 이동시키는 데 필요한 에너지가 다리 개수에 따라 달라지지 않는다고 주장한다.

4 M. LaBarbera, "Why the wheels won't go," *American Naturalist* 121 (1983): 395-408.

5 R. Dawkins, "Why don't animals have wheels?" *Sunday Times* (London), November 24, 1996.

6 나는 늑대 같은 동물이 도로를 이용하여 숲을 더 쉽게 통과하는 일화적 사례에 주목한다. 이런 구조가 지적 생명체에 의해 건설되면 다른 생명체도 도로가 이동에 유용함을 알게 될 수 있다.

7 이것은 다소 단순화된 설명이다. 어류를 비롯한 수생 동물이 이동에 이용하는 가능성의 메뉴는 다양하고 인상적이다. 다랑어를 비롯한 많은 어류는 몸을 구부리기보다는 꼬리 움직임(다랑어 헤엄thunniform swimming)에 더 의존하며 이 점에서 추진 방식이 프로펠러에 더 가깝다.

8 H. C. Berg, R. A. Anderson, "Bacteria swim by rotating their flagellar filaments," *Nature* 245 (1973): 380-382. 또한 H. C. Berg, "Dynamic properties of bacterial flagellar motors," *Nature* 249 (1974): 77-79.

9 레이놀즈 수가 높고 낮은 전혀 다른 두 세계를 서술하는 논문 중에서 꽤 유명한 것으로 E. M. Purcell, "Life at low Reynolds Number," *American Journal of Physics* 45 (1977): 3-11이 있다.

10 평평한 표면이 우세한 행성에서는 바퀴가 유용할 것이라고 상상할 수 있다. 하지만 판 구조가 없어서 산맥을 만들지 못하는 화성 같은 행성에도 불구칙한 표면이 있어서 바퀴 달린 동물보다는 다리 달린 동물에게 알맞을 것이다. 하지만 거시적 규모에서 표면이 평평하다고 해서 밀리미터 규모의 불규칙한 구조가 달라지지는 않는다. 프로펠러를 보자면 세균의 것과 같은 편모 모터를 단순히 크기만 키울 수는 없으리라 생각하는 데는 다른 물리적 이유가 있다. 바퀴라는 주제를 다룬 유쾌하고 우아한 에세이 S. Gould, "Kingdoms without wheels," *Hen's Teeth and Horse's Toes* (1983), 158-165에서는 편모가 진화한 반면에 더 큰 회전 구조는 진화하지 않은 이유를 이렇게 설명한다. 세균의 장치는 확산에 의존하는데, 확산은 큰 규모에서는 너무 느려서 편모와 비슷하지만 더 큰 구조의 진화가 가능하지 않다는 것이다. 굴드의 주장은 진화하는 것을 설명하기 위해 물리적 장벽을 제시하는데, 이것이 그 자체로 흥미로운 이유는 그가 물리적 과정을 우연성에 대해 무관한 것으로 즐겨 깎아내렸기 때문이다.

11 D. W. Thompson, *On Growth and Form* (Cambridge: Cambridge University Press, 1992).

12   식물의 생장과 그 물리적·생물학적 토대의 수학적 관계는 수 세기 동안 연구자들을 매혹한 주제였다. 많은 식물은 잎에 나선 패턴을 그리며 생장한다. 솔방울에서도 나선 패턴을 볼 수 있다. 식물의 잎 배열은 〈잎차례phyllotaxis〉라고 불린다. 종종 식물의 잎을 끄트머리 방향으로 내려다보면 두 개의 나선을 구분할 수 있다(하나는 시계 방향이고 다른 하나는 반시계 방향). 특이하게도 시계 방향 나선의 개수와 반시계 방향 나선의 개수는 피보나치수열에서 두 개의 인접한 항과 같다. 피보나치수열에서는 앞의 두 수를 합친 값이 다음 수가 된다. 이를테면 1, 1, 2, 3, 5, 8, 13, 21, ……은 피보나치수열이다. 어떤 식물은 나선이 8개와 13개인데, 이 배열은 (8, 13) 꽃차례이다. 왜 그래야 하는가는 햇빛을 최대한 받기 위해서이거나 잎을 최대한 효율적으로 겹치기 위해서이거나 아니면 둘 다인 것으로 생각된다. 이것은 각각의 잎이 앞의 잎에 대해 회전하는 각도로 나타난다. 이것은 자연 선택의 우연한 산물이 아니며 물리적 원리에 따라 결정된다. 이 흥미로운 수학적 관계는 오랫동안 물리학자와 수학자의 관심을 끌었다. 여러분의 호기심을 충족할 만한 논문 두 편으로 A. C. Newell, P. D. Shipman, "Plants and Fibonacci," *Journal of Statistical Physics* 121 (2005), 927-968; G. J. Mitchison, "Phyllotaxis and the Fibonacci series," *Science* 196 (1977), 270-275가 있다. 물리적 모형을 제시한 고전적 논문으로는 S. Douady, Y. Couder, "Phyllotaxis as a physical self-organised growth response," *Physical Review Letters* 68 (1991): 2098-2101이 있다. 피보나치수열과 생물학의 관계는 생물학적 형태와 예측 가능한 패턴 사이에 연관성이 있음을 보여주는 또 하나의 아름다운 사례이다. 여기서 유전자의 작용은 물리적으로 결정되는 과정에 형태, 구조, 색깔 등의 특징을 부여한다.

13   S. B. Carroll, *Endless Forms Most Beautiful* (London: Quercus, 2005). 한국어판은 『이보디보』(지호, 2007). 또한 그는 척추동물의 날개가 다리와 발가락에서 저마다 다르게 발달한 매혹적인 과정도 들여다본다. 곤충의 아가미와 날개 사이의 전환에서도 동물의 모듈이 전혀 다른 구조로 변신하는 놀라운 적응력을 볼 수 있다(M. Averof, S. M. Cohen, "Evolutionary origin of insect wings from ancestral gills," *Nature* 385 [1997]: 627-630).

14   여기서 논의하지는 않지만, 조류의 비행 발달에 대한 최근 연구는 특정 유전자 조절 요소가 날개와 깃털의 발달과 어떤 관계인지 보여 준다. 이것은 유전자 조절 및 유전자 단위의 작은 변화에서 생겨날 수 있는 특징 덕에 유기체가 물리 법칙, 이 경우는 공기역학 법칙을 활용할 수 있게 되는 또 다른 특이한 사례이다. 이를테면 R. Seki et al., "Functional roles of Aves class-specific cis-regulatory elements on macroevolution of bird-specific features," *Nature Communications* 8 (2016): 14229를 보라.

15   M. W. Denny, *Air and Water: The Biology and Physics of Life's*

Media (Princeton, N.J.: Princeton University Press, 1993)는 물에서 육지로의 이동을 명시적으로 다루지는 않지만, 물속과 공중에서의 생명의 물리학을 탐구하며 종종 두 매질을 비교하고 이것이 생물계 구조에 대해 어떤 의미인지 들여다보는 인상적인 연구이다. 여러 면에서 이 논문은 생물학과 물리학의 연관성을 예찬한 글 중에서 가장 상세하고 야심찬 것으로 손꼽힌다. 데니는 하늘과 물이 만나는 곳에서 생명이 어떤 모습인지도 탐구했다. 이를테면 M. W. Denny, "Are there mechanical limits to size in wave-swept organisms?" *Journal of Experimental Biology* 202 (1999): 3463-3467을 보라.

16 이 전환을 이동의 맥락에서 매우 설득력 있게 논하는 글로는 M. Wilkinson, *Restless Creatures: The Story of Life in Ten Movements* (London: Icon Books, 2016)가 있다.

17 일련의 논문에서 이 통찰을 서술하고 있다. 읽을 만한 것을 몇 편만 들자면 R. Freitas, G. Zhang, M. J. Cohn, "Biphasic *Hoxd* gene expression in shark paired fins reveals an ancient origin of the distal limb domain," *PLoS One* 8 (2007), e754; M. C. Davis, R. D. Dahn, N. H. Shubin, "An autopodial-like pattern of Hox expression in the fins of a basal actinopterygian fish," *Nature* 447 (2007), 473-477; I. Schneider et al., "Appendage expression driven by the *Hoxd* Global Control Region is an ancient gnathosome feature," *Proceedings of the National Academy of Sciences* 108 (2011), 12782-12786; R. Freitas et al., "Hoxd13 contribution to the evolution of vertebrate appendages," *Developmental Cell* 23 (2012), 1219-1229; M. C. Davis, "The deep homology of the autopod: Insights from Hox gene regulation," *Integrative and Comparative Biology* 53 (2013), 224-232 등이 있다.

18 이런 여러 형태의 운동을 검토한 논문으로는 A. C. Gibb, M. A. Ashley-Ross, S. T. Hsieh, "Thrash, flip, or jump: The behavioural and functional continuum of terrestrial locomotion in teleost fishes," *Integrative and Comparative Biology* 53 (2013): 295-306이 있다. 이 논문은 더 폭넓은 심포지엄의 일환이며, 생명이 물에서 육지로 이주하면서 겪은 전반적 문제에 대한 통찰을 얻고 싶다면 전체 심포지엄에 대한 검토 논문을 읽는 것이 좋다. M. A. Ashley-Ross, S. T. Hsieh, A. C. Gibb, R. W. Blob, "Vertebrate land invasions—past, present, and future: An introduction to the symposium," *Integrative and Comparative Biology* 53 (2013): 1-5.

19 물론 절지동물도 이 전환을 통해 곤충이 되었다.

20 C. S. Cockell, J. Knowland, "Ultraviolet radiation screening compounds," *Biological Reviews* 74 (1999): 311-345.

21 이 결과를 서술하는 매혹적인 논문으로 F. Leal, M. J. Cohn, "Loss and re-emergence of legs in snakes by modular evolution of *Sonic hedgehog* and HOXD enhancers," *Current Biology* 26 (2016): 1-8이 있다.

22 육지 침범과 물로의 복귀를 탐구한 연구의 역사를 서술하는 책 중에서 가독성이 매우 높은 것으로 C. Zimmer, *At the Water's Edge* (New York: Touchstone, 1998)가 있다.

23 C. Darwin, *On the Origin of Species by Means of Natural Selection, or the Preservation of Favoured Races in the Struggle for Life* (London: John Murray, 1859). 한국어판은 『종의 기원』(한길사, 2014), 504면.

5장 생명의 꾸러미

1 E. Bianconi et al., "An estimation of the number of cells in the human body," *Annals of Human Biology* 40 (2013): 463-471.

2 R. Hooke, *Micrographia*, J Martyn and J Allestry, printers to the Royal Society, London (1665).

3 판 레이우엔훅은 자신의 극미 동물뿐 아니라 현미경으로 관찰한 많은 것에 대해 방대한 양의 글을 발표했다. 미생물 관찰에 대한 기념비적 논문 중 하나는 A. Leeuwenhoek, "Observation, communicated to the publisher by Mr. Antony van Leuwenhoek, in a Dutch letter of the 9 Octob. 1676 here English'd: concerning little animals by him observed in rain-well-sea and snow water; as also in water wherein pepper had lain infused," *Philosophical Transactions* 12 (1677): 821-831이다.

4 바이러스는 DNA를 가질 수도 있고 RNA를 가질 수도 있으며, 이 분자는 한 가닥일 수도 있고 두 가닥일 수도 있다. 단백질 껍질에 대해서는 이 비교적 단순한 미생물의 조합을 물리적 측면에서 이해할 수 있음에 유의하라. 바이러스의 기하학과 단백질 껍질을 형성하는 수학적·물리학적 원리를 서술하는 고전적 논문으로는 D. L. D. Caspar, A. Klug, "Physical principles in the construction of regular viruses," *Cold Spring Harbor Symposia on Quantitative Biology* 27 (1962): 1-24가 있다.

5 이 책에서는 생명의 탄생이 필연적인가의 문제를 다루지 않는다. 이 누락은 굴복이 아니다. 나는 이 문제가 별개의 사안이라고 생각한다. 우리는 물과 온화한 조건을 갖춘 행성에서 생명이 필연적인지 알지 못한다. 암석형 행성에서 적절한 물리적 조건이 갖춰지면 반드시 생명이 탄생할 것인가는 생물학과 물리학의 경계에 있는 심오한 질문이다. 여기서 나의 관심사는 생명이 일단 탄생한

뒤에 받는 제약들이다. 하지만 생명의 기원에 대한 물리적·화학적 토대를 다룬 흥미로운 자료로 A. Pross, *What Is Life?* (Oxford: Oxford University Press, 2012)가 있다.

6 이 연구에 대한 자세한 내용은 D. Deamer, *First Life: Discovering the Connections Between Stars, Cells, and How Life Began* (Berkeley: University of California Press, 2011)에서 볼 수 있다. 한국어판은 『최초의 생명 꼴, 세포』(뿌리와이파리, 2015). 이 책에서 디머는 생명의 기원에 대한 여러 수수께끼와 어떻게 세포성에서 복잡한 대사 과정이 생겨났는지도 탐구한다. 자기조립 막에 대한 연구 결과를 요약한 논문으로는 D. Deamer et al., "The first cell membranes," *Astrobiology* 2 (2002): 371-381이 있다.

7 자기조립 소포와 심지어 그 재생산의 물리학을 이해하기 위해 이론적으로 접근하는 논문으로는 S. Svetina, "Vesicle budding and the origin of cellular life," *ChemPhysChem* 10 (2009): 2769-2776이 있다.

8 막과 천문학의 가장 강력한 연관성 중 하나는 소포체(진핵세포에서 단백질 합성을 맡는 소기관)에서 막의 층들이 주차 빌딩을 닮은 나선형 경사로로 연결되어 겹겹이 달라붙어 있다는 것이다. 중성자별의 극단적 조건에서도 비슷한 구조가 존재하는 것으로 생각된다. 이러한 형태의 유사성이 우연인지 에너지 최소화와 관련된 기본적인 물리적 원리를 반영하는지는 알 수 없지만, 이 신기한 현상은 자연의 패턴 이면에 있는 공통된 물리학을 반영하는 것인지도 모른다. D. K. Berry et al., "'Parking-garage' structures in nuclear astrophysics and cellular biophysics," *Physical Review C* 94 (2016): 055801.

9 위의 Deamer, *First Life* (2011)에서 설명한다.

10 최초의 원시 세포에 이르는 환경과 과정에 대한 일부 아이디어는 R. A. Black, M. C. Blosser, "A self-assembled aggregate composed of a fatty acid membrane and the building blocks of biological polymers provides a first step in the emergence of protocells," *Life* 6 (2016): 33에서 근사하게 서술한다.

11 W. Martin, M. J. Russell, "On the origin of biochemistry at an alkaline hydrothermal vent," *Philosophical Transactions of the Royal Society* 362 (2007): 1887-1926.

12 C. S. Cockell, "The origin and emergence of life under impact bombardment," *Philosophical Transactions of the Royal Society* 1474 (2006): 1845-1855.

13 다윈은 친구 조지프 후커Joseph Hooker에게 보낸 편지(1871년 2월 1일)에서 생명의 기원을 이렇게 묘사했다. 〈하지만 온갖 암모니아와 인산염이 들어 있고 빛, 열, 전기 등이 존재하고 단백질 화합물이 화학적으로 생성되고 더

욱 복잡한 변화를 겪을 준비가 된 작고 미지근한 웅덩이를 상상할 수 있다면 현재 그러한 물질은 당장 먹히거나 흡수될 것이네. 생명체가 형성되기 전에는 그런 일이 일어나지 않았을 걸세.〉

14 더 전문적인 용어는 〈양친매성amphiphilic〉이다.

15 E. Smith, H. J. Morowitz, "Universality in intermediary metabolism," *Proceedings of the National Academy of Sciences* 101 (2004): 13,168-13,173.

16 S. J. Court, B. Waclaw, R. J. Allen, "Lower glycolysis carries a higher flux than any biochemically possible alternative," *Nature Communications* 6 (2015): 8427. 하지만 저자들은 자연이 이용하는 경로가 유일한 가능성이 아님도 밝혀냈다. 세포 내에서 환경 조건이 달라지면 다른 경로가 이용될 수도 있다.

17 이와 비슷하게 물리적 측면에 기반한 강력한 선택이 세포 주기에 관여하는 조절 네트워크 연구에서 보고되었다. 변동에 대한 강한 탄력성이 발견된 것이다. 이를테면 F. Li, T. Long, Y. Lu, Q. Ouyang, C. Tang, "The yeast cell-cycle network is robustly designed," *Proceedings of the National Academy of Sciences* 101 (2004): 4781-4786을 보라. 생물학적 네트워크 내의 정보는 순전히 임의적인 네트워크와 다를 수 있으며, 생물계가 탄생할 때 어느 물리적 원리가 작용하는지 이해하는 데 일조할 수 있다. S. I. Walker, H. Kim, P. C. W. Davies, "The informational architecture of the cell," *Philosophical Transactions of the Royal Society A: Mathematical, Physical and Engineering Sciences* 374 (2016): article 0057을 보라.

18 컴퓨터 모형화를 이용하여 한 대사 경로가 다른 대사 경로로 얼마나 쉽게 바뀌는지, 그리하여 기존 경로가 역사적 변칙의 산물인지에 대해 연구가 이루어졌다. 바브 연구진은 논문을 마무리하면서 경로의 유연성을 이렇게 언급한다. 〈그러므로 대사는 진화 가능성이 매우 크다. ……역사적 우연은 새로운 대사 표현형의 기원을 엄격히 제한하지 않는다.〉 A. Barve, S.-R. Hosseini, O. C. Martin, A. Wagner, "Historical contingency and the gradual evolution of metabolic properties in central carbon and genome-scale metabolism," *BMC Systems Biology* 8 (2014): 48.

19 진화적 가능성을 예측할 수 있는가라는 널리 퍼진 질문은 생화학적 경로의 규모에서 어느 정도 관심을 받았다. 대사 수준에서는 유기체의 환경과 생활 방식을 알면 경로가 어디로 어떻게 발달할지 매우 정확하게 예측할 수 있다 (C. Pál et al., "Chance and necessity in the evolution of minimal metabolic networks," *Nature* 440 [2006]: 667-670). 중요한 논문 한 편은 생화학적 경로 중에서 몇 가지 설계, 즉 〈위상topology〉만이 가능하다고 주장한다. 이 연구는

최소한 생화학적 네트워크의 구조가 매우 예측 가능할 수도 있음을 시사한다 (W. Ma et al., "Defining network topologies that can achieve biochemical adaptation," *Cell* 138 [2009]: 760-773).

20   환경이 미생물의 형태를 어떻게 빚는가를 아름답게 서술한 논문으로 K. D. Young, "The selective value of bacterial shape," *Microbiology and Molecular Biology Reviews* 70 (2006): 660-703이 있다.

21   세균이 개만 한 가상 세계의 윤리적 의미에 대한 논의로는 C. S. Cockell, "Environmental ethics and size," *Ethics and the Environment* 13 (2008): 23-39를 보라.

22   세포의 크기를 결정하는 데 영향을 미치는 여러 요인을 탐구한 몇 편의 논문은 W. F. Marshall et al., "What determines cell size?" *BMC Biology* 10.101 (2012)에서 읽을 수 있다. 확산의 역할에 대한 탁월하고도 간결한 논의로는 S. Vogel, *Life's Devices: The Physical World of Animals and Plants* (Princeton, N.J.: Princeton University Press, 1988)가 있다.

23   어떤 매혹적인 연구에 따르면 세포가 약 10마이크로미터 이상으로 커질 경우 중력이 중요해지며, 지름이 1밀리미터 이상인 개구리 난세포가 중력의 영향에 맞서 안정을 유지하기 위해 핵 주위에 분자(액틴) 비계를 설치하는 것은 이 때문이다(M. Feric, C. P. Brangwynne, "A nuclear F-actin scaffold stabilizes ribonucleoprotein droplets against gravity in large cells," *Nature Cell Biology* 15 [2013]: 1253-1259). 흥미로운 추측은 중력이 낮은 행성에서 나머지 조건이 같을 경우 세포가 더 커질 수 있다는 것이다.

24   T. J. Beveridge, "The bacterial surface: General considerations towards design and function," *Canadian Journal of Microbiology* 34 (1988): 363-372. 확산은 한때 생각한 것보다 덜 중요한 요인인지도 모른다. 세포 내부는 매우 혼잡한 것으로 밝혀졌으며, 분자가 수동적으로 확산하여 유체를 통과한다는 모형은 너무 단순하다.

25   이 크기 한계는 가장 작을 것으로 예상되는 미생물을 규정하려고 시도한 사람들에 의해 도출되었다. 그들의 한 가지 동기는 다른 행성, 이를테면 화성에서 세포의 가장 작은 생물학적 흔적이 무엇인지 알아낸다는 것이었다. 이 연구는 세포 크기의 보편적 경계를 정하려는 연구자들의 욕망에 의해 촉발되었다는 점에서 흥미롭다(National Research Council Space Studies Board, *Size Limits of Very Small Microorganisms* [Washington, D.C.: National Academies Press, 1999]). 하지만 R. M. Alexander, "The ideal and the feasible: Physical constraints on evolution," *Biological Journal of the Linnean Society* 26 (1985): 345-358에서 세포의 최소 크기를 100~300나노미터로 추정한 것에 유

의하라.

26 크기에 속지 말라. 이 미세한 생물은 해수면의 전체 생물량에서 최대 50퍼센트를 차지할 수 있으며 지구 대양의 탄소 순환에 엄청나게 중요하다.

27 이 미생물에 대한 묘사와 녀석들의 생활 방식 이면의 물리학에 대한 논의는 매우 명시적인 제목의 논문 H. N. Schulz, B. B. Jørgensen, "Big bacteria," *Annual Reviews of Microbiology* 55 (2001): 105-137에서 볼 수 있다.

28 A. Persat, H. A. Stone, Z. Gitai, "The curved shape of *Caulobacter crescentus* enhances surface colonization in flow," *Nature Communications* 5 (2014): 3824에서 서술한다.

29 G. E. Kaiser, R. N. Doetsch, "Enhanced translational motion of *Leptospira* in viscous environments," *Nature* 255 (1975): 656-657.

30 이 맥락에서 제러미 잉글랜드Jeremy England 연구진의 매력적인 연구를 독자들에게 소개한다. 그들은 적응이 선택 없이도 실현될 수 있다고 주장한다. 화학계는 자신에게 작용하는 환경 요인과 공명을 확립하여 반응함으로써 자신의 과정을 섬세하게 조정할 수 있다. 이 주장을 다윈이 틀렸음을 입증하려는 또 다른 진부한 시도로 치부해서는 안 된다. 오히려 이 주장은 성공적으로 번식하는 물질 형태가 선택되도록 환경이 작용하기 전에도 형태가 환경을 반영하도록 하려는 자연적 경향이 유기물의 진화 능력에 일조할 수도 있음을 보여 준다. 잉글랜드 연구진의 결과는 생물학적 진화가 무질서에 맞서 예상치 못하게 작용하지 않으며 생명을 비롯한 물리계에서 나타나는 복잡성이 이 과정을 선호함을 보여 준다. 이를테면 J. M. Horowitz, J. L. England, "Spontaneous fine-tuning to environment in many-species chemical reaction networks," *Proceedings of the National Academy of Sciences* 114 (2017), 7565-7570; T. Kachman, J. A. Owen, J. L. England, "Self-organized resonance during search of a diverse chemical space," *Physical Review Letters* 119 (2017), 038001을 보라.

31 몇몇 빼어난 실험에서 리처드 렌스키Richard Lenski 연구진은 대장균 *Escherichia coli* 군집을 연구하여 미생물 진화에서 적응, 우연, 역사적 영향의 효과를 분리할 수 있는지 알아보았다. 그들은 적응이 무척 다목적이며 유기체가 우연이나 역사의 영향을 거의 받지 않고도 비슷한 적합도를 얻도록 돌연변이하게 해준다는 사실을 발견했다. 하지만 세포 크기처럼 이 특정 환경에서 적합도에 그다지 중요하지 않은 특질에서는 — 하지만 더 자연적인 환경에서는 세포 크기가 중요할 수도 있다 — 우연성이 변이를 내놓을 수도 있다. 아마도 이 돌연변이의 효과가 무효화되기 때문일 것이다. 역사도 이후의 세포 크기에 영향을 미칠 수 있다. 그들의 관찰은 대체로 일반화할 수 있을 듯하다. 유기체가 생식 연령까지 생존하는 데 특질이 직접적 영향을 거의 미치지 않으면, 그 특질은 우연

한 변화에 휘둘리기가 더 쉽거나 과거의 역사적 독특성을 반영할 것이다. M. Travisano, J. A. Mongold, A. F. Bennett, R. E. Lenski, "Experimental tests of the roles of adaptation, chance, and history in evolution," *Science* 267 (1995): 87-89.

32 J. A. Lake, "Evidence for an early prokaryotic endosymbiosis," *Nature* 460 (2009): 967-971에서 제안했다.

33 이 대안적 발상은 R. S. Gupta, "Origin of the diderm (Gram-negative) bacteria: Antibiotic selection pressure rather than endosymbiosis likely led to the evolution of bacterial cells with two membranes," *Antonie van Leeuwenhoek* 100 (2011): 171-182에서 제시되었다.

34 지질의 부위 중에서 물속으로 내민 대전된 머리는 고세균에서는 더 친숙한 세균의 에스테르 결합보다는 에테르 결합을 통해 긴 사슬로 연결된다. 두 미생물의 화학적 차이를 깊이 논의한 자료로는 S.-V. Albers, B. H. Meyer, "The archaeal cell envelope," *Nature Reviews Microbiology* 9 (2011): 414-426을 보라.

35 세균의 다세포 능력에 대한 견해를 제시하는 고전적 논문으로는 J. A. Shapiro, "Thinking about bacterial populations as multicellular organisms," *Annual Reviews of Microbiology* 52 (1998): 81-104가 있다. 또 다른 견해로는 C. Aguilar, H. Vlamakis, R. Losick, R. Kolter, "Thinking about *Bacillus subtilis* as a multicellular organism," *Current Opinion in Microbiology* 10 (2007): 638-643이 있다.

36 개미, 조류, 어류 떼와 마찬가지로(2장) 세균은 능동적 물질을 연구하는 물리학자들의 관심사이다. 세균의 집단행동은 모형화와 시뮬레이션에 적합하다. M. F. Copeland, D. B. Weibel, "Bacterial swarming: A model system for studying dynamic self-assembly," *Soft Matter* 5 (2009), 1174-1187; J. N. Wilking et al., "Biofilms as complex fluids," *Materials Research Society (MRS) Bulletin* 36 (2011), 385-391을 보라.

37 다수의 세포가 화학적 단서에 반응하는 것은 모형화할 수 있다. 이를테면 B. A. Camley, J. Zimmermann, H. Levine, W-J. Rappel, "Emergent collective chemotaxis without single-cell gradient sensing," *Physical Review Letters* 116 (2016): 098101을 보라.

38 〈원핵생물prokaryote〉은 말 그대로 〈핵 이전〉으로 번역되는데, 세포에 대체로 핵이 들어 있는 유기체인 진핵생물eukaryote(〈진짜 핵〉)과 대조적으로 세포핵이 없는 미생물을 아우른다. 지구상의 대다수 미생물이 이에 해당한다. 진핵생물에는 조류(藻類) 같은 일부 단세포 미생물과 효모 같은 일부 균류가 포

함되지만, 이 단세포 유기체에는 핵을 비롯한 소기관이 있다.

39 세포 내 공생이 조류(藻類)와 식물의 광합성 기관인 엽록체로 이어졌음은 확립된 사실이다. 엽록체는 본디 잡아먹힌 남세균이었다.

40 N. Lane, W. Martin, "The energetics of genome complexity," *Nature* 467 (2010): 929-934.

41 원핵생물과 진핵생물의 또 다른 주된 차이인 유전체의 복잡성이 동물에 이르는 결정적인 경로 역할을 할 수 있음은 M. Lynch, J. S. Conery, "The origins of genome complexity," *Science* 302 (2003): 1401-1404에서 상술한다.

42 산소를 이용하는 광합성은 단 한 번 진화했다. 이 수법을 숙달한 초기 남세균은 결국 다른 세포에 집어삼켜져 조류(藻類)와 식물이 되었다. 광합성이 한 번만 생겨났다고 해서 반드시 가능성이 희박한 진화적 발달이나 우연적 요행인 것은 아니다. 오히려 이 기예가 습득되자 서식처가 광합성 생물로 가득 찼으며, 이 경로의 두 번째 진화가 파고들 틈새는 거의 남지 않았을 것이다.

43 하나만 예를 들자면 B. M. Marin, E. C. Nowack, M. Melkonian, "A plastid in the making: Evidence for a second primary endosymbiosis," *Protist* 156 (2005): 425-432가 있다.

44 점균류는 심지어 두 점을 가장 효율적으로 연결하는 방법을 찾을 때에도 쓸 수 있다. 실험실에서 지도 위에 점균류를 올려놓으면(도시는 먹이 방울로 표시된다), 도쿄의 철도(A. Tero et al., "Rules for biologically inspired adaptive network design," *Science* 327 [2010]: 439-442)나 브라질의 고속 도로(A. Adamatsky, P. P. B. de Oliveira, "Brazilian highways from slime mold's point of view," *Kybernetes* 40 [2011]: 1373-1394)에서 보듯 도시를 가로지르는 최상의 도로·철도망을 예측하는 데 쓸 수도 있다. 그 밖에도 피사룸 플라스모디움 *Physarum plasmodium*과 피사룸 폴리케팔룸 *P. polycephalum*을 이용하여 많은 나라의 교통망을 검토한 사례가 있다.

45 이런 일이 어떻게 일어났는지에 대해서는 많은 학설이 있다. 세포들이 어떻게 소통하는지, 세포들이 서로 달라붙고 신호를 주고받기 위해 어떤 유전적 성질을 가지는지 이해하면, 단세포 유기체에서 진정한 다세포(분화된) 유기체로 이어지는 여러 단계를 밝혀낼 수 있을 것이다. 이를테면 N. King, "The unicellular ancestry of animal development," *Developmental Cell* 7 (2004), 313-325; D. J. Richter, N. King, "The genomic and cellular foundations of animal origins," *Annual Reviews of Genetics* 47 (2013), 509-537을 보라.

46 다세포 구조는 물리적 원리의 상호 작용에서 생겨날 수 있다. S. A. Newman, G. Forgacs, G. B. Müller, "Before programs: The physical origination of multicellular forms," *International Journal of Developmental*

Biology 50 (2006): 289-299를 보라.

47 R. Dawkins, J. R. Krebs, "Arms races between and within species," *Proceedings of the Royal Society* 205 (1979): 489-511. 이따금 더 큰 기계와 관련하여 몸집이 커지는 경향은 단순히 유기체가 세포의 최소 크기로 인해 더 작아지는 데 제약이 있어서 여러 가능한 형태를 가지는 더 큰 형태 공간 morphospace으로 이동할 수밖에 없기 때문이다. S. J. Gould, "Trends as changes in variance: A new slant on progress and directionality in evolution," *Journal of Paleontology* 62 (1988): 319-329를 보라. 하지만 이 과정도 단순한 물리적 원리의 결과이다. 유기체는 더 큰 유기체를 받아들일 수 있는 — 이를테면 그런 형태일 때 얻을 수 있는 에너지 때문에 — 틈새를 채우기 위해 더 커진다.

48 행성의 수명이 유한하다는 사실도 유념해야 한다. 미생물에서 매머드에 이르는 단계가 행성이 거주 가능한 조건인 시간을 초과한다면 진화 실험은 중간에 중단될 것이다. 이 슬픈 결말 또한 물리학에 기반하고 있음이 분명하다. 별의 진화는 생명의 궤적을 무정하게 가로막는다.

49 생명의 기원과 다세포 유기체의 수많은 핵심적 적응 사이의 혁신 중에서 유일무이한 것, 즉 진화 과정에서의 특이성은 거의 또는 전혀 없을지도 모른다는 주장이 제기되었다. 이를테면 G. J. Vermeij, "Historical contingency and the purported uniqueness of evolutionary innovations," *Proceedings of the National Academy of Sciences* 103 (2006): 1804-1809를 보라.

6장 생명의 가장자리

1 P. J. E. Woods, "The geology of Boulby mine," *Economic Geology* 74 (1979): 409-418.

2 실험실은 숀 페일링Sean Paling 연구진이 운영한다. 에마 미헌, 루 요먼, 크리스토퍼 토트, 바버러 서클링, 톰 에드워즈, 잭 게니스, 데이비드 매클러키, 데이비드 피버스를 비롯하여 내가 불비에서 연구할 수 있도록 도와준 사람들에게 감사한다.

3 극한 생물을 전반적으로 다룬 훌륭한 책 두 권으로 M. Gross, *Life on the Edge: Amazing Creatures Thriving in Extreme Environments* (New York: Basic Books, 2001); J. R. Postgate, *The Outer Reaches of Life* (Cambridge: Cambridge University Press, 1995)가 있다. 후자의 한국어판은『극단의 생명』(들녘, 2003).

4 깊은 땅속 생명의 역사와 과학에 대해 통찰을 선사하는 빼어난 책으로 T.

C. Onstott, *Deep Life: The Hunt for the Hidden Biology of Earth, Mars, and Beyond* (Princeton, N.J.: Princeton University Press, 2017)가 있다.

5 T. D. Brock, F. Hudson, "*Thermus aquaticus* gen. n. and sp. n., a nonsporulating extreme thermophile," *Journal of Bacteriology* 98, (1969): 289-297.

6 K. Takai et al., "Cell proliferation at 122°C and isotopically heavy CH₄ production by a hyperthermophilic methanogen under high-pressure cultivation," *Proceedings of the National Academy of Sciences USA*. 105 (2008): 10949-10954.

7 단백질의 고온 적응을 어떻게 물리적 원리로 설명할 수 있는지 보여 주는 중요한 논문으로는 I. N. Berezovsky, E. I. Shakhnovich, "Physics and evolution of thermophilic adaptation," *Proceedings of the National Academy of Sciences* 102 (2005): 12,742-12,747을 보라.

8 D. A. Cowan, "The upper temperature for life — where do we draw the line?" *Trends in Microbiology* 12 (2004): 58-60.

9 분자 안정성에 의해 정해진 생명의 온도 상한선에 대해서는 R. M. Daniel, D. A. Cowan, "Biomolecular stability and life at high temperatures," *Cellular and Molecular Life Sciences* 57 (2000): 250-264를 보라.

10 C. S. Cockell, "Life in the lithosphere, kinetics and the prospects for life elsewhere," *Philosophical Transactions of the Royal Society* 369 (2011): 516-537.

11 생명의 온도 하한선을 수량화한 논문으로는 P. B. Price, T. Sowers, "Temperature dependence of metabolic rates for microbial growth, maintenance, and survival," *Proceedings of the National Academy of Sciences* 101 (2004): 4631-4636을 보라. 매우 낮은 온도에서는 세포가 한계점에 이르러 미생물의 에너지 소모율이 손상 속도를 겨우 따라잡을 지경이 된다. 이 트레이드오프는 궁극적으로 모든 생명체가 오랫동안 몸 성히 버틸 수 있는 온도 하한선을 결정한다.

12 이 문제에 대한 또 다른 논문은 〈유리화vitrify〉— 온도가 낮아졌을 때 세포 내에서 유리 비슷한 상태로 전이하는 것 — 하는 액체로 인한 난점을 다룬다. 유리화는 기체와 영양소의 운동을 심하게 제약할 수 있으며 많은 유기체에서 생명의 하한선을 정하기도 한다. A. Clarke et al., "A low temperature limit for life on Earth," *PLoS One* 8 (2013): e66207을 보라.

13 방사능이라고 해서 무조건 해로운 것은 아니다. 물의 방사선 분해

radiolysis가 일어나면 수소가 방출되는데, 그러면 미생물이 이 수소를 에너지원 으로 쓸 수 있다. 이를테면 L.-H. Lin et al., "Radiolytic H₂ in continental crust: Nuclear power for deep subsurface microbial communities," *Geochemistry, Geophysics and Geosystems* 6 (2005), doi: 10.1029/2004GC000907을 보라.

14   한 가지 사례는 DNA에서의 탈퓨린화depurination이다. 베타-N-글리 코시드β-N-glycosidic 결합이 가수 분해로 쪼개져 DNA 조직에서 핵 염기 아 데닌이나 구아닌이 방출되는 것이다. T. Lindahl, "Instability and decay of the primary structure of DNA," *Nature* 362 (1993), 709-715; T. Lindahl, B. Nyberg, "Rate of depurination of native deoxyribonucleic acid," *Biochemistry* 11 (1972), 3610-3618을 보라.

15   세포막을 이루는 지질에는 탄소 원자의 긴 사슬인 지방산이 들어 있다. 버터 속 지방도 이와 똑같은 물질인 지방산이다.

16   저온에서 생명이 맞닥뜨리는 다양한 문제와 해결책을 요약한 검토 논문 으로는 S. D'Amico et al., "Psychrophilic microorganisms: Challenges for life," *EMBO Reports* 7 (2006): 385-389가 있다.

17   키랄성chirality(분자의 L 또는 D 형태)이 사라지는 경향인 라세미화 racemization 과정이 여기에 포함된다. 생명의 아미노산이 주로 L 형태인 것을 기억하라. 라세미화가 일어나면 같은 양의 L 형태와 D 형태가 생성되는 경향이 있다. 분자에 대한 열적 효과로 인해 라세미화는 시간이 지남에 따라 무지막지 하게 일어날 수 있다. 아미노산과 저온 환경의 라세미화는 K. L. F. Brinton, A. I. Tsapin, D. Gilichinsky, G. D. McDonald, "Aspartic acid racemization and age-depth relationships for organic carbon in Siberian permafrost," *Astrobiology* 2 (2002): 77-82에서 논한다.

18   S. Grant et al., "Novel archaeal phylotypes from an East African alkaline saltern," *Extremophiles* 3 (1999): 139-145.

19   높은 염도의 문제는 A. Oren, "Microbial life at high salt concentrations: Phylogenetic and metabolic diversity," *Saline Systems* 4 (2008), doi: 10.1186/1746-1448-4-2에서 서술한다. 염분이 가하는 열역학적 한계에 대해 서는 A. Oren, "Thermodynamic limits to microbial life at high salt concentrations," *Environmental Microbiology* 13 (2011): 1908-1923을 보라.

20   A. Stevenson et al., "Is there a common water-activity limit for the three domains of life?" *ISME J* 9 (2015): 1333-1351.

21   A. Stevenson et al., "*Aspergillus penicillioides* differentiation and cell division at 0.585 water activity," *Environmental Microbiology* 19 (2017): 687-697.

22 J. E. Hallsworth et al., "Limits of life in MgCl₂-containing environments: Chaotropicity defines the window," *Environmental Microbiology* 9 (2007): 801-813.

23 M. M. Yakimov et al., "Microbial community of the deep-sea brine Lake Kryos seawater-brine interface is active below the chaotropicity limit of life as revealed by recovery of mRNA," *Environmental Microbiology* 17 (2015): 364-382.

24 B. Z. Siegel, "Life in the calcium chloride environment of Don Juan Pond, Antarctica," *Nature* 280 (1979): 828-829.

25 L. A. Amaral Zettler et al., "Microbiology: Eukaryotic diversity in Spain's River of Fire," *Nature* 417 (2002): 137.

26 낮은 수소 이온 농도에 적응하는 문제는 C. Baker-Austin, M. Dopson, "Life in acid: pH homeostasis in acidophiles," *Trends in Microbiology* 15 (2007): 165-171에 훌륭히 요약되어 있다. 유전체로부터의 적응에 대한 통찰을 얻으려면 M. Ciaramella, A. Napoli, M. Rossi, "Another extreme genome: How to live at pH 0," *Trends in Microbiology* 13 (2005): 49-51을 보라.

27 S. B. Humayoun, N. Bano, J. T. Hollibaugh, "Depth distribution of microbial diversity in Mono Lake, a meromictic soda lake in California," *Applied and Environmental Microbiology* 69 (2003): 1030-1042.

28 우리 실험실의 박사후 연구원 제시 해리슨Jesse Harrison은 알려진 세균 계통의 생장 범위를 이용하여 생명의 한계를 지도로 그리는 근사한 연구를 진행했다. 결과물은 생명의 경계 공간을 3차원으로 나타낸 흥미진진한 도표이다. J. P. Harrison, N. Gheeraert, D. Tsigelnitskiy, C. S. Cockell, "The limits for life under multiple extremes," *Trends in Microbiology* 21 (2013): 204-212. 이 연구는 실험실 계통만 이용했지만, 이 논문의 한계를 넘어선 자연환경에도 미생물이 있는 것으로 알려져 있으므로 생명의 물리적·화학적 경계 공간을 정의하려면 아직 할 일이 많다.

29 N. M. Mesbah, J. Wiegel, "Life at extreme limits: The anaerobic halophilic alkalithermophiles," *Annals of the New York Academy Sciences* 1125 (2008): 44-57.

30 P. M. Oger, M. Jebbar, "The many ways of coping with pressure," *Research in Microbiology* 161 (2010): 799-809.

31 D. H. Bartlett, "Pressure effects on in vivo microbial processes," *Biochimica et Biophysica Acta* 1595 (2002): 367-381.

32　D. Billi et al., "Ionizing-radiation resistance in the desiccation-tolerant cyanobacterium *Chroococcidiopsis*," *Applied and Environmental Microbiology* 66 (2000): 1489-1492.

33　가장 유명한 방사능 내성 미생물은 데이노코쿠스 라디오두란스 *Deinococcus radiodurans*(그리스어와 라틴어의 조합으로, 직역하자면 〈방사 능에서 살아남는 무시무시한 베리〉라는 뜻이다)일 것이다. M. M. Cox, J. R. Battista, "*Deinococcus radiodurans*—the consummate survivor," *Nature Reviews Microbiology* 3 (2005): 882-892를 보라. 하지만 이 능력은 유일무이 한 것이 아니다. 크루코키디옵시스속*Chroococcidiopsis*과 루브로박터속 *Rubrobacter*을 비롯한 다른 세균들도 방사능 내성이 강하다.

34　이 주장은 동물원의 울타리 안에서 생명이 놀랍도록 끈질기며 경이로운 범위의 물리적·화학적 조건을 점유할 수 있다는 사실과 모순되지 않는다. 생명 이 지구에 거주하는 동안 재난이 일어나도 이를 이겨낼 수 있는 능력을 들여다 보는 책으로는 C. S. Cockell, *Impossible Extinction: Natural Catastrophes and the Supremacy of the Microbial World* (Cambridge: Cambridge University Press, 2003)를 보라.

7장　생명의 부호

1　F. H. C. Crick, "The origin of the genetic code," *Journal of Molecular Biology* 38 (1965): 367-379.

2　J. D. Watson, F. H. C. Crick, "A structure for deoxyribose nucleic acid," *Nature* 171 (1953): 737-738.

3　유전 부호의 〈글자〉 개수는 E. Szathmáry, "Why are there four letters in the genetic code?" *Nature Reviews in Genetics* 4 (2003): 995-1001에서 검토 한 바 있다.

4　P. G. Higgs, N. Lehman, "The RNA World: Molecular cooperation at the origins of life," *Nature* 16 (2015): 7-17.

5　여러분은 이 논증이 동어 반복이라고 반박할지도 모르겠다. 물론 모형이 지구 생물학에 부합하는 결과를 내는 이유는 우리가 이용하는 모형의 바탕이 지 구의 생명이 이용하는 바로 그 분자인 RNA이기 때문이다! 그에 대해 나는 매우 비과학적인 〈아마도〉로 답할 것이다. 그러나 이 장 뒤에서 분명해지겠지만, 우 리는 여러 대안적 염기쌍과 분자를 탐구할 수 있다. 이는 유전 부호에서 화학 물 질의 선택이 우연이 아님을 시사한다. 유전 부호를 닮은 분자 중에는 생명을 만 드는 나머지 부류의 분자와 유사한 것들이 있다. 이를테면 펩티드 핵산PNA의

펩티드 결합에는 투박하게나마 단백질 비슷한 성질이 있다. 하지만 초기 지구에 존재했으리라 생각되는 생명의 나머지 주요 단위체(이를테면 아미노산, 지질, 당)가 유전 부호를 형성할 수 있음을 밝혀낸 사람은 아무도 없다. 최초의 생명체 앞에 차려진 다양한 유기 분자 중에서 그럴듯해 보이는 것들은 우리의 유전 부호에 실제로 쓰이는 것들이다. 그럼에도 유전 부호에 쓰일 수 있는 대안적 화학 물질이 있을 가능성을 배제할 수는 없다. 이 장에서 나는 뉴클레오티드가 진화에 의해 일단 유전 부호의 토대로 선택되면 유전 부호의 나머지 구조와 그 분자 산물은 매우 비(非)우연적이며 물리 법칙을 따를 것이라는 주장에 머물고자 한다.

6   Y. Zhang et al., "A semisynthetic organism engineered for the stable expansion of the genetic alphabet," *Proceedings of the National Academy of Sciences* (2016), doi: 10.1073/pnas.1616443114.

7   J. A. Piccirilli et al., "Enzymatic incorporation of a new base pair into DNA and RNA extends the genetic alphabet," *Nature* 343 (1990): 33-37.

8   D. A. Malyshev et al., "A semi-synthetic organism with an expanded genetic alphabet," *Nature* 509 (2014): 385-388.

9   A. Eschenmoser, "Chemical etiology of nucleic acid structure," *Science* 284 (1999): 2118-2124에서 검토한 바 있다.

10   유전 부호에 대한 강력한 선택압으로서의 오류 최소화는 여러 논문에서 서술하고 있다. 이를테면 S. J. Freeland, R. D. Knight, L. F. Landweber, L. D. Hurst, "Early fixation of an optimal genetic code," *Molecular Biology and Evolution* 17 (2000): 511-518.

11   다른 요인들도 제안되었다. 이를테면 수평적 유전자 이동(유전자가 한 세포나 유기체에서 다른 세포나 유기체로 이동하는 것)은 최적 부호의 선택을 증가시킬 수 있다. S. Sengupta, N. Aggarwal, A. V. Bandhu, "Two perspectives on the origin of the standard genetic code," *Origins of Life and Evolution of Biospheres* 44 (2014): 287-292를 보라.

12   라스베이거스풍 제목이 붙은 흥미진진한 논문 S. J. Freeland, L. D. Hurst, "The genetic code is one in a million," *Journal of Molecular Evolution* 47 (1998): 238-248에서 이 분석을 서술한다.

13   초기 유전 부호를 형성하는 그 밖의 선택압에 대한 비판으로는 R. D. Knight, S. J. Freeland, L. F. Landweber, "Selection, history and chemistry: The three faces of the genetic code," *Trends in Biochemical Sciences* 24 (1999): 241-247이 있다. 논문 저자들은 생명의 기원과 초기 진화에서 저마다 다른 선택압이 저마다 다른 단계를 지배했을지도 모른다고 주장한다. 유전 부호에 이르

는 경로와 그 과정에서 공진화가 수행한 역할도 Wong, JT-F et al., "Coevolution theory of the genetic code at age forty: Pathway to translation and synthetic life," *Life* 6 (2016), doi: 10.3390/life6010012에서 논의한다. 이 문제에 대한 또 다른 탁월한 검토 논문은 E. V. Koonin, A. S. Novozhilov, "Origin and evolution of the genetic code: The universal enigma," *Life* 61 (2009): 99–111이다.

14 슈뢰딩거는 이것을 매우 절묘하게 표현했다. E. Schrödinger, *What Is Life?* (Cambridge: Cambridge University Press, 1944)를 보라. 한국어판은 『생명이란 무엇인가』(한울, 2020).

15 생물학적 촉매, 즉 효소는 세포에서 다양한 화학 반응을 수행하며 효소가 없을 때보다 훨씬 빠른 속도로 반응이 일어나도록 한다.

16 아미노산은 여러 화학 물질처럼 왼손잡이(L-아미노산)와 오른손잡이 (D-아미노산)의 두 형태로 존재한다. 아미노산을 여러분의 양손에 빗댄 것은 두 형태가 서로의 거울상이기 때문이다. 왼손잡이 형태와 오른손잡이 형태는 편광을 각각 반시계 방향(왼쪽, 즉 좌선성levorotation)이나 시계 방향(오른쪽, 즉 우선성dextrorotation)으로 회전시키는데, L-형태와 D-형태로 불리는 것은 이 때문이다. 생명의 아미노산은 세포막에 있는 일부를 제외하면 거의 모두가 L-아미노산이다. 생명에서 L-형태가 우세한 것은 우연의 산물로 생각되었지만, 운석의 아미노산에 국지적으로 L-형태가 풍부하다는 증거가 있다(이를테면 M. H. Engel, S. A. Macko, "Isotopic evidence for extraterrestrial non-racemic amino acids in the Murchison meteorite." *Nature* 389 [1997]: 265–268을 보라). 이는 생명이 이용한 전생물 분자에 L-형태의 아미노산이 풍부했음을 암시한다. 대안적 설명은 성간 구름의 편광이 한 키랄 형태를 다른 형태보다 우선적으로 파괴하여 키랄 분자가 처음으로 풍부해지고 이것이 전생물 화학 작용에 이용되었다는 것이다(W. A. Bonner, "Chirality and life," *Origins of Life and Evolution of Biospheres* 25 [1995]: 175–190). 생명이 분자 인식에 의존하고 따라서 모든 분자가 어느 하나의 형태이면 생명이 더 단순해지므로 L-형태가 증폭되다가 우세한 형태가 되었을 가능성이 있다. 흥미로운 질문은 외계 생명이 L-아미노산이나 D-아미노산 중 하나로 이루어질 수 있느냐는 것이다. 이 질문은 우연성과 물리학 중에서 어느 것이 진화의 초기 사건들을 이끌었는가라는 기본적 질문의 핵심이다. 당에 대해서도 같은 질문을 제기할 수 있다. 우리의 당은 대부분 D-형태이다.

17 빼어난 연구로는 A. L. Weber, S. L. Miller, "Reasons for the occurrence of the twenty coded protein amino acids," *Journal of Molecular Evolution* 17 (1981): 273–284가 있다.

18 G. K. Philip, S. J. Freeland, "Did evolution select a nonrandom

'alphabet' of amino acids?" *Astrobiology* 11 (2011): 235-240.

19 이를테면 Y. Tiang, D. A. Tirrell, "Attenuation of the editing activity of the *Escherichia coli* leucyl-tRNA synthetase allows incorporation of novel amino acids into proteins in vivo," *Biochemistry* 41 (2002): 10,635-10,645를 보라.

20 내가 여기서 염두에 둔 것은 자연 선택이다. 이제 인류는 이러한 변화를 인위적으로 일으키고 있으니 말이다.

21 L. Johansson, G. Gafvelin, E. S. J. Amér, "Selenocysteine in proteins — properties and biotechnological use," *Biochimica et Biophysica Acta* 1726 (2005): 1-13.

22 G. Srinivasan, C. M. James, J. A. Krzycki, "Pyrrolysine encoded by UAG in Archaea: Charging of a UAG-decoding specialized tRNA," *Science* 296 (2002): 1459-1462.

23 단백질 접힘 가능성의 제약이 우리의 진화 이해에 의미하는 바를 훌륭히 탐구한 논문으로 M. J. Denton, C. J. Marshall, M. Legge, "The protein folds as platonic forms: New support for the pre-Darwinian conception of evolution by natural law," *Journal of Theoretical Biology* 219 (2002): 325-342가 있다. 이 논문에서는 이 지식이 어떻게 해서 물리적 원리에 기반한 생물학 법칙의 존재를 의미하는가도 논의한다.

24 카르복시기.

25 돌연변이에 대한 안정성 같은 그 밖의 요인이 특정 단백질 접힘을 선택할 수도 있다. 단백질 접힘이 제한되는 이유를 탐구한 매혹적인 논문으로 H. Li, R. Helling, C. Tang, N. Wingren, "Emergence of preferred structures in a simple model of protein folding," *Science* 273 (1996), 666-669; H. Li, C. Tang, N. Wingren, "Are protein folds atypical?" *Proceedings of the National Academy of Sciences* 95 (1998), 4987-4990 등이 있다. 와인라이히Weinreich 연구진은 세균 단백질의 돌연변이 궤적에 대한 연구에서 〈이것은 생명의 단백질 테이프가 대체로 재생 가능하며 심지어 예측 가능할 수도 있음을 의미한다〉라고 단언한다(D. M. Weinreich, N. F. Delaney, M. A. DePristo, D. L. Hartl, "Darwinian evolution can follow only very few mutational paths to fitter proteins," *Science* 312 [2006]: 111-113).

26 돌연변이와 수평적 전자 이동 같은 유전적 교환 및 이동은 다양성을 무지막지하게 늘린다. 이 경향은 심지어 법칙으로 제시되기도 했다(D. W. McShea, R. N. Brandon, *Biology's First Law: The Tendency for Diversity and Complexity to Increase in Evolutionary Systems* [Chicago: University of

Chicago Press, 2010]). 하지만 이런 경향이 어느 정도까지 정말로 법칙인가, 아니면 유전 부호에서 일어나는 철저한 돌연변이 과정을 단순히 반영한 것인가는 논란의 여지가 있다. 이 생물학적 현상을 추동하는 법칙이 있다면 그것은 열역학 제2 법칙일 것이다.

8장 샌드위치와 황에 대하여

1 C. Borgnakke, R. E. Sonntag, *Fundamentals of Thermodynamics* (Chichester: Wiley, 2009). 한국어판은 『열역학』(텍스트북스, 2015).

2 미토콘드리아는 대다수 진핵세포에서 에너지를 생산하는 소기관이다. 내가 설명하는 전자 전달계는 미토콘드리아 막 안에서 작동한다. 원핵생물에서는 전자 전달계가 소기관이 아닌 세포막에서 작동한다.

3 P. Mitchell, "The chemiosmotic hypothesis," *Nature* 191 (1961): 144-148.

4 ATP 생성 효소의 회전은 그 자체로 놀라운 물리적 원리로 환원할 수 있다. 특히 브라운 운동에서는 양성자의 무작위 운동이 톱니바퀴 운동의 형태로 회전을 일으키는 데 쓰인다. 많은 생화학적 과정이 브라운 운동을 지향성 운동에 활용한다. G. Oster, "Darwin's motors: Brownian ratchets," *Nature* 417 (2002): 25를 보라. 세균 편모와 마찬가지로 ATP 생성 효소는 생명체에서 바퀴를 닮은 둥근 기관의 또 다른 예이다. 표면을 이동하는 게 아니라 회전 구조를 위한 것이기는 하지만.

5 인산염은 화학식이 PO_4^{2-}인 화학기이다.

6 ATP 내의 인산염 결합은 세포의 다른 부위에서 깨질 때 에너지를 방출하지 않는다(결합을 깨뜨리는 데 에너지가 필요하기 때문이다). 그 대신 인산염을 ATP에서 분리하는 데 필요한 소량의 에너지는 이 인산염이 방출 이후에 물과 결합할 때 방출되는 에너지로 보충되고도 남는다. ATP의 분해는 〈가수 분해 반응〉이며 부서지고 만들어지는 모든 결합의 순 효과는 에너지를 방출한다. 이것은 미묘하지만 중요한 현상이다.

7 이 개수는 여러 요인에 따라 달라지기 때문에 추정값이다. 하지만 대략적으로 계산하자면 여러분이 하루에 필요로 하는 에너지는 약 2,000킬로칼로리로, 약 3몰의 포도당 또는 약 1.8×10^{24}개의 포도당 분자에 해당한다. 포도당 분자 하나가 전자 전달계를 통과할 때마다 ATP 분자 36개가 생성될 수 있으므로 매일 약 6.5×10^{25}개, 또는 시간당 약 2.7×10^{24}개의 ATP 분자가 생성된다. 다양한 전환과 효율을 놓고 학자들이 트집을 잡을 수는 있겠지만, 그럼에도 이것은 어마어마한 숫자이다.

8 초기 양성자 기울기를 발생시킨 조건은 아마도 열수구였을 것이다. 이 과정의 초기 진화는 W. F. Martin, "Hydrogen, metals, bifurcating electrons, and proton gradients: The early evolution of biological energy conservation," *FEBS Letters* 586 (2012): 485-493에서 논하고 있다.

9 F. Imkamp, V. Müller, "Chemiosmotic energy conservation with Na(+) as the coupling ion during hydrogen-dependent caffeate reduction by *Acetobacterium woodii*," *Journal of Bacteriology* 184 (2002): 1947-1951.

10 이 초기의 세포 과정을 들여다보고 에너지 획득을 위한 최초의 기울기가 어떻게 형성되었는지 탐구하는 빼어난 책으로 N. Lane, *The Vital Question* (London: Profile Books, 2016)이 있다.

11 P. J. Boston, M. V. Ivanov, C. P. McKay, "On the possibility of chemosynthetic ecosystems in subsurface habitats on Mars," *Icarus* 95 (1992): 300-308.

12 사문석화와 생명의 연관성은 I. Okland et al., "Low temperature alteration of serpentinized ultramafic rock and implications for microbial life," *Chemical Geology* 318 (2012): 75-87에서 논한다.

13 J. R. Spear, J. J. Walker, T. M. McCollom, N. R. Pace, "Hydrogen and bioenergetics in the Yellowstone geothermal ecosystem," *Proceedings of the National Academy of Sciences* 102 (2005): 2555-2560.

14 전자 전달계에 관여하는 일부 단백질은 오래된 것이 분명하다. 초기 검토 논문으로는 M. Bruschi, F. Guerlesquin, "Structure, function and evolution of bacterial ferredoxins," *FEMS Microbiology Reviews* 4 (1988): 155-175를 보라. 최근 연구에서는 깊은 땅속에 서식하는 미생물에서 이런 단백질의 기능과 출현 시기를 탐구했다. 이를테면 T. Iwasaki, "Iron-Sulfur World in aerobic and hyperthermoacidophilic Archaea *Sulfolobus*," *Archaea* (2010): 842639를 보라. 철 원자와 황 원자가 아마도 열수구 광물 속에서 결합하여 생화학 작용과 전자 전달 과정의 출현을 위한 전생물적 조건이 되었으리라는 〈철-황 세계iron-sulfur world〉 개념을 제시한 사람은 바로 귄터 베히터스호이저Günter Wächtershäuser로, 그는 이 형태의 초기 사건들을 열성적으로 옹호하는 인물이다. 이를테면 G. Wächtershäuser, "The case for the chemoautotrophic origin of life in an iron-sulfur world," *Origins of Life and Evolution of Biospheres* 20 (1990): 173-176을 보라.

15 이것은 탐구가 확대되고 있는 분야이다. 이를테면 A. R. Rowe et al., "Marine sediments microbes capable of electrode oxidation as a surrogate for lithotrophic insoluble substrate metabolism," *Frontiers in Microbiology*

(2015), doi.org/10.3389/fmicb.2014.00784; Z. M. Summers, J. A. Gralnick, D. R. Bond, "Cultivation of an obligate Fe(II)-oxidizing lithoautotrophic bacterium using electrodes," *MBio* 4 (2013), e00420-e00412, doi: 10.1128 / mBio.00420-12를 보라.

16 생물지화학적 순환의 역할과 거대한 규모는 P. G. Falkowski, *Life's Engines: How Microbes Made Earth Habitable* (Princeton, N. J.: Princeton University Press, 2015)에서 훌륭히 탐구한다. 해양 환경에서의 생물지화학적 순환에 대해서는 J. B. Cotner, B. A. Biddanda, "Small players, large role: Microbial influence on biogeochemical processes in pelagic aquatic ecosystems," *Ecosystems* 5 (2002): 105-121을 보라.

17 브로다에 대해 쓰려면 책 한 권을 할애해야 할 것이다. 그는 KGB 스파이로 의심받은 공산주의 동조자였으며 영국과 미국의 핵 연구 정보를 소련에 넘기는 일에 관여한 것으로 생각된다. 에너지와 관련된 모든 것은 흥미로운 인물들을 끌어들이는 듯하다. E. Broda, "Two kinds of lithotrophs missing in nature," *Zeitschrift für allgemeine Mikrobiologie* 17 (1977): 491-493.

18 M. Strous et al., "Missing lithotroph identified as new planctomycete," *Nature* 400 (1999): 446-449.

19 이 우라늄은 더 〈환원〉된다. 즉, 전자 수용체로서 전자를 얻는다. D. R. Lovley, E. J. P. Phillips, Y. A. Gorby, E. R. Landa, "Microbial reduction of uranium," *Nature* 350 (1991): 413-416.

20 이 반응은 가용 에너지의 양을 예측하는 데 쓰일 수 있으며, 이를 통해 과학자들은 이 에너지 생산 화학 물질을 이용할지도 모르는 미생물을 탐색할 수 있다. 좋은 예로는 K. L. Rogers, J. P. Amend, S. Gurrieri, "Temporal changes in fluid chemistry and energy profiles in the Vulcano Island Hydrothermal System," *Astrobiology* 7 (2007): 905-932가 있다. 이 논문은 극단적 환경에서 에너지에 의해 제약받을 가능성이 있는 생명을 어떻게 임의의 주어진 화학 반응에서 깁스 자유 에너지Gibbs free energy의 기본적 물리학을 이용하여 이해하고 예측할 수 있는지 근사하게 보여 준다. 여기서 우리는 어떻게 물리학과 (물리학이 설명하는) 기본 원리를 이용하여 생물과학의 예측력을 강화할 수 있는지 목격한다.

21 에너지가 전혀 없는 곳에서 생명 활동이 일어날 수 없음은 분명하지만, 생명은 생존을 위해서도 기본적 수준의 에너지가 필요하며 이 때문에 많은 유기체는 약간의 에너지조차도 너무 적을 수 있다. 생명을 제약하는 에너지의 역할은 T. M. Hoehler, "Biological energy requirements as quantitative boundary conditions for life in the subsurface," *Geobiology* 2 (2004), 205-215; T. M.

Hoehler, B. B. Jørgensen, "Microbial life under extreme energy limitation," *Nature Reviews Microbiology* 11 (2013), 83-94에서 탐구한다.

22 D. C. Catling, M. W. Claire, "How Earth's atmosphere evolved to an oxic state," *Earth and Planetary Science Letters* 237 (2005): 1-20.

23 이 매혹적인 공생을 탐구하는 두 편의 논문으로 C. M. Cavanaugh, S. L. Gardiner, M. L. Jones, H. W. Jannasch, J. B. Waterbury, "Prokaryotic cells in the hydrothermal vent tube worm *Riftia pachyptila* Jones: Possible chemoautotrophic symbionts," *Science* 213 (1981), 340-342; Z. Minic, G. Hervé, "Biochemical and enzymological aspects of the symbiosis between the deep-sea tubeworm *Riftia pachyptila* and its bacterial endosymbiont," *European Journal of Biochemistry* 271 (2004), 3093-3102가 있다.

24 L-H. Lin et al., "The yield and isotopic composition of radiolytic H_2, a potential energy source for the deep subsurface biosphere," *Geochimica et Cosmochimica Acta* 69 (2005): 893-903.

25 E. Dadachova et al., "Ionizing radiation changes the electronic properties of melanin and enhances the growth of melanized fungi," *PLoS ONE* 2 (2007): e457.

26 D. Schulze-Makuch, L. N. Irwin, *Life in the Universe: Expectations and Constraints* (Heidelberg: Springer, 2008).

27 여기서 〈일부 원생동물〉은 짚신벌레속*Paramecium* 같은 섬모충류를 뜻한다.

28 여기서 내가 의미하는 것은 열 기울기의 직접적 이용이다. 지열로 생성된 빛(약 700나노미터 이상의 파장)을 이용한 광합성이 열수구에서 보고되었는데, 이는 고열 환경을 에너지 획득과 연관시킨다. 하지만 이런 유기체는 기존 광합성 기관을 이용하며 우연히 비(非)태양 광자를 활용하게 된 것이다(J. T. Beatty et al., "An obligately photosynthetic bacterial anaerobe from a deep-sea hydrothermal vent," *Proceedings of the National Academy of Sciences* 102 [2005]: 9306-9310).

9장 물, 생명의 액체

1 Samuel Taylor Coleridge, *The Rime of the Ancient Mariner* (1834). 한국어판은 『노수부의 노래』(글과글사이, 2017).

2 2017년 12월 미국 지질조사소Geological Survey 웹사이트에서 인용.

3 우주물리학자 프레드 호일Fred Hoyle은 흥미로운 SF 이야기(*The Black Cloud*, 1957년 William Heinemann 출판사에서 출간)에서 감각 능력을 가진 거대한 구름이 태양계에 들어와 우연히 햇빛이 지구에 도달하는 것을 막는 상황을 묘사한다. 이 존재는 이 암석 공(지구)에 생명이 있을 수 있다는 사실에 놀라움을 표한다.

4 다른 용매에서 작용하는 자기복제 분자 — 심지어 세포 — 를 만드는 것은 합성생물학자와 화학자의 능력을 벗어난 일이 아닐지도 모른다. 하지만 유전부호를 인위적으로 변형하거나 새로운 아미노산을 단백질에 접목하는 것 같은 실험실 조작은 이런 분자가 자연적 과정에서 생겨날 것인지에 대해 알려 주는 것이 거의 없다.

5 물의 상평형도는 매우 복잡해서, 고압과 고온에서는 수소 결합 네트워크가 방향을 바꾸면서 특이한 형태의 얼음이 생겨난다. 이를테면 M. Choukrouna, O. Grasset, "Thermodynamic model for water and high-pressure ices up to 2.2 GPa and down to the metastable domain," *Journal of Chemical Physics* 127 (2007): 124506을 보라.

6 기가파스칼은 압력 단위이다(10억 파스칼). 지구 해수면의 대기압은 101,325파스칼에 해당한다.

7 K. B. Storey, J. M. Storey, "Biochemical adaption for freezing tolerance in the wood frog, *Rana sylvatica*," *Journal of Comparative Physiology B* 155 (1984): 29-36.

8 오래되긴 했지만 물의 반응성을 보여 주는 몇 가지 반응을 소개하는 논문으로 W. Mabey, T. Mill, "Critical review of hydrolysis of organic compounds in water under environmental conditions," *Journal of Physical and Chemical Reference Data* 7 (1978): 383-415가 있다.

9 세포에서 물이 하는 역할에 대한 빼어난 검토 논문으로는 P. Ball, "Water as an active constituent in cell biology," *Chemical Reviews* 108 (2007): 74-108이 있다. 저자가 인정하듯 물이 어떻게 작용하는가에 대한 우리의 이해는 급격히 달라지고 있다. 하지만 물이 생화학에서 매우 다재다능하고 미묘한 역할을 한다는 사실은 더는 의심할 여지가 없다.

10 C. R. Robinson, S. G. Sligar, "Molecular recognition mediated by bound water: A mechanism for star activity of the restriction endonuclease EcoRI," *Journal of Molecular Biology* 234 (1993): 302-306.

11 A. M. Klibanov, "Improving enzymes by using them in organic solvents," *Nature* 409 (2001): 241-246.

12 S. A. Benner, A. Ricardo, M. A. Carrigan, "Is there a common chemical model for life in the universe?" *Current Opinions in Chemical Biology* 8 (2004): 672-689.

13 암모니아의 성질은 오래전부터 알려져 있었다. 이를테면 C. A. Kraus, "Solutions of metals in non-metallic solvents; I. General properties of solutions of metals in liquid ammonia," *Journal of the American Chemical Society* 29 (1907): 1557-1571을 보라.

14 몇 가지 가능성에 대한 훌륭한 논의는 D. Schulze-Makuch, L. N. Irwin, *Life in the Universe: Expectations and Constraints* (Berlin: Springer, 2008) 에서 찾아볼 수 있다. 이 책은 여러 용매의 장단점을 검토하지만, 저자들은 알려진 용매 중에서 물보다 나은 것은 없을 것이라고 결론 내리면서 저온에서의 암모니아만 예외가 될 수 있을 것이라고 덧붙인다.

15 금성 구름 속에서 비행선처럼 떠다니는 생물에 대한 발상은 H. Morowitz, C. Sagan, "Life in the clouds of Venus," *Nature* 215 (1967): 1259-1260을 보라. 금성 대기에서 황화물을 먹는 황산염 환원 세균에 대해서는 C. S. Cockell, "Life on Venus," *Planetary and Space Science* 47 (1999): 1487-1501을 보라. 황은 D. Schulze-Makuch et al., D. H. Grinspoon, O. Abbas, L. N. Irwin, A. Mark, M. A. Bullock, "A sulfur-based survival strategy for putative phototrophic life in the Venusian atmosphere," *Astrobiology* 4 (2004): 11-18에서도 논한다. 이런 생각들은 재밋거리이며 독자는 이 논문들이 금성에 생명이 있으리라는 확고한 신념을 표현한다고 여겨서는 안 된다. 하지만 많은 논의와 마찬가지로 우리 자신의 생물권에 대해 흥미로운 질문을 던지는 배경이 될 수는 있다. 이를테면 금성에서의 생명을 상상하면서 이런 두 가지 질문을 던질 수 있다. 표면이 거주 가능하지 않은 행성에서 지속적인 공중 생물권이 존재할 수 있을까? 지구 대기를 비행선처럼 떠다니는 풍선 유기체는 왜 관찰되지 않을까?

16 S. A. Benner, A. Ricardo, M. A. Carrigan, "Is there a common chemical model for life in the universe?" *Current Opinions in Chemistry and Biology* 8 (2004): 672-689.

17 이것은 화성을 대상으로 계산한 것이지만, 대략의 추정값은 지구에도 적용할 수 있다(A. A. Pavlov, A. V. Blinov, A. N. Konstantinov, "Sterilization of Martian surface by cosmic radiation," *Planetary and Space Science* 50 [2002]: 669-673).

18 L. R. Dartnell, L. Desorgher, J. M. Ward, A. J. Coates, "Modelling the surface and subsurface Martian radiation environment: Implications for astrobiology," *Geophysical Research Letters* 34 (2007): I.02207.

19 P. B. Price, T. Sowers, "Temperature dependence of metabolic rates for microbial growth, maintenance, and survival," *Proceedings of the National Academy of Sciences* 101 (2004), 4631–4636; T. Lindahl, B. Nyberg, "Rate of depurination of native deoxyribonucleic acid," *Biochemistry* 11 (1972), 3610–3618; K. L. F. Brinton, A. I. Tsapin, D. Gilichinsky, G. D. McDonald, "Aspartic acid racemization and age–depth relationships for organic carbon in Siberian permafrost," *Astrobiology* 2 (2002), 77–82.

20 지질학적으로 활발한 과정에서 생겨난 화학적 비평형.

21 R. Lorenz, "The changing face of Titan," *Physics Today* 61 (2008): 34–39.

22 J. Stevenson, J. Lunine, P. Clancy, "Membrane alternatives in worlds without oxygen: Creation of an azotosome," *Science Advances* 1 (2015): e1400067.

23 C. P. McKay, H. D. Smith, "Possibilities for methanogenic life in liquid methane on the surface of Titan," *Icarus* 178 (2005): 274–276.

24 D. F. Strobel, "Molecular hydrogen in Titan's atmosphere: Implications of the measured tropospheric and thermospheric mole fractions," *Icarus* 208 (2010): 878–886.

25 내가 〈대부분〉이라고 쓴 것은 타이탄의 표면에 영향이 미쳐 표면을 데우는 국지적 열수계가 생성될 수도 있기 때문이다. 게다가 타이탄의 표면 아래 바다는 전생명·생명 과정에 기회를 선사할지도 모른다.

26 카이퍼 벨트는 해왕성 궤도 너머에 있는 원반 모양 천체들이다. 화성과 목성 사이에 있는 소행성대와 비슷하기는 하지만 약 20~200배 크다.

27 이를테면 G. Klare, *Reviews in Modern Astronomy 1: Cosmic Chemistry* (Heidelberg: Springer, 1988)를 보라.

10장 생명의 원자

1 「스타 트렉」열성 팬.

2 대안적 생명체를 추적해 들어가는 것은 그 자체로 우주물리학자의 좀을 쑤시게 하는 흥미진진한 문제이다. 외계 생명의 화학 조성에 대해 최소한의 가정만 가지고 어떻게 생명을 탐지할 수 있을까? 물론 「스타 트렉」에서는 승무원들이 트라이코더tricorder(주변 세상을 탐색하는 장비) 설정만 바꿔 규소 기반 생명을 탐지하지만, 암석에 서식하며 규소 비율이 약 40~70퍼센트인 규소 기반

생명체를 어떻게 탐지할 것인가는 분명치 않다.

3 오가네손은 러시아의 핵물리학자 유리 오가네시안Yuri Oganessian의 이름을 땄다. 그는 주기율표에서 가장 무거운 원소들을 발견하는 일에 주도적으로 참여한 인물이다.

4 페르미온은 양성자를 비롯하여 이 행동을 보이는 아원자 입자들의 집합이다. 파울리의 배타 원리에 대해서는 M. Massimi, *Pauli's Exclusion Principle: The Origin and Validation of a Scientific Principle* (Cambridge: Cambridge University Press, 2012)을 보라. 이 책은 파울리의 배타 원리를 더 자세히 들여다보기에 적합하다.

5 더 정확히 말하자면 어떤 두 개의 페르미온도 같은 양자수 — 양자의 상태를 정의하는 네 개의 숫자로, 주양자수, 궤도 양자수, 자기 양자수, 스핀 양자수가 있다 — 를 가질 수 없다. 전자처럼 반정수 스핀을 가지는 입자에서는 파동성을 서술하는 파동 함수가 반(反)대칭적인데, 이는 입자가 같은 장소에 있더라도 두 파동이 서로를 소거하여 입자가 존재하지 않게 된다는 것으로 이것은 불가능하다. 따라서 이 현상을 방지하려면 입자의 스핀이나 나머지 성질 중 하나가 달라야 한다.

6 실제로 이 두 개의 전자는 두 준오비탈 $2p_x$와 $2p_y$에 각각 분리되어 있다. p_x와 p_y는 같은 수준에 존재하고 같은 에너지를 가지므로, 전자들은 사실 서로 떨어지고 싶어 하기에 이 서로 다른 준오비탈을 차지하는 경향이 있다.

7 탄소와 마찬가지로 최외각의 3p 오비탈에 있는 두 개의 전자는 $3p_x$와 $3p_y$ 오비탈에 나뉘어 있다.

8 McGraw-Hill, *Encyclopedia of Science and Technology* (New York: McGraw, 1997).

9 N. W. Alcock, *Bonding and Structure: Structural Principles in Inorganic and Organic Chemistry* (New York: Ellis Horwood Ltd., 1990). 이 정보는 다른 표준 화학 교과서에서도 얻을 수 있다.

10 H. J. Emeléus and K. Stewart, "The oxidation of the silicon hydrides," *Journal of the Chemical Society* (1936): 677-684.

11 층상(층상규산염phyllosilicate), 화합물 사슬(이노규산염inosilicate), 각각의 사면체 규산염(네소규산염nesosilicate) 등이 여기에 포함된다. 다양한 규산염에 대한 매우 훌륭한 책으로 W. A. Deer, R. A. Howie, J. Zussman, *An Introduction to the Rock-Forming Minerals* (New York: Prentice-Hall, 1992) 가 있다.

12 M. A. Brzezinski, "The Si:C:N ratio of marine diatoms: Interspecific

variability and the effect of some environmental variables," *Journal of Phycology* 21 (1985): 347-357.

13 이를테면 H. A. Currie, C. C. Perry, "Silica in plants: Biological, biochemical and chemical studies," *Annals of Botany* 100 (2007): 1383-1389를 보라.

14 W. E. Müller et al., "The unique invention of the siliceous sponges: Their enzymatically made bio-silica skeleton," *Progress in Molecular and Subcellular Biology* 52 (2011): 251-281.

15 A. A. Shiryaev, W. L. Griffin, E. Stoyanov, H. Kagi, "Natural silicon carbide from different geological settings: Polytypes, trace elements, inclusions," *9th International Kimberlite Conference Extended Abstract No. 9IKC-A-00075* (2008).

16 L. Röshe, P. John, R. Reitmeier, *Organic Silicon Compounds. Ullmann's Encyclopedia of Industrial Chemistry* (Weinheim: Wiley-VCH, 2003).

17 세포는 규소에 포함되어 유기 결합을 형성하도록 유도할 수 있다(S. B. J. Kan, R. D. Lewis, K. Chen, F. H. Arnold, "Directed evolution of cytochrome c for carbon-silicon bond formation: Bringing silicon to life," *Science* 354 [2016]: 1048-1051). 하지만 이 능력을 생명에 구현한다고 해서 반드시 진화의 테이프를 다시 돌렸을 때 이 경로를 이용하리라는 뜻은 아니다. 세포에 성공적으로 포함된 인위적 경로가 반드시 자연에서 발견되는 것은 아니며, 실제 행성 환경에서 선택압에 처했을 때 생명에 의해 결국 이용되는 것도 아니다.

18 O. H. Johnson, "Germanium and its inorganic compounds," *Chemical Reviews* 51 (1952): 431-469. 오래된 논문이기는 하지만, 이후의 연구 결과에도 게르마늄 생명체의 가능성이 희박하다는 기본적 결론은 거의 달라지지 않았다.

19 W. Bains, "Many chemistries could be used to build living systems," *Astrobiology* 4 (2004): 137-167.

20 실란은 규소 원자 한 개나 여러 개가 서로 또는 다른 원소의 원자 한 개나 여러 개와 결합하여 이루어진 화합물로, 일반식으로 Si_nH_{2n+2}인 일련의 비유기 화합물을 구성한다. 탄소 화학 작용에서의 알칸alkane과 비슷하다.

21 T. P. Snow, B. J. McCall, "Diffuse atomic and molecular clouds," *Annual Review of Astronomy and Astrophysics* 44 (2006): 367-414.

22 이온은 전자를 얻거나 잃어서 각각 음전하나 양전하를 띠는 원자이다.

23 G. H. Herbig, "The diffuse interstellar bands," *Annual Review of Astronomy and Astrophysics* 33 (1995): 19-73.

24 이를테면 R. I. Kaiser, "Experimental investigation on the formation of carbon-bearing molecules in the interstellar medium via neutral-neutral reactions," *Chemical Reviews* 102 (2002), 1309-1358; B. Marty, C. Alexander, S. N. Raymond, "Primordial origins of Earth's carbon," *Reviews in Mineralogy and Geochemistry* 75 (2013), 149-181; E. J. McBride, T. J. Millar, J. J. Kohanoff, "Organic synthesis in the interstellar medium by low-energy carbon irradiation," *Journal of Physical Chemistry* 117 (2013), 9666-9672를 보라.

25 다환 방향족 탄화수소와 그 밖의 복합 탄화물에 대해 다양한 논의가 있다. 이를테면 A. G. G. M. Tielens, "Interstellar polycyclic aromatic hydrocarbon molecules," *Annual Reviews in Astronomy and Astrophysics* 46 (2008), 289-337; R. P. A. Bettens, E. Herbst, "The formation of large hydrocarbons and carbon clusters in dense interstellar clouds," *Astrophysical Journal* 478 (1997), 585-593; D. K. Bohme, "PAH and fullerene ions and ion/molecule reactions in interstellar circumstellar chemistry," *Chemical Reviews* 92 (1992), 1487-1508을 보라.

26 S. Iglesias-Groth, "Fullerenes and buckyonions in the interstellar medium," *Astrophysical Journal* 608 (2004): L37-L40.

27 E. Herbst, Q. Chang, H. M. Cuppen, "Chemistry on interstellar grains," *Journal of Physics: Conference Series* 6 (2005): 18-35.

28 IRC+10216(사자자리 CW).

29 T. D. Groesbeck, T. G. Phillips, G. A. Blake, "The molecular emission-line spectrum of IRC+10216 between 330 and 358 GHz," *Astrophysical Journal Supplemental Series* 94 (1994): 147-162.

30 A. Coutens et al., "Detection of glycolaldehyde toward the solar-type protostar NGC 1333 IRAS2A," *Astronomy and Astrophysics* 576 (2015): article A5.

31 A. Belloche, R. T. Garrod, H. S. P. Müller, K. M. Menten, "Detection of a branched alkyl molecule in the interstellar medium: *iso*-propyl cyanide," *Science* 345 (2014): 1584-1586.

32 S. Pizzarello, "The chemistry that preceded life's origins: A study guide from meteorites," *Chemistry and Biodiversity* 4 (2007): 680-693.

33   M. A. Sephton, "Organic compounds in carbonaceous meteorites," *Natural Product Reports* 19 (2002), 292-311; S. Pizzarello, J. R. Cronin, "Non-racemic amino acids in the Murray and Murchison meteorites," *Geochimica et Cosmochimica Acta* 64 (2000), 329-338.

34   이 차이는 그 밖의 여러 분자 유형에서도 마찬가지다.

35   D. Deamer, *First Life: Discovering the Connections Between Stars, Cells, and How Life Began* (Berkeley: University of California Press, 2011). 한국어판은 『최초의 생명꼴, 세포』(뿌리와이파리, 2015).

36   천문단위는 태양과 지구의 평균 거리와 같다.

37   K. Altwegg, "Prebiotic chemicals-amino acid and phosphorus-in the coma of comet 67P/Churyumov-Gerasimenko," *Science Advances* 2 (2016): e1600285.

38   단순 탄화물에서 자기복제 생명체로의 도약은 어마어마한 일이며, 우리는 액체 물과 알맞은 물리적 조건이 있는 모든 행성에서 이것이 필연적인지 알지 못한다. 이 책에서는 생명이 우주에 얼마나 흔한가의 문제를 다루지 않는다. 내가 더 관심을 가지는 것은 생명이 일단 탄생했을 때 보편적 성질을 가지느냐이다. 생명이 탄생할 수 있도록 한 계기나 환경 조건이 무엇이었든, 생명이 탄생할 가능성이 얼마나 컸든 작았든, 이것은 태양계 탄생 조건에서 많은 유기 화합물이 생겨난다는 관찰과 무관하다.

39   이 실험을 서술한 논문으로는 S. L. Miller, "A production of amino acids under possible primitive Earth conditions," *Science* 117 (1953): 528-529를 보라. 실험 결과를 조사한 최근 연구로는 J. L. Bada, "New insights into prebiotic chemistry from Stanley Miller's spark discharge experiments," *Chemical Society Reviews* 42 (2013): 2186-2196이 있다.

40   C. Chyba, C. Sagan, "Endogenous production, exogenous delivery and impact-shock synthesis of organic molecules: An inventory for the origin of life," *Nature* 355 (1992): 125-132.

41   F. Raulin, T. Owen, "Organic chemistry and exobiology on Titan," *Space Science Reviews* 104 (2002): 377-394.

42   C. Sagan, B. N. Khare, "Tholins: Organic chemistry of interstellar grains and gas," *Nature* 277 (1979): 102-107.

43   R. D. Lorenz et al., "Titan's inventory of organic surface materials," *Geophysical Research Letters* 35 (2008): L02206.

44   인 없이도 작용했을 현생 생물학 과정의 전신에 대한 설득력 있는 가설

로는 J. E. Goldford, H. Hartman, T. F. Smith, D. Segrè, "Remnants of an ancient metabolism without phosphate," *Cell* 168 (2017): 1-9를 보라.

45   이 문제에 대한 기념비적 논문으로는 F. H. Westheimer, "Why nature chose phosphates," *Science* 235 (1987): 1173-1178이 있다.

46   K. Maruyama, "The discovery of adenosine triphosphate and the establishment of its structure," *Journal of the History of Biology* 24 (1991): 145-154.

47   이 구조를 해명한 고전적 논문은 J. D. Watson, F. H. Crick, "A structure for Deoxyribose Nucleic Acid," *Nature* 171 (1953): 737-738이지만, 인 함유 뼈대를 비롯한 DNA의 성질들에 대한 더 깊은 이해는 그 뒤로 발전했으며 방대한 문헌에서 찾아볼 수 있다.

48   황 함유 아미노산 시스테인의 두 분자. 이황화 결합에 대해서는 C. S. Sevier and C. A. Kaiser, "Formation and transfer of disulphide bonds in living cells," *Nature Reviews Molecular Cell Biology* 3 (2002): 836-847을 보라.

49   S. J. Blanksby, G. B. Ellison, "Bond dissociation energies of organic molecules," *Accounts of Chemical Research* 36 (2003): 255-263.

50   D. O'Hagan, D. B. Harper, "Fluorine-containing natural products," *Journal of Fluorine Chemistry* 100 (1999): 127-133.

51   J. M. Baltz, S. S. Smith, J. D. Biggers, C. Lechene, "Intracellular ion concentrations and their maintenance by Na^+/K^+-ATPase in preimplantation mouse embryos," *Zygote* 5 (1997): 1-9.

52   F. Wolfe-Simon et al., "A bacterium that can grow by using arsenic instead of phosphorus," *Science* 332 (2010): 1163-1166.

53   B. P. Rosen, A. A. Ajees, T. R. McDermott, "Life and death with arsenic," *BioEssays* 33 (2011): 350-357.

54   반감기는 화합물 등의 절반이 붕괴하는 데 걸리는 시간이다.

55   M. I. Fekry, P. A. Tipton, K. S. Gates, "Kinetic consequences of replacing the internucleotide phosphorus atoms in DNA with arsenic," *ACS Chemical Biology* 6 (2011): 127-130.

56   J. S. Edmonds et al., "Isolation, crystal structure and synthesis of arsenobetaine, the arsenical constituent of the western rock lobster *Panulirus longipes cygnus* George," *Tetrahedron Letters* 18 (1977): 1543-1546.

57   J. H. Reich and R. J. Hondal, "Why nature chose selenium," *ACS*

Chemical Biology 11 (2016): 821-841. 이 논문은 웨스트하이머Westheimer의 논문 "Why Nature Chose Phosphates"에 빗댄 것이다.

58 이를테면 D. G. Blevins, K. M. Lukaszewski, "Functions of boron in plant nutrition," *Annual Review of Plant Physiology and Plant Molecular Biology* 49 (1998), 481-500; F. H. Nielsen, "Boron in human and animal nutrition," *Plant and Soil* 193 (1997), 199-208을 보라.

59 많은 연구자들이 여러 원소, 특히 덜 알려진 원소가 생명에서 어떤 역할을 하는지 탐구하고 있다. 이를테면 바나듐과 몰리브덴에 대해서는 D. Rehder, "The role of vanadium in biology," *Metallomics* 7 (2015), 730-742; R. R. Mendel, F. Bittner, "Cell biology of molybdenum," *Biochimica et Biophysica Acta* 1763 (2006), 621-635를 보라.

60 이 발상을 대중화한 것으로 마이클 크라이튼Michael Crichton이 1969년에 발표한 소설 *The Andromeda Strain*이 있다. 한국어판은 『우주 바이러스』(큰나무, 1995). 소설에서 귀환하는 우주 캡슐이 결정 기반 생명체에 오염되는데, 생명체가 자신이 갇힌 실험실에 가득 퍼지고 지구 환경으로 탈출하는 위기 상황이 벌어진다. 결국, 지구로서는 다행하게도 생명체는 덜 해로운 형태로 돌연변이한다.

61 광물질 표면은 중합체가 조합될 수 있는 질서 정연한 구조를 제공하며, 중합체 자체도 질서 있게 배열된다. 최초의 자기복제 유전 구조의 조합에서 광물질이 어떤 역할을 했을까에 대해서는 A. G. Cairns-Smith, H. Hartman, *Clay Minerals and the Origin of Life* (Cambridge: Cambridge University Press, 1986)에서 논의하고, 이 분야는 G. O. Arrhenius, "Crystals and life," *Helvetica Chimica Acta* 86 (2003): 1569-1586에서 훌륭히 검토한 바 있다.

11장 보편 생물학이 가능할까?

1 이 문제는 C. Mariscal, "Universal biology: Assessing universality from a single example," *The Impact of Discovering Life Beyond Earth*, S. J. Dick 엮음 (2015), 113-126; C. E. Cleland, "Is a general theory of life possible? Seeking the nature of life in the context of a single example," *Biological Theory* 7 (2013), 368-379에서 훌륭히 요약했다.

2 나는 〈물리적 원리〉라는 용어를 이 책에서 뻔질나게 쓰지만, 그럼에도 여간 불편하지 않다. 우리가 말하는 〈물리적〉의 〈의미〉는 대체 무엇일까? 그것은 우주가 작동하는 원리를 뜻할 뿐이다. 〈물리적〉이라는 단어는 물리학자를 나머지 유형의 과학자와 분리하여 중립성을 없애며 자랑스럽게 옹호되는 학문의 경계를 확고히 다진다. 그냥 〈원리〉라고 말해야 하는지도 모르겠다. 그럼에도 내

가 이 용어를 쓰는 이유는 우리가 말하는 원리가 법적이나 도덕적 원칙이 아니라 물질에 관계된 것임을 쉽게 강조할 수 있기 때문이다.

3　생명에 대해 보편적인 것들을 확고한 목록으로 만들어 제시하는 것은 구미가 당기는 일일 것이다. 하지만 내가 주저하는 이유는 한 사람이 하나의 잘못된 예측만 해야 하기 때문이다. 목록은 $N = 1$ 문제의 한 예가 되는데, 이것은 비생산적이다. 소수의 폭넓은 주장을 내놓는 것이 더 생산적이다. 그런 목록을 자세히 규정하고 논박을 위한 실험을 진행하면 가치가 있고 흥미로운 결과를 낳을 수 있으며, 시간이 지나면서 생명의 모든 규모에서 더 탄탄한 성질 목록 — 보편적임을 우리 대부분이 인정할 수 있는 성질들 — 을 만들어 낼 수 있을지도 모른다. 이를테면 C. S. Cockell, "The similarity of life across the Universe," *Molecular Biology of the Cell* 27 (2016): 1553-1555를 보라.

4　G. B. West, *Scale: The Universal Laws of Life and Death in Organisms, Cities and Companies* (London: Weidenfeld & Nicolson, 2017).

5　S. A. Benner, A. Ricardo, M. A. Carrigan, "Is there a common chemical model for life in the Universe?" *Current Opinions in Chemistry and Biology* 8 (2004): 672-689.

6　이를테면 J. P. Grotzinger et al., "A habitable fluvio-lacustrine environment at Yellowknife Bay, Gale Crater, Mars," *Science* 343 (2014), doi:10.1126/science.1242777을 보라.

7　에우로파의 바다를 다룬 논문이 많이 나와 있다. 이를테면 K. P. Hand, R. W. Carlson, C. F. Chyba, "Energy, chemical disequilibrium, and geological constraints on Europa," *Astrobiology* 7 (2007), 1-18; B. Schmidt, D. Blankenship, W. Patterson, P. Schenk, "Active formation of 'chaos terrain' over shallow subsurface water on Europa," *Nature* 479 (2011), 502-505; G. C. Collins, J. W. Head, R. T. Pappalardo, N. A. Spaun, "Evaluation of models for the formation of chaotic terrain on Europa," *Journal of Geophysical Research* 105 (2000), 1709-1716 등이 있다. 엔켈라두스 위성에 대해서는 이를테면 C. P. McKay et al., "The possible origin and persistence of life on Enceladus and detection of biomarkers in plumes," *Astrobiology* 8 (2008), 909-919; J. W. Waite et al., "Liquid water on Enceladus from observations of ammonia and ^{40}Ar in the plume," *Nature* 460 (2009), 487-490; J. H. Waite et al., "Cassini finds molecular hydrogen in the Enceladus plume: Evidence for hydrothermal processes," *Science* 356 (2017), 155-159 등을 보라. 타이탄 위성에 대해서는 F. Raulin, T. Owen, "Organic chemistry and exobiology on Titan," *Space Science Reviews* 104 (2002): 377-394를 보라.

8 이를테면 G. Horneck et al., "Microbial rock inhabitants survive hypervelocity impacts on Mars-like host planets: First phase of lithopanspermia experimentally tested," *Astrobiology* 8 (2008), 17-44; P. Fajardo-Cavazos, L. Link, J. H. Melosh, W. L. Nicholson, *"Bacillus subtilis* spores on artificial meteorites survive hypervelocity atmospheric entry: Implications for lithopanspermia," *Astrobiology* 5 (2005), 726-736을 보라.

9 행성 대기에서 산소 같은 기체를 탐색함으로써 이런 생물권을 탐지할 수 도 있다. 그 자체로 외계 생명체가 어떤 대사 작용을 이용하는지에 대해 무언가 를 알 수 있을 것이다. 하지만 이 생명체의 표본을 실험실에서 들여다보지 않으 면, 이 책에서 논의한 여러 계층 수준에서 그 구조에 대해 도출할 수 있는 지식이 제한될 것이다.

10 이 발견을 서술한 논문으로 M. Mayor, D. Queloz, "A Jupiter-mass companion to a solar-type star," *Nature* 378 (1995): 355-359가 있다. 이 행성 은 페가수스자리 51bPegasi 51b로 명명되었다. 행성은 대체로 글자를 차례로 붙여 가며 명명한다.

11 이런 발견으로 인해 우리 태양계의 행성 정렬이 어떻게 생겨났는지 설 명하려는 새로운 시도가 촉발된 과정에 대한 설명으로는 K. Tsiganis, R. Gomes, A. Morbidelli, H. F. Levison, "Origin of the orbital architecture of the giant planets of the Solar System," *Nature* 435 (2005): 459-461을 보라.

12 N. C. Santos et al., "A 14 Earth-masses exoplanet around μ Arae," *Astronomy and Astrophysics* 426 (2004): L19-L23.

13 G. A. Bakos et al., "HAT-P-1b: A large-radius, low-density exoplanet transiting one member of a stellar binary," *Astrophysical Journal* 656 (2007): 552-559.

14 G. Mandushev et al., "TrES-4: A transiting Hot Jupiter of very low density," *Astrophysical Journal Letters* 667 (2007): L195-L198.

15 슈퍼 지구 크기 범주에 속하는 최초의 행성들은 1992년에 펄서 PSR B1257+12 주위 궤도에서 발견되었다. 펄서는 초신성이 폭발하면서 붕괴한 중 성자별 잔해이므로 이 행성들은 거주 가능하거나 바다가 있으리라고 생각되지 않는다. A. Wolszczan, D. Frail, "A planetary system around the millisecond pulsar PSR1257+12," *Nature* 355 (1992): 145-147.

16 D. Charbonneau et al., "A super-Earth transiting a nearby low-mass star," *Nature* 462 (2009): 891-894.

17 생명체 거주 가능 영역은 이 방면의 여느 개념과 마찬가지로 너무 단순

화된 것이다. 목성의 위성 에우로파에는 거대한 바다가 있지만, 목성은 생명체 거주 가능 영역에서 멀리 떨어져 있다. 에우로파의 내부 바다는 태양에 의해 가열되어 유지되는 게 아니라 다른 목성 위성과의 중력 상호 작용으로 휘고 뒤틀려 유지된다. 에우로파의 액체 물은 생명체 거주 가능 영역 바깥에 멀리 떨어져 있다. 그럼에도 생명체 거주 가능 영역은 요긴한 개념인데, 그 이유는 머나먼 항성 주위에서 지구를 닮은 세계를 발견할지도 모르는 구역, 즉 표면에 거대한 액체 수괴가 있는 장소를 식별하게 해주기 때문이다.

18 지구와 비슷한 행성을 찾는 데만 치중할 필요는 없다. 우리가 사는 세상보다 훨씬 괴상한 곳이 있을지도 모른다. 불과 22광년 떨어진 곳에는 삼중성계가 있는데, 두 개의 K형 항성으로 이루어진 이중성계가 적색 왜성 주위를 공전하고 있다. 적색 왜성 궤도에는 생명체 거주 가능 영역이 있는 슈퍼 지구가 적어도 두 개, 글리제 667Cb와 글리제 667Cc가 있다. 이 행성에 뭔가가 산다면, 그것은 삼중 일몰의 놀라운 장관을 규칙적으로 맞이할 것이다. 심지어 「스타 워즈」 작가들도 루크 스카이워커가 타투인 위성에서 두 개의 태양이 지는 광경을 감상하는 장면을 떠올릴 만큼 상상력이 풍부했지만 현실에는 당해 내지 못했다. G. Anglada-Escudé et al., "A planetary system around the nearby M Dwarf GJ 667C with at least one super-Earth in its habitable zone," *Astrophysical Journal Letters* 751 (2012): L16.

19 E. A. Petigura, A. W. Howard, G. W. Marcy, "Prevalence of Earth-size planets orbiting Sun-like stars," *Proceedings of the National Academy of Sciences* 110 (2013): 19,273-19,278.

20 본문에서 언급하는 방법 말고도 기발한 접근법이 많다. 중력 렌즈는 우주의 거대한 천체가 빛을 왜곡하여 먼 항성의 주위 궤도에서 행성의 빛이 살짝 깜박이는 현상을 이용하는데, 행성과 지구 관찰자 사이에 있는 거대한 천체의 굴절력으로 인한 렌즈 효과가 이 빛 흔적을 잠깐 증폭한다. 외계 행성 중에는 망원경으로 직접 볼 수 있는 것도 있다. 이것은 통과 측광법보다는 좀 더 까다롭지만, 항성의 빛을 차단하면 행성에서 반사되는 작은 빛을 검출하여 바늘구멍만큼 작은 각각의 행성을 찾아낸다. 이 놀라운 위업을 달성하는 도구는 코로나그래프 coronagraph이다. 이것은 중심 항성의 섬광을 차단하여 행성을 더 쉽게 검출하게 해주는 거대한 햇빛 가리개가 달린 망원경이다. 목성보다 약 10~80배 큰 기체 행성인 갈색 왜성은 지상 망원경으로도 탐지할 수 있다. 갈색 왜성을 오랫동안 관찰하다 보면 항성의 영향으로 가스가 소용돌이치고 가열되면서 대기에서 변화가 일어나는 것을 볼 수도 있다. 천문학자가 다른 행성의 날씨를 관측할 수 있는 셈이다. 하지만 여러분이 생각하듯 직접 검출이 가장 효과적인 것은 매우 큰 행성의 경우이다. 갈색 왜성이 매력적인 후보인 것은 이 때문이다. 외계 행성의 탐색과 연구에 대한 대중서는 무수히 많다. 하나만 들자면 M. Perryman, *The*

Exoplanet Handbook (Cambridge: Cambridge University Press, 2014)이 있다.

21 H. G. Wells, "Another basis for life," *Saturday Review* (1894): 676.

22 R. Heller, J. Armstrong, "Superhabitable worlds," *Astrobiology* 14 (2014): 50-66.

23 이것이 이른바 종-면적 관계species-area relationship로, 이 현상 자체는 모형화와 물리적 해석이 수월하다. 이를테면 E. F. Connor, E. D. McCoy, "The statistics and biology of the species-area relationship," *American Naturalist* 113 (1979): 791-833을 보라.

24 J. Koepcke, *When I Fell from the Sky* (New York: Littletown Publishing, 2011). 한국어판은『내가 하늘에서 떨어졌을 때』(흐름출판, 2019).

25 타이탄에 대한 훌륭한 소개서로는 R. Lorenz, J. Mitton, *Titan Unveiled: Saturn's Mysterious Moon Explored* (Princeton, N.J.: Princeton University Press, 2010)가 있다.

12장 생명의 법칙: 진화와 물리학의 통합

1 독특한 새로운 통찰로서 생물학의 〈법칙〉을 발견하려는 대담한 시도가 많이 이루어졌다. 일례로 A. Bejan, J. P. Zane, *Design in Nature: How the Constructal Law Governs Evolution in Biology, Physics, Technology, and Social Organization* (New York: Anchor Books, 2013)에서는 생명이 〈흐름〉을 향상시키는 해결책을 향해 진화한다는 발상을 탐구하며 이것이 모든 생명계를 통일하는 인자라고 제안한다. 하지만 이것은 열역학 제2 법칙을 재천명한 것에 지나지 않는 것 아닐까? 또한 D. W. McShea, R. N. Brandon, *Biology's First Law: The Tendency for Diversity and Complexity to Increase in Evolutionary Systems* (Chicago: University of Chicago Press, 2010)를 보라. 그들은 〈영력 진화 법칙Zero-Force Evolutionary Law〉을 통해 진화적 기간 동안 관찰되는 생명의 다양성과 복잡성 증가가 법칙이라고 주장한다. 이것은 돌연변이를 비롯한 유전 부호DNA에서의 변화가 자연 선택 없이도 다양성과 변이를 가차 없이 만들어 내는 현상을 천명한 것에 불과하지 않을까? 나의 견해는 독자적인 생물학 법칙을 찾으려는 여러 시도가 더 단순한 물리적 원리에서 비롯하고 심지어이 관점에서 더 훌륭하게 정식화할 수 있을지도 모르는 생명 현상을 더 정교하게 서술한 것에 지나지 않는다는 것이다. 그 밖에 정보 이론과 엔트로피를 이용하여 진화를 서술하려는 시도도 있었다. 이를테면 D. R. Brooks, E. O. Wiley, *Evolution as Entropy* (Chicago: University of Chicago Press, 1988)를 보라. 이런 사례는 개별 유기체에서 개체군 규모에 이르기까지 진화적 질문의 틀을 짜기 위한 수학적·물리적 접근법을 제시할 수 있다.

2 생명이 이 불가피한 열역학 법칙과 엔트로피 증가 경향 속에 존재한다는 것은 모순이 아니며 이 법칙들을 논박하는 것도 아니다. 이를테면 A. Kleidon, "Life, hierarchy, and the thermodynamic machinery of planet Earth," *Physics of Life Reviews* 7 (2010): 424-460을 보라.

3 B. K. Hall, *Evolution: Principles and Processes* (Sudbury, M.A.: Jones and Bartlett, 2011), 91에서 재인용. 한국어판은 『진화학: 원리 그리고 과정』(홍릉과학출판사, 2015), 93면. 생명의 기원에 대한 더 전반적인 논의인 I. A. Chen, M. S. de Vries, "From underwear to non-equilibrium thermodynamics: Physical chemistry informs the origin of life," *Physical Chemistry Chemical Physics* 18 (2016): 20005에서도 언급한다.

4 P. Gottdenker, "Francesco Redi and the fly experiments," *Bulletin of the History of Medicine* 53 (1979): 575-592.

5 J. T. Needham, "A summary of some late observations upon the generation, composition, and decomposition of animal and vegetable substances," *Philosophical Transactions of the Royal Society* 45 (1748): 615-666.

6 보건·안전이 중시되기 이전에는 음식물, 남은 국물, 부패하는 죽의 스뫼르고스보르드가 과학 발전에 중요한 역할을 했다.

7 적신 씨앗은 온갖 미생물이 자연스럽게 달라붙어 생장할 수 있는 영양 공급원이기에 작은 생물을 유리병에서 증식시키는 방법으로 선호되었다.

8 L. Spallanzani, *Tracts on the Nature of Animals and Vegetables* (Edinburgh: William Creech et al., 1799).

9 이것은 닐스 보어Niels Bohr의 관심을 끈 문제이기도 했다. 그는 생물학이 물리학으로 간편하게 환원될 수 없다고 주장했는데, 양자 불확실성의 경우에서처럼 생물학 현상을 원자 수준에서 관찰하면 유기체가 교란되어 — 심지어 죽어서 — 신뢰할 만한 관찰 결과를 얻을 수 없다는 이유에서였다(N. Bohr, "Light and life," *Nature* 131 [1933]: 457-459). 보어의 우려는 그의 시대 이후에 개발된 수많은 방법으로 인해 무색해졌다. 이런 방법을 통해 과학자들은 관찰에 의문이 제기될 만큼 기능을 교란하지 않고서도 비침습적으로 유기체를 연구할 수 있다. 이와 관련하여 보어는 유기체가 여러 물리계에 비해 너무 복잡해서 생물학에 대한 환원주의적 접근법, 특히 원자 수준에서의 접근법이 극히 힘들다고 지적하기도 했다. 이를테면 유기체는 기체를 흡수하고 노폐물을 배출하는 능력이 있어서 어느 원자가 유기체에 속하고 어느 원자가 그렇지 않은지 정의하기 곤란하다. 하지만 이 점에서도 1930년대 이후로 생화학과 생물물리학에서 엄청난 발전이 이루어져 생명의 과정을 원자 수준과 심지어 아원자 수준에서 해명할

수 있게 되었다. 새로운 기술과 지식에 비추어 보어의 아이디어를 최근에 논의한 자료로는 H. M. Nussenzveig, "Bohr's 'Light and life' revisited," *Physica Scripta* 90 (2015): 118001이 있다.

10 화학과 친숙하지 않은 사람을 위해 말해 두자면, 이것은 내가 앞에서 쓴 대략적인 몰과 다른 몰이다. 화학에서 몰은 아보가드로수의 원자가 들어 있는 물질의 양이며 그 수는 우연히도 6.022×10^{23}이다(이 숫자는 탄소의 동위 원소인 탄소-12 12그램에 들어 있는 원자의 개수로 구했다). 하지만 독특한 유머 감각을 가진 사람을 위해 덧붙이자면, 두더지mole의 몰mole이 얼마나 큰지 논하는 웹사이트가 있는데 그 수는 정말로 매우 크다. 실은 너무 커서 두더지의 그런 질량은 행성 형성에 대해 생각하느라 시간을 보내는 사람들에게나 관심사일 것이다. 이 이야기는 여기에서 그만하자.

11 T. F. Smith, H. J. Morowitz, "Between history and physics," *Journal of Molecular Evolution* 18 (1982): 265-282는 잘 쓰고 속속들이 흥미로운 논문으로, 생물학과 물리학의 접점을 탐색하고 그들과 비슷하게 두 분야의 공통점과 차이점을 보는 저자와 문헌을 다수 인용한다. 저자들은 생화학 경로 수준에서 물리적 결정론을 확고하게 옹호한다.

12 이것이 〈탈퓨린화〉 현상인 이유는 퓨린(아데닌 염기와 구아닌 염기)의 유실을 초래하기 때문이다. 탈퓨린화는 가수 분해 반응을 통해 일어나고 보존되어 있는 오래전 DNA가 분해되는 주된 경로 중 하나이다. 암 유발에도 일조한다. 피리미딘 염기(시토신과 티민) 유실도 일어날 수 있지만, 반응 속도가 훨씬 느리다.

13 DNA의 일부 돌연변이가 양성자 터널 효과, 즉 양자 행동의 결과로 일어난다면 우리는 큰 규모에서 유기체의 일부 변이가 원자 수준에서의 양자가 발생시킨 불규칙성에서 비롯한다는 주장을 얼마든지 받아들일 수 있을 것이다. DNA 염기쌍에서의 양성자 터널 효과가 돌연변이를 낳는 현상은 P-O. Löwdin, "Proton tunnelling in DNA and its biological implications," *Reviews of Modern Physics* 35 (1963): 724-732에서 논하며, 뒤이어 E. S. Kryachko, "The origin of spontaneous point mutations in DNA via Löwdin mechanism of proton tunneling in DNA base pairs: Cure with covalent base pairing," *Quantum Chemistry* 90 (2002): 910-923을 비롯한 여러 논문에서 다뤘다.

14 이것은 호변체tautomer로, 분자식이 같고 쉽게 상호 전환되는 화학 물질이다.

15 N. Lambert et al., "Quantum biology," *Nature Physics* 9 (2013), 10-18; M. Arndt, T. Juffmann, V. Vedral, "Quantum physics meets biology," *HFSP Journal* 3 (2009), 386-400; P. C. W. Davies, "Does quantum mechanics play

a non-trivial role in life?" *BioSystems* 78 (2004), 69-79. 양자생물학 분야는 양자 규모의 다른 효과들이 어떻게 큰 규모에서의 생물학적 과정에 영향을 미칠 수 있는지에 대해 아직은 많은 통찰을 내놓지 못했다. 광합성은 양자 효과에 영향을 받을지도 모르는 과정 중 하나이다. 이를테면 M. Sarovar, A. Ishizaki, G. R. Fleming, K. B. Whaley, "Quantum entanglement in photosynthetic light-harvesting complexes," *Nature Physics* 6 (2010): 462-467.

16 단백질 화학 작용과 유전 부호에 대한 최초의 통찰들이 밝혀진 1970년 대에 출간된 모노의 책은 분자 수준에서의 생명의 행동과 이것이 어떻게 다른 물질과의 차이를 규정하는지 아름답게 설명한다. 하지만 그런 모노조차도 생명 이 그 밖의 물질과 얼마나 다른지 생각하고는 놀라서 어안이 벙벙해한다. 〈생명 체가 모든 물리적 법칙을 준수하면서도 자기 자신의 의도를 추구하고 실현하기 위해서 이 법칙들을 초월한다는 것이 어떤 실질적인 의미에서 그렇다는 것인지 를 우리가 이해할 수 있게 된다면, 그것은 바로 이러한 분석적 기반 위에서이지 모호한 《체계에 대한 일반 이론》과 같은 기반 위에서가 아니다〉(J. Monod, *Chance and Necessity* [London: Collins, 1972], 81). 한국어판은 『우연과 필연』 (궁리, 2010), 119~120면. 생명이 물리 법칙을 따른다면 어떤 수준에서도 그 법 칙을 초월할 수는 없다. 그럼에도 모노의 책은 위의 Smith and Morowitz의 논 문(1982)에서 전개한 일반적 주제의 상당수를 탐구한다. 두 사람은 생명과 나 머지 물질 형태의 결정적 차이가 분자 수준에서, 특히 오류를 바로잡고 복제되 는 다양성을 만들어 내는 DNA 부호에서 일어난다고 말한다.

17 하지만 결함, 원자 대체, 그 밖의 변경은 강도가 세지는 등의 새로운 성 질의 원천일 수도 있다.

18 키랄성이 있는 물질의 결정(結晶)은 이 키랄 표시를 이후의 결정에 복제 할 수 있다. 자기복제 결정에 대해 더 복잡한 아이디어도 제시된 바 있다. 이를테 면 R. Schulman, E. Winfree, "Self-replication and evolution of DNA crystals," *ECAL 2005*, M Capcarrere et al. 엮음, LNAI 3630 (2005), 734-743을 보라.

19 수렴과 그 가능성에 대해 재미있고 박식한 통찰을 얻으려면 J. Losos, *Improbable Destinies: How Predictable Is Evolution?* (London: Allen Lane, 2017)을 보라. 로소스는 진화가 예측 가능하지만 — 특히 가까운 관계의 계통 사이에서 — 우연한 사건이 진화의 경로를 형성하는 범위가 꽤 크다고 생각한 다. 나의 견해는 생명체의 놀라운 다양성에서의 우연성에 제약이 있지만 물리적 해결책이 생명체의 다채로움을 허용할 만큼 다양할 수 있다는 생각과 이런 생각 이 상충하지는 않는다는 것이다.

20 S. J. Gould, *Wonderful Life: The Burgess Shale and the Nature of History* (London: Hutchinson Radius, 1989), 289-290. 한국어판은 『원더풀 라 이프』(궁리, 2018).

21 버제스 엽암 발견에 대한 그의 책은 자신과 동료들이 숨겨진 보물을 드러내는 일에서 거둔 성과를 소개한다. S. J. Gould, *Wonderful Life: The Burgess Shale and the Nature of History* (London: Hutchinson Radius, 1989). 한국어판은 『원더풀 라이프』(궁리, 2018).

22 이 예측 가능한 구조는 굴드가 지적했다. 〈머리와 꼬리를 가진 좌우 대칭 동물은 거의 항상 운동 능력을 가진다. 그러한 동물은 감각 기관을 몸의 가장 앞쪽에 집중시키고, 항문은 최후미에 위치시킨다. 자신이 진행하는 방향이 어디인지 알아야 하고, 뒤에 남긴 배설물에서 멀리 벗어날 필요가 있기 때문이다.〉 (같은 책, 156). 한국어판은 237면.

23 사이먼 콘웨이-모리스가 굴드에 화답하면서 표명한 관점은 S. Conway-Morris, *The Crucible of Creation: The Burgess Shale and the Rise of Animals* (Oxford: Oxford University Press, 1999)에서 볼 수 있다.

24 현재의 지식수준을 훌륭히 요약하고 이를 현대 유전자 데이터의 맥락에 놓는 논문으로는 G. E. Budd, "At the origin of animals: The revolutionary Cambrian fossil record," *Current Genomics* 14 (2013): 344-354가 있다.

25 유기체의 역사가 가하는 제약을 요약한 글로는 J. Maynard Smith et al., "Developmental constraints and evolution," *Quarterly Review of Biology* 60 (1985): 263-287을 보라. 또한 저자들은 껍데기가 있는 유기체가 이용할 수 있는 나선 구조를 물리적 요인이 어떻게 제약하는지 논의하는데, 이는 진화를 추동하는 물리적(생체역학적) 요인의 특별한 시각적 사례이다.

26 하지만 내가 굴복한다고 독자들이 생각하기 전에 언급해 두자면, 이 진술은 세부 사항을 주로 겨냥한다. 이를테면 척추동물의 골격 구조가 엄청나게 다양한 것을 보고 압도당할 수는 있지만, 이 다양성조차도 몇 가지 잘 정의된 형태에 국한될 수 있다. 이 한계에 대한 포괄적 논의는 R. D. K. Thomas, W. Rief, "The skeleton space. A finite set of organic designs," *Evolution* 47 (1993): 341-356에서 볼 수 있다.

27 에디아카라 동물군에서 캄브리아 동물군으로의 전환을 일으킨 요인들에 대한 매혹적인 가설은 G. E. Budd, S. Jensen, "The origin of the animals and a 'Savannah' hypothesis for early bilaterian evolution," *Biological Reviews* 92 (2017): 446-473을 보라. 이 논문에서는 에디아카라기의 〈납작한 형태〉에서의 전환이 일어났을 메커니즘을 제시한다. 동물의 형태와 체제에 대한 빼어난 책은 R. A. Raff, *The Shape of Life: Genes, Development, and the Evolution of Animal Form* (Chicago: University of Chicago Press, 1996)이다. 그의 책은 함입을 만들어 내고 빈대떡을 내장이 있는 더 복잡한 유기체로 바꾸는 것에 대한 나의 서술이 다소 경솔할 수도 있음을 강조한다. 체제의 구조 및 역사와 그 계통

발생은 여전히 논란이 벌어지는 복잡한 분야이다. 하지만 내 논평은 단순히 생명이 탈출구가 없는 막다른 체제로 정말 이어질 수 있는지 묻기 위한 의도이다.

28 현재의 지구에서도 해파리 같은 일부 유기체는 몸의 세포가 바깥쪽 표면 가까이에 있는 빈대떡 구조이다.

29 여기서 다시 생명 경로 및 선택의 변동성과 물리 법칙에 의해 제약되는 생명의 좁은 한계 사이에 차이가 있음을 강조하겠다. 둘은 모순되지 않는다. 생명은 과거의 선택에서 벗어날 융통성이 있지만 여전히 제한된 형태의 집합으로 귀결한다.

30 이 발견들, 특히 진화발생생물학에서의 발견들은 진화가 기존 계획과 형식을 다듬는 것 말고는 선택의 여지가 없는 땜장이에 불과한지, 공학자처럼 환경에 맞춰 전혀 새로운 것을 만들 수 있는지에 대해 중요한 질문을 제기한다 (F. Jacob, "Evolution and tinkering," *Science* 196 [1977]: 1161-1166). 진화가 백지에서 시작할 수 없으며 이미 존재하는 것을 활용해야 한다는 것은 분명하지만, 새로운 구성을 시도할 때의 제약은 생각만큼 크지 않을지도 모른다. 제이컵은 대안적 진화를 고려하면서 이렇게 단언한다. 〈SF와 달리 화성인은 우리처럼 생길 수 없다.〉 하지만 악마는 디테일에 있는 법이다. 〈우리처럼 생기다〉라는 말은 무슨 뜻일까? 세부적인 면에서 정확히 우리와 닮아야 한다는 뜻이라면 우리는 제이컵에게 동의해야 한다. 하지만 일종의 감각 기관, 걷기 위한 다리, 중력에 맞서 유기체를 떠받치는 구조를 이용한다는 뜻이라면 화성인은 우리와 오싹하리만치 비슷할 수 있다(물론 여기서 〈화성인〉이라는 말은 진짜 화성인이 아니다. 설령 오늘날 화성인이 존재하더라도 그들은 미생물일 가능성이 크다. 외계 생명체를 뭉뚱그려 비유적으로 의미한다).

31 하지만 다세포성이 단순한 물리적 원리의 작동을 통해 생겨날 수 있다는 — 따라서 필연적일 수 있다는 — 설득력 있는 견해에 대해서는 S. A. Newman, G. Forgacs, G. B. Müller, "Before programs: The physical origination of multicellular forms," *International Journal of Developmental Biology* 50 (2006): 289-299를 보라.

32 물론 우연성과 과거 역사가 유기체를 빚어내는 일에 관여함을 드러내는 흔적 기관과 유전적 표시를 찾을 수는 있다. 멸종에 이른 과거의 진화 경로를 그 뒤에 일어나는 경로와 비교할 수도 있다. 이를테면 파충류의 진화를 들여다보고 이를 백악기 말 이후 포유류의 진화와 비교할 수 있다. 하지만 이것은 진화의 순서를 되풀이하는 통제 실험이 아니다. 환경이 달라져 무엇이 우연이고 무엇이 유기체가 빚어진 조건의 변화로 인한 결과인지 올바르게 판단하기가 힘들거나 아마도 불가능해졌기 때문이다. 실험실에서나 잘 통제된 현장 상황에서 우연성의 역할을 탐구하는 진화 실험을 진행하는 것이 더 쉽다. 도마뱀에서 구피와 미생물에 이르는 연구들을 탁월하게 요약한 자료로는 J. Losos, *Improbable*

Destinies: How Predictable Is Evolution? (London: Allen Lane, 2017)을 추천한다. 하지만 실험실에서, 또는 심지어 현장에서의 실험은 여전히 지구 역사의 뒤죽박죽 현실을 그대로 보여 주지 못한다.

33 나는 G. McGhee, *Convergent Evolution: Limited Forms Most Beautiful* (Cambridge, M.A.: Massachusetts Institute of Technology, 2011)에서처럼 생명의 주기율표를 제시하는 것까지는 망설여진다. 생명의 형태가 제약될 수는 있지만 〈주기율표〉라는 용어는 진화 과정의 범위가 원소의 원자 구조처럼 단순하고 전자 쌓기와 비슷하게 구조적 주기성이 있다는 인상을 주기 때문이다. 내가 진화의 핵심에 있는 물리적 원리를 논하기는 하지만, 생명이 물리적 원리에 의해 제약된 결과로 생명의 형태가 원자 구조만큼 단순해진다고 주장하는 것은 아니다. 〈생명 형태의 행렬〉이 더 나은 용어인지도 모르겠다. 그럼에도 생명을 주기율표와 얼추 비슷한 표 형식으로 모종의 합의된 매개 변수에 따라 분류한다는 생각은 흥미롭다. 이런 분류는 생명 형태에서의 한계를 형식화하는 한 방법일 것이다. 틈새를 범주화하는 데에도 비슷한 시도가 효과적일 수 있다. K. O. Winemiller, D. B. Fitzgerald, L. M. Bower, E. R. Pianka, "Functional traits, convergent evolution, and the periodic tables of niches," *Ecology Letters* 18 (2015): 737-751을 보라.

34 조지 맥기George McGhee는 이렇게 명토 박는다. 〈절대적 확신을 품고서 예측건대 에우로파의 바다에 크고 빠르게 헤엄치는 유기체가 존재한다면 — 목성 주위의 궤도 멀리서, 자신의 세계를 덮은 영구 얼음 아래로 헤엄치며 — 그들은 카누처럼 생긴 유선형 몸매를 가질 것이다. 즉, 상괭이, 어룡, 황새치, 상어와 매우 닮았을 것이다.〉 에우로파의 바다에 대형 해양 생물이 서식할 가능성은 미생물보다 낮지만 — 만일 생명체가 존재한다면 — 유기체 수준에서 수렴 진화에 미치는 물리적 영향과 이것이 보편 생물학 개념에 가지는 의미에 대한 그의 요점은 분명하다. G. McGhee, *The Geometry of Evolution* (Cambridge: Cambridge University Press, 2007), 148을 보라.

35 생명 구조 계층의 여러 수준에서 수렴 현상을 관찰하면 생명체 조합의 법칙을 단순화할 전망이 보인다. 이를테면 하나의 유기체 전체 수준에서 수렴을 비교한 자료로는 H. H. Zakon, "Convergent evolution on the molecular level," *Brain, Behavior and Evolution* 59 (2002): 250-261을 보라.

36 S. Conway-Morris, *Life's Solution: Inevitable Humans in a Lonely Universe* (Cambridge: Cambridge University Press, 2004).

37 나는 극렬 환원주의자가 아니며 이 책 또한 생물학을 〈가장 단순한〉 물리적 원리로 환원하려는 또 다른 진부한 시도가 아니다. 나는 환원주의가 계층의 높은 수준에서, 특히 복잡한 생물계에서 종종 정보를 파괴한다는 마이어의 견해에 동조한다. 높은 수준에서는 요소들 간의 상호 작용을 통해 개별적 부분

에서는 나타나지 않는 성질들이 종종 생겨나기 때문이다. 이를테면 E. Mayr, *What Makes Biology Unique?* (Cambridge: Cambridge University Press, 2004), 67을 보라. 한국어판은『생물학의 고유성은 어디에 있는가?』(철학과현실사, 2005). 실제로 자기조직화와 창발적 복잡성의 탐구는 생물학적 계층의 높은 수준에서 벌어지는 행동이 단순히 낮은 계층에서 관찰되는 행동의 합이 아니라는 이해에 근거한다. 2장과 이 책 다른 부분에서 설명했듯 물리적 원리와 방정식은 새 떼나 개미집 같은 총체적인 생물학적 대상에 적용할 수 있다. 물리학과 생물학의 종합은 생물학적 현상을 가장 작은 부분들로 쪼개려는 유구한 욕망을 반드시 의미할 필요는 없다. 역사적으로 종종 그러했고, 그것이 종종 유용하기도 하지만 말이다.

옮긴이의 말

이 책은 스물아홉 가지 방정식으로 원자부터 개체군에 이르기까지 모든 척도의 생명 현상을 설명한다. 이 방정식을 이용하면 우리는 개미집의 크기로부터 어떻게 개미 마릿수를 추정하는지, 무당벌레가 어떻게 수직의 벽에 붙어 있을 수 있는지, 두더지는 왜 몸이 펑퍼짐하고 다리가 굵은지 등을 알 수 있다. 생물에 대해 여러분이 궁금해하는 것들 중에는 물리학 원리로 해결할 수 있는 것들이 꽤 많다. 이를테면 코끼리만 한 개미나 딱정벌레가 없는 이유는 91면의 피크 법칙으로 설명할 수 있다. 왜 바퀴 달린 동물이 존재할 수 없는지 궁금하다면 112면을 읽어보라. 물고기에게 프로펠러가 진화하지 않은 이유는 116면에서 탐구한다. 세포가 왜 생겨났는지는 146면에서 다룬다.

다채롭고 변화무쌍한 생명 현상을 무미건조한 방정식으로 환원한다는 발상이 꺼림칙하다면 이 문장을 생각해 보라. 「생명체는 물질의 일종이며 따라서 물리 법칙의 지배를 받는다.」

이렇게 써놓고 보니 이젠 너무 당연해서 동어 반복처럼 들릴지도 모르겠다. 그런데 이 개념이 옳다면 앞의 개념도 옳을 수밖에 없다. 방정식이란 법칙을 일목요연하게 나타낸 것이니까. 어떤 사람들은 이렇게 트집을 잡을지도 모르겠다. 뻔한 얘기를 괜히 논쟁적으로 포장한 것 아니냐고. 그런 사람들에겐 이 질문을 어떻게 생각하느냐고 묻고 싶다. 「지구 밖에도 생명체가 존재한다면 그 생명체는 지구 생명체와 닮았을까?」

금성 표면을 껑충껑충 뛰어다니며 뜨거운 표면에 닿을 때마다 〈아우치!〉 하고 비명을 지르는 아우처파우처, 커다란 털북숭이 귀로 화성의 추운 밤과 겨울에 몸을 감싸는 워터시커, 명왕성의 지성체 얼음덩어리 지슬, 궁둥이에서 가스를 분출하여 날아가는 타이탄의 스토브벨리. 1986년 로이 갤런트가 쓴『우리 우주의 지도』라는 책에 등장하는 우리 태양계의 상상 속 생명체들이다(이 책 35∼36면 참고). 과학 저술가 갤런트는 SF적 상상력을 한껏 발휘했다. 터무니없는 공상이라고 생각하는 사람도 있겠지만, 여기서 우리는 생명에 대한 중요한 사실 한 가지를 발견할 수 있다. 그것은 생명이 환경의 산물이며 따라서 물리적 조건의 지배를 받는다는 것이다.

물리학과 생물학의 통합은 어떤 사람에게는 당연한 소리로 들릴 것이고 어떤 사람에게는 말도 안 되는 소리로 들릴 것이다. 이 책을 번역하면서 줄곧 고민하던 문제도 이것이었다. 〈어떤 사람은 이 책이 당연한 사실을 재확인하는 것에 불과하다고 생각하여 책을 안 읽고 어떤 사람은 이 책이 견강부

회라고 생각하여 책을 안 읽으면 어떡하지?〉 하지만 생명의 조건과 한계, 외계 생명체의 가능성, 물리학과 생물학에서 우연성이 작용하는 방식 등을 읽어 나가면서 이 책이 단순히 물리학과 생물학을 붙여 놓은 것이 아니라 새로운 종합의 계기가 될지도 모르겠다는 생각이 들었다. 〈생명이란 무엇인가?〉라는, 추상적이고 사변적인 질문은 지구 밖에 생명체가 존재하는지, 그 생명체가 어떤 모습이고 어떻게 진화할지 고민하기 시작할 때 비로소 구체적이고 현실적인 문제로 바뀐다.

　이 책에 나오는 문장 몇 개를 일별하면 책의 성격과 저자의 취지를 짐작할 수 있을 것이다. 「진화는 (방정식으로 나타낼 수 있는) 서로 다른 원리들을 조합하여 유기체를 만들어 내는 매우 근사한 과정에 지나지 않는다.」「생물은 다양한 물리 법칙을 담는 용기(容器)인 셈이다.」「물리 법칙은 생명이 조합되는 모든 수준에서 특정한 해결책을 향해 생명의 방향을 제한한다.」「수렴 진화의 본질은 생물학적 형태를 물리적 원리에 의해 결정되는 비슷한 결과물로 빚어내는 것이다.」「여러분과 침팬지의 차이는 두 DNA 부호의 4퍼센트 차이에만 있는 것이 아니다. 나머지 96퍼센트를 어떻게 읽는가도 차이를 만들어 낸다.」「샌드위치라는 허울을 쓴 이 음식은 실은 전자를 소비하는 간편한 방법에 불과하다.」 이보다 더 흥미로운 것은 가물에 콩 나듯 박혀 있는 유머다. 과학자의 유머는 귀하다. 희귀하기 때문이다. 하지만 과학책에 유머를 곁들이는 것이 효과적인 이유는 분명하다. 사막의 오아시스라고나 할까. 85면 밑에서 여섯 째줄 같은 유머를 찾아내는 것 또한 이 책의 흥밋거리 중 하나일 것이다.

이 책의 번역을 끝내고 심심풀이로 넷플릭스에 들어갔더니 〈넷플릭스 오리지널〉이 나를 반겼다. 그중에서 「에일리언 월드Alien Worlds」라는 제목이 눈에 띄기에 〈설마 우주생물학 관련 다큐멘터리인가?〉 하며 클릭했다. 그런데 〈어라, 이 책을 다큐멘터리로 만든 건가?〉 하고 생각했을 정도로 통하는 게 많다. 여러분도 책을 읽고 나서 다큐멘터리를 보면 더 흥미진진하게 감상할 수 있을 것이다. 1화 〈아틀라스〉에서 외계 행성을 찾아낸 방법(통과 측광법)과 중력이 생명체에 미치는 영향은 이 책 11장 〈보편 생물학이 가능할까?〉에서 자세히 설명한다. 2화 〈야누스〉에서는 생명이 서식할 수 있는 한계(온도, 물)를 탐구하는데, 극한 생물과 더 많은 환경적 제약 요인에 대해서는 이 책 6장 〈생명의 가장자리〉를 보면 된다. 3화 〈에덴〉의 공생은 5장 〈생명의 꾸러미〉에서 다세포성의 진화를 참고할 만하다. 4화 〈테라〉에서는 우주 비행사 마이클 폴이 잦은 우주 비행으로 방사능이 몸에 누적되었다고 말하는데, 이 또한 6장 〈생명의 가장자리〉에서 중요하게 다룬다.

상상 속 외계 생명체를 다룬 다큐멘터리는 이것 말고도 몇 가지가 있다(2005년 디스커버리 채널에서 「우주 행성Alien Planet」 한국어판을 방영한 적도 있다). 다양한 천체와 그곳에 거주하는 생명체를 묘사한 픽션으로는 드라마 『스타 트렉』, 존 스칼지John Scalzi의 소설 『노인의 전쟁Old Man's War』이 맨 먼저 떠오른다. 여러분은 이제 생명의 진화를 제약하는 물리학 원리에 대해 배웠으니 저 픽션들이 고증을 제대로 했는지 검증할 수 있을 것이다. 여러분이 SF 작가라면 생명체를 탄생시킬 때 골머리 썩일 일이 하나 늘어났을 테고.

그나저나 지표면이 매끈한 외계 행성에는 바퀴 달린 짐승이 포뮬러1 못지않게 흥미진진한 경주를 〈맨발로!〉 벌이고 있으려나?

2021년 5월

노승영

찾아보기

옮긴이 **노승영** 서울대학교 영어영문학과를 졸업하고, 서울대학교 대학원 인지과학 협동과정을 수료했다. 컴퓨터 회사에서 번역 프로그램을 만들었으며 환경 단체에서 일했다. 〈내가 깨끗해질수록 세상이 더러워진다〉라고 생각한다. 지은 책으로『번역가 모모 씨의 일일』(공저)이 있고, 옮긴 책으로『시간과 물에 대하여』, 『향모를 땋으며』, 『앨런 튜링, 지능에 관하여』, 『노르웨이의 나무』, 『가상 현실의 탄생』 등이 있다. 2017년『말레이 제도』로 한국과학기술출판협회 선정 한국과학기술도서상 번역상을 받았다. 홈페이지(http://socoop.net)에서 그동안 작업한 책들에 대한 정보와 정오표, 칼럼과 서평 등을 볼 수 있다.

생명의 물리학 진화를 빚어내는 물리 법칙을 찾아서

발행일   **2021년 6월 15일 초판 1쇄**
          2023년 8월 30일 초판 5쇄

지은이   **찰스 S. 코켈**
옮긴이   **노승영**
발행인   **홍예빈·홍유진**
발행처   **주식회사 열린책들**

경기도 파주시 문발로 253 파주출판도시
전화 031-955-4000 팩스 031-955-4004
www.openbooks.co.kr